食品分析与安全检验技术研究

龚 方 金洪伟 孔繁荣◎著

线装書局

图书在版编目（CIP）数据

食品分析与安全检验技术研究/龚方，金洪伟，孔繁荣著. --北京：线装书局，2023.9

ISBN 978-7-5120-5684-8

Ⅰ.①食… Ⅱ.①龚… ②金… ③孔… Ⅲ.①食品分析—研究②食品检验—研究 Ⅳ.①TS207.3

中国国家版本馆CIP数据核字(2023)第171703号

食品分析与安全检验技术研究
SHIPIN FENXI YU ANQUAN JIANYAN JISHU YANJIU

作　　者：龚　方　金洪伟　孔繁荣
责任编辑：林　菲
出版发行：线装书局
地　址：北京市丰台区方庄日月天地大厦B座17层（100078）
电　话：010-58077126（发行部）010-58076938（总编室）
网　址：www.zgxzsj.com

经　　销：新华书店
印　　制：北京四海锦诚印刷技术有限公司
开　　本：787mm×1092mm　1/16
印　　张：23.5
字　　数：340千字
版　　次：2023年9月第1版第1次印刷

定　　价：78.00元

前　言

民以食为天，食品是人类最基本的生活物资，是维持人类生命和身体健康不可缺少的能量源和营养源。随着生活水平的提高，人们对食品不断提出更高的要求，食品除营养丰富、美味可口外，还要安全、卫生。食品质量与食品安全是关系到人体健康和国计民生的重大问题。如何提高食品质量，减少食品中有害物质残留，保障食品的质量与安全是当前食品企业的首要任务。随着人民生活水平的提高和贸易全球化的发展，食品安全已变得越来越重要而且没有国界。“以质量求生存、以安全求发展”已成为食品生产、管理者的共识。为了保证食品安全，保护人们身体健康免受损害，快捷、高效、准确的检测技术手段必不可少。食品质量安全检测技术发展至今，已成为全面推进食品生产企业进步的重要组成部分。它突出地体现在通过提高食品质量和全过程验证活动，并与食品生产企业各项管理活动相协同，从而有力地保证了食品质量的稳步提高，不断地满足社会日益发展和人们对物质生活水平提高的需求。

本书深入浅出地对食品分析与安全检验技术进行分析，适合与此相关工作者及对此相关感兴趣的读者阅读。本书对食品分析与检验的基础理论、食品的物理检测做了详细的介绍，让读者对食品分析与检验有初步的认知；对食品中一般成分的检验、食品中添加剂与残留危害物质的安全检测技术等内容进行了深入的分析，让读者对食品安全检验技术有进一步的了解；着重强调了食品中重金属污染物与掺假物质的安全检测技术，理论与实践相结合。本书论述严谨，结构合理，条理清晰，内容丰富新颖，具有前瞻性，希望通过本书能够给从事相关行业的读者们带来一些有益的参考和借鉴。

另外，作者在撰写本书时参考了国内外同行的许多著作和文献，在此一并向涉及的作者表示衷心的感谢。由于作者水平有限，书中难免存在不足之处，恳请读者批评指正。

目　录

第一章 食品分析与检验的基础理论

第一节　食品分析检测概述

一、食品分析检测的性质、任务、作用

（一）食品分析检测的性质与作用

食品分析检测是一门研究和评定食品品质及其变化与卫生状况的学科，是运用感官的、物理的、化学的和仪器分析的基本理论与技术，对食品（包括食品的原料、辅料、半成品、成品和包装材料等）的组成成分、感官特性、理化性质和卫生状况进行分析检测，研究检测原理、检测技术和检测方法的应用型学科。食品分析检测是食品科学的重要分支，具有较强的技术性和实践性。

食品分析检测是食品工业生产和食品科学研究的“眼睛”及“参谋”，是不可缺少的手段，在保证食品的营养卫生，防止食物中毒及食源性疾病，确保食品的品质及食用的安全，研究食品化学性污染的来源、途径，以及控制污染等方面都有着十分重要的意义。

食品是人类最基本的生活物质，是维持人类生命和身体健康不可缺少的能量源及营养源。食品的品质直接关系到人类的健康及生活质量。随着我国食品工业和食品科学技术的发展，以及对外贸易的需要，食品分析与检验工作已经提高到一个极其重要的地位，特别是为了保证食品的品质，执行国家的食品法规和管理办法，做好食品卫生监督工作，开展食品科学技术研究，寻找食品污染的根源，人们更需要对食品进行各种有效营养物质和对人体有害、有毒物质的分析与检验。随着预防医学和卫生检验学的不断发展，食品分析检测在确保食品安全和保护人们健康中将发挥更加重要的作用。

（二）食品分析检测的任务

食品分析检测工作是食品质量管理过程中的一个重要环节，在确保原材料质量方面起着保障作用，在生产过程中起着监控作用，在最终产品检验方面起着监督和标示作用。食品分析与检验贯穿于产品开发、研制、生产和销售的全过程。

第一，根据制定的技术标准，运用现代科学技术和检测手段，对食品生产的原料、辅助材料、半成品、包装材料及成品进行分析与检验，从而对食品的品质、营养、安全与卫生进行评定，保证食品质量符合食品标准的要求。

第二，对食品生产工艺参数、工艺流程进行监控，确定工艺参数、工艺要求，掌握生产情况，以确保食品的质量，从而指导与控制生产工艺过程。

第三，为食品生产企业的成本核算，制订生产计划提供基本数据。

第四，开发新的食品资源，提高食品质量以及寻找食品的污染来源，使广大消费者获得美味可口、营养丰富和经济、卫生的食品，为食品生产新工艺和新技术的研究及应用提供依据。

第五，检验机构根据政府质量监督行政部门的要求，对生产企业的产品或上市的商品进行检验，为政府管理部门对食品品质进行宏观监控提供依据。

第六，当发生产品质量纠纷时，第三方检验机构根据解决纠纷的有关机构（包括法院、仲裁委员会、质量管理行政部门及民间调解组织等）的委托，对有争议产品做出仲裁检验，为有关机构解决产品质量纠纷提供技术依据。

第七，在进出口贸易中，根据国际标准、国家标准和合同规定，对进出口食品进行检测，保证进出口食品的质量，维护国家出口信誉。

第八，当发生食物中毒事件时，检验机构对残留食物做出仲裁检验，为事情的调查及解决提供技术依据。

二、食品分析检测的内容

（一）食品的感官检验技术

食品的感官检验主要是依靠检验者的感觉器官对食品的色泽、气味、滋味、质地、口感、形状与组织结构等质量特性和卫生状况进行判定及客观评价。感官检验具有简便易行、快速灵敏、不需要特殊器材等特点，是一种直接、快速而且十分有效的检验方法。通过对食品的感官检验，不仅能对食品的嗜好做出评价，对食品的其他品质也可做出判断。

有时食品的感官检验还可鉴别出精密仪器难以检出的食品。因此在食品分析与检测技术中，感官检验占有很重要的地位。

（二）食品的理化检验技术

食品理化检验主要是利用物理、化学以及仪器等分析方法对食品中的各种营养成分（如水分、碳水化合物、脂肪、蛋白质、氨基酸、维生素、无机盐等）、添加剂、有毒有害物质等进行检验。

对营养成分的检验可以指导人们合理配膳，保证满足人体对各种营养成分的需要，指导食品工艺配方的确定等。

食品添加剂是指在食品生产、加工或保存过程中，为增强食品的色、香、味或为防止食品腐败变质而添加的物质。食品添加剂多是化学合成的物质，如果使用的品种或数量不当，将会影响食品的质量，甚至危害食用者的健康。因此，对食品添加剂的检测和控制具有十分重要的意义。

食品在生产、加工、包装、运输、储藏、销售等各个环节中，常会引入、产生或污染某些对人体有害的物质，如农药残留、重金属、亚硝胺、3、4-苯并芘等，严重影响食品安全与人体健康。因此，对食品中有毒有害物质的检验具有更加重要的意义。

（三）食品的微生物检验技术

微生物广泛地分布于自然界中。绝大多数微生物对人类是有益的，有些甚至是必需的，但有些微生物会造成食品腐败变质，病原微生物还会致病。因此，为客观揭示食品的卫生情况，保障食品安全，必须对食品微生物指标进行检验。

三、食品检测与分析的方法

食品分析的方法随着分析技术的发展不断进步。食品分析的特征在于样品是食品，对样品的预处理为食品分析的首要步骤，如何将其他学科的分析手段应用于食品样品的分析是食品分析学科要研究的内容。根据食品分析的指标和内容，通常有感官分析法、化学分析法、仪器分析法、微生物分析法和酶分析法等食品分析方法。

（一）感官分析法

食品感官分析法集心理学、生理学、统计学知识于一体。食品感官分析法通过评价员的视觉、嗅觉、味觉、听觉和触觉活动得到结论，其应用范围包括食品的评比、消费者的选择、新产品的开发，更重要的是消费者对食品的享受。

食品感官分析法已发展成为感官科学的一个重要分支，且相关的仪器研发也有很大进展。

（二）化学分析法

以物质的化学反应为基础的分析方法称为化学分析法，它是比较古老的分析方法，常被称为“经典分析法”。化学分析法主要包括重量分析法和滴定分析法，以及试样的处理和一些分离、富集、掩蔽等化学手段。化学分析法是分析化学科学重要的分支，由化学分析演变出了后来的仪器分析法。

化学分析法通常用于测定相对含量在1%以上的常量组分，准确度高（相对误差为0.1%~0.2%），所用仪器设备简单，如天平、滴定管等，是解决常量分析问题的有效手段。随着科学技术发展，化学分析法向着自动化、智能化、一体化、在线化的方向发展，可以与仪器分析紧密结合，应用于许多实际生产领域。

1. 重量分析

根据物质的化学性质，选择合适的化学反应，将被测组分转化为一种组成固定的沉淀或气体形式，通过纯化、干燥、灼烧或吸收剂吸收等处理后，精确称量，求出被测组分的含量，这种方法称为重量分析法。

2. 滴定分析

滴定分析是将一种已知准确浓度的试剂溶液，滴加到被测物质的溶液中，直到所加的试剂与被测物质按化学计量定量反应为止，根据试剂溶液的浓度和消耗的体积，计算被测物质的含量。当加入滴定液中物质的量与被测物质的量定量反应完成时，反应达到计量点。在滴定过程中，指示剂发生颜色变化的转变点称为滴定终点。滴定终点与计量点不一定完全一致，由此所造成的分析误差叫作滴定误差。

适合滴定分析的化学反应应该具备以下条件：

第一，反应必须按方程式定量完成，通常要求在99.9%以上，这是定量计算的基础；

第二，反应能够迅速完成（有时可加热或用催化剂以加速反应）；

第三，共存物质不干扰主要反应，或可用适当的方法消除其干扰；

第四，有比较简便的方法确定计量点（指示滴定终点）。滴定分析法有以下两种。

（1）直接滴定法

用滴定液直接滴定待测物质，以达终点。

（2）间接滴定法

直接滴定有困难时常采用以下两种间接滴定法来滴定。

①置换法

利用适当的试剂与被测物反应产生被测物的置换物，然后用滴定液滴定置换物。

②回滴定法（剩余滴定法）

用已知的过量的滴定液和被测物反应完全后，再用另一种滴定液滴定剩余的前一种滴定液。

根据数量的多少，化学分析有定性和定量分析两种，一般情况下食品中的成分及来源已知，不需要做定性分析。化学分析法能够分析食品中的大多数化学成分。

（三）仪器分析法

仪器分析法是利用能直接或间接表征物质的特性（如物理、化学、生理性质等）的实验现象，通过探头或传感器、放大器、转化器等转变成人可直接感受的已认识的关于物质成分、含量、分布或结构等信息的分析方法。通常测量光、电、磁、声、热等物理量而得到分析结果。仪器分析法又称物理和物理化学分析法，实质上是物理和物理化学分析。根据被测物质的某些物理特性（如光学、热量、电化、色谱、放射等）与组分之间的关系，不经化学反应直接进行鉴定或测定的分析方法，叫作物理分析法。根据被测物质在化学变化中的某种物理性质和组分之间的关系进行鉴定或测定的分析方法，叫作物理化学分析方法。进行物理或物理化学分析时，大需要精密仪器进行测试，故此类分析方法叫作仪器分析法。

与化学分析相比，仪器分析灵敏度高，检出限量可降低，如样品用量由化学分析的mg、mL级降低到仪器分析的μg、μL级或ng、nL级，甚至更低，适合微量、痕量和超痕量成分的测定；选择性好，很多的仪器分析方法可以通过选择或调整测定的条件，使共存的组分测定时，相互间不产生干扰：操作简便，分析速度快，容易实现自动化。

仪器分析是在化学分析的基础上进行的，如试样的溶解，干扰物质的分离等，都是化学分析的基本步骤。同时，仪器分析大多需要化学纯品做标准，而这些化学纯品的成分，多需要化学分析方法来确定。因此，化学分析法和仪器分析法是相辅相成的。另外，仪器分析法所用的仪器往往比较复杂、昂贵，操作者需进行专门培训。

（四）微生物分析法

基于某些微生物生长所需特定物质或成分进行分析的方法称为微生物分析法，其测定结果反映了样品中具有生物活性的被测物含量。微生物分析法广泛用于食品中维生素、抗生素残留和激素残留等成分的分析，特点是反应条件温和，准确度高，试验仪器投入成本低。但它仍旧逐渐被其他方法所取代，因为分析周期长和实验步骤烦琐，与目前分析方法简便、快速、高效的发展方向不符。微生物分析法一般需 4~6d，而其他方法（HPIC 法）一般在 1~2d 内即可完成：通常微生物分析法需要样品前处理、菌种液的制备、测试管的制备、接种、测定、计算等步骤，与仪器分析方法相比，步骤繁多。

（五）酶分析法

酶是专一性强、催化效率高的生物催化剂。利用酶反应进行物质组成定性定量分析的方法称为酶分析法。酶分析法具有特异性强、干扰少、操作简便、样品和试剂用量少、测定快速精确、灵敏度高等特点。通过了解酶对底物的特异性，可以预料可能发生的干扰反应并设法纠正。在以酶作分析试剂测定非酶物质时，也可用偶联反应，偶联反应的特异性，可以增加反应全过程的特异性。此外，由于酶反应一般在温和的条件下进行，不需使用强酸强碱，因此是一种无污染或污染很小的分析方法。很多需要使用气相色谱仪、高压液相色谱仪等贵重的大型精密分析仪器才能完成的分析检验工作，应用酶分析方法即可简便快速进行。

四、食品质量标准

（一）国内标准

我国现行食品质量标准按效力或标准的权限分为国家标准、行业标准、地方标准和企业标准。每级产品标准对产品的质量、规格和检验方法都有规定。

1. 国家标准

国家标准是全国食品工业必须共同遵守的统一标准，由国务院标准化行政主管部门制定，是国内四级标准体系中的主体，其他各级标准均不得与之相抵触。

国家标准又可分为强制性国家标准和推荐性国家标准。强制性标准是国家通过法律的形式，明确要求对于一些标准所规定的技术内容和要求必须执行，不允许以任何理由或方式违反和变更，对违反强制性标准的，国家将依法追究当事人的法律责任。强制性国家标准的代号为“GB”。推荐性国家标准是国家鼓励自愿采用的具有指导作用而又不宜强制执行的标准，即标准所规定的技术内容和要求具有普遍的指导作用，允许使用单位结合自己的实际情况灵活选用。推荐性国家标准的代号为“GB/T”。

2. 行业标准

行业标准是针对没有国家标准而又需要在全国食品行业范围内统一的技术要求而制定的。行业标准由国务院有关行政主管部门制定并发布，并报国务院标准化行政主管部门备案。行业标准是对国家标准的补充，是专业性、技术性较强的标准。在公布相应的国家标准之后，该项行业标准即行废止。

行业性标准也分强制性行业标准和推荐性行业标准。行业标准的代号，依行业的不同而有所区别，国务院标准化行政管理部门已规定了28个行业标准代号，如与食品工业相关的轻工业行业，强制性行业标准代号为“QB”，推荐性行业标准代号为“QB/T”。

3. 地方标准

地方标准是指对没有国家标准和行业标准，而又需要在省、自治区、直辖市范围内统一食品工业产品的安全、卫生要求而制定的标准。地方标准由省、自治区、直辖市标准化行政主管部门制定，并报国务院标准化行政主管部门和国务院有关行政主管部门备案。在公布国家标准或者行业标准之后，该项地方标准即行废止。

4. 企业标准

企业标准是企业所制定的标准，以此作为组织生产的依据。企业的产品标准须报当地政府标准化行政主管部门和有关行政主管部门备案。已有国家标准或行业标准的，国家鼓励企业制定严于国家标准或行业标准的企业标准，在企业内部使用。企业标准代号为“Q”，某企业的企业标准代号为“QB/企业代号”，企业代号可用汉语拼音字母或阿拉伯数字组成。

（二）国际标准

1. CAC 标准

国际食品法典是由国际食品法典委员会组织制定的食品标准、准则和建议，是国际食品贸易中必须遵循的基本规则。CAC是联合国粮农组织（FAO）和世界卫生组织（WHO）于1962年建立的协调各国政府间食品标准的国际组织，旨在通过建立国际政府组织之间以及非政府组织之间协调一致的农产品和食品标准体系，用于保护全球消费者的健康，促进国际农产品以及食品的公平贸易，协调制定国际食品法典。

食品法典体系让所有成员国都有机会参与国际食品、农产品标准的制修订和协调工作。进出口贸易额较大的发达国家和地区，如美国、日本和欧盟积极主动地承担或参与了CAC各类标准的制修订工作。目前，CAC标准已成为全球消费者、食品生产和加工者、各国食品管理机构和国际食品贸易重要的参照标准，也是世界贸易组织（WTO）认可的国际贸易仲裁依据。CAC 标准现已成为进入国际市场的通行证。

CAC 标准主要包括食品/农产品的产品标准、卫生或技术规范、农药/兽药残留限量标准、污染物准则、食品添加剂的评价标准等。CAC 系列标准已对食品生产加工者以及最终消费者的观念意识产生了巨大影响。食品生产者通过 CAC 国际标准来确保其在全球市场上的公平竞争地位；法规制定者和执行者将 CAC 标准作为其决策参考，制定政策改善和确保国内及进口食品的安全、卫生；采用了国际通用的 CAC 标准的食品和农产品能够增加消费者的信任，从而赢得更大的市场份额。

2. AOAC 标准

国际官方分析化学家（AOAC）协会成立于 1884 年，为非营利性质的国际化行业协会。

AOAC 被公认为全球分析方法校核（有效性评价）的领导者，它提供用以支持实验室质量保证（QA）的产品和服务，AOAC 在方法校核方面有长达 100 多年的经验，并为药品、食品行业提供了大量可靠、先进的分析方法，目前已被越来越多的国家所采用，作为标准方法。在现有 AOAC 方法库中存有将近 3000 种经过认证的分析方法，均被作为世界公认的官方“金标准”。在长期的实践过程中，AOAC 于全球范围内同官方或非官方科学研究机构建立了广泛的合作和联系，在分析方法的认证和合作研究方面起到了总协调的作用。AOAC 下属设立了多个方法委员会，分别从事食物、饮料、药品、农产品、环境、卫生、毒物残留等方面的方法学研究、考察和认证。

五、食品检测的发展趋势

随着科学技术的快速发展，特别是在 21 世纪，食品分析检测采用的各种分离、分析技术与方法得到了不断完善和更新，许多高灵敏度、高分辨率的分析仪器已经越来越多地应用于食品理化检验中。目前，在保证检测结果的精密度和准确度的前提下，食品分析与检测正朝着微量、快速、自动化的方向发展。

近年来，许多先进的仪器分析方法，如气相色谱法、高效液相色谱法、原子吸收光谱法、毛细管电泳法、紫外一可见分光光度法、荧光分光光度法以及电化学方法等已经在食品理化检验中得到了广泛应用，在我国的食品卫生标准检验方法中，仪器分析方法所占的比例也越来越大。样品的前处理方面采用了许多新颖的分离技术，如固相萃取、固相微萃取、加压溶剂萃取、超临界萃取以及微波消化等，较常规的前处理方法省时、省事，分离效率高。

现代食品分析与检测技术更加注重实用性和精确性，食品检测分析仪器是食品分析与检测技术的重要载体，其实用性主要体现在：食品分析仪器从大型化向小型化、微型化发展；分析仪器低能耗化；分析仪器功能专用化；分析仪器多维化，即分析仪器联用技术(是将两种或两种以上的分析仪器连接使用，以取长补短，充分发挥各自的优点)；分析仪器一体化，即形成一个从取样开始，包括预浓集、分离、测定、数据处理等工序一体化的系统；成像化，即为了改变分析仪器以信号形式提供间接信息，需用标准物质进行校正，直观地成像。近年来，多种仪器联用技术已经用于食品中微量甚至痕量有机污染物以及多种有害元素等的同时检测，如动物性食品中的多氯联苯、酱油及调味品中的氯丙醇、油炸食品中的多环芳烃和丙烯酰胺等的检测。

随着计算机技术的发展和普及，分析仪器自动化也成为食品理化检测的重要发展方向之一。自动化和智能化的分析仪器可以进行检验程序的设计、优化和控制、实验数据的采集和处理，使检验工作大大简化，并能处理大量的例行检验样品。例如，蛋白质自动分析仪等可以在线进行食品样品的消化和测定。测定食品营养成分时，可以采用近红外自动测定仪，样品不需进行预处理，直接进样，通过计算机系统即可迅速给出食品中蛋白质、氨基酸、脂肪、碳水化合物、水分等成分的含量。装载了自动进样装置的大型分析仪器，可以昼夜自动完成检验任务。

近年来发展起来的多学科交叉技术——微全分析系统（μ-TAS）可以实现化学反应、分离检测的整体微型化、高通量和自动化。过去需要在实验室中花费大量样品、试剂和长时间才能完成的分析检测，现在在几平方厘米的芯片上仅用微升或纳升级的样品和试剂，以很短的时间（数十秒或数分钟）即可完成大量的检测工作。目前，DNA 芯片技术已经用于转基因食品的检测，以激光诱导荧光检测一毛细管电泳分离为核心的微流控芯片技术也将在食品理化检验中逐步得到应用，将会大大缩短分析时间和减少试剂用量，成为低消耗、低污染、低成本的绿色检验方法。

随着分析科学的不断发展，现代食品检测方法与技术也在不断改进，计算机视觉技术、现代仪器分析技术、电子传感检测技术、生物传感技术、核酸探针检测技术、PCR 基因扩增技术，以及免疫学检测技术等的应用，将为食品营养和食品安全的检测提供更加灵敏、快速、可靠的现代分离、分析技术。

第二节　食品分析与检验的基础知识

一、食品分析检测的基础知识

（一）采样

食品种类繁多、数量极大，而目前的检测方法大多数具有破坏作用，故不可能对全部食品进行校验，必须从整批食品中采取一定比例的样品进行校验。样品的采集简称“采样”，是指从大量的分析对象中抽取有代表性的一部分样品作为分析材料（分析样品）。

1. 正确采样的重要性

采样是食品分析检测工作中非常重要的环节。在食品分析检测中，不管是成品、半成品，还是原辅材料，由于食品种类繁多，成分差异极大。即使是同一种类，由于品种、产地、成熟期、加工、储藏条件等的不同，其组分及含量也可能有很大的差异。另外，即使是同一分析对象，各部位间的组成和含量也有相当大的差异。要从大量的、所含成分不一致的、成分不均匀的被检物质中采集能代表全部被检物质的分析样品，必须掌握科学的采样技术，并根据分析检测目的的不同选择正确的采样方法。

2. 采样的原则

（1）采集的样品必须具有代表性

为保证检测结果的准确，首要条件就是采取的样品必须具有充分的代表性，能代表全部检验对象，代表食品整体：否则，无论样品处理、检测等一系列环节做得如何认真、精确都是毫无意义的，甚至会得出错误的结论。

（2）采样过程中要设法保持原有的理化指标，防止成分逸撒或带入杂质

待测样品的成分如水分、气味、挥发性酸等发生逸散，显然将影响检测结果的正确性，因此，采样后应迅速送检验室检验，尽量避免样品在检验前发生变化，使其保持原来的理化状态。样品在检验之前应防止一切有害物质或干扰物质带入，一切采样工具都应清洁、干燥无异味，盛放样品的容器不得含有待测物质及干扰物质。

3. 采样的一般程序

从一大批被测对象中采取能代表整批被测对象质量的样品，必须遵从一定的采样程序

和原则。采样一般分六步，依次获得检样、原始样品、平均样品、检验样品、复检样品和保留样品。

第一，检样：从整批待检食品的各个部分分别采取的少量样品。

第二，原始样品：把所有的检样混合在一起，构成原始样品。

第三，平均样品：原始样品经过处理，再按一定的方法抽取其中的一部分供分析检测的样品。

第四，检验样品：由平均样品中分出，用于全部项目检验用的样品。

第五，复检样品：由平均样品中分出，当对检验结果有疑义或分歧时，用来进行复检的样品。

第六，保留样品：由平均样品中分出，封存保留一段时间，作为备查用的样品。

4. 采样的一般方法

样品的采集分随机抽样和代表性取样两种方法。

随机抽样：即按照随机原则从大批物料中抽取部分样品。操作时，可采用多点取样法，即从被检食品的不同部位、不同区域、不同深度，上、下、左、右、前、后多个地方采取样品，使所有物料的各个部分均有被抽取的机会。

代表性取样：是用系统抽样法进行采样，根据样品随空间（位置）和时间变化的规律，采集能代表其相应部分的组成和质量的样品。如分层采样，依生产程序流动定时采样、按批次或件数采样、定期抽取货架上陈列的食品采样等。

两种方法各有利弊，随机抽样可避免人为的倾向性，但是对不均匀样品仅用随机抽样法是不够的，必须结合代表性取样，从有代表性的各个部分分别取样，保证样品的代表性。具体取样方法视样品不同而异，通常采用随机抽样和代表性取样相结合的方式。

（1）均匀固体物料（如粮食、粉状食品等）的采样方法

对于有完整包装（袋、桶、箱等）的物料，可按采样公式确定采样件数，然后从样品堆放的不同部位，按采样件数确定具体采样袋（桶、箱等）。

从样品堆放的不同部位按采样件数确定具体采样袋（桶、箱等），再用双套回转取样管采样。将取样管插入包装中，回转180°取出样品，每一包装须由上、中、下三层取出三份检样，把许多检样综合起来成为原始样品。再用“四分法”将原始样品做成平均样品，即将原始样品充分混合后堆集在清洁的玻璃板上，压平成厚度在3cm以下的图形，并划成“十”字线，将样品分成四份，取对角的两份混合，其余弃去，再如上分为四份，取对角的两份，重复这样的操作直至取得所需数量为止，即得到平均样品。

对于无包装的散堆样品，先划分若干等体积层，然后在每层的四角和中心点，也分为

上、中、下三个部位，用双套回转取样管采样，再按上述方法处理得到平均样品。

（2）黏稠的半固体物料（如稀奶油、动物油脂、果酱等）的采样方法

这类物料不易充分混合，可先按采样公式确定采样数，打开包装，用采样器从各桶（罐）中分上、中、下三层分别取出检样，然后混合分取缩减到所需数量的平均样品。

（3）液体物料（如植物油、鲜乳等）的采样方法

对于包装体积不太大的液体物料，可先按采样公式确定采样件数。打开包装，用混合器充分混合，如果容器内被检物不多，可在密闭容器内旋转摇荡，或从一个容器倒入另一个容器，反复数次或颠倒容器，再用采样器缓慢、匀速地自上端斜插至底部采取检样。易氧化食品搅拌时要避免与空气混合；挥发性液体食品，用虹吸法从上、中、下三层采样。

对于大桶装的或散（池）装的液体物料不易混合均匀，可用虹吸法分层（大池的还应分四角及中心五点）取样，每层500mL左右，获得多份检样。

（4）组成不均匀的固体物料（如鱼、肉、果蔬等）的采样方法

这类食品本身各部位成分极不均匀，个体大小及成熟程度差异很大，取样时更应注意代表性，可按下述方法采样。

①肉类

根据不同的分析目的和要求而定。有时从不同部位取样，混合后代表该只动物；有时从一只或很多只动物的同一部位取样，混合后代表某一部位。

②水产品

小鱼、小虾可随机取多个样品，切碎、混匀后得到原始样品，分取缩减到所需数量即为平均样品；对个体较大的鱼，可从若干个体上切割少量可食部分，切碎混匀后得到原始样品，分取缩减到所需数量即为平均样品。

③果蔬

体积较小的果蔬（如山楂、葡萄等），可随机取若干个整体，切碎混匀后得到原始样品，缩分到所需数量即为平均样品。体积较大的果蔬（如西瓜、苹果、萝卜等）可按成熟度及个体大小的组成比例，选取若干个体，对每个个体按生长轴纵剖分成四份或八份，取对角线两份，切碎混匀后得到原始样品，缩分到所需数量即为平均样品。体积蓬松的叶菜类果蔬（如菠菜、小白菜、苋菜等），可由多个包装（一筐、一捆）分别抽取一定数量，混合后捣碎、混匀得到原始样品，分取缩减到所需数量即为平均样品。

（5）小包装物料（罐头、袋或听装奶粉、瓶装饮料等）的采样方法

这类食品一般按班次或批号连同包装一起采样。如果小包装外还有大包装（如纸箱），可按采样公式在堆放的不同部位抽取一定量大包装，从每箱中抽取小包装（瓶、袋等）作

为检样，再缩减到所需数量即为平均样品。

5. 采样的数量

食品分析检验结果的准确与否通常取决于两个方面：①采样的方法是否正确；②采样的数量是否得当。因此，从整批食品中采取样品时，通常按一定的比例进行。确定采样的数量，应考虑分析项目的要求、分析方法的要求和被分析物的均匀程度三个因素。一般平均样品的数量不少于全部检验项目的四倍，检验样品、复验样品和保留样品一般每份数量不少于0.5kg。检验掺伪食品时，与一般的成分分析样品不同，由于分析项目事先不明确，属于捕捉性分析，因此，取样数量要多一些。

（二）样品制备与保存

1. 样品的制备

按采样规程采取的样品往往数量过多，颗粒太大，组成不均匀。因此，必须对样品进行粉碎、混匀、缩分。这项工作称为样品制备，样品的制备方法因产品类型不同而异。

（1）液体、浆体或悬浮液体

直接通过搅拌、摇匀的方法使其充分混匀。

（2）互不相溶的液体（如油与水的混合物）

应首先使不相溶的成分分离，再分别进行采样。

（3）固体样品

通过粉碎、捣碎、研磨等方法将样品制成均匀可检状态。水分含量少、硬度较大的固体样品（如谷类），可用粉碎法；水分含量较高、质地软的样品（如果蔬），可用匀浆法；韧性较强的样品（如肉类），可用研磨法。

（4）罐头

水果罐头在捣碎前需清除果核；肉禽罐头应事先清除骨头；鱼罐头要先将调味品（如葱、辣椒等）分出后再捣碎。

在样品制备过程中，应防止易挥发性成分的逸散和样品组成、理化性质的变化。做微生物检验的样品，应按无菌操作规程制备。

2. 样品的保存采

集的样品，为了防止其水分或挥发性成分散失以及其他待测成分含量的变化（如光解、高温分解、发酵等），应在短时间内进行分析。如果不能立即分析，则应妥善保存。保存的原则是：干燥、低温、避光、密封。

制备好的样品应放在密封、洁净的容器内，置于阴暗处保存。易腐败变质的样品应保存在0℃～5℃的冰箱里，但保存时间不宜过长。有些成分，如胡萝卜素、黄曲霉毒素B_1，容易发生光解，以这些成分为分析项目的样品，必须在避光条件下保存。特殊情况下，样品中可加入适量的不影响分析结果的防腐剂，或将样品置于冷冻干燥器内进行升华干燥保存。此外，存放的样品要按日期、批号、编号摆放，以便日后查找。

一般样品在检验结束后，应保留一个月，以备需要时复检。易变质食品不予保留，保存时应加封并尽量保持原状。

（三）样品的预处理

食品的成分很复杂，既含有大分子有机化合物，如蛋白质、糖、脂肪、维生素、农药等，也含有钾、钠、钙、铁、镁等许多无机元素。它们以复杂的形式结合在一起，当以选定的方法对其中的某种成分进行分析时，其他组分的存在常会产生干扰而影响被测组分的正确检出。为此，在分析检测之前，必须采取相应的措施排除干扰。另外，有些样品（特别是有毒、有害污染物）在食品中的含量极低，但危害很大，完成这种组分的测定，有时会因为所选方法的灵敏度不够而难以检出。这种情形下往往需对样品中的相应成分进行浓缩，以满足分析方法的要求。样品的预处理可解决上述问题。根据食品种类、性质的不同，以及不同分析方法的要求，预处理的常用方法有以下几种。

1. 有机物破坏法

在进行食品矿物质成分含量分析时，尤其是进行微量元素分析时，这些成分可能与食品中的蛋白质或有机酸牢固结合，严重干扰分析结果的精密度和准确性。破除这种干扰的常用方法就是在不损失矿物质的前提下破坏全部有机质。有机物破坏法被分为以下两类。

（1）干法（又称灰化法）

将洗净的坩埚于高温电炉中烘至恒重，冷却后将称量后的样品置于坩埚中，于普通电炉上小火炭化（除去水分和黑烟），转入高温炉于500℃～550℃灰化。如不能灰化彻底，取出放冷后，加入少许硝酸或过氧化氢润湿残渣，小心蒸干后再转入高温炉灰化，直至灰化完全。这种方法称为干法或灰化法。取出冷却后用稀盐酸溶解，过滤后的滤液供测定用。

干法的优点在于破坏彻底、操作简便、使用试剂少，但破坏时间长、温度高，适用于除砷、汞、锑、铅等以外的金属元素的测定。对有些元素的测定，在必要时可加助灰化剂。

（2）湿法（又称消化法）

湿法是在酸性溶液中，向样品中加入硫酸、硝酸等强氧化剂使有机质分解，待测组分转化成无机状态存在于消化液中，供测试用。

湿法的优点是使用的分解温度低于干法，因此减少了金属元素挥散损失的机会，应用范围较为广泛。缺点是消化时易产生大量有害气体，需在通风橱中操作；另外，消化初期会产生大量泡沫外溢，需随时照管，因试剂用量大，空白值偏高。

2. 溶剂提取法

同一溶剂中，不同的物质有不同的溶解度；同一物质在不同溶剂中的溶解度也不同。利用样品中各组分在特定溶剂中溶解度的差异，使其完全或部分分离的方法即为溶剂提取法。常用的无机溶剂有水、稀酸、稀碱；有机溶剂有乙醇、乙醚、氯仿、丙酮、石油醚等。

溶剂提取法可用于提取固体、液体及半流体，根据提取对象的不同可分为浸提法和萃取法。

（1）浸提法

用适当的溶剂将固体样品中的某种被测组分浸提出来的方法称为浸提法，也即液—固萃取法。该法应用广泛，如测定固体食品中的脂肪含量时，用乙醚反复浸提样品中的脂肪，而杂质不溶于乙醚，再使乙醚挥发掉，便可称出脂肪的质量。

①提取剂的选择

提取剂应根据被提取物的性质来选择，对被测组分的溶解度应最大，对杂质的溶解度应最小，提取效果遵从相似相溶原则。通常对极性较弱的成分（如有机氯农药）用极性小的溶剂（如正己烷、石油醚）提取，对极性强的成分（如黄曲霉毒素 B_1）用极性大的溶剂（如甲醇与水的混合液）提取。所选择的溶剂的沸点应适当，太低易挥发，过高又不易浓缩。

②提取方法

A. 振荡浸渍法

将切碎的样品放入选择好的溶剂系统中，浸渍、振荡一定时间，使被测组分被溶剂提取。该法操作简单，但回收率低。

B. 捣碎法

将切碎的样品放入捣碎机中，加入溶剂，捣碎一定时间，被测成分被溶剂提取。该法回收率高，但选择性差，干扰杂质溶出较多。

C. 索氏提取法

将一定量样品放入索氏提取器中，加入溶剂，加热回流一定时间，被测组分被溶剂提取。该法溶剂用量少，提取完全，回收率高，但操作麻烦，需专用索氏提取器。

（2）萃取法

萃取法用于从溶液中提取某一组分，即利用该组分在两种互不相溶的试剂中分配系数的不同，使其从一种溶剂中转移至另一种溶剂中，从而与其他成分分离，达到分离的目的。通常可用分液漏斗多次提取达到目的。若被转移的成分是有色化合物，可用有机相直接进行比色测定，即采取萃取比色法。萃取比色法具有较高的灵敏度和选择性。如用二硫腙法测定食品中的铅含量。此法设备简单、操作迅速、分离效果好，但是成批试样分析时工作量大。同时，萃取溶剂常易挥发、易燃，且有毒性，操作时应加以注意。

①萃取剂的选择

萃取剂应对被测组分有最大的溶解度，对杂质有最小的溶解度，且与原溶剂不互溶，两种溶剂易于分层，无泡沫。

②萃取方法

萃取常在分液漏斗中进行，一般需萃取 4～5 次方可分离完全。若萃取剂比水轻，从水溶液中提取分配系数小或振荡时易乳化的组分时，可采用连续液体萃取器。

在食品分析中常用溶剂提取法分离、浓缩样品，浸提法和萃取法既可以单独使用也可联合使用。如测定食品中的黄曲霉毒素 b_1，先将固体样品用甲醇—水溶液浸取，黄曲霉毒素 B_1和色素等杂质一起被提取，再用氯仿萃取甲醇—水溶液，色素等杂质不被氯仿萃取，仍留在甲醇—水溶液层，而黄曲霉毒素 B_1被氯仿萃取，以此将黄曲霉毒素 B_1分离。

3. 蒸馏法

利用液体混合物中各组分挥发度的不同分离为纯组分的方法叫蒸馏法。现将常用的蒸馏法分述如下。

（1）常压蒸馏

在被蒸馏的物质受热后不易发生分解或在沸点不太高的情况下，可在常压下进行蒸馏。常压蒸馏的装置比较简单，加热方法要根据被蒸馏物质的沸点来确定。如果沸点不高于 90℃，可用水浴；如果沸点超过 90℃，则可改为油浴、沙浴、盐浴或石棉浴。如果被蒸馏物质不易爆炸或燃烧，可用电炉或酒精灯直接加热，最好垫以石棉网，使受热均匀且安全。当被蒸馏物质的沸点高于 150℃时，可用空气冷凝管代替冷水冷凝器。

（2）减压蒸馏

有很多化合物，特别是天然提取物，在高温条件下极易分解，因此须降低蒸馏温度，其中最常用的方法就是在低压条件下进行蒸馏。在实验室中常用水泵来达到减压的目的。

（3）水蒸气蒸馏

水蒸气蒸馏是将水和与水互不相溶的液体一起蒸馏。这种蒸馏方法适用于两种或两种以上组分可以互溶而且沸点相差很小的混合液体。

（4）蒸馏操作注意事项

第一，蒸馏瓶中装入的液体体积最大不能超过蒸馏瓶的2/3，同时加瓷片、毛细管等防止爆沸。蒸汽发生瓶中也要装入瓷片或毛细管。

第二，温度计插入高度应适当，以与通入冷凝管的支管在一个水平上或略低一点为宜。

第三，有机溶剂的液体应用水浴，并注意安全。

第四，冷凝管的冷凝水应由低向高逆流。

4. 盐析法

向溶液中加入某一盐类物质，使溶质在原溶剂中的溶解度大大降低，从而从溶液中沉淀出来的方法叫作盐析法。例如，在蛋白质溶液中加入大量的盐类，特别是加入重金属盐，蛋白质就可从溶液中沉淀出来。在蛋白质的测定过程中，常用氢氧化铜或碱性醋酸铅将蛋白质从水溶液中沉淀下来，将沉淀消化并测定其中的氮量，据此断定样品中纯蛋白质的含量。

在进行盐析工作时，应注意溶液中所要加入的物质的选择。它应不会破坏溶液中所要析出的物质，否则达不到盐析提取的目的。此外，还要注意选择适当的盐析条件，如溶液的片pH、温度等。盐析沉淀后，根据溶剂和析出物质的性质及实验要求，选择适当的分离方法，如过滤、离心分离和蒸发等。

5. 化学分离法

这是处理油脂或含脂肪样品时经常使用的方法。例如，油脂被浓硫酸磺化，或者油脂被碱皂化，油脂由憎水性变成亲水性，这时油脂中那些要测定的非极性物质就能较容易地被非极性或弱极性溶剂提取出来。

（1）磺化法

油脂遇到浓硫酸就磺化成极性甚大且易溶于水的化合物，磺化法就是利用这一反应，使样品中的油脂经磺化后再用水洗除去。

磺化法主要用于对酸稳定的有机氯农药，不能用于狄氏剂和一般有机磷农药，但个别有机磷农药也可在一定酸度的条件下应用。

（2）皂化法

脂肪与碱发生反应，生成易溶于水的羧酸盐和醇，可除去脂肪。对一些碱稳定的农药（如艾氏剂、狄氏剂）进行净化时，可用皂化法除去混入的脂肪。

（3）沉淀分离法

沉淀分离法是利用沉淀反应进行分离的方法。在试样中加入适当的沉淀剂，使被测组分沉淀下来，或将干扰组分沉淀除去，从而达到分离的目的。

（4）掩蔽法

掩蔽法是利用掩蔽剂与样液中的干扰成分作用，使干扰成分转变为不干扰测定的状态，即被掩蔽起来。运用这种方法，可以不经过分离干扰成分的操作而消除其干扰作用，简化分析步骤，因而在食品分析中的应用十分广泛。掩被法常用于金属元素的测定。

6. 色层分离法

这是应用最广泛的分离方法之一，尤其对一系列有机物质的分析测定，色层分离具有独特的优点。常用的色层分离有柱层析和薄层层析两种，由于选用的柱填充物和薄层涂布材料不同，因此有各种类型的柱层析分离和薄层层析分离。色层分离的最大特点是不仅分离效果好，而且分离过程往往也就是鉴定的过程。

（1）吸附色谱分离

该法使用的载体为聚酰胺、硅胶、硅藻土、氧化铝等，吸附剂经活化处理后具有一定的吸附能力。样品中的各组分依其吸附能力不同而被载体选择性吸附，使其分离。如食品中色素的测定，将样品溶液中的色素经吸附剂吸附（其他杂质不被吸附），经过过滤、洗涤，再用适当的溶剂解吸，取得比较纯净的色素溶液。吸附剂可以直接加入样品中吸附色素，也可将吸附剂装入玻璃管制成吸附柱或涂布成薄层板使用。

（2）分配色谱分析

此法是根据样品中的组分在固定相和流动相中的分配系数不同而进行分离。当溶剂渗透于固定相中并向上渗透时，分配组分就在两相中进行反复分配，进而分离。如多糖类样品的纸上层析，样品经酸水解处理，中和后制成试液，滤纸上点样，用苯酚-1%氨水饱和溶液展开，苯胺邻苯二酸显色，于105℃中加热数分钟，可见不同色斑：戊醛糖（红棕色）、乙醛糖（棕褐色）、乙酮糖（淡棕色）、双糖类（黄棕色）。

（3）离子交换色谱分离

这是一种利用离子交换剂与溶液中的离子发生交换反应实现分离的方法。根据被交换离子的电荷分为阳离子交换和阴离子交换。该法可用于从样品溶液中分离待测离子，也可用于从样品溶液中分离干扰组分。分离操作可将样液与离子交换剂一起混合振荡或将样液缓缓通过事先制备好的离子交换柱，则被测离子与交换剂上的 H^+ 或 OH^- 发生交换，或是被测离子上柱，或是干扰组分上柱，从而将其分离。

7. 浓缩法

样品提取和分离后，往往需要将大体积溶液中的溶剂减少，提高溶液浓度，使溶液体积达到所需要的体积。浓缩过程中很容易造成待测组分损失，尤其是挥发性强、不稳定的微量物质更容易损失，因此，要特别注意。当浓缩至体积很小时，一定要控制浓缩速度，不能太快，否则将会造成回收率降低。一般要求浓缩回收率大于或等于 90%。浓缩的方法有以下几种。

（1）自然挥发法

将待浓缩的溶液置于室温下，使溶剂自然蒸发。此法浓缩速度慢，但简便。

（2）吹气法

吹气法是采用吹干燥空气或氮气使溶剂挥发的浓缩方法。此法浓缩速度较慢。对于易氧化、蒸气压高的待测物，不能采用吹干燥空气的方法浓缩。

（3）K · D 浓缩器浓缩法

K · D 浓缩器浓缩法采用 K · D 浓缩装置进行减压蒸馏浓缩。此法简便，待测物不易损失，是较普遍采用的方法。

（4）真空旋转蒸发法

真空旋转蒸发法在减压、加温、旋转的条件下浓缩溶剂。此法简便，浓缩速度快，待测物不易损失，是最常用的理想的浓缩方法。

8. 样品的现代处理技术

近年来，食品特别是蔬菜、水果中农药污染造成急性中毒的事件屡见报道，但农药对人体的慢性危害产生的生理变化常常因没有明显症状而容易被忽视。一些农药品种具有累积毒性（如六六六、DDT），甚至会产生致癌、致畸、致突变“三致”毒性（如除草醚和杀虫剂）。农药残留测定主要用一些新型的样品处理方法。

（1）超临界流体萃取

超临界流体萃取是利用处于超临界状态的流体为溶剂，对样品中的待测组分进行萃取的方法。所谓超临界流体，是指处于临界温度和临界压力的非凝缩性的高压、高密度流体。由于食品组成成分复杂，农药残留水平较低（一般在 μg/kg 级至 mg/kg 级），因此要求灵敏度高、特异性强的提取及分析方法。超临界流体具有特殊的溶解性，特别适合微量成分的提取分离。

（2）加速溶剂萃取

加速溶剂萃取是一种在提高温度（50℃～200℃）和压力（10.3～20.6MPa）的条件

下，用有机溶剂萃取固体或半固体样品的自动化方法。与索氏提取、超声、微波、超临界和经典的分液漏斗振摇等公认的成熟方法相比，加速溶剂萃取的突出优点如下：

第一，有机溶剂用量少，10g 样品一般仅需 15mL 溶剂；

第二，快速，完成一次萃取全过程的时间一般仅需 15min；

第三，基体影响小，对不同基体可用相同的萃取条件；

第四，萃取效率高，选择性好。

现已成熟的溶剂萃取工艺都可采用加速溶剂萃取法，其使用方便、安全性好、自动化程度高。

（3）固相萃取

固相萃取是近年发展起来的一种样品预处理技术，是利用固体吸附剂将液体样品中的目标化合物吸附，与样品的基体和干扰化合物分离，然后再用洗脱剂洗脱或加热解吸附，达到分离和富集的目的。此方法主要用于样品的分离、纯化和浓缩，广泛地应用在医药、食品、环保、商检、农药残留等领域。与传统的液液萃取相比，固相萃取具有引人注目的优点：

第一，可以显著减少溶剂的用量，并可以避免使用毒性较强或易燃的溶剂；

第二，避免液液萃取中乳化现象的发生，萃取回收率高，重现性好；

第三，固相萃取简便、快速。一般来说，固相萃取可以同时进行批量样品的提取与富集，大大节约了时间；

第四，由于可选择的固相萃取填料种类很多，因此其应用范围很广；

第五，易于实现自动化。

（4）固相微萃取

固相微萃取是在固相萃取基础上发展起来的样品前处理方法，其操作原理与固相萃取近似，但是操作方法迥然不同。固相微萃取以熔融石英光导纤维或其他材料为基体支持物，利用“相似相溶”的特点，在其表面涂渍不同性质的高分子固定相薄层，通过直接或顶空方式，对待测物进行提取、富集、进样和解析，克服了以前传统的样品预处理技术的缺陷。它不需要溶剂和复杂装置，能直接从液体或气体样品中采集挥发和非挥发性的化合物。

（5）凝胶渗透色谱

凝胶渗透色谱又称空间排阻色谱，它是基于物质分子大小、形状不同来实现分离的一种色谱技术。通过具有分子筛性质的固定相，使得样品中的大分子先被洗脱下来，小分子后被洗脱下来。

凝胶渗透色谱是多农药残留分析中一种常用的有效的提纯方法，由于具有自动化程度高、净化效率及回收率较高的优点而被广泛用于纯化含类酯的复杂基体组分。

（四）实验设计和数据处理

1. 实验设计

样品中待测成分的分析方法很多，如何选择合适的分析方法需要进行周密考虑，以达到实验检测的目的。测定时应考虑以下几个方面的内容。

（1）检测要求的准确度和精密度

不同的检测方法，其灵敏度、选择性、准确度、精密度各不相同，要根据生产和科研工作对检测结果的准确度、精密度要求来选择适合的检测方法。

（2）检测方法的繁简和速度

不同的检测方法，其操作步骤的繁简程度和所需时间不同，每次的检测费用也不相同。应根据待测样品的数目和要求、取得检测结果的时间等来选择适当的检测方法。同一样品需要测定几种成分时，应尽可能选择能用一份样品处理液同时测定该几种成分的方法，达到快速、简便的目的。

（3）样品的特性

不同类型的样品待测成分的形态、含量不同，样品中可能存在的干扰物质和含量不同，样品的溶解或待测成分的提取难易程度不同。在实际测定过程中要根据样品的具体特性选择制备待测液、定量待测成分和确定消除干扰的方法。

（4）现有条件

由于分析实验的条件不尽相同，而测定的方法可能有几种，测定时应根据实验条件和要求选择适合的测定方法。

在样品的实际检测过程中，应根据国家或部门对该样品测定标准的要求和方法，在满足精密度、准确度、灵敏度和自身实验条件的基础上，选择适合的检测方法，并选用行业较通用的方法，以便于对比。

2. 实验数据处理

在食品检验方法中，“称取”是指用天平进行的称量操作，其准确度用数值的有效数字的位数表示。如“称取20.0g”，则要求称量的准确度为±0.1g；“称取20.00g”，则要求称量的准确度为±0.01g。“准确称取约”是指准确度必须为±0.0001g，但称取量可接近所要求的数值（不超过所要求数值的±10%）。恒量（恒重）是指在规定条件下，供试样品连续两次灼烧或干燥后称得的质量之差不超过规定的范围。“量取”是指用量筒或量杯取液体物质的操作，其准确度用数值的有效数字位数表示。“吸取”是指用移液管或刻度吸管吸取液体物质的操作，其准确度用数值的有效数字的位数表示。“空白实验”是指不加样品，而采用完全相同的分析步骤、试剂、用量（滴定法中标准滴定液的用量除外）进行平行操作，所得结果用于扣除样品中的试剂本身和计算检验方法的误差。

（1）实验结果的表示

①分析结果的表述

食品检测中直接或间接的结果，一般都会用数字表示，但这个数字与数学中的“数”不同，其计算与取舍必须遵循有效数字的运算规则及数字的修约规则。

A. 有效数字的运算规则

第一，除有特殊规定外，一般可疑数表示末位 1 个单位的误差。

第二，进行复杂运算时，中间过程要多保留一位有效数，最后结果取应有位数。

第三，进行加减法计算时，其结果中小数点后有效数字的保留位数应与参加运算的各数中小数点后位数最少的相同。

第四，进行乘除法计算时，其结果中有效数字的保留位数应与参加运算的各数中有效数字位数最少的相同。

B. 数字的修约规则

数字的修约规则一般称为“四舍六人五成双”法则，具体要求如下。

第一，在拟舍弃的数字中，若左边第一个数字小于 5（不包括 5）时，则舍去，即所拟保留的末尾数字不变。例如：将 15. 2321 修约到保留一位小数，修约后为 15. 2。

第二，在拟舍弃的数字中，若左边第一个数字大于 5（不包括 5）时，则进一，即所拟保留的末尾数字加 1。例如：将 26. 4844 修约到保留一位小数，修约后为 26. 5。

第三，在拟舍弃的数字中，若左边第一个数字等于 5 时，而其右边的数字并非全部为零时，则进一，即所拟保留的末尾数字加 1。例如：将 2. 0544 修约到保留一位小数，修约后为 2. 1。

第四，在拟舍弃的数字中，若左边第一个数字等于 5 时，而其右边的数字全部为零时，所保留的末尾数字为奇数则进一，为偶数（包括 0）则不变。例如，将 0. 6500、0. 3500、1. 0500 修约到保留一位小数，修约后分别为 0. 6、0. 4、1. 0。

第五，在拟舍弃的数字中，若为两位以上数字时，不得连续多次修约，应根据所拟舍弃数字中左边第一位数字的大小，按上述规定一次修约，得出结果。例如：将 15. 4546 修约成整数，正确的修约结果为 15，而不正确的做法为：15. 4546—15. 455—15. 46—15. 5—16。

测定过程中要按照仪器的精度确定有效数字的位数，运算后的数字还要进行修约。平行样品的测定，其结果报告算术平均值。进行结果表述时，测定的有效数字的位数一般应满足卫生标准的要求，甚至高于卫生指标的要求，即报告的结果比卫生标准的要求多一位有效数。例如：铅含量的卫生标准为1mg/kg，报告值可为1.0mg/kg。样品测定值的单位应与卫生标准一致，常用单位有g/kg、g/L、mg/kg、mg/L、μg/kg、μg/L等。计量单位应为中华人民共和国法定计量单位。

②结果与误差

真实值：一个客观存在的具有一定数值的被测成分的物理量称为真实值。

准确度：测定值与真实值的接近程度。

精确度：多次平行测定结果相互接近的程度。

误差：测定值与真实值之差。

系统误差：由固定原因造成的误差，在测定过程中按一定的规律重复出现，一般具有单向性，即测定值总是偏高或总是偏低。它一般可以分为：仪器误差、方法误差、试剂误差和操作误差等。

偶然误差：由于一些偶然的外因所引起的误差。产生偶然误差的原因一般是不固定的、未知的，且大小不一，具有不确定性。可能由于环境的偶然波动或仪器的性能、分析人员的操作不一致所产生。

灵敏度：分析方法所能检测到的最低限量。

③可信度的分析

A. 总体与样本

a. 总体

在统计学中，对于所考察的对象的全体，称为总体（或母体）。

b. 个体

组成总体的每个单元。

c. 样本（子样）

自总体中随机抽取的一组测量值（自总体中随机抽取的一部分个体）。

d. 样本容量

样品中所包含个体的数目，用n表示。

B. 随机变量

来自同一总体的无限多个测量值都是随机出现的，叫作随机变量。

C. 标准偏差

第一，总体标准偏差（无限次测量）。

第二，样本标准偏差（有限次测量）。

第三，相对标准偏差。

第四，标准偏差与平均偏差。

第五，平均值的标准偏差。

增加测定次数，可使平均值的标准偏差减少，但测定次数增加到一定程度时，这种减少作用不明显，因此在实际工作中，一般平行测定3~4次即可；当要求较高时，可适当增加平行测量次数。

④随机误差的正态分布

A. 频数分布

a. 频数

每组中数据的个数。

b. 相对频数频

数在总测定次数中所占的分数。

c. 频数分布

直方图以各组分区间为底、相对频数为高做成的一排矩形。

d. 离散特性

测定值在平均值周围波动。波动的程度用总体标准偏差表示。

e. 集中趋势向平均值集中

用总体平均值 μ 表示。在确认消除了系统误差的前提下，总体平均值就是真值。

B. 正态分布（无限次测量）

第一，正态分布曲线如果以 $x-\mu$（随机误差）为横坐标，曲线最高点横坐标为0，这时表示的是随机误差的正态分布曲线。

第二，随机误差符合正态分布。大误差出现的概率小；小误差出现的概率大；绝对值相等的正负误差出现的概率相等；误差为零的测量值出现的概率最大。

（2）提高分析结果准确度的方法

①选择合适的分析方法

第一，根据试样中待测组分的含量选择分析方法。高含量组分用滴定分析或重量分析法；低含量用仪器分析法。

第二，充分考虑试样中共存组分对测定的干扰，采用适当的掩蔽或分离方法。

第三，对于痕量组分，分析方法的灵敏度不能满足分析的要求，可先定量富集后再进行测定。

②减小测量误差

第一，称量：分析天平的称量误差为±0.0002g，为了使测量时的相对误差在0.1%以下，试样质量必须在0.2g以上。

第二，滴定管读数常有±0.01mL的误差，在一次滴定中，读数两次，可能造成±0.02mL的误差。为使测量时的相对误差小于0.1%，消耗滴定剂的体积必须在20L以上，最好使体积在25mL左右，一般在20~30mL。

第三，微量组分的光度测定中，可将称量的准确度提高约一个数量级。

③减小随机误差

在消除系统误差的前提下，平行测定次数越多，平均值越接近真值。因此，增加测定次数，可以提高平均值精密度。在化学分析中，对于同一试样，通常要求平行测定2~4次。

④消除系统误差

由于系统误差是由某种固定的原因造成的，因而找出这一原因，就可以消除系统误差的来源。有下列几种方法：对照试验、空白试验、校准仪器、分析结果的校正。

A. 对照试验

与标准试样的标准结果进行对照，与其他成熟的分析方法进行对照，国家标准分析方法或公认的经典分析方法，由不同分析人员、不同实验室来进行对照试验，内检、外检。

B. 空白试验

在不加待测组分的情况下，按照试样分析同样的操作手续和条件进行实验，所测定的结果为空白值，从试样测定结果中扣除空白值来校正分析结果。消除由试剂、蒸馏水、实验器皿和环境带入的杂质引起的系统误差，但空白值不可太大。

C. 校准仪器

仪器不准确引起的系统误差，可通过校准仪器来减小其影响。例如砝码、移液管和滴定管等，在精确的分析中，必须进行校准，并在计算结果时采用校正值。

D. 分析结果的校正

校正分析过程的方法误差，例如用重量法测定试样中高含量的SiO_2，因硅酸盐沉淀不完全而使测定结果偏低，可用光度法测定滤液中少量的硅，而后将分析结果相加。

二、食品分析与检验实验室设置与管理

（一）实验室的布局及设施

食品分析与检验实验室是对食品进行微生物和理化分析检验的场所。主要包括样品处理室、恒温恒湿检验室、试剂储藏室、微生物准备间、分析天平室、一般仪器与精密仪器室等。

在符合国家法律法规的前提下，实验室选址宜优先考虑基础设施完善、交通便利和通讯良好的地区，并满足发展用地的需求。同时要根据实验室的功能，避开化学、生物、噪声、振动、强电磁场等易对检测结果造成影响的污染源及易燃易爆场所。

实验室内地面和墙裙可采用水磨石，或铺耐酸陶瓷地板、塑料地板等；实验台面可贴耐酸的塑料板或橡胶板；放置精密仪器的工作台两侧设水槽，便于洗涤，下水管须耐腐蚀。精密仪器室需配备防潮吸湿装置及空调装置等。

实验室的水源除用于洗涤外，还用于抽滤、蒸馏、冷却等，所以水槽上要多装几个水龙头，如普通龙头、尖嘴龙头、高位龙头等。下水管的水平段倾斜度要稍大些，以避免管内积水；弯管处宜用三通，留出一端用堵头堵塞，便于疏通。此外，实验室内应设有地漏。

实验室的供电电源功率应根据用电总负荷设计，设计时要留有余地。进户线要用三相电源，整个实验室设置总电源控制开关，能够切断房间内的所有电源，同时还应设置分项空气开关，保证使用过程中如有漏电现象立刻自动切断电源。对于需要进行长时间连续用电的实验设备，以及重要的仪器设备，应设置辅助电力系统（不间断电源或双路供电），避免因断电等原因影响工作或造成设备故障。精密仪器要单设地线，以保证仪器稳定运行。实验室工作接地的接地电阻值，应按实验仪器、设备的具体要求确定。无特殊要求时，一般不宜大于4Ω。供电电源工作接地及保护接地的接地电阻值不大于4Ω。

实验室应保持良好的通风，当自然通风不能满足实验室室内的卫生要求、工艺要求时，应设置机械通风系统。同时通风系统宜有工作模式和值班模式的切换控制方式。

（二）常用仪器设备

1. 基本设备

包括电冰箱及冰柜、离子交换纯水器、通风柜等。

（1）电冰箱及冰柜

用于低温保存样品及试剂等。电冰箱搬动时，倾斜度不得超过45°，放置应与墙壁保

持10cm的距离，以保证冷凝器的对流效率。冰箱内存放物品不宜过满过挤，以保持箱内冷空气的流通，并使温度均匀。凡存放配制的强酸强碱及腐蚀性试剂，或细菌菌种等，必须密封后放入。

（2）离子交换纯水器

系采用一种高分子化合物阴离子和阳离子交换树脂来制备纯水（也称“去离子水”）的设备，为食品检验用水的必备设备。通常在使用时，水应先经过阳离子树脂柱，吸附水中的阳离子如Mg^{2+}、K^+、Na^+等；再流入阴离子树脂柱，吸附水中的阴离子如SO_4^{2-}、Cl^-、HCO_3^-等；这个顺序不能颠倒，以防交换下来的OH与水中的阳离子杂质生成难溶沉淀物，并吸附在阴离子树脂表面，使交换量降低；同时，水经过离子交换树脂不应有空气泡或断层，且流速不宜太快。使用后柱内应留有足量水，并高于树脂层，以防树脂干燥。如较长期使用后离子交换树脂失效，可用7%的HCl与8%的NaOH溶液交替处理而再生。

（3）通风柜

在样品处理过程中，常用强酸、有机溶剂等，会产生一些有毒有害及腐蚀性气体，必须及时排除。因此，通风柜是食品分析与检验实验室必备的通风设备。制造通风柜时应考虑到有害气体的腐蚀，可全部采用塑料或玻璃钢等材料，经久耐用。通风柜长1.5～1.8m（单个）、深（宽）89～90cm，空间高度大于1.5m。前门及侧壁安装玻璃，前门可开启。排气口应高于屋顶2m以上。柜内应安装排风设备、电源、水源等。

2. 电热设备

包括电炉、电热板、电热套、高温电炉、电热恒温水浴锅、电热恒温干燥箱等。

（1）电炉

加热设备，按功率大小分为600W、1000W、1500W、2000W几种。另外有一种能调节发热量的电炉，称为“可调电炉”，实验室内常用的为六联可调电炉。使用时切忌在电炉上面直接加热易燃试剂，以防失火。如加热的是玻璃容器，使用时应垫上石棉网；如为金属容器，切记不要触及炉丝，最好是在断电情况下操作。炉盘内的凹槽要保持清洁，在断电的情况下清除污物，以保护炉丝散热良好；使用时间不宜过长，对延长炉丝的寿命有益。

（2）电热板

一种封闭式加热电炉。其炉丝不外露，功率可调节，使用安全、方便。

（3）电热套

实验室通用加热仪器的一种，由无碱玻璃纤维和金属加热丝编制的半球形加热内套与控制电路组成，多用于玻璃容器的精确控温加热。

（4）高温电炉

又称马福炉，用于食品样品灰化处理。其工作温度可高达1000℃以上，常配有自动控温仪，用来设定、控制、测量炉膛内的温度。高温电炉必须安置在稳固的水泥台上，炉膛内要保持清洁，炉子周围禁放易燃易爆物品。使用时，要常查看，防止自控失灵，造成电炉丝烧断等；用完后应先切断电源，不要立即打开炉门，待炉温下降至200℃以下时方可打开炉门，以防炉膛碎裂或外壳剥落等。

（5）电热恒温水浴锅

用于样液或试剂的蒸发与恒温加热。有二孔、四孔、六孔单列或双列等不同类型。使用前应使锅内的自来水高于电热管，以免烧坏电热管。水浴锅应定期检查水箱是否有渗漏现象，以防漏电损坏。水箱内要保持清洁，经常更换水，如较长时间不用，应将水放出，并擦干。

（6）电热恒温干燥箱

俗称烘箱或干燥箱，用于样品或试剂、器皿的恒温烘焙、干燥等。干燥箱温度控制表盘上的数字，比较粗略，常与实际温度不符，使用前应检查和校正，做出校正刻度，使用时以此为准。干燥箱工作时须有人照看，以防控制器失灵。在观察箱内工作室的情况时，可开启外道门，从玻璃门观看，尽量不开玻璃门，以免影响恒温。特别是当工作温度在200℃以上时，必须降温后开启箱门，否则易发生玻璃门因骤冷而破裂。凡有鼓风装置的干燥箱，工作时应开启鼓风机，以使工作室温度均匀，并防止加热元件损坏。干燥箱内禁止烘焙易燃、易爆、易挥发及有腐蚀性的物品。如脱脂棉、纱布、滤纸等纤维物品，应严格控制温度，防止烤焦或燃烧。

3. 样品前处理设备

主要包括粉碎机、组织捣碎机或均质器、涡旋混合器、超声清洗器、微波消解仪、固相萃取缸和台式离心机等。

（1）绞肉机、组织捣碎机或均质器

用于样品的绞碎、捣碎、混匀。

（2）涡旋混合器

用于样品的提取，样液及试剂的搅匀等。

（3）微波消解仪

微波消解仪主要用于重金属检测前处理，是利用微波的穿透性和激活反应能力加热密闭容器内的试剂和样品，使容器内压力增加，反应温度提高，从而大大提高反应速率，缩短样品消解制备的时间。

（4）固相萃取缸

固相萃取缸由缸体和真空泵组成。固相萃取是由液固萃取和柱液相色谱技术相结合发展而来的一种样品预处理技术，主要用于样品的分离、纯化和浓缩，与传统的液萃取法相比，可以提高分析物的回收率，更有效地将分析物与干扰组分分离，减少样品预处理过程，操作简单、省时、省力。广泛用于食品农（兽）药残留检测领域。

（5）台式离心机

用于样液沉淀、分离。根据转速不同可分为高速离心机和超高速离心机。目前，常用台式离心机可根据转子类型可分为固定角转子和水平适配器，离心体积可覆盖 1.5mL 至 250mL。

4. 电子天平

电子天平是天平当中较为复杂且高度精准的一个类型。由于其具有准确、迅速等优点而得到了广泛使用。电子天平根据电磁力平衡原理，全程操作简便，显示快速清晰并且具有自动检测系统、简便的自动校准装置以及超载保护等装置。根据精准度可以将其分为以下几种类别：超微量、微量、半微量、常量、分析以及精密电子天平。目前实验室主要配备的是分析天平和精密天平。分析天平可分为千分之一和万分之一天平，主要用于食品检验日常的样品称取，试剂称取等，量程一般为 0~220g，万分之一天平读数可精确至 0.0000g。精密天平主要用于检测用标准品的称取，量程 0~120g，读数可精确至 0.01g。但电子天平在使用过程中对房间内的温湿度、气流等有要求，同时远离震动和强电磁环境。

5. 分析仪器

包括紫外—可见分光光度计、原子吸收光谱仪、酸度计及离子计、气相色谱仪、高效液相色谱仪、电感耦合度离子质谱仪、有机质谱联用仪等。

（1）紫外—可见分光光度计

紫外—可见分光光度计的工作原理基于朗伯—比尔定律，即：单色光辐射穿过被测物质溶液时，在一定的浓度范围内被该物质吸收的量与该物质的浓度和液层的厚度（光路长度）成正比。紫外一可见分光光度计由 5 个部件组成：①辐射源。必须具有稳定的、有足够输出功率的、能提供仪器使用波段的连续光谱，如钨灯、卤钨灯（波长范围 400~850nm）、氘灯或氢灯（180~400nm），或可调谐染料激光光源等。②单色器。它由入射、出射狭缝、透镜系统和色散元件（棱镜或光栅）组成，是用以产生高纯度单色光束的装置，其功能包括将光源产生的复合光分解为单色光和分出所需的单色光束。③试样容器，又称吸收池。供盛放试液进行吸光度测量之用，分为石英池和玻璃池两种，前者适用于紫外和可见区，后者只适用于可见区。容器的光程一般为0.5～10cm。④检测器，又称光电转换器。常用的有光电管或光电倍增管，后者较前者更灵敏，特别适用于检测较弱的辐射。近年来还使用光导摄像管或光电二极管矩阵作检测器，可以快速扫描。⑤显示装置。这部分装置发展较快。较高级的光度计，常备有微处理机、荧光屏显示和记录仪等，可将图谱、数据和操作条件都显示出来。仪器类型则有：单波长单光束直读式分光光度计，单波长双光束自动记录式分光光度计和双波长双光束分光光度计。特别注意的是，当重新更换比色皿时要对比色皿重新配对后，方可使用。

（2）原子吸收光谱仪

原子吸收光谱仪是用于重金属分析检测的一种极其重要的光谱分析仪器。原子吸收光谱，又称原子吸收分光光度分析。是基于试样蒸气相中被测元素的基态原子对由光源发出的该原子的特征性窄频辐射产生共振吸收，其吸光度在一定范围内与蒸气相中被测元素的基态原子浓度成正比，根据郎伯—比尔定律来确定样品中化合物的含量的一种仪器分析方法。

它能检测食品中微量及痕量的金属元素和一些类金属元素分析，火焰原子吸收光谱法可测到10g/mL数量级，石墨炉原子吸收法可测到10^{-12}g/mL数量级。若再加配氢化物发生器可对8种挥发性元素汞、砷、铅、硒、锡、碲、锑、锗等进行微痕量测定。并且具有灵敏度高、选择性好、准确、快速等优点。其两个关键部件为光源与原子化器系统。

①光源

光源的功能是发射被测元素的特征共振辐射。对光源的基本要求是：发射的共振辐射的半宽度要明显小于吸收线的半宽度；辐射强度大；背景低，低于特征共振辐射强度的1%；稳定性好，30min之内漂移不超过1%；噪声小于0.1%；使用寿命长于5A・h。多用空心阴极灯等锐线光源。空心阴极灯是目前应用最广泛的原子吸收分光光度计的光源，它能发射出足够强的被检元素蒸气所能吸收的特征辐射线。每检测一种元素，就需要换一个用该元素材料制成的空心阴极灯，因此一台原子吸收分光光度计应配备若干种空心阴极灯。

②原子化器系统

原子吸收是基态原子对辐射能的吸收。因此，待检化合物必须要经过原子化器系统，使待检元素呈原子蒸汽状态。一般分为火焰原子化器与无火焰原子化器两种。

火焰原子化器：包括两个部分，一部分是将样品溶液变成高度分散状态的雾化器；另一部分是燃烧器。目前采用的是缝式燃烧器，常用的燃气为乙炔、氢、煤气、丙烷，助燃气为空气、氧气等。在实际应用时应根据不同待检元素，选用恰当的火焰类型：另外还要通过条件试验来确定最佳火焰状态，即燃气与助燃气流量的最佳比值。

无火焰原子化器：主要有电热高温石墨管原子化器，利用电能加热盛放试样的石墨容器，使之达到高温，以实现试样溶液中被测元素形成基态原子。在加热过程中石墨管外气路氩气沿石墨炉外壁流动，以保护石墨炉管不被烧蚀。内气路中的氩气从管两端流向中心，由管中心孔流出，以有效地除去在干燥和灰化过程中所产生的基体蒸汽，同时保护已原子化了的原子不再被氧化。在灰化阶段，停止通气，以延长原子在吸收区内的平均停留时间。以免对原子蒸气的稀释。水冷却套是为了保护炉体，确保切断电源后 20~30s，炉子降至室温。在样品测试阶段要合理的设置灰化原子化温度，添加基体改进剂和开启塞曼效应扣背景，以达到理想的检测结果。

（3）酸度计

酸度计一般是指 pH 计，是指用来测定溶液酸碱度值的仪器。pH 计是利用原电池的原理工作的，原电池的两个电极间的电动势依据能斯特定律，既与电极的自身属性有关，还与溶液里的氢离子浓度有关。原电池的电动势和氢离子浓度之间存在对应关系，氢离子浓度的负对数即为 pH。

目前实验室使用的酸度计配备的是加温度探头的三合一复合电极，在使用过程中自动进行温度补偿，可直接读数。使用后用去离子水清洗干净，电极浸泡在饱和氯化钾溶液中保存。工作中使用的标准缓冲液一般可保存 2~3 个月，但如果发现有混浊、发霉或沉淀等现象时，不能继续使用。也可购买商品化的液体标准缓冲液系列产品，使用方便。

（4）气相色谱仪

气相色谱仪一般由气路系统、进样系统、分离系统、检测系统和数据处理系统五个部分组成。它是以惰性气体（又称载气）作为流动相，以固定液或固定吸附剂作为固定相的色谱法。目前食品检验常用的气相色谱仪为毛细管气相色谱仪。它是采用毛细管柱进行高效分析的色谱方法。采用的毛细管柱为内径较细的开管柱，与填充柱相比，毛细管柱具有分离效能高，分析速度快和样品量少的特点。常用的毛细管柱一般长为 15~60，内径为 0.1~0.53mm，柱流量为 0.5~2 mL/min，进样量为 10ng~1μg。为了充分利用毛细管柱的高效分离特性，需采用与之配套的进样和检测系统。

毛细管柱气相色谱仪常用的进样方式有：分流进样，分流/不分流进样，直接进样，程序升温气化进样等。尽管每种进样系统设计原理不同，但目的都是为了有效地抑制进样峰展宽，避免进样歧视效应以及保持毛细管柱的高效分离。

①分流进样

最经典的毛细管气相色谱的进样方式，解决了由于毛细管柱柱容量有限，微量进样器无法准确重复进样的问题。载气经进样口流量控制后进入进样系统，一部分载气用于进样隔垫吹扫，另一部分载气高速进入气化室。样品注入气化室瞬间气化后与载气在衬管中混合。分流进样方式常被用于浓度较高的样品，对于常规的毛细管柱（0.25mm，I.D.），分流比一般为（1∶30）～（1∶100），用以避免初始谱带的扩展，保证得到较尖锐的峰形。

②不分流进样

进样时没有分流，当大部分样品进入柱子后，打开分流阀，对进样器进行吹扫。这种形式的进样，适用于痕量分析。该种进样方式有很好的定量精度和准确度，比分流进样的灵敏度有了大大提高。

下面简介三种常见的气相色谱仪的检测器氢火焰离子化检测器、电子捕获检测器与火焰光度检测器。

A. 氢火焰离子化检测器（FD）

它是使用最为广泛的高灵敏度的通用检测器，几乎对所有可电离的有机化合物有响应。它以氢气和空气燃烧生成火焰为能源（空气与氢气量的比约为10），当有机化合物进入火焰时，由于离子化反应，在电场作用下，带正电荷的离子和电子分别向负极和正极移动，产生的离子流经放大器放大后，可被检测。利用产生的离子流与进入火焰的有机物含量成正比来定量，灵敏度可达102～10gs。在使用时，一般将检测器的温度比设定的柱温稍高些，以保证样品在FID中不会发生冷凝，但ID的温度不可低于100℃。

B. 电子捕获检测器（ECD）

是一种灵敏度高、选择性强的浓度型检测器，它只对具有电负性的物质，如含S、P、卤素的化合物及含羰基、硝基、共轭双键的化合物有输出信号。物质的电负性越强，其电子吸收系数越大，检测器的灵敏度越高，而对电负性很小，如烃类化合物等物质不产生信号。该检测器的放射源常用^{3}H及^{63}Ni，前者灵敏度较高，但使用温度不得超过220℃；后者可在较高温度（350℃）下使用，载气一般为高纯氮气（99.99%）。使用时要尽量避免空气中的氧气对检测器污染。检测器不用时，仍要保持氮气的正压力，即一直通氮气，速度小于10mL/min，或将检测的出口堵住，防止空气反扩散进来。

C. 火焰光度检测器（FPD）

用来检测含硫或磷化合物的高灵敏、高选择性的光谱检测器，广泛用于食品中硫、磷农药残留物的检测。当化合物在富氢焰（H_2与O_2体积比>3）中燃烧时，伴有化学发光效应，会分别发射一系列的特征光谱，其中 394m 为含硫化合物的特征波长，526nm 为含磷化合物的特征波长。

（5）高效液相色谱仪

高效液相色谱仪一般包括储液装置、高压输液泵、进样器、色谱柱、检测器等。

①储液装置

用于储存工作时流动相，容量通常 0.5～2L，一般采用玻璃、不锈钢或聚四氟乙烯材质，最常见的为透明高硼酸硅玻璃瓶，也可使用避光的棕色瓶。流动相在进入高压输液泵前必须经过过滤和脱气后才能使用，过滤的滤膜分为有机系膜和水系膜，规格分为 0.22μm、0.45μm 不等，一般来说，0.45 微米已经足够使用，0.22μm 主要用于液质系统上。有机系膜用于过滤纯有机流动相和部分含有有机溶剂流动相，水系膜只能过滤纯水和水溶性缓冲盐流动相，切不可过滤有机溶剂，否则水系膜会被溶解。流动相通过色谱柱时其中的气泡受到压力而压缩。流出色谱柱到检测器时，因常压而将气泡释放出来，增大检测器的噪声，基线不稳，在梯度淋洗时这种情况尤为突出。脱气方法可分为离线脱气和在线脱气两种形式，但现在很多仪器都配备了在线脱气装置，能够很好地去除大部分气泡。常见的离线脱气方式有两种：

A. 超声波脱气：将流动相容器置于超声波清洗槽中（水为介质），超声处理 15～30min。该方法简单方便，不影响溶剂的组成，适用于各种溶剂。但使用时应避免溶剂瓶与超声波清洗槽底部或四壁接触，造成破损。

B. 氨气脱气：将 N2 通过滤器导入流动相中，以 0.5kg/cm 压力、10～15min 脱气。

②高压输液泵

使流动相按一定流速或压力进入色谱柱中，已达到样品有效分离的作用。一般要求流量稳定，流量的重复性 RSD 值优于 0.3%；输出压力高，密封性能好，最高输出压力 40～60MPa. 超高压液相色谱耐压超过 100MPa；流量范围宽，且连续可调，流速在 0.01～10 mL/min；泵体积小，利于流动相的切换；耐腐蚀性能好，许多厂商的柱塞泵都附有清洗装置，可自动清洗，防止切换流动相时柱头盐类物质析出。常见高压输液泵为往复柱塞泵。要保养好输液泵，必须选用高质量试剂与溶剂，所用流动相及溶剂应经过滤后再使用；流动相经过脱气；工作前应放空排气，结束后应从泵中洗净缓冲液；不允许泵中滞留水或腐蚀性溶剂：要定期维护保养等。

③进样器

将待检样液注入色谱柱，一种为手动微量注射器（1～10μL）进样；另一种为自动进样，可通过计算机控制，可自动进行取样、进样、清洗等一系列操作。使用时待检样液应经过滤与净化处理；进样口应保持清洁，阀前应配备过滤器，工作结束后应冲洗去除缓冲溶液。

④色谱柱

色谱柱主要用于待测物的分离。色谱柱的主要填充材料可分为无机氧化物和聚合物；按照分离模式可以分为正相、反相、亲和、手性等。实验中通常使用的分析柱长 150mm 或 250mm，内径 4.6mm（也有 1~2mm），粒径 3~10μm（粒径 5μm 使用最广），工作时压力一般为 6000psi，对于粒径小于 2μm 的色谱填料，工作压力可达 10000psi。填充材料有硅胶微粒，多孔聚合物（以 C 最为常见）。色谱柱与进样器及检测器两端连接，应无死角，柱的温度应严格控制，一般不超过 100℃；否则，流动相易气化，导致工作失败。对于较脏的样品，要防止色谱柱被污染，使柱的寿命延长。因此，常在色谱柱的前端装一根相同固定相的预柱（5~30mm），起保护色谱柱的作用。

⑤检测器

在检测中主要使用的检测器有紫外—可见、光电二极管阵列、示差检测器等。

A. 紫外—可见检测器

在 HPLC 中应用最为广泛的检测器，灵敏度高，选择性好，线性范围宽，并能满足绝大多数待测物检测的要求，还能适应等度和梯度洗脱，对强紫外线吸收的物质检测限量可达 1ng 以下。一般选择被检组分的最大吸收波长进行检测，其波长选择取决于样品中的待检成分及其分子结构。同时应考虑流动相的组分。因各种溶剂均有各自的特定透过波长下限值，即检测池 1cm、透过率为 10%时的响应波长，如低于该值时，溶剂的吸收会增强，不利于检测被检组分的吸收强度。

B. 二极管矩阵检测器

普通的紫外可见吸收检测器只能检定某一波长时，吸光度与时间关系的曲线。即只能做二维图谱。而光电二极管阵列检测器能够同时测定吸光度、时间、波长三者的关系，通过计算机处理显示出三维图谱，也可以做出任何波长下的吸光度—时间曲线（色谱图）和任意时间的吸光度—波长曲线（紫外—可见光谱图）。二极管阵列检测器可以提供关于色谱分离、定性定量的丰富信息，也给出了一些特殊功能，如色谱峰的准确定性、峰纯度检测、峰抑制、宽谱带检测、选择最佳波长等。其主要特点包括：可以同时得到多个波长下的色谱图，因此可以计算不同波长的相对吸收比；可以在色谱分离期间对每个色谱峰的指定位置实时记录吸收光谱图，并计算其最大吸收波长；在色谱运行期间可以逐点进行光谱扫描，得到以时间—波长—吸收值为坐标的三维图形（三维色谱图），可直观形象地显示组分的分离情况及各组分的紫外—可见吸收光谱。由于每个组分都有全波段的光谱吸收图，因此可利用色谱保留值规律及光谱特征吸收曲线综合进行定性分析；可以选择整个波长范围、几百纳米的宽谱带检测，仅需一次进样，可将所有的组分检测出来。

C. 示差检测器

示差折光检测器也称光折射检测器，是一种通用型检测器。基于连续测定色谱柱流出物光折射率的变化来测定溶质浓度，溶液的光折射率是溶剂（流动相）和溶质各自的折射率乘以其物质的量浓度之和，溶有样品的流动相和单纯流动相光折射率之差即表示样品在流动相中的浓度。主要用于测定糖类、氨基酸、脂肪酸、表面活性剂等物质。

（6）电感耦合等离子质谱仪

电感耦合等离子质谱仪（ICP-MS）作为无机质谱的代表，主要用于食品实验中无机金属元素的痕量分析。电感耦合等离子质谱仪的基本原理：样品经过进样系统被送进 ICP 离子源中，利用高温等离子体火焰将样品蒸发、离解、原子化和电离，绝大多数金属离子成为单价离子，这些离子以超声波速度通过双锥接口（取样锥和截取锥，1 级真空）进入质谱真空系统。离子通过接口后，在离子透镜（2 级真空）的电场作用下聚焦成离子束进入四级杆离子分离系统（3 级真空），离子进入四极杆质量分析器后，根据质量/电荷比的不同依次分开，最后由离子检测器进行检测。

电感耦合等离子质谱仪（ICP-MS）优点：可在大气压下进样，便于与其他进样技术联用。图谱简单，检出限低，分析速度快，动态范围广，可极大地提高检验效率；可进行单元素和多元素分析，若与 HPLC 联用，可进行有机物中金属元素的价态分析。

（7）有机质谱联用仪

①气相色谱—质谱联用仪

由气相色谱和质谱这两部分组成，可分为 GC-MS 和 GC-MS-MS，两者放在一起使用要比单独使用会精细很多倍。单用气相色谱或质谱是不可能精确地识别一种特定的分子的。通常，经质谱仪处理的是需要非常纯的样品，而当有多种分子通过色谱柱的时间一样时（即具有相同的保留时间）使用传统的检测器的气相色谱不能予以区分，这样会导致两种或多种分子在同一时间流出柱子。在单独使用质谱检测器时，也会出现样式相似的离子化碎片。将这两种方法结合起来则能减少误差的可能性，因为两种分子同时具有相同的色谱行为和质谱行为实属非常罕见。因而，当一张分子识别质谱图出现在某一特定的 GC-MS 分析的保留时间时，将典型地增高被分析物的确定性。一般食品实验室质谱的类型为单四级杆质谱（MS）或三重四级杆质谱（MS-MS）。

GC-MS 和 GC-MS-MS 一般采用电子电离源（EI），又称电子轰击离子源或电子轰击，此电离源也是有机质谱离子源中唯一的硬电离源，EI 是在真空度约 10Pa 环境，分子离子之间碰撞可以忽略的条件下，利用灯丝产生 70eV 的电子轰击样品分子，使样品分子形成离子样品，离子中会有大量的分子碎片离子存在，可以提供比较丰富的分子特征信息，目前已建立起标准图谱库（如：NIST 库），方便人们进行物质的鉴定。GC-MS 和 GC-MS-MS 主要用于农残检测。

②液相色谱—质谱联用仪

液相色谱—质谱联用仪是将高效液相色谱或超高效液相色谱与质谱检测器组合相连。质谱分析器依据不同方式将离子源中生成的样品离子按质荷比/z 的大小分开，质谱分析器主要分为：三重四级杆（MS-MS），飞行时间质量分析器（TOF），扇形磁场离子阱等。目前食品实验室主要使用的是超高效液相色谱三重四级杆（UPLC-MS-MS）液质联用仪，一般采用电喷雾离子源（ES），主要用于食品农药残留、保健食品非法添加等检测分析。分析时常用的流动相为甲醇、乙腈、水和它们不同比例的混合物以及一些挥发盐的缓冲液，如甲酸铵、乙酸铵等。但是要避免使用 HPLC 分析中常用的磷酸盐缓冲液以及一些离子对试剂如三氟乙酸等。检测中正离子模式适用于碱性样品，负离子模式适用于酸性样品。

6. 玻璃器皿

用于对样品进行研磨、称量、干燥、分离、提取、消化、定容、蒸馏、浓缩处理、试剂配制及储存等。常用的玻璃器皿一般可分为量器、容器和特定用途的玻璃器皿。

量器类：有吸管、滴定管、量杯、量筒、容量瓶、称量瓶等。容器类：有烧杯、烧瓶、锥形瓶、试剂瓶、滴瓶、试管、培养皿等。特定用途的玻璃器皿：有研钵、漏斗、分液漏斗、干燥器、凯氏分解烧瓶、冷凝管、K-D 浓缩器、层析柱、索氏脂肪抽提器及凯氏定氮蒸馏装置等。

玻璃器皿洁净程度，直接影响食品分析与检验结果的准确度和精密度。一般玻璃器皿需经洗涤液浸泡后用自来水冲洗，再用蒸馏水冲洗干净，其内壁应明亮光洁，无水珠附着在玻璃壁上，否则必须重新洗涤。用于重金属检测的玻璃器皿还需用 30% 的硝酸浸泡过夜，方可使用。

洗涤干净的玻璃器皿可任其自然干燥，也可烘干，保存时应防止灰尘污染。

（三）实验室的管理

1. 安全管理

（1）防止中毒与污染

第一，对剧毒试剂（如氰化钾、霜等）等必须制定保管、使用登记制度，并由专人、专柜保管。

第二，有腐蚀、刺激及有毒气体的试剂或实验，必须在通风柜内进行工作，并做好防护措施（如戴橡皮手套、口罩等）。

第三，严禁在实验室内饮水。

第四，进实验室要穿工作服，实验完毕要洗手。

（2）防止燃烧与爆炸

第一，妥善保存易燃、易爆、自燃、强氧化剂等试剂，使用时必须严格遵守操作规程。

第二，在使用易燃、易爆等试剂时要严防明火，并保持实验室内通风良好。

第三，对易燃气体（如甲烷、氢气等）钢瓶应放在无人进出的安全地方，绝不允许直接放于工作室内使用。

第四，严格遵守安全用电规则，定期检查电器设备、电源线路，防止因电火花、短路、超负荷引起线路起火。

第五，室内必须配置灭火器材，并要定期检查其性能。实验室应十分慎重用水灭火，因有的有机溶剂比水轻，浮于水面，用水反而扩大火势；有的试剂与水反应，会引起燃烧，甚至爆炸。故一般采用干粉灭火和二氧化碳灭火；仪器设备采用七氟丙烷灭火。

第六，要健全岗位责任制，离开实验室或下班前必须认真检查电源、煤气、水源等，以确保安全。

（3）“三废”处理与回收

食品分析与检验过程中产生的废气（如 SO_2）、废液（如 KCN 溶液）、废渣（如黄曲霉毒素）都是有毒有害物质，其中有些是剧毒物质和致癌物质，如直接排放会污染环境，损害人体健康。因此，对实验中产生的“三废”，应认真处理后才能排放。对一些试剂（如有机溶剂、$AgNO_3$等）可以进行回收，或再利用等。

有毒气体量少时可通过排风设备排出室外；毒气量大时必须经吸收液吸收处理。如 SO_2、NO 等酸性气体可用碱溶液吸收，对废液按不同化学性质给予处理，如 KCN 废液集中后，先加强碱（NaOH 溶液）调 pH 至 10 以上，再加入 $KMnO_4$（以 3%计算加入量）使 CN 氧化分解；又如，受黄曲霉毒素污染的器皿、台面等，须经 5%的 $NaClO_4$溶液浸泡或擦抹干净。

2. 日常管理

实验室必须健全管理制度，设立专职或兼职管理人员，以科学方法管理，订立切实可行的规章制度，以便遵照执行。

（1）实验室工作要求

第一，设立岗位责任制，由实验室负责人全权管理本室工作，制订工作计划、人员分工与安排，定期检查、督促原始检测记录、工作日志、精密仪器保养与添置情况，以及人员培训、进修与考核、检验报告的复核等。

第二，对取样、接收样品应做好登记及保存工作。

第三，进入实验前要有充分准备，切勿忙乱，应有良好的工作作风，实验严谨、认真、仔细，以科学的态度写出检测数据与报告。

第四，实验人员操作必须规范化、标准化，切勿马虎。

第五，做好实验室的资料保存与存档工作。

第六，实验人员进入实验室必须穿白色工作服，实验前后均应洗手。

第七，实验室要定期打扫，保持卫生清洁与整齐。

（2）试剂的管理

第一，危险品应按国家公安部规定管理，严格执行。

第二，试剂应储存在朝北房间，室内应干燥通风，严禁明火，避免阳光照射。

第三，易燃试剂室内的温度不得超过28℃，易爆试剂储存温度不得超过30℃。

（3）精密仪器管理

第一，精密仪器应按其性质、灵敏度要求、精密程度，固定房间及位置，必须做到防震、防晒、防潮、防腐蚀、防灰尘。

第二，应定期检查仪器性能，在多雨季节应经常通电试机。

第三，精密仪器要建立“技术档案”、使用记录卡、维修记录卡、安装调试及验收记录、说明书、线路图、装箱单等。

第四，初学者必须有专人指导、示范、辅导上机。

（4）检验结果的报告与签发

检验人员应努力钻研业务，掌握正确、熟练的操作技能，培养仔细观察实验的能力，并准确、及时、如实地记录检测数据，并写出报告。书写字迹要端正、清楚，不可潦草或涂改。对处理意见要求实事求是，按科学规律办事，并填写检验报告书。

三、标准品、试剂的基础知识及水质要求

（一）标准品

标准物质是指具有足够均匀和稳定的特定特性的物质，其特性是用于测量或标称特性

检查中的预期用途。标准物质既包括具有量值的物质，也包括具有标称特性的物质。食品检验适用的标准物质是指用于统一量值的标准物质，一般指化学成分分析标准物质。标准物质分为一级标准物质和二级标准物质，一级标准物质准确度达国内最高水平，二级标准物质准确度和均匀性未达到一级标准物质的水平，但能满足一般测量的要求。一级标准物质的编号是以标准物质代号“GBW”冠于编号前部，二级标准物质的编号是以二级标准物质代号“GBW（E）”冠于编号前部。食品检验应该选择二级以上标准物质（含二级标准物质）。

（二）试剂的规格

试剂的分级基本上是根据所含杂质的多少来划分的，其杂质的含量在化学试剂标签上均注明了。根据 GB15346—2012《化学试剂包装及标志》规定，一般分为：

第一，优级纯试剂，亦称保证试剂，为一级品，纯度高，杂质极少，主要用于精密分析和科学研究，常用 G 表示，深绿色标签。

第二，分析纯试剂，亦称分析试剂，为二级品，纯度略低于优级纯，杂质含量略高于优级纯，适用于重要分析和一般性研究工作，常用 AR 表示，金光红色标签。

第三，化学纯试剂为三级品，纯度较分析纯差，适用于工厂、学校一般性的分析工作，常用 CP 表示，中蓝色标签。

同时市面上还销售有色谱级，等离子体质谱纯级等类型的试剂，食品实验室一般检验分析时参考国家标准上的试剂类型，但在进行气质，液质分析时宜采用色谱级的试剂配置流动相，进行 ICP-MS 分析时宜采用等离子体质谱纯级试剂。

（三）溶液浓度表示方法

溶液是由两种或多种组分所组成的均匀体系。所有溶液都是由溶质和溶剂组成的，溶剂是一种介质，在其中均匀地分布着溶质的分子或离子。溶剂和溶质的量十分准确的溶液叫标准溶液，而把溶质在溶液中所占的比例称作溶液的浓度。根据用途的不同，溶液浓度有多种表示方法如体积摩尔浓度、质量摩尔浓度、质量百分比浓度、重量百分浓度、体积百分浓度、滴定度等。

1. 体积摩尔浓度

1 升溶液中所含溶质的摩尔数，称作体积摩尔浓度以 M 表示，即 M=溶质的摩尔数/溶液体积，单位是 mol/L。

例如，0.1mol/L 的氢氧化钠溶液，NaOH 是溶质，水是溶剂，NaOH 溶于水形成溶液，就是在 1 升溶液中含有 0.1mol 的氢氧化钠。

2. 质量摩尔浓度

一公斤溶剂中所含溶质的摩尔数。以 bB 表示，即 bB = 溶质的摩尔数/溶剂的质量单位，是 mol/kg。用质量摩尔浓度 bBg 来表示溶液的组成，优点是其量值不受温度的影响，缺点是使用不方便。

3. 重量百分浓度

100 克溶液中含有溶质的克数，如 10%的氢氧化钠溶液，就是 100g 溶液中含 10g 氢氧化钠。如果溶液中含百万分之几（10^{-6}）的溶质，用 ppm 表示，如 5ppm = 5×10^{-4}%，如果溶液中含十亿分之几（10^{-9}%）的溶质，用 ppb 表示，1ppm = 1000ppb.

4. 体积百分浓度

100mL 溶液中所含溶质的体积（mL）数，如 95%的乙醇，就是 100mL 溶液中含有 95mL 乙醇和 5mL 水。如果浓度很稀也可用 ppm 和 ppb 表示。1ppm = 1mg/mL，1ppb = 1ng/mL。

5. 体积比浓度

体积比浓度是指用溶质与溶剂的体积比表示的浓度。如 1：1 盐酸，即表示 1 体积量的盐酸和 1 体积量的水混合的溶液。

6. 滴定度（T）

滴定度是溶液浓度的另一种表示方法。它有两种含义：其一表示每毫升溶液中含溶质的克数或毫克数。如氢氧化钠溶液的滴定度为 T NaOH = 0.0028g/mL = 2.8mg/mL。其二表示每毫升溶液相当于被测物质的克数或毫克数。如卡氏试剂的滴定度 T = 3.5，表示 1L 卡氏试剂相当于 3.5 克的水含量。又如用硝酸银测定氯化钠时，表示硝酸银的浓度有两种：T $AgNO_3$ = 1mg/mL、TNaC1 = 1.84mg/mL，前者表示 1mL 溶液中含硝酸银 1mg，后者表示 1mL 溶液相当于 1.84mg 的氯化钠，用 TNaC = 1.84 表示，这样知道了滴定度乘以滴定中耗去的标准溶液的体积数，即可求出被测组分的含量，计算起来相当方便。

7. 当量浓度（N）

当量浓度的概念用 N 表示，如盐酸浓度为 0.1N，表示 1L 溶液中含有 0.1 当量的盐酸，也可叫作体积当量浓度，是原来国际通用的浓度之一，是根据当量定律来的。现在用新的概念“等物质的量规则”代替以前的当量定律，所以当量浓度也就不再应用了。关于 N 与 M 的关系，即当量浓度与摩尔浓度关系，对不同的物质是不相同的。如硫酸：1M·

$H_2SO_4=2NH_2SO_4$，一般写作 M（$1/2H_2S0_4$）= 0.1000mol/L；又如高锰酸钾：M $KMnO_4$ = $5NKMnO_4$，一般写作 M（1/5KMnO4）= 0.1000mol/L。

（三）标准滴定溶液的配制与标定

标准溶液是化学实验室中用于分析工作的标准试剂溶液的总称。标准滴定溶液是已知准确浓度用于滴定分析的一种溶液。它是判定试样分析结果的依据。标准滴定溶液按其化学反应原理可以分为酸碱、络合、氧化还原、沉淀四大类标准滴定溶液。如何制备标准滴定溶液并保证其浓度的准确性是保证试样分析结果准确性的基础。因此，准确配制和标定标准滴定溶液，对一个检测机构来说，是一个至关重要的环节。

1. 标定标准溶液所用的工作基准物的条件

第一，试剂的纯度要足够高，一般采用基准试剂要求纯度在99.9%以上，而杂质含量应少到不影响分析的准确度。

第二，物质的组成应与化学式完全相符，若含结晶水，结晶水的含量也应与化学式完全相符。

第三，试剂在一般情况下要保持稳定，不易吸水，不易被空气氧化。

第四，试剂最好有比较大的摩尔质量，对于相同摩尔数而言，称量时取量较多，从而使相对误差减小。

第五，试剂参加反应时，应按反应方程式定量进行而没有副反应发生。

2. 标准溶液的配制方法

（1）直接配置法

准确称取一定量的基准物，溶解并稀释到一定的准确的体积中，摇均，即可算出其浓度。

（2）间接配置法

首先配制一近似所需浓度的溶液，然后用基准物或已知浓度的标准溶液来确定基准物的浓度。

3. 标准溶液的标定方法

（1）用基准物标定

准确称取一定量的基准物，溶于水后用待标定的溶液滴定，至反应完全。根据所消耗的待标定的溶液的体积和基准物的质量计算出待标定的溶液的准确浓度。如：配制近似浓度的0.1moL/LNaOH溶液，需准确称取一定量的邻苯二甲酸氢钾（$KHC_8H_4O_4$）来标定。

（2）用基准溶液标定

用准确浓度的标准溶液来标定。例如：配制近似浓度的 0.1ol/LHSO_4 标准溶液，用 C NaOH＝0.1000mol/L 标准溶液来标定。

4. 制备标准滴定溶液过程中应养成如下良好习惯

（1）熟悉操作规程，正确使用容量仪器

滴定管、移液管及刻度吸管均不可用毛刷或其他粗糙的物品擦洗内壁，以免造成内壁划痕，每次用毕先用自来水冲洗干净，再用纯水冲洗三次，倒挂，自然沥干。若内壁挂水珠，应用重铬酸钾洗液洗涤，用自来水冲洗干净，再用纯水冲洗三次，倒挂，自然沥干。若量取 5mL、10mL、15mL、20mL、25L 等整数体积的溶液，应选用相应大小体积的移液管，不能用两个或多个移液管相加的方法来量取整数体积的溶液。

（2）分析过程中要有责任心和耐心，做事要有连贯性

要细心，不要放过可能引起检测失误的任何一个微小的影响因素，试验时应及时做好记录，不仅仅是实验数据的记录，还包括仪器使用记录、环境条件，或其他异常现象，以便日后备查和分析。

（3）标准溶液的保管

标准溶液要用带塞的试剂瓶盛装：见光易分解的溶液要装于棕色瓶中；挥发性试剂如有机溶剂配制的溶液瓶塞要严密，见空气易变质，易放出腐蚀性气体的溶液也要盖紧，长期存放时要用腊封住；浓碱性溶液要用塑料瓶装，如装在玻璃瓶中，要用橡皮塞塞紧，不能用玻璃磨口塞。标准溶液标定好后要贴好标签，写清名称、规格、浓度、标定日期、标定人。发现试剂瓶上标签掉落或将要模糊时，应立即贴好标签，无标签或无法辨认的试剂，都要当成危险物品重新鉴别后小心处理，不可随便乱扔，以免引起严重后果。

（四）水质要求

食品理化分析与检验方法中所使用的水，未注明其他要求时，均指蒸馏水或去离子水：未指明溶液用何种溶剂配制时，均指水溶液。实验室用水应符合 GB/T6682—2008《分析实验室用水规格和试验方法》相关规定。实验室分析用水分为三级，即一级水，二级水，三级水。

1. 一级水

用于有严格要求的分析实验，包括对颗粒有要求的试验，如高效液相色谱分析用水。一级水可用二级水经过石英设备蒸馏或离子交换混合床处理后，再经 0.2μm 微孔滤膜过

滤来制取。

2. 二级水

用于无机痕量分析等试验，如原子吸收光谱分析用水。二级水可用多次蒸馏或离子交换等方法制取。

3. 三级水

用于一般化学分析试验，三级水可用蒸馏或离子交换等方法制取。

第二章 食品的物理检测

第一节 食品物性的概述与测定

一、概述

食品的物理检测法有两种类型。第一种类型是某些食品的一些物理常数，如密度、相对密度、折射率、旋光度等，与食品的组成成分及其含量之间存在一定的数学关系。因此，可以通过物理常数的测定来间接地检测食品的组成成分及其含量。第二种类型是某些食品的一些物理量是该食品的质量指标的重要组成部分。如罐头的真空度，固体饮料的颗粒度、比体积，面包的比体积，冰激凌的膨胀率，液体的透明度、浊度、黏度，半固态食品的硬度、脆度、胶黏性、黏聚性、回复性、弹性、凝胶强度、咀嚼性等。这一类物理量可直接测定。

食品的相对密度、折射率、旋光度、色度和黏度以及质构是评价食品质量的几项主要物理指标，常作为食品生产加工的控制指标和防止掺假食品进入市场的监控手段。

（一）相对密度在检验液体食品掺假中的应用

当因掺杂、变质等原因引起液体食品的组成成分发生变化时，均可出现相对密度的变化。测定相对密度可初步判断食品是否正常以及纯净的程度。比如，原料乳中掺水会严重影响成品奶的质量，因此，常用密度计来检测牛乳的相对密度和全乳固体含量以判断是否掺水。正常牛乳在15℃时，相对密度为1.028~1.034，平均1.03；脱脂乳在15℃时，相对密度为1.034~1.040。牛乳的相对密度会由于掺水而降低；反之，会因加脱脂乳或部分除脂肪而增高。当牛乳相对密度下降至1.028以下则掺水嫌疑较大。啤酒的浓度如果小于11Bé则有掺水的嫌疑。

（二）折光法在产品检验中的应用

通过测定液态食品的折射率，可以鉴别食品的组成，确定食品的浓度，判断食品的纯净程度及品质。蔗糖溶液的折射率随浓度增大而升高，通过测定折射率可以确定糖液的浓度及饮料、糖水罐头等食品的糖度，还可以测定以糖为主要成分的果汁、蜂蜜等食品的可溶性固形物的含量。测定折射率还可以鉴别油脂的组成和品质。各种油脂具有其一定的脂肪酸构成，每种脂肪酸均有其特定的折射率。含碳原子数目相同时，不饱和脂肪酸的折射率比饱和脂肪酸的折射率大得多；不饱和脂肪酸相对分子质量越大，折射率也越大；酸度高的油脂折射率则低。正常情况下，某些液态食品的折射率有一定的范围，当这些液态食品因掺杂、浓度改变或品种改变等原因而引起食品的品质发生变化时，折射率也会发生变化，所以通过折射率的测定可以初步判断某些食品是否正常。如牛乳掺水，其乳清的折射率会降低。必须指出的是，折光法测得的只是可溶性固形物含量，因为固体粒子不能在折射仪上反映出它的折射率，因此含有不溶性固形物的样品，不能用折光法直接测出总固形物。但对于番茄酱、果酱等个别食品，已通过实验编制了总固形物与可溶性固形物关系表，先用折光法测定可溶性固形物含量，即可利用关系表查出总固形物的含量。

（三）旋光法在样品纯度测定中的应用

利用旋光法测定蔗糖含量来管理生产是糖厂的主要手段之一。史琦云等还利用旋光法检验蜂蜜中是否掺入糖类，可对蜂蜜的品质进行检验。味精里如果掺入盐类，可使旋光法测得的味精纯度偏低；如果掺入糖类，可使测得的味精纯度偏高。

（四）生产工艺中色度的应用

在美食的色、香、味、形四大要素中，色可以说是极重要的品质特性，是对食品品质评价的第一印象，直接影响消费者对食品品质优劣、新鲜与否和成熟度的判断，因此，如何提高食品的色泽特征，是食品生产加工者首先要考虑的问题。符合人们感官要求的食品能给人以美的感觉，提高人的食欲，增强购买欲望，生产加工出符合人们饮食习惯并具有纯天然色彩的食品，对提高食品的应用价值和市场价值具有重要意义。食品颜色分析主要应用于酱油、薯片等加工产品和新鲜果蔬的着色、保色、发色、褪色等的研究及品质分析中，用来恰当地反映产品的特性。啤酒色度向浅色化发展，既体现了消费者对色泽的选择趋势，也反映了酿制水平的高低。啤酒色度已成为衡量啤酒质量的重要技术指标之一。水的颜色深浅反映了水质的好坏，对饮料的生产有很大的影响。在食品加工过程中，常常需要观察焙烤、油炸食品被微生物污染的食品以及成熟度不同的食品的颜色变化，以指导生产。在国外，酱油、果汁等液体食品颜色也要求进行标准化质量管理。

（五）物性学在食品加工中的应用

质构是食品除色、香、味之外的另一种重要性质，它不仅是消费者评价食品质量最重要的特征，而且是决定食品档次的最重要的关键指标。例如，为节省成本，厂家需寻找合适且经济的原料及进货来源；为提高市场竞争力需开发出能合乎消费者口味的产品；为确保不同的厂家产品质量的一致性，需要制定企业可行的统一质量与规格标准；对于大型的集团企业，则要避免各个子公司间因执行者主观标准的差异而造成的巨大物流损失和管理缺陷等。质构也是食品加工中很难控制和描述的因素，例如，目前在食品中广泛使用食品胶、改性淀粉等作为添加剂，以取代羧甲基纤维素等，这些食品添加剂的使用，改善了食品在口感、外观、形状、储存性等方面的某种特性。使用食品胶时，我们必须对使用目的有清楚的了解，才能根据不同食品胶的特性进行选择。在这个探索的过程中，以往是以试吃，专家评估作为比较传统的非定量判断手段，而在今天，已经利用质构仪作为定量判断的工具。特别是对消费量越来越大的沙司、调味酱、奶酪、涂抹料和冰激凌等半固态食品，质构分析显得尤为重要。质构分析是通过对半固态食品质构的调控，如检测样品的硬度、脆度、胶黏性、黏聚性、回复性、弹性、凝胶强度、咀嚼性等并加以调节，从而获得最优的食品质量的方法。

二、食品物性的测定

（一）黏度分析

1. 黏性及牛顿黏性定律

（1）黏性概念

黏性是表现流体流动性质的指标，水和油（食用植物油，下同）都是容易流动的液体。当我们把水和油分别倒在玻璃平板上，发现水的摊开流动速度比油要快，即水比油更容易流动。这一现象说明油比水更黏。这种阻碍流体流动的性质称为黏性。从微观上讲，黏性是流体在力的作用下质点间做相对运动时产生阻力的性质。黏性的大小用黏度来表示。

（2）牛顿黏性定律

由流动力学可知，当流体在一定速度范围内流动时，就会产生与流动方向平行的层流流动。以流体平行流过固体平板为例，紧贴板壁的流体质点往往因与板壁附着力大于分子的内聚力，所以速度为零，并在贴着板壁处形成一静止液层。越远离板壁的液层流速越大，流体内部在垂直于流动方向就会形成速度梯度。

2. 液态食品分散体系的流变特性

（1）食品分散体系的分类

一般的食品不仅含有固体成分，而且还含有水和空气。食品属于分散系统，或者说属于非均质分散系统，也称分散体系。所谓分散体系是指数微米以下、数纳米以上的微粒子在气体、液体或固体中浮游悬浊（即分散）的系统。在这一系统中，微粒子称为分散相，分散的气体、液体或固体称为分散介质。分散体系的一般特点是：①分散体系中的分散介质和分散相都以各自独立的状态存在，所以分散体系是一个非平衡状态；②每个分散介质和分散相之间都存在接触面，整个分散体系的两相接触面面积很大，体系处于不稳定状态。

按照分散程度的高低（即分散粒子的大小），分散体系可大致分为如下三种。

①分子分散体系

分散的粒子半径小于 10^{-9}m，相当于单个分子或离子的大小。此时分散相与分散介质形成均匀的一相。因此，分子分散体系是一种单相体系。与水的亲和力较强的化合物，如蔗糖溶于水后形成的真溶液就是例子。

②胶体分散体系

分散相粒子半径在 $10^{-9}\sim10^{-7}$m，比单个分子大得多。分散相的每一粒子均为由许多分子或离子组成的集合体。虽然用肉眼或普通显微镜观察时体系呈透明状，与真溶液没有区别，但实际上分散相与分散介质已并非为一个相，存在相界面。换言之，胶体分散体系为一个高分散的多相体系，有很大的比表面积和很高的表面能，致使胶体粒子具有自动聚结的趋势。与水亲和力差的难溶性固体物质高度分散于水中所形成的胶体分散体系，简称为“溶胶”。

③粗分散体系

分散相的粒子半径在 $10^{-7}\sim10^{-5}$，可用普通显微镜甚至肉眼就能分辨出是多相体系。例如悬浮液（泥浆）和乳状液（牛乳）就是例子。

除按分散相的粒子大小做如上分类之外，还常对多相的分散体系按照分散相与分散介质的聚集态来进行分类。流体食品主要指液体中分散有气体、液体或固体的分散体系，分别称为泡沫、乳状液、溶胶或悬浮液。

（2）液态食品分散体系的黏度表示方法

低分子液体或高分子稀溶液都属于牛顿流体。在研究分散系统黏度时，往往为了分析的方便，规定了一些不同定义的黏度。

相对黏度（黏度比）用 η_r 表示。若纯溶剂的黏度为 η_a，同温度下溶液的黏度为 η，则

$$\eta_r = \frac{\eta}{\eta_0} \tag{2-1}$$

相对黏度是一个无因次量。对于低切变速度下的高分子溶液，其值一般大于 1。η_r 将随溶液浓度的增加而增加。

增比黏度用 η_{sp} 表示，是相对于溶剂来说，溶液黏度增加的分数，即

$$\eta_{sp} = \frac{\eta - \eta_0}{\eta_0} = \eta_r - 1 \tag{2-2}$$

比浓黏度 $\eta_{red?}$ 表示当溶液浓度为 C 时，单位浓度对黏度相对增量的贡献。其数值随浓度的变化而变化。比浓黏度的因次是浓度的倒数，一般用 cm^3/g 表示。即

$$\eta_{red} = \frac{\eta_{sp}}{C} \tag{2-3}$$

比浓对数黏度 η_{inh} 是相对黏度的自然对数与浓度之比，其值也是浓度的函数，即

$$\eta_{inh} = \frac{\ln\eta_r}{C} = \frac{\ln(1 + \eta_{sp})}{C} \tag{2-4}$$

特性黏度［η］是比浓黏度 η_{sp}/C 和比浓对数黏度 $\ln\eta_r/C$ 在无稀释时的外推值，即

$$[\eta] = \lim_{C\to 0}\frac{\eta_{sp}}{C} = \lim_{C\to 0}\frac{\ln\eta_r}{C} \tag{2-5}$$

当高分子、溶剂和温度确定后，［η］的数值仅由试样的相对分子质量决定，由 Mark Houwink 方程式表示：

$$[\eta] = KM^a \tag{2-6}$$

在一定的相对分子质量范围内，K 和 α 是与相对分子质量无关的常数。只要知道 K 和 α 值，就可根据所测得的［η］值计算试样的相对分子质量。

3. 黏度测定方法

（1）毛细管黏度计测定法

①测定原理

毛细管测定法的原理是根据圆管中液体层流流动规律建立的。

当牛顿流体在毛细管中层流流动时，设单位时间内通过毛细管的液量 Q_t，毛细管两端压力差 Δp、毛细管半径 R 以及管长 L，流体黏度可用下面的哈根公式表示：

$$\eta = \frac{\pi \Delta p R^4 t}{8Q_t L} \tag{2-7}$$

虽然通过式（2-7）可以求出黏度，在实际测定时，由于毛细管黏度计本身的加工精度、操作条件等复杂影响，很难保证式（2-7）中各参数都正确无误。为了减小误差和使测定操作简单易行，毛细管黏度计多用来测定液体的相对黏度。即利用已知黏度的标准液（通常为纯水），通过对比标准液和被测液的毛细管通过时间，求出被测液的黏度。将标准液的测定值和被测液的测定值分别代入式（2-7），并将两式的左、右分别相比，可得下式：

$$\frac{\eta}{\eta_0} = \frac{\pi R^4 \Delta p t / 8LQ_t}{8Q_t L} \tag{2-8}$$

式中，Δp，t 和 Δp_0，t_0 分别为试样液和标准液在毛细管中流动时的压力差和通过时间：测定时，使试样液与标准液的量相同，都是 Q_t；ρ，ρ_0 分别为试样液和标准液的密度（kg/m^3）。于是试样液黏度可由下式算出：

$$\eta = \eta_0 \frac{\rho t}{\rho_0 t_0} \tag{2-9}$$

式（2-9）中，已知标准液黏度，两液体的密度不难求出，所以只要分别测出一定量两种液体通过毛细管的时间，就可求出被测液体的黏度。用毛细管黏度计测定时，由于毛细管两端的压力差来自液柱两端的高差，流动时这一高差发生变化也会引起剪切速率（流速）的变化。对于非牛顿液体，黏度与流速有关，因此会带来较大误差。

也可把式（2-9）写成如下形式：

$$\frac{\eta \rho_0}{\eta_0 \rho} = \frac{t}{t_0} \tag{2-10}$$

式（2-10）中，η/ρ 为运动黏度，一般用 v 表示。设标准液体的运动黏度为 v_0，则

$$v = \frac{v_0 t}{t_0} \tag{2-11}$$

因此，已知标准液体的运动黏度，就可由试样和标准液体的流下时间求出试样的运动黏度。运动黏度的单位是 m/s。

②常见毛细管黏度计

毛细管黏度计一般可分为三大类：

A. 定速流动式（活塞式），测定时可使液体以恒定流速通过毛细管，适用于测定黏度随流动速度变化的非牛顿流体；

B. 定压流动式，即以恒定气压控制毛细管中压力维持不变，适用于测定具有触变性

或具有屈服应力的流体；

C. 位差式，即流动压力靠液体自重产生，这也是最常见的毛细管黏度计类型，多用来测定较低黏度的液体。

目前，常用的两种毛细管黏度计，即奥氏黏度计和乌氏黏度计。

奥氏黏度计由导管、毛细管和球泡组成。毛细管的孔径和长度有一定的规格与精度要求。球泡两端导管上都有刻度线，刻度线之间导管和球泡的容积也有一定规格与较高的精度。测定时，先把一定量（或一定体积）的液体注入左边管，然后将乳胶管与右边导管的上部开口处连接，把注入的液体抽吸到右管，直到上液面超过上面的刻度线。这时，使黏度计垂直竖立，再去掉上部胶管，使液体由自重向下向左管回流。注意测定液面通过上下刻度线之间所需的时间，即一定量液体通过毛细管的时间。测定多次，取平均值。根据对标准液和试样液通过时间的测定，就可求出液体黏度。为了提高测定效率，奥氏黏度计右面也有双球形的。

乌氏黏度计的结构与奥氏黏度计的不同之处在于，它由三根竖管组成，其中右边的第三根管与中间球泡管的下部旁通。即在球泡管下部有一个小球泡与右管连通。这一结构可以在测量时使流经毛细管的液体形成一个气悬液柱，减少了因左边导管液面升高对毛细管中液流压力差带来的影响。测定方法是：首先向左管注入液体，然后堵住右管，由中间管吸上液体，直至充满上面的球泡，这时，同时打开中间管和右管，使液体自由流下，测定液面由上面刻度线到下面刻度线质检所需要的时间。

乌氏黏度计与奥氏黏度计相比有如下优点：a. 乌氏黏度计对加入液量的精确度要求较低，而且误差较小，这是由于奥氏黏度计在液体流动时，左管液面的上升对液柱的压力差影响较大，从而产生的误差大，而且对每次液量的加入要求较严格；b. 乌氏黏度计因为气悬液柱的存在，对垂直性要求较低，而奥氏黏度计在测定中因两管液面的变化，所以测定时要求保持毛细管垂直；c. 乌氏黏度计对加入液量的要求较宽，因此可以做成稀释型乌氏黏度计，这种黏度计可以对同一试样，通过多次稀释测定其在不同浓度下的黏度。

（2）旋转式黏度计测定法

旋转式黏度计测定法是食品工业中测定流体黏度常用的方法。旋转式黏度计主要有同心双圆筒式、转子回转式、锥板式和平行板式等多种类型。

①同心双圆筒式黏度计

当在两个同心圆筒的间隙中充满液体，两圆筒以不同转速以同方向回转时，两圆筒之间就会产生圆筒形的回转层流流动，半径方向产生速度梯度。

设半径为 R_b 和 R_c 的两个圆筒同心叠在一起，外筒固定，内筒的旋转角速度为 ω_b ，内筒在液体中的高度为 h ，内外筒底之间的距离为 l ，则液体黏度可用下面的马占列斯方程计算：

$$\eta = \frac{M}{4\pi h\omega_b}\left(\frac{1}{R_b^2} - \frac{1}{R_c^2}\right) \tag{2-12}$$

式中：M ——作用于内筒的力矩。

把转筒所受的力矩 $M = K\theta$（式中，θ 表示弹性元件的扭转角，K 表示弹性元件的弹性系数）和转筒角速度 $\omega_b = 2\pi n/60(\text{rad/s})$ 代入式（2-12），得

$$n = K_0 \frac{\theta}{n} \tag{2-13}$$

式中，$K_0 = \frac{60K}{8\pi^2 h}\left(\frac{1}{R_b^2} - \frac{1}{R_c^2}\right)$ 是仪器常数。

还可以把式（2-13）改写成如下形式：

$$\eta = K_n\theta \tag{2-14}$$

式中，$K_n = K_0/n$，K_n 称为换算系数，单位为 Pa · s。也就是说，转速为 n 时所测定的指针偏转角 θ 乘以换算系数 K_n 即得到黏度值。

②转子回转式黏度计

转子回转式黏度计可以看成外圆筒半径较内筒半径大得多的情况。电动机通过悬吊的弹簧，带动转子在待测流体中旋转。设弹簧扭转弹性率为 K 。当转子转动达到平衡状态，弹簧受黏性阻力矩作用，上部（刻度盘）与下部（指针）就会产生一个偏转角 θ 。根据式（2-15）可得黏度 η ，即

$$\eta = \frac{K\theta}{4\pi h\omega_0 R_0} \tag{2-15}$$

式中：h ——转子浸入液中的高度；

ω_0——转速；

R ——转子半径。

（二）黏弹性分析

1. 黏弹性基本概念

(1) 变形

一般固体施以作用力后则产生变形，去掉力后又会产生弹性恢复。食品物质的断裂形式可分为塑性断裂和脆性断裂两类。

①脆性断裂

脆性断裂的特点是屈服点与断裂点几乎一致。食品中这种断裂也很多，如饼干、琼脂凝胶、巧克力、花生米等都属于脆性断裂。

②塑性断裂

塑性断裂的特点是试样经过塑性变形后断裂。食品中这种断裂也很多，如面包、面条、米饭、水果、蔬菜等。有些糖果，当缓慢拉伸时产生塑性断裂，急速拉伸时产生脆性断裂。

当给食品物质持续加载时，往往不仅要变形，而且还会发生断裂现象。实际上人们对食品进行压、拉、扔、咬、切时，食品的变形逐渐加大，但一般并非线性变形，而是发生大的破坏性变形。对于具有这样性质的物体，人们往往用一定载荷进行断裂强度或蠕变试验。

多数食品因为在压缩过程中试样发生松弛，所以压缩速度对压缩应力一应变曲线的影响很大，试样的黏度越小，这种影响越大。食品压缩实验的速度一般取 2~50cm/min，当增加压缩速度时必须要增加压缩力。

（2）弹性

物体在外力作用下发生的形变，撤去外力后恢复原来状态的性质称为弹性。撤去外力后形变立即完全消失的弹性称为完全弹性。形变超过某一限度时，物体不能完全恢复原来状态，这种限度称为弹性极限。弹性是反映固体力学性质的物理量。在弹性极限范围内，物体的应变与应力的大小成正比。

弹性变形可以归纳为 3 种类型：①受正应力作用产生的轴向应变；②受表面压力作用的体积应变；③受剪切应力作用发生的剪切应变。

第一，弹性模量。物体受正应力作用产生轴向的变形称拉伸（或压缩）变形，表示拉伸变形的弹性模量也称杨氏模量。

第二，剪切模量。固定立方体的底面，上面沿切线方向施加力时，会发生变形。这种变形称为剪切变形。

（3）黏弹性

例如把圆柱形面团的一端固定，另一端用定载荷拉伸，此时面团如黏稠液体慢慢流动。当去掉载荷时，被拉伸的面团收缩一部分，但面团不能完全恢复原来长度，有永久变形，这是黏性流动表现，即面团同时表现出类似液体的黏性和类似固体的弹性，我们把这种既有弹性又可以流动的现象称为黏弹性，具有黏弹性的物质称为黏弹性体（半固态物质）。

黏弹性体的力学性质不像完全弹性体那样仅用力与变形的关系表示，还与力的作用时间有关。所以研究黏弹性体的力学物性时，掌握力与变形随时间变化的规律是非常重要的。研究黏弹性时要用到应力松弛和蠕变两个重要概念。应力松弛是指试样瞬时变形后，在变形不变的情况下，试样内部的应力随时间的延长而减少的过程。值得注意的是，应力松弛是以一定大小的应变为条件的。蠕变和应力松弛相反，蠕变是指把一定大小的力（应力）施加于黏弹性体时，物体的变形随时间的变化而逐渐增加的现象。要注意，蠕变是以一定大小的应力为条件的。

在固态食品中重点讨论弹性，在液态食品中重点讨论黏性，可是许多食品往往既表现弹性性质又表现黏性性质。例如面包、面团、面条、奶糖等，我们都可以观察到它们的弹性性质和黏性性质，只是在不同的条件下，有的弹性表现得比较明显，有的黏性表现得比较明显。食品的力学性质由化学组成、分子构造、分子内结合、分子间结合、胶体组织、分散状态等因素决定。因此，换句话说，通过测定食品的黏弹性就可以把握上述食品的状态。

2. 黏弹性的测定方法

用静态测定法所揭示的物体的黏弹性质称为静黏弹性。如拉伸（压缩）试验所测的弹性率，蠕变性质的滞后时间、蠕变柔量，松弛弹性的应力松弛时间等。

（1）基本流变特性参数测定

①双重剪切测定

剪切模量（刚性率）G 可由下式求出：

$$G = \frac{\delta F}{2Ad} \tag{2-16}$$

式中，d 表示拉动位移；δ 表示试样厚度。

当保持拉力不变时，可求得蠕变曲线、蠕变柔量：

$$J(t) = \frac{1}{G(t)} = \frac{2A}{\delta F}d(t) \tag{2-17}$$

双重剪切测定常用来进行蛋糕、人造奶油、冰激凌、干酪、鱼糜糕等许多食品的黏弹性测定。

②拉力试验

对长为 L(m)、断面积为 A(m^2) 的棒状试样两端固定，测定在一定拉力 F(N) 下，试样的弹性伸长 d(m)，延伸弹性率 E 与延伸黏度 η_t 分别为：

$$E = \frac{LF}{Ad} \tag{2-18}$$

$$\eta_t = \frac{LF}{A_v} \tag{2-19}$$

剪切黏度可用 3 倍率求出，即

$$\eta_t = \frac{LF}{3A_v} \tag{2-20}$$

拉力试验常用来测定小麦粉面团的黏弹性质。

③套筒流动

在同心的双圆筒（内筒外径 R_i，外筒内径 R_0）之间隙中填满试样。内筒沿中心轴方向加以定载荷 $F(N)$，内筒开始滑动，最终与黏性阻力平衡达到均速 v_0 动状态。对试样任一半径 r 处的剪应力，由牛顿定律知：

$$\sigma = -\eta\frac{dv}{dr} \tag{2-21}$$

在半径为 r 的试样柱面受剪切力为：

$$F = 2\pi rh\sigma = -2\pi rh\eta\frac{dv}{dr} \tag{2-22}$$

式中，v 表示半径 r 处试样的速度；h 表示圆筒与试样接触部分长度。

对上式积分得：

$$F = -\frac{F}{2\pi\eta h}\ln r + C \tag{2-23}$$

积分常数 c 可由边界条件 $r = R_0$，$v = 0$ 求得，故

$$v_0 = -\frac{F}{2\pi\eta h}\ln\frac{R_0}{R_i} \tag{2-24}$$

$$\eta = \frac{F}{2\pi hv_0}\ln\frac{R_0}{R_i} \tag{2-25}$$

因此通过测定，就可求出黏度。以此原理设计的黏度计称为波开蒂诺黏度计。

④平行板塑性计

在半径为 R 的平行圆板之间放入试样，然后夹住试样，并施以夹紧力 F，试样厚度随之减少。根据 Navier-Stokes 公式：

$$F = -\frac{3\pi R^4\eta}{2\delta^3}\left(\frac{d\delta}{dt}\right) \tag{2-26}$$

将试样的容积 V 与半径的关系式 $R = [V/(\pi\delta)]^{1/2}$ 代入上式得：

$$-\left(\frac{d\delta}{dt}\right) = \frac{3\pi\delta^5 F}{2V^2\eta} \tag{2-27}$$

当 $t=0$ 时，$\delta=\delta_0$ 积分此式得：

$$\frac{3V^2}{8\pi}\left(\frac{1}{\delta^4}-\frac{1}{\delta_0^4}\right)=F\frac{t}{\eta} \tag{2-28}$$

测定 $3V^2/(8\pi\delta^4)$ 与 t 的关系曲线，由得到直线的斜率得黏弹性体的黏度。

蠕变柔量可由式 $J(t)=\frac{3V^2}{8\pi F}\left(\frac{1}{\delta^4}-\frac{1}{\delta_0^4}\right)$ 得出。

（2）应力松弛试验

进行应力松弛试验时，首先找出试样应力与应变的线性关系范围，然后在这一范围内使试样达到并保持某一变形。松弛实验可采用剪切、单轴拉伸或单轴压缩的方法，也可采用同心圆筒式黏度计。理想的弹性材料没有应力松弛现象；理想的黏性材料立即松弛：黏弹性材料逐渐松弛，但是由于材料的分子结构不同，松弛的终点不同，黏弹性固体的终点为平衡应力，黏弹性液体材料的残余应力为零。

在分析食品材料的应力松弛数据时，存在两个主要的问题：①大多数食品材料的变形属于非线性的黏弹性；②生物材料所具有的不稳定性和生物活性使平衡机械参数的获得有一定难度。

（3）蠕变试验

蠕变试验也是一种静态测定试验，它是给试样施以恒定应力，测定应变随时间变化的情况。蠕变试验除了用于建立适当的流变模型外，它所得到的弹性滞后时间也是代表试样力学性质的重要指标。

（三）颜色分析

1. 概述

色、香、味、形是食品可接受性的四大要素，在这四要素中，色可以说是非常重要的品质特性。色是对食品（特别是肉类、水果和蔬菜）品质评价的第一印象，它直接影响人们对食品品质优劣、新鲜与否的判断，因而是增加食欲、满足人们心理需要的重要条件。随着生活水平的提高，人们对食品色彩的要求也越来越高。加之视觉生理、色度学、颜色心理学、色光测试技术，以及计算机图像处理技术等科技的进步，也促进了食品色彩学的飞速发展。食品的色泽是食品的一种物理特性一光学特性，是给人感觉的一种信息。然而，对这种信息的处理和判断却要受许多方面，特别是心理方面的影响。例如，用同一张橙色的纸，分别剪成柠檬和番茄的形状，让人们观察。结果发现，番茄形状的橙色纸总有一种发红的印象，而柠檬形状纸显得发黄。可见人们观察到食品的色彩，不仅仅是物理学的颜色，它还与心理学、生理学等多方面的因素有密切关系。

食品的颜色影响到食品的品质，因此，有关食品的着色、保色、发色、褪色等研究也成为食品科学的重要课题。啤酒的琥珀色、蛋白饮料的乳白色、火腿香肠的肉红色等都是食品加工厂家提高商品品质的重要指标。为了追求利润也使一些厂商对食品色彩的追求走入误区。例如，对面粉进行不适当的漂白处理，对一些食品使用过量的色素进行染色等，并已经成为食品安全关注的问题。

2. 颜色的测定

随着各种更加科学、合理、方便的表色系统建立，对颜色的品质管理和测定也变得更加方便与准确。然而在测定时需要掌握正确的方法。

（1）测定颜色时的注意事项

第一，液体样品或有透明感的样品，当光照射时，不仅有反射光，还有一部分为透射光。因此，仪器的测定值往往与眼睛的判断产生差异。

第二，固体样品的颜色往往并不均匀，而眼睛的观察往往是总体印象。在用仪器测定时，总是局限于被测点的较小面积，所以必须注意仪器测定值与目测颜色印象的差异。

第三，测定颜色的方法不同或使用仪器不同，都可能造成颜色值的差异。

（2）试样的制作

第一，测定固体样品时，表面应尽量平整。

第二，对于糊状样品，测定时尽量使样品中各成分混合均匀。这样眼睛观察值和仪器测定值就比较一致。例如，对果蔬酱、汤汁、调味汁之类的样品，可在不使其变质的前提下进行适当均质处理。

第三，颗粒样品可通过破碎或过筛的方法处理，使颗粒大小一致。这样可减少测定值的偏差。测定粉末样品时，须把测定表面压平。

第四，测定相当透明的果汁类液体颜色时，应使试样面积大于光照射面积，否则光会散射出去。

第五，当测定透过色光时，可用过滤或离心分离的方法，将试样中的悬浮颗粒除去。

第六，对颜色不均匀的平面或混有颜色不同颗粒的样品，测定时可通过试样旋转，达到混色的效果。

（3）颜色的目测方法

颜色的目测方法是指用眼观察比较溶液颜色深浅来确定物质含量或溶液浓度的方法。常用的是标准系列法，有标准色卡对照法和标准液比较法等。测定时要注意观察的位置和光源、试样的摆放位置。

①标准色卡对照法

国际上出版的标准色卡一般都是根据色彩图制定的。常见的有孟塞尔色圈、522 匀色空间色卡、麦里与鲍尔色典和日本的标准色卡等。

用标准色卡与试样比较颜色时，光线非常重要。一般要求采用国际照明协会所规定的标准光源，光线的照射角度应为 45°。在比较时，若色卡与试样的观察面积不同，将影响判断的正确性，所以要求对试样进行适当的遮挡。

如果没有合适的标准光源，可以在晴天 10：00~14：00 时，利用北窗射进的自然光线作为光源。总之，要避免在阳光直接照射下进行比较。即使如此，有光泽的食品表面或凹凸不平的食品（如果酱、辣酱之类），比较起来也是相当困难的。

目测法常用于谷物、淀粉、水果、蔬菜等食品规格等级的检验。

②标准液测定法

标准液测定法主要用来比较液体样品的颜色。标准液多用化学药品溶液制成，如测定橘子汁颜色是采用重铬酸钾溶液作标准色液。酱油、果汁等液体样品颜色也要求标准化质量管理。除目测法外，在比较标准液时，也可以使用称为比色计的仪器。这种简单的比色计可以大大提高比较的准确性。对于食用油就可以采用威桑比色计进行颜色测定。

测定液体样品的颜色常使用杜博斯科比色计，其原理是根据朗伯光学定律，通过改变标准液的光程使之与试样液颜色一致，从而求出试样的浓度。

鲁滨邦德比色计是使标准白光源发出的光通过一组滤光片变成不同色光，同试样相比。当改变滤光片组合，使得到的色光与试样颜色一致时，则用这一组滤光片的名称来表示其所代表的颜色。也有用透明颜色胶片做成标准色卡的比较方法。

（4）颜色的仪器测定方法

①光电管比色法

光电管比色法是采用光电比色计用光电管代替目测，以减少误差的一种仪器测定方法。这种仪器是由彩色滤光片、透过光接受光电管和与光电管连接的电流计组成，主要用来测定液体试样色的浓度，所以常以无色标准液为基准。

②分光光度法

分光光度法主要用来测定各种波长光线的透过率。其原理是由棱镜或衍射光栅将白光滤成一定波长的单色光，然后测定这种单色光透过液体试样时被吸收的情况。测得的光谱吸收曲线可以获得以下信息：A. 了解液体中吸收特定波长的化学物成分；B. 测定液体浓度；C. 作为颜色的一种尺度，测定某种呈色物质的含量，如叶绿素含量。

③光电反射光度计

光电反射光度计也称色彩色差计。这种仪器是通过光电测定的方法，迅速、准确、方便地测出各种试样被测位置的颜色。它还能自动记忆和进行数值处理，得到两点间颜色的差别。

色彩色差计目前种类较多，既有测定大面积的，也有测定小面积的；既有测定带光泽表面的，也有测透明液体颜色的。但从结构原理上讲，主要有两种类型：直接刺激值测定法和分光测定法。直接刺激值测定法是利用人眼睛对颜色判断的三变数原理，即眼睛中三种感光细胞对色光的三刺激值决定了人对颜色的印象。

分光测定法与刺激值测定法的区别是采用了更多的光电传感器。目前，一般作为测光元件有 4 个传感器。这样，就可以将从试样反射的色光进行更精细的分光处理。

直接刺激值测定法色彩计开发比较早，具有结构简单、体积小、价格低的优点，多用于生产部门和品质检查部门，尤其在测定色差方面非常有用。分光测定色彩计精度高，可以对各种光波绝对值进行测定，主要用于科研上。色彩色差计的性能还体现在内置的光源上。直接刺激值测定式色彩计内置光源一般只有 D_{65}和 C 两种光源。而分光测色式内置光源除了 D_{65}和 C 外还有 7 种。这对于条件等色情况的测定比较有利。条件等色是分光反射率不同的颜色在特定光源下显示相同颜色的现象。要解决这一问题，需要分别用两种以上差异较大光源测定。分光测色计另一大特征就是用分光曲线表示功能，可把各种不同颜色用光谱曲线清楚地表示出来。

（5）植物油色泽的测定

色泽是植物油脂的重要质量指标之一。植物油脂具有各种不同的颜色，主要是由于油料籽粒中所含的类胡萝卜素、黄酮类色素、叶绿素、棉酚等多种色素物质在制油过程中溶于油脂。油脂的色泽除了与油料籽粒的粒色有关以外，还与加工工艺以及精炼程度有关。此外，油脂品质变劣和油脂酸败也会导致油色变深。所以，测定油脂的色泽可以了解油脂的纯净程度、加工工艺和精炼程度，也可判断是否变质。

在我国植物油国家标准中，常采用罗维朋比色计法测定色泽和进行产品分级，并制定了相应的指标。

①原理

通过调节罗维朋比色计的红、黄、蓝标准颜色色阶玻璃片，用目视比色法与油样的色泽进行比较，直至二者的色泽相当，记录标准颜色色阶玻璃片的数字，作为油脂的色值或罗维朋色值。

②仪器

罗维朋比色计主要由比色槽、比色槽托架、碳酸镁反光片、乳白灯泡、观察管和四组红、黄、蓝、灰色的标准颜色色阶玻璃片组成。其中，红、黄、蓝三色玻璃片各分为三组，红、黄色号码由0.1~70组成，蓝色号码由0.1~40组成，灰色玻璃片分为两组，号码由0.1~3组成。

③实验步骤

从仪器配件匣中取出观察管插入仪器槽中，将两个碳酸镁反光片分别放入仪器的两个孔上，接通电源，交替按下“ON/OFF”按钮，检查光源是否完好。取澄清（或过滤）的试样注入比色皿（等级植物油选用25.4mm比色皿，高级烹调油选用133.4mm比色皿），至上口约5m处，将比色皿置于托架上并固定位置后，放入罗维朋比色计中。打开光源，移动红色玻璃片调色，直到视野中玻璃片色与油样色完全相同为止。如果油样有青绿色，则须配入蓝色玻璃片，这时移动红色玻璃片，使配入蓝色玻璃片的号码达到最小值为止，记下黄、红或黄、红、蓝秘璃片的号码的各自总值，即为被测油样的色值。结果注明不深于黄多少号和红、蓝多少号，同时注明比色皿厚度。

两次实验结果允许差不超过0.2，以实验结果高的作为测定结果。

④注意事项

第一，用作光源的两只乳白灯泡，在使用100h后，应同时更换，以保证光源的光强度。

第二，分析固体样品或胶体样品时，将样品分别放在粉末样品盘或胶体样品盘内，操作步骤同上。

（6）红曲色素色价的测定

色素色价是任何一种食用色素的重要理化指标之一。不同品种的色素因其颜色不同，故最大吸收波长也不同。红曲色素是由一种红曲霉菌接种在大米上固体发酵培养或以大米、大豆为主料的液体发酵培养制得的一种红色素，在食品工业中用作着色剂。

①原理

调节分光光度计的波长，选择在该色素的最大吸收峰波长下，以1%的浓度用1cm比色杯测定其吸光度，作为该色素的色价值。

②仪器

分光光度计。

③实验步骤

称取红曲样品0.1g（准确至0.001g），醇溶样品用70%的乙醇溶解（水溶样品用水溶解），定容至1000mL，摇匀。取此液置于1cm比色杯中，用分光光度计于505nm波长处，以70%的乙醇（水溶样品则用水）为空白对照，测定其吸光度。

④结果计算

$$E_{1\text{cm}}^{1\text{V}}=\frac{AV}{G}\times\frac{1}{100} \tag{2-29}$$

式中：$E_{\text{cm}}^{1\%}$ ——样品色价；

A ——实测样品的吸光度；

G ——样品的质量，g；

V ——稀释倍数。

（四）质构分析

质地是用机械的、触觉的方法，或在适当条件下，利用视觉和听觉感受器所感知到的产品所有流变学结构上的（几何图形）特征。一个物体的质地可以通过视觉（视觉质地）、触觉（触觉质地）和听觉（听觉质地）来感知。

对于食品的质地，原本是一个感觉的表现，但为了揭示质地的本质和更准确地描绘与控制食品质地，仪器测定又成为表征质地的一种方法。将食品质地的感官评价称为主观评价法，而用仪器对食品质地定量的评价方法称为客观评价法。

1. 质地测试仪器及方法的选择

在进食时，口感（主要是触觉）对食品的可接受性有很大影响。在进行食品开发和评价时，对各种口感的描述词语非常丰富。为了产生一种能代替感官评价小组作为质地评价工具的机械，人们研制了许多质地测试仪器。但要防止盲目地使感官评价和仪器特征之间产生联系的倾向。例如，对于大米口感的评价，有人做了这样的实验：把典型的黏性粳米和松散的籼米分别调制成糊状，进行动态黏弹性实验，结果发现，口感认为是比较黏的粳米，实际弹性率和黏度小，相反籼米的黏性率却较大，这似乎感官黏度与物理学定义测定的黏度呈相反关系，口腔感觉到的“发黏”实际上是米饭在口中容易流动的性质。对面条“筋道”的评价也有类似的情况。因此，当用质地测定仪代替感官评价时，仪器和测定方式的选择以及使用的样品数量都非常重要。

仪器测定和感官评价质地的特点与区别如表2-1所示。从表中可以看出，仪器测定比起感官测定，虽然有重现性强、准确、方便等优点，但是，仅用一个指标的测定值来表达食品复杂的质地性质，尤其要表达感官综合特性评价则是很困难的。因此，必须指出，在对食品进行综合的嗜好性评价时，感官评价的方法往往是仪器无法替代的。

表 2-1 仪器测定和感官评价特点的比较

比较项目	仪器测定的特点	感官评价的特点
测定过程	物理化学反应	生理、心理分析
结果表现	数值或图线	语言表现与感官对应的不明确性
误差和校正	一般较小，可用标准物质校正	有个人之间的误差，同一刺激的比较困难
重现性	一般较高	一般较低
精度和敏感性	一般较高，也有情况不如感官鉴定	可通过评审员的训练提高准确性
操作性	效率高、省事	实施烦琐
受环境影响	小	相当大
适用范围	适于测定要素特性，测定综合信念困难，不能进行嗜好评价	适于综合特性分析，不经过一定训练，测定要素特性困难，可进行嗜好评价

测定仪器选择的原则首先要求从感官特征，即色泽、滋味、香味、外观、质地中找出最影响口感的特征因素。如果质地是一个比较重要的因素，就需要参照质地剖面分析方法，再进一步确定哪项质地特性是关键。然后，将这些质地特性按照分析评价和嗜好评价，分别进行感官评定。同时，按照分析评价的内容，选择相应的质地测定仪器和条件进行测定。最后，将感官评价值与仪器测定值进行相关性统计分析。根据分析结果，确定能代替感官评价的仪器测定方法。

2. 食品质地分析

食品的感官评价，特别是分析型感官评价，不仅需要具有一定判断能力的评价员，而且这种评价往往费时、费力且效率低，其结果也常受多种因素影响，很不稳定。因此，现在常采用仪器检测方法正确表示食品质地多面剖面性质，并与感官评价相结合评定食品的质地。食品质地性质的仪器测定可以分为基础力学测定、半经验测定和模拟力学测定。基础力学测定虽有许多优点（如定义明确、数据互换性强、便于对影响这一性质的因素进行分析等)，但对于质地的评价来说，它却很难表现感官评价对食品质地那样的综合力学性质。如面团的软硬度、肉的嫩度等，很难用某一个单纯的力学性质表征。因此，食品质地的测定仪器多属于半经验或模拟测定。它的测定范围不像基础力学测定那样，变形保持在线性变化的微小范围，而是非线性的大变形或破坏性测定。

实用的食品质地测定仪器很多，一般按变形或破坏的方式可以分为 7 类，包括压缩破坏型、剪断型、切入型、插入型、搅拌型、食品流变仪、减压测试仪等。

（1）压缩破坏型测试仪

这类测定仪器多由食品质地研究人员根据所测定的对象和目的自行设计制成。比较典型的有质构测试仪、万能测试仪和压缩测试仪等。

质构测试仪是一种模仿口腔咀嚼动作测定食品质地性质的客观测定仪器。这种仪器可以数据形式表示质地多面剖析的特征，如硬度、弹性、内聚性、黏着性等。测定时柱形压头上下运动，像咀嚼食品一样，将载物器上的试料反复压碎。支持载物器的悬壁杆与应变计相连，可连续测定压头上下运动时试样所受压力、拉力，并通过以一定速度卷动的记录纸，记录力的变化。压头一般采用树脂制的直径 18mm、高 25mm 的圆柱。实验开始时，在载物器上放上试样。然后，选择适当电压通电，使咀嚼力的曲线波形有合适大小。这样，就会得到一个曲线。此曲线反映了试样在咀嚼动作下，所受力随时间变化的破碎过程。从中可以分析出试样质地的全部特征。它被称为质地特征曲线。曲线从右至左记录了破碎动作的第一次 (A_1) 和第二次 (A_2) 力以及时间的变化。由这一曲线可以得到以下质地参数：

$$\text{硬度(hardness)} = H_1/U \quad (2\text{-}30)$$

式中：H_1——第一波峰高度；

U——所加电压。

$$\text{内聚性(cohesiveness)} = A_2/A_1 \quad (2\text{-}31)$$

式中：A_1——第一波峰面积；

A_2——第二波峰面积。

$$\text{弹性(springness)} = C - B \quad (2\text{-}32)$$

式中：C——用典型无弹力物质（如黏土）做相同实验时所测得的两次压缩接触点间距离；

B——用试样做相同实验时所测得的两次压缩接触点间距离。

$$\text{黏着性(adhesieness)} = A_3/U \quad (2\text{-}33)$$

式中：A_3——面积；

U——所加电压。

$$\text{脆性(brittleness)} = F/U \quad (2\text{-}34)$$

式中：F——第一波峰最大压缩力与第一波谷作用力之差；

U——所加电压。

$$\text{咀嚼性(chewnes)} = \text{硬度} \times \text{凝聚性} \times \text{弹性(固体食品)} \quad (2\text{-}35)$$

（2）利用质地多面分析法（TPA）测定食品质构

①原理

流变物料测试仪是围绕着距离、时间和作用力对实验对象进行物性和质构测定的仪器。当操作台表面的待测物与支架上的模具探头接触后，将受到压力或拉伸力等力的作用，作用在物体上的各种力信号传至压力传感器，压力传感器把力信号转换成电信号输出，经数控系统把电信号转换成数字信号，输入计算机专用分析软件实行自控，并储存起来用于数据分析，从而使食品的感官指标以定量化形式表示。

②主要仪器及试剂

第一，仪器流变物料测试仪。根据测定对象不同可选用相应的探头，如用柱形探头可测定果冻和软糖的硬度、脆度、弹性等参数，锥形探头可测定黄油及其他黏性物质的黏度，夹式模具可测定面条、食用膜的抗拉伸强度等。

第二，试剂食品增稠剂（琼脂、卡拉胶、果胶）、蔗糖、变性淀粉、柠檬酸、市售果冻（或自制）、面条等。

③实验步骤

A. 果冻的制备（自行确定配比）

选用50mL烧杯，果冻样品的总体积控制在40mL。

B. 果冻的感官指标分析。

第一，检测探头安装。选用编号为P/10柱形探头，垂直旋入测试工作台探头接口。

第二，仪器校正。选用5kg砝码加至校正用的砝码架上，仪器自动对系统偏差进行补偿修正。

第三，样品测定。

第四，检测样品数据处理。点击数据处理按钮，专用软件则可对选定样品进行数据自动处理，算出待测样品的8个感官量化指标。

C. 面条抗拉性测定

第一，选择夹式模具，编号A/TG。借助螺母紧固扳手安装夹式模具于测试工作台上。

第二，把待测面条截成一定长度，固定于夹式模具。

第三，测试。

④结果计算

$$\text{样品延伸率} = \Delta L/L \tag{2-36}$$

⑤注意事项

第一，样品进行TPA测试时，可根据待测物直径大小选择适合直径的探头。

第二，样品进行TPA测试时，对测试探头的校正不能省略，因校正输入的测试样品高度参数被电脑记忆后，将有效控制测试探头能准确伸至所设定的样品深度。

第三，抗拉力测试时，在有效Distance（夹具测试移动的距离）参数设置条件下，若测试样品未能拉断，则 Distance 参数需重新设置。

（3）插入型测试仪

插入型测试仪器既有专用装置（如针入度仪），也可以利用流变仪改装，也就是说把流变仪的感力头换成针状、圆板状、圆锥状或球状，就构成了插入型测试仪。一般针状、圆板状、圆锥状多用来测定高脂肪食品，如奶油、人造奶油、猪油等。而球状感力头多用来测试凝胶类食品。插入的方法一般以一定载荷垂直作用力，使感力头插入，或以一定速度将感力头插入试样。这里介绍冈田式果冻强度测试仪。

对于黏性的食品，用柱状、锥状冲头进行针入度测定，试样与冲头可保持密着状态。对高弹性凝胶食品（如果冻、布丁、鱼糜糕、香肠等），冲头插入时往往会产生破裂现象。于是冈田开发了端部为球形的冲头。球形冲头压入试样时，可根据力与变形的关系求出试样强度。冈田式测试仪冲头的加力由冲头上部水杯中水的重力产生。滴管以一定流量向水杯中注水，使压头插入试样，同时通过杠杆和指针在记录纸上画出插入深度。冲头球的直径为 5mm。

（4）搅拌型测试仪

搅拌型测试仪主要用于小麦粉的品质鉴定，代表性的测定仪器有布拉本德粉质仪和淀粉粉力测试仪。这些仪器的测定结果多以 B. U. （Brabender Unit）为单位。

①布拉本德粉质仪

布拉本德粉质仪也称面团阻力仪，由调粉（揉面）器和动力测定计组成。测定原理是把小麦粉和水用调粉器的搅拌臂揉成一定硬度的面团，并持续搅拌一段时间。与此同时，自动记录在揉面搅动过程中面团阻力的变化。以这个阻力变化曲线来分析面粉筋力、面团的形成特性和达到一定硬度时所需要的水分（也叫面粉的吸水率）。记录纸得出的面团阻力曲线称为面团的粉质曲线。由此曲线可得到以下物性参数。

A. 吸水率

小麦粉形成硬度为 500B. U. 的面团所需要的加水量，用对小麦粉的质量分数表示。一般来说，强力粉吸水率大一些，薄力粉小一些。

B. 面团形成时间

表示从搅拌开始到转矩达到最大值所需要的时间，也有把曲线顶边刚达到 50oB. U. 所需时间称为达到时间。

C. 面团稳定度

阻力曲线中心线最初开始上升到 500~20B. U. 至下降到 500~20B. U. 所需的时间。当然这段时间越长，说明面团加工稳定性越好。

D. 面团衰落度

曲线从开始下降时起 12min 后曲线的下降值。面团衰落度值越小，说明面团筋力越强。从阻力曲线最高点时间起 5min 后曲线的落差 C 称为耐受指数。

E. 综合评价值

即用面团形成时间和衰落度综合评价的指标，是用本仪器附属的测定板在图上量出。根据面团阻力曲线的形状也可大体判断面粉的性质。

②淀粉粉力测试仪

淀粉粉力测试仪是另一种常用淀粉性质测定仪，属于外筒旋转式黏度计的一种，主要用来综合测定淀粉的性质，包括淀粉酶的影响和酶的活性。其原理为将面、水按一定量和比例和成面糊，放入一圆筒中。与圆筒配合有一形状如蜂窝煤冲头的搅盘，将搅盘插入盛面糊的圆筒中，然后按照一定的温度上升速度（1.5℃/min）加热面糊。同时转动搅盘，并自动记录搅盘所受到的扭力，就会得到一条淀粉黏度曲线。从该曲线可以得到如下物性指标：糊化开始温度，最高黏度温度和最高黏度。

（五）热物性分析

在食品的加工、储藏和流通中，往往都需要进行与食品热物性相关的处理，如加热、冷却或冷冻等。因此，研究食品的热物性是食品工程研究的重要领域。食品热物性也与食品的分子结构、化合状态有密切的关系。所以，它也是研究食品微观结构的重要手段。食品热物性的基础是传热传质学，在此不做详述。这里仅就食品热物性的一些特殊热物理问题进行简略介绍。

1. 食品热物性基础

（1）食品的传热特性

单位表面传热系数：表示加热或冷却时，假定附着于固体表面的流体界膜传热性质的物理量，以符号 h 表示。h 的定义是当流体与固体表面温度差为 1℃时，单位时间通过固体单位表面积的热量，因此它是对流传热的参数。

$$q = hA\Delta T \tag{2-37}$$

式中：q ——面积热流量，W/m^2；

A ——有效表面积，m^2；

ΔT ——固体表面温度与流体平均温度之差。

h 主要由流体的黏度、密度、比热容、导热系数、流速、流体的平均温度等因素决定，它是由流体的热物性和流动物性决定的物理参数。

（2）热分析方法分类

热分析是在程序控制温度下测量物质的物理性质（如质量）与温度关系的一类技术。其中热重分析法、差热分析和差示扫描量热法是目前较为常用的热分析方法。

2. 热物性分析方法

（1）差热分析（DTA）

例如，样品和热惰性的参比物分别放在加热炉中的两个坩埚中，以某一恒定的速率加热时，样品和参比物的温度线性升高。如样品没有产生焓变，则样品与参比物的温度是一致的（假设没有温度滞后），即样品与参比物的温差 $\Delta T = 0$；如样品发生吸热变化，样品将从外部环境吸收热量，该过程不可能瞬间完成，样品温度偏离线性升温线，向低温方向移动，样品与参比物的温差 $\Delta T < 0$。反之，如样品发生放热变化，由于热量不可能从样品瞬间逸出，样品温度偏离线性升温线，向高温方向变化，温差 $\Delta T > 0$。温差 T（称为 DTA 信号）经检测和放大以峰形曲线记录下来。经过一个传热过程，样品才会回复到与参比物相同的温度。

在差热分析时，样品和参比物的温度分别是通过热电偶测量的，将两支相同的热电偶同极串联构成差热电偶测定温度差。当样品和参比物温差 $\Delta T = 0$，两支热电偶热电势大小相同、方向相反，差热电偶记录的信号为水平线；当温差 $T \neq 0$，差热电偶的电势信号经放大和 A/D 转换后，被记录为峰形曲线，通常峰向上为放热，峰向下为吸热差热曲线直接提供的信息主要有峰的位置、峰的面积、峰的形状和个数，通过它们可以对物质进行定性和定量分析，并研究变化过程的动力学。峰的位置是由导致热效应变化的温度和热效应种类（吸热或放热）决定的，前者体现在峰的起始温度上，后者体现在峰的方向上。不同物质的热性质是不同的，相应的差热曲线上的峰位置、峰个数和形状也不一样，这是差热分析进行定性分析的依据。分析 DTA 曲线时通常需要知道样品发生热效应的起始温度，根据规定，该起始温度应为峰前缘斜率最大处的切线与外推基线的交线所对应的温度 T，该温度与其他方法测得的热效应起始温度较一致。DTA 峰的峰温 T，虽然比较容易测定，但它既不反映变化速率到达最大值时的温度，也与放热或吸热结束时的温度无关，其物理意义并不明确。此外，峰的面积与焓变有关。

（2）热重法（TG）

热重法（TG）是在程序温度下借助热天平以获得样品的质量与温度或时间关系的一种技术，这里的程序温度包括升温、降温或某一温度下的恒温。例如，在 TGA-50 热重分析仪的测量中，通常盛放了样品的坩埚被悬挂在热天平的一端，并放置在加热炉中。加热样品，当样品质量发生变化，天平横梁发生倾斜，反映样品质量变化信息的倾斜度被转换为光电信号并放大和记录下来。

在 TG 曲线中，如果反应前后均为水平线，表示反应过程中样品质量不变。若曲线发生偏转，则相邻两水平线段之间在纵坐标上的距离所代表的相应质量即为该步反应的质量差。TG 曲线表示加热过程中样品失重累计量，为积分型曲线。

如将 TG 曲线对温度或时间取一阶导数，即把质量变化的速率作为温度或时间的函数被连续记录下来，这种方法称为微商热重法。微商热重曲线上出现的每个峰与 TG 曲线上两台阶间质量发生变化的部分相对应。它反映了样品质量的变化率与温度或时间的关系，其形状与 DTA 曲线类似，可以确定样品失重过程的特征点如反应起始、终止温度等，是对 TG 和 DTA 曲线的补充。

由于物质分子结构的变化，可以影响其热物性（热吸收性质等）的变化。因此，热分析装置目前被广泛用来测定食品品质及其成分变化。这方面近期发展较快的是差示扫描量热测定和定量差示热分析。

（3）差示扫描量热法（DSC）

①DSC 的结构与原理

在升温或降温的过程中，物质的结构（如相态）和化学性质发生变化，其质量及光、电、磁、热、力等物理性质也会发生相应的变化。热分析技术就是在改变温度的条件下测量物质的物理性质与温度的关系的一类技术。在食品科学中，人们利用这一技术检测脂肪、水的结晶温度和融化温度以及结晶数量与融化数量；通过蒸发吸热来检测水的性质；检测蛋白质变性和淀粉凝胶等物理化学变化。在许多量热技术中，差示扫描量热技术应用得最为广泛，它是在样品和参照物同时程序升温或降温，并且保持两者温度相等的条件下，测定流入或流出样品和参照物的热量差与温度关系的一种技术。

DSC 大致由四个部分组成：温度程序控制系统，测量系统，数据记录、处理和显示系统，样品室。温度程序控制的内容包括整个实验过程中温度变化的顺序、变温的起始温度和终止温度、变温速率、恒温温度及恒温时间等。测量系统将样品的某种物理量转换成电信号，进行放大，用来进一步处理和记录。数据记录、处理和显示系统把所测的物理量随温度和时间的变化记录下来，并可以进行各种处理和计算，再显示和输出到相应设备。样品室除了提供样品本身放置的容器、样品容器的支撑装置、进样装置等外，还可以提供样品室内各种实验环境控制系统、环境温度控制系统、压力控制系统等。现在的仪器由计算机来控制温度、测量、进样和环境条件并记录、处理和显示数据。

根据测量的方法不同，DSC 分两种类型：热流型 DSC 和功率补偿型 DSC。功率补偿型 DSC 的主要特点是分别用独立的加热器与传感器来测量及控制样品和参照物的温度差，对流入或流出样品和参照物的热量进行补偿使之相等。它所测量的参数是两个加热器输入功率之差。整个仪器由两个控制系统进行控制。一个控制温度，使样品和参照物在预定的速率下升温或降温。另一个用于补偿样品和参照物之间所产生的温差与参照物的温度保持相同，这样就可以从补偿的功率直接求热流率，即 $\Delta W = (dQ_s - dQ_R)/dt = dH/dt$ ，这里 ΔW 表示所补偿的功率；Q_s 表示样品的热量；Q_R 表示参照物的热量；dH/dt 表示单位时间内的焓变，即热流率，单位一般为 mJ/s。热流型 DSC 是使样品和热惰性参比物一起承受同样的温度变化，在温度变化的时间范围内连续测量样品和参比物的温度差，再根据温度差计算出热流。

②DSC 数据及其分析方法

A. 典型 DSC 曲线分析

DSC 直接记录的是热流量随时间和温度变化的曲线，从曲线中可以得到一些重要的参数。从物理学中我们知道，热流量和温度差的比值称为比热容。例如，对样品和参照物加热过程中，热流量没有变化，或者比热容没有变化，表明加热过程中物质结构并没有发生变化。当对样品和参照物继续加热时，热流量曲线突然下降，样品从环境中吸热，继续加热，样品会出现放热峰，随后又出现吸热峰。这种吸热现象称为该样品的玻璃化转变，对应的温度称为玻璃化温度 T_g 。此转变不涉及潜热量的吸收或释放，仅提高了样品的比热容，这种转变在热力学中称为二次相变。二次相变发生前后样品物性发生较大的变化，例如当温度达到玻璃化转变温度 T_g 时，样品的比体积和比热容都增大；刚度和黏度下降，弹性增加。在微观上，目前人们较多地认为是链段运动与空间自由体积间的关系。当温度低于 T。时自由体积收缩，链段失去了回转空间而被“冻结”，样品像玻璃一样坚硬。当样品继续被加热时，样品中的分子已经获得足够的能量，它们可以在较大的范围内活动。在给定温度下每个体系总是趋向于达到自由能最小的状态，因此这些分子按一定结构排列，释放出潜热，形成晶体。当温度达到一定程度时，分子获得的能量已经大于维持其有序结构的能量，分子在更大的范围内运动，样品在宏观上出现融化和流动现象。对于后两个放热和吸热所对应的转变在热力学上称为一次相变。

B. 物性参数检测

物性参数检测包括转变温度的确定，热焓、比热容、熵及结晶数量的测定。

a. 转变温度的确定

利用 DSC 检测的转变温度中，主要有玻璃化转变温度 T_g 、结晶温度 T_c 和融解温度 T_m 。由于结晶和融解都有明显的放热峰和吸热峰，因此在确定两个转变温度时数据比较接近。一般是将结晶或融解发生前后的基线连接起来作为基线，将起始边的切线与基线的交叉点处的温度即外推始点的 T_c 作为转变温度；也有将转变峰温（T_p）作为转变温度。

对于玻璃化转变温度 T 的确定目前有几种方法，即取转变开始、中间和结束时所对应的温度。由于玻璃化转变是在一定范围内完成的，因此其转变温度不十分一致。对于转变不明显的斜线，一般采用延长变化前后基线的切线等辅助方法确定 T_g。

在食品材料中，玻璃化转变过程所对应的温度范围取决于分子量，此外也与成分的个体数量和个体特性差异有关，可以想象组成食品各种成分，其玻璃化转变温度相互差异较大，食品在经历热过程中表现出来的玻璃化转变温度也一定是非常分散的。

b. 热焓的测定

热焓是一个重要的热力学参数，样品分子的物理变化和化学变化都与热焓有关，因此热焓的测定也就具有很重要的意义。根据定义，焓 $H = E + pV$，这里 E 是系统的内能；p、V 分别为系统的压力和体积。DSC 测量的热焓，确切地说是焓变，即样品发生热转变前后的 ΔH。对于压力不变的过程，ΔH 等于变化过程所吸收的热量 Q。所以，有常常将焓变 ΔH 与热量 Q 等同起来。要比较不同物质的转变焓，还需要将 AH 归一化，即求出 1mol 样品分子发生转变的焓变。实际测量时，只要将样品发生转变时吸收或放出的热量除以样品的物质的量（mol）就可以。DSC 直接记录的是热流量随时间变化的曲线，该曲线与基线所构成的峰面积与样品热转变时吸收或放出的热量成正比。根据已知相变焓的标准物质的样品量（物质的量）和实测标准样品 DSC 的相变峰的面积，就可以确定峰面积与热焓的比例系数。这样，要测定未知转变焓样品的转变焓，只需确定峰面积和样品的物质的量就可以了。峰面积的确定可以借助 DSC 数据处理程序软件，可以较准确地计算出峰面积。

c. 比热容的测定

由于 DSC 的灵敏度高、热响应速度快和操作简单，所以与常规的量热计比热容测定法相比较，样品用量少，测定速度快，操作简单。在 DSC 中，样品是处在线性的程序温度控制下，流入样品的热流速率是连续测定的，并且所测定的热流速率 $\mathrm{d}Q/\mathrm{d}t$ 是与样品的瞬间比热容成正比，因此热速率可用下列方程式表示：

$$\mathrm{d}Q/\mathrm{d}t = mc_p(\mathrm{d}T/\mathrm{d}t) \tag{2-38}$$

式中，Q 是热量；m 是样品质量；c_p 是样品比热容。

在测定时通常是以某种比热容已精确测定的样品作为标准样品。样品比热容的具体测定方法如下：先用两个空样品池在较低的温度（T_1）下恒温记录一段基线，然后转入程序升温，接着在一较高温度（T_2）下恒温，由此得到从温度 T_1 到 T_2 的空载曲线或基线，T_1 到孔即我们测量的范围；然后在相同条件下使用同样的样品池依次测定已知比热容的标准样品和待测样品的 DSC 曲线。

样品在任一温度下的比热容 c_p 可通过下列方程式求出：

$$\frac{c_p'}{c_p}=\frac{m'y}{my'} \tag{2-39}$$

式中，c_p' 是标准样品的比热容；m 是标准样品的质量；y' 是标准样品的 DSC 曲线与基线的 y 轴量程差；c_p 是待测样品的比热容；m 是待测样品的质量；y 是待测样品的 DSC 曲线与基线的 y 轴量程差。

d. 熵的测定

根据熵的定义，$S=k\ln\Omega$ 。这里 k 是波尔兹曼常数，Ω 是系统内粒子分布的可能方式的数目。如果系统有一组固定的能态，且分子在这些能态的分布发生一个可逆变化，则必然有热量被系统吸收或释放。以熔融过程为例，根据热力学第二定律，对于等温、等压和不做非体积功的可逆过程，其吉布斯函数变为 $\Delta G=\Delta H-T\Delta S$ ，且 $\Delta G=0$，因此过程的熵 $\Delta S=\Delta H/T$ ，用 DSC 测得 ΔH 及 T 后，就可按上式计算熔融过程的熔融熵 ΔS 。这个方法也可以用于其他可逆过程。

e. 结晶数量的测定

许多食品材料都包含有一定量的结晶体和玻璃体，二者比例大小与食品物性相关，在储藏与加工过程中，二者的比例也不断变化，因此掌握食品材料中的结晶体比例是非常重要的。首先利用 DSC 曲线，分别计算出熔解峰面积 A_M 和结晶峰面积 A_C ：

$$A_M=\frac{H_M T}{tm},\ A_C=\frac{H_C T}{tm} \tag{2-40}$$

式中，H_M 是单位时间和单位质量的熔解吸热量；H_C 是单位时间和单位质量的结晶放热量；T 是温度；t 是单位时间；m 是单位质量。

将上述面积除以升温速率，得每克样品吸收和释放的热量，再乘以试验样品真实质量，即得到该样品材料，总的吸热量 $H_{M,\ \mathrm{total}}$ 和总的放热量 $H_{C,\ \mathrm{total}}$ 。二者差与单位质量的样品结晶时释放出来的热量之比即为加热温度未达到结晶转变前所具有的结晶数量 m_c ，即

$$m_c=\frac{H_{M\mathrm{total}}-H_{C,\ \mathrm{total}}}{H_C'} \tag{2-41}$$

式中，H_C' 是单位质量的样品结晶时释放出来的热量。

③影响测量结果的一些因素

差式扫描量热法的影响因素与具体的仪器类型有关。一般来说，影响 DSC 的测量结果的主要因素大致有下列几方面：实验条件，如起始和终止温度、升温速率、恒温时间等；样品特性，如样品用量、固体样品的粒度、装填情况，溶液样品的缓冲液类型、浓度及热

历史等，参照物特性、参照物用量、参照物的热历史等。

A. 实验条件的影响。影响实验结果的实验条件是升温速率，升温速率可能影响 DSC 的测量分辨率。实验中常常会遇到这种情况：对于某种蛋白质溶液样品，升温速率高于某个值时，某个热变性峰根本无法分辨，而当升温速率低于某个值后，就可以分辨出这个峰。升温速率还可能影响峰温和峰形。事实上，改变升温速率也是获得有关样品的某些重要参量的重要手段。

B. 样品特性的影响

影响因素包含以下几个方面。

a. 样品量

一般来说，样品量太少，仪器灵敏度不足以测出所得到的峰；而样品量过多，又会使样品内部传热变慢，使峰形展宽，分辨率下降。实际中发现样品用量对不同物质的影响也有差别。一般要求在得到足够强的信号的前提下，样品量要尽量少一点，且用量要恒定，保证结果的重复性。

b. 固体样品的几何形状

样品的几何形状如厚度、与样品盘的接触面积等会影响热阻，对测量结果也有明显影响。为获得比较精确的结果，要增大样品盘的接触面积，减小样品的厚度，并采用较慢的升温速率。样品池和池座要接触良好，样品池或池不干净或样品池底不平整，会影响测量结果。

c. 样品池在样品座上的位置

样品池在样品座上的位置会影响热阻的大小，应该尽量标准化。

d. 固体样品的粒度

样品粒度太大，热阻变大，样品熔融温度和熔融热焓偏低；但粒度太小，由于晶体结构的破坏和结晶度的下降，也会影响测量结果。带静电的粉末样品，由于静电引力使粉末聚集，也会影响熔融热焓。总的来说，粒度的影响比较复杂，有时难以得到合理解释。

e. 样品的热历史

许多材料往往由于热历史的不同而产生不同的晶型和相态，对 DSC 测定结果也会有较大的影响。

f. 溶液样品中溶剂或稀释剂的选择

溶液或稀释剂对样品的相变温度和热焓也有影响，特别是蛋白质等样品在升温过程中有时会发生聚沉的现象，而聚沉产生的放热峰往往会与热变性吸热峰发生重叠，并使得一些热变性的可逆性无法观察到，影响测定结果。选择适合的缓冲系统有可能避免聚沉。

第二节 食品物理检测的常用方法

一、相对密度法

根据液态食品的相对密度而检测其浓度的方法，称为相对密度法。

（一）密度和相对密度

密度是指物质在一定温度下，单位体积的质量，以 ρ 表示，其单位为 g/cm^3。相对密度是指特定温度下某一物质的密度 ρ_1 与另一参考物质（常用纯水为参考）的密度 ρ_2 之比，以 d 表示，即 $d = \rho_1/\rho_2$。相对密度是表示物质纯度的物理常数。由于物质的相对密度受温度影响较大，故相对密度应标出测定时物质的温度和水的温度，表示为 $d_{t_2}^{t_1}$，其中 t_1 表示物质的温度；t_2 表示水的温度，如 d_4^{20}、d_{20}^{20}。对不同温度下测得的密度，其相对密度可表示为 $d_{t_2}^{t_1} = \rho_{t_1}/\rho_{t_2}$。

因为水在4℃时的密度为 $1.000000g/cm^3$ 所以物质在某温度下的密度 ρ_t 和物质在同一温度下对4℃水的相对密度 d_4^t 在数值上相等，两者在数值上可以通用。故工业上为方便起见，常用 d_4^{20}，即物质在20℃时的质量与同体积4℃水的质量之比来表示物质的相对密度，其数值与物质在20℃时的密度 ρ_{20} 相等。

通常测定液体是在20℃时对水在20℃时的相对密度，以 d_{20}^{20} 表示。因为水在4℃时密度比水在20℃时的密度大，故对同一液体来说，$d_{20}^{20} > d_4^{20}$。d_{20}^{20} 和 d_4^{20} 之间可用公式：$d_4^{20} = d_{20}^{20} \times 0.99823$ 换算，式中，0.99823为水在20℃时的密度（g/cm^3）。

各种液态食品都有一定的相对密度，当其组织成分和浓度发生改变时，其相对密度往往也随之改变。通过测定液态食品的相对密度，可检测食品的纯度、浓度和判断食品的质量。

（二）测定方法

1. 密度瓶法

（1）原理

20℃时分别称量充满同一密度瓶的水和样品的质量，由水的质量计算出密度瓶的体积，即样品的体积，根据样品的质量和体积可计算其密度。

（2）适用范围与特点

第一，本法适用于测定各种液体食品的相对密度，特别适合于样品量较少的场合，对挥发性的样品也适用。

第二，测定结果准确，但操作较烦琐。

第三，测定较黏稠样品时，宜用带毛细管的密度瓶。

2. 密度计法

（1）原理

密度计法是根据阿基米德原理设计的。

密度计种类很多，但结构和形式基本相同，都是由玻璃外壳制成。头部呈球形或圆锥形，里面灌有铅珠、水银或其他重金属，使其能立于液体中，中部是胖肚空腔，内有空气，故能浮起，尾部是一细长管，内附有刻度标记，刻度是利用各种不同密度的液体标度的。食品检测中常用的密度计按其标度方法的不同，可分为普通密度计、乳稠计、锤度计和波美度计等。

（2）分类

按密度计不同分为以下几种。

①普通密度计

普通密度计是直接以20℃时的密度值为刻度的。一套通常由几支组成，每支的刻度范围不同，刻度值小于1（0.700~1.000）的，称为轻表，用于测定比水轻的液体；刻度值大于1（1.000~2.000）的，称为重表，用于测定比水重的液体。

②乳稠计

乳稠汁是专用于测定牛乳相对密度的密度计，测定相对密度范围为1.015~1.045。它是将相对密度减去1.000后，再乘以1000作为刻度，以度（数字右上角标“。”）表示，其刻度范围为15°~45°。使用时将测得的读数按上述关系换算为相对密度值。乳稠计按其标度方法不同分为两种，一种是按20°/4°标定的，另一种是按15°/15°标定的。两者的关系是后者读数是前者读数加2，即

$$d_{15}^{15} = d_{4}^{20} + 0.002$$

如果测定的温度不是标准温度，应将读数校正为标准温度下的读数。对于20°/4°乳稠计，在10℃~25℃，温度每升高1℃，乳稠计读数平均下降0.2°，即相当于相对密度值平均减小0.0002。故当乳温高于标准温度20℃时，每升高1℃应在所得的乳稠计读数上加0.2°；乳温低于20℃时，每降低1℃应减去0.2°。

③锤度计

锤度计是专用于测定糖液浓度的密度计。它是以蔗糖溶液的质量分数为刻度的，以

°Bx 表示。其标度方法是以 20℃为标准温度，在蒸馏水中为 0 °Bx，在 1%蔗糖溶液中为 1 °Bx（即 100g 蔗糖溶液中含有 1g 蔗糖），依此类推。锤度计的刻度范围有多种，常用的有 0~6 °Bx、5~11 °Bx、10~16 °Bx、15~21 °Bx、20~26 °Bx 等。

当测定时的温度不在标准温度 20℃时，应进行温度校正。当测定的温度高于 20℃时，因糖液体积膨胀而使相对密度减小，即锤度降低，应加上相应的温度校正值，反之，则应减去相应的温度校正值。

④波美计

波美计是测定溶液浓度的密度计，以波美度 °Be′ 表示。其标度方法是以 20℃为标准，在蒸馏水中为 0 °Be′，在 15g/100mL 的食盐溶液中为 15 °Be′，在纯硫酸（相对密度 1.8427）中，其刻度为 66 °Be′。波美计分为轻表和重表两种，分别用于测定相对密度小于 1 和大于 1 的液体。波美度与相对密度之间存在下列关系。

轻表：$°Be' = 145/d_{20}^{20} - 145$，或 $d_{20}^{20} = 145/(145 + °Be')$

重表：$°Be' = 145 - 145/d_{20}^{20}$，或 $d_{20}^{20} = 145/(145 - °Be')$

（3）适用范围与特点

第一，该法操作简便快速，但准确度差。

第二，需要样液较多。

第三，不适用于测定极易挥发的样品。

二、折光法

（一）折射率测定的意义

通过测定物质的折射率来鉴别物质的组成，确定物质的纯度、浓度及判断物质的品质的分析方法称为折光法。确定物质的纯度、浓度及判断物质的品质，可通过测定物质的折射率来鉴别。

（二）原理

1. 折射率

光线从一种介质射到另一种介质时，除了一部分光线反射回第一介质外，另一部分进入第二介质中并改变它的传播方向，这种现象叫光的折射。发生折射时，入射角正弦与折射角正弦之比恒等于光在两种介质中的传播速度之比，即

$$\frac{\sin\alpha_1}{\sin\alpha_2}=\frac{v_1}{v_2} \tag{2-42}$$

式中：α_1——入射角；

α_2——折射角；

v_1——光在第一种介质中的传播速度；

v_2——光在第二种介质中的传播速度。

光在真空中的速度 C 和在介质中的速度 v 之比叫作介质的绝对折射率（简称折射率、折光率、折射指数）。真空的绝对折射率为 1，实际上是难以测定的，空气的绝对折射率是 1.000294，几乎等于 1，故在实际应用上可将光线从空气中射入某物质的折射率称为绝对折射率。

折射率以 n 表示：

$$n=\frac{C}{v}\text{，显然 } n_1=\frac{C}{v_1}\text{，}n_2=\frac{C}{v_2} \tag{2-43}$$

故

$$\frac{\sin\alpha_1}{\sin\alpha_2}=\frac{n_2}{n_1} \tag{2-44}$$

式中：n_1——第一介质的绝对折射率；

n_2——第二介质的绝对折射率。

折射率是物质的特征常数之一，与入射角大小无关，它的大小决定于入射光的波长、介质的温度和溶质的浓度。一般在折射率 n 的右下角注明波长，右上角注明温度，若使用钠黄光，样液温度为 20℃，测得的折射率用 n? 表示。

2. *溶液浓度与折射率的关系*

每一种均一物质都有其固有的折射率，对于同一物质的溶液来说，其折射率的大小与其浓度成正比，因此，测定物质的折射率就可以判断物质的纯度及其浓度。

如牛乳乳清中所含乳糖与其折射率有一定的数量关系，若牛乳掺水，其乳清折射率必然降低，所以测定牛乳乳清折射率即可了解乳糖的含量，判断牛乳是否掺水。

纯蔗糖溶液的折射率随浓度升高而升高，测定糖液的折射率即可了解糖液的浓度。对于非纯糖溶液，由于盐类、有机酸、蛋白质等物质对折射率均有影响，故测得的是固形物。固形物含量越高，折射率也越高。如果溶液中的固形物是由可溶性固形物及悬浮物所组成，则不能在折光计上反映出它的折射率，测定结果误差较大。

各种油脂具有其一定的脂肪酸构成，每种脂肪酸均有其特征折射率，故不同的油脂其折射率不同。当油脂酸度增高时，其折射率将降低；相对密度大的油脂其折射率也高。故折射率的测定可鉴别油脂的组成及品质。

（三）常用的折光计

折光仪的浓度标度是用纯蔗糖溶液标定的，而不纯的蔗糖溶液，由于盐类、有机酸、蛋白质等物质对折射率存在影响，因此，测定时包括蔗糖和上述物质，即可溶性固形物。折光计是用于测定折射率的仪器，一般有阿贝折光计、手提式折光计、浸入式折光计。

1. 阿贝折光计

（1）原理

阿贝折射仪的光学系统由观测系统和读数系统两部分组成。

观测系统：光线由反光镜反射，经进光棱镜、折射棱镜及其间的样液薄层折射后射出，再经色散补偿器消除由折射棱镜及被测样品所产生的色散，然后由物镜将明暗分界线成像于分划板上，经目镜放大后成像于观测者眼中。

读数系统：光线由小反光镜反射，经毛玻璃射到刻度盘上，经转向棱镜及物镜将刻度成像于分划板上，通过目镜放大后成像于观测者眼中。

（2）阿贝折光计的使用

第一，校正方法。将折射棱镜的抛光面加 1~2 滴溴代萘，再贴上标准试样的抛光面，当读数视场指示于标准试样上的值时，观察望远镜内明暗分界线是否在十字线中间，若有偏差则用螺丝刀轻微旋转调节螺钉，使分界线像位移至十字线中心。校正完毕，在以后的测定过程中不允许随意再动此部位。

对于高刻度值部分通常是用特制的具有一定折射率的标准玻璃块来校准。

第二，将折射棱镜表面擦干，用滴管滴样液 1~2 滴于光棱镜的磨砂面上，将进光棱镜闭合，调整反射镜，使光线射入棱镜中。

第三，旋转棱镜旋钮，使视野形成明暗两部分。

第四，旋转补偿器旋钮，使视野中除黑白两色外，无其他颜色。

第五，转动棱镜旋钮，使明暗分界线在十字线交叉点上，由读数镜筒内读取读数。

（3）说明

第一，每次测量后必须用洁净的软布揩拭棱镜表面，油类需用乙醇、乙醚或苯等轻轻揩拭干净。

第二，对颜色深的样品宜用反射光进行测定，以减少误差。可调整反光镜、光棱镜射入，同时揭开折射棱镜的旁盖，使光线由折射棱镜的侧孔射入。

第三，折射率通常规定在20℃测定，若测定温度不是20℃，应按实际的测定温度进行校正。

若室温在10℃以下或30℃以上时，一般不宜进行换算，须在棱镜周围通过恒温水流，使试样达到规定温度后再测定。

2. 手提折光计

（1）原理

手提折光计主要由棱镜、盖板组成，使用时打开棱镜盖板，用擦镜纸仔细将折光棱镜擦净，取一滴蒸馏水置于棱镜上调节零点，用擦镜纸擦净。再取一滴待测糖液置于棱镜上，将溶液均布于棱镜表面，合上盖板，将光窗对准光源，调节目镜视度圈，使视场内分画线清晰可见，视场中明暗分界线相应读数即为溶液糖量的百分数。

（2）测定范围

手持折光计的测定范围通常为0%~90%，分为左右两边刻度，左刻度的刻度范围为50%~90%，右刻度的刻度范围为0%~50%，其刻度标准温度为20℃，若测量时在非标准温度下，则需进行温度校正。

3. WAY-2S数字阿贝折射仪

WAY-2S数字阿贝折射仪能自动校正温度对蔗糖溶液质量分数值的影响，并可显示样品的温度。

数字阿贝折射仪测定透明或半透明物质的折射率的原理是基于测定临界角，由目视望远镜部件和色散校正部件组成的观察部件来瞄准明暗两部分的分界线，也就是瞄准临界角的位置，并由角度数字转换部件将角度置换成数字量，输入微机系统进行数据处理，而后数字显示被测样品的折射率锤度。

三、旋光法

应用旋光仪测量旋光性物质的旋光度以确定其含量的分析方法叫旋光法。

（一）偏振光的产生

光是一种电磁波，是横波，即光波的振动方向与其前进方向互相垂直。自然光有无数个与光前进方向互相垂直的光波振动面。

若使自然光通过尼克尔棱镜，由于振动面与尼克尔棱镜的光轴平行的光波才能通过尼克尔棱镜，所以通过尼克尔棱镜的光，只有一个与光的前进方向互相垂直的光波振动面。

这种仅在一个平面上振动的光叫偏振光。

产生偏振光的方法很多，通常是用尼克尔棱镜或偏振片。尼克尔棱镜是把一块方解石的菱形六面体末端的表面磨光，使镜角等于68°，将之对角切成两半，把切面磨成光学平面后，再用加拿大树胶粘起来形成的。

利用偏振片也能产生偏振光。它是利用某些双折射镜体（如电气石）的二色性，即可选择性吸收寻常光线而让非常光线通过的特性，把自然光变成偏振光。

（二）光学活性物质、旋光度与比旋光度

分子结构中凡有不对称碳原子，能把偏振光的偏振面旋转一定角度的物质称为光学活性物质。许多食品成分都具有光学活性，如单糖、低聚糖、淀粉以及大多数的氨基酸等。其中能把偏振光的振动平行向右旋转的，称为“具有右旋性”，以“（+）”表示；反之，称为“具有左旋性”，以“（-）”表示。

偏振光通过光学活性物质的溶液时，其振动平面所旋转的角度叫作该物质溶液的旋光度，以 a 表示。旋光度的大小与光源的波长、温度、旋光性物质的种类、溶液的浓度及液层的厚度有关。对于特定的光学活性物质，在光源波长和温度一定的情况下，其旋光度 a 与溶液的浓度 c 和液层的厚度 L 成正比。即

$$a = kcL$$

当旋光性物质的浓度为1g/mL，液层厚度为1dm时所测得的旋光度称为比旋光度，以 $[\alpha]_\lambda^t$ 表示。由上式可知：

$$[\alpha]_\lambda^{'} = k \times 1 \times 1 = k$$

即 $[a]_\lambda^t = \dfrac{a}{L_c}$ 或 $c = \dfrac{a}{[a_\lambda^t] \times c}$

式中：$[a]_i^a$ 为比旋光度，（°）；t 为温度，℃；λ 为光源波长，nm；a 为旋光度，（°）；L 为液层厚度或旋光管长度，dm 为溶液浓度，g/mL。

比旋光度与光的波长及测定温度有关。通常规定用钠光D线（波长589.3nm）在20℃时测定，在此条件下，比旋光度用 $[a]_D^{20}$ 表示。

因在一定条件下比旋光度 $[\alpha]_\lambda^t$ 是已知的，L 为一定，故测得了旋光度 a 就可计算出旋光物质溶液中的浓度 c。

（三）测定旋光度的方法

测定旋光度的仪器有普通旋光计、检糖计、自动旋光计等，普通旋光计和检糖计具有

结构简单、价格低廉等优点，但也存在以肉眼判断终点、有人为误差、灵敏度低及须在暗室工作等缺点。下面介绍自动旋光计测定物质旋光度的方法。

1. 仪器结构原理

自动旋光计采用光电检测器及晶体管自动示数装置，具有体积小、灵敏度高、没有人为误差、读数方便、测定迅速等优点，目前在食品分析中应用十分广泛。

用20W钠光灯为光源，由小孔光阑和物镜组成一束平行光，然后经过起偏镜后产生平行偏振光，当偏振光经过有法拉第效应的磁旋线圈时，其振动面产生50Hz的一定角度的往复振动，该偏振光线通过检偏镜透射到光电倍增管上，产生交变的光电信号。当检偏镜的透光面与偏振光的振动面正交时，即为仪器的光学零点，此时以 $\alpha=0°$（出现平衡指示）。而当偏振光通过一定旋光度的测试样品时，偏振光的振动面转过一个角度口，此时光电讯号就能驱动工作频率为50Hz的伺服电机，并通过涡轮杆带动检偏镜转动口角，而使仪器回到光学零点，此时读数盘上的示值即为所测物质的旋光度。

2. 测定操作

第一，打开电源开关，钠光灯在交流电源下点亮，预热15min。

第二，打开光源（交流转直流）开关，钠光灯在直流下工作（若开关开启后钠光灯熄灭，须再将此开关重复打开1~2次）。

第三，按下测量开关，机器处于自动平衡状态，读数窗即显示一个读数。

第四，将装有蒸馏水或其他空白溶剂的试管放入样品室，盖上箱盖，待小数稳定后，按清零按钮清零。应当注意，如果试管中有气泡，应首先将气泡移至试管的凸颈处；试管两端的水雾和水滴，应用软布揩干；试管螺帽不宜旋得过紧，以免产生应力，影响读数；试管安放时应注意标记的位置和方向。

第五，取出试管，将待测样品注入试管，并按相同的位置和方向放入样品室内，盖好箱盖。仪器读数窗将显示出该样品的旋光度。

第六，逐次按下复测按键，取几次测量的平均值作为样品的测定结果。

第七，仪器使用完毕后，应依次关闭测量光源、电源开关。

3. 说明及注意事项

第一，样品超过测量范围，仪器会在±45°处停转。取出试管，按试样室内的按钮开关仪器即自动转回零位。此时应稀释样品后再做。

第二，深色样品透过率过低时，仪器的示数重复性将有所降低，此系正常现象。

第三，具有光学活性的还原糖类（如葡萄糖、果糖、乳糖等）在溶解之后，其旋光度起初迅速变化，然后逐渐变缓，直至达到恒定值。因此，在用旋光法测定含有还原糖的样品时，样品配成溶液后，需放置过夜再测定。若需立即测定，可将中性溶液食品分析与检验加热至沸，或加入几滴氨水至碱性再稀释定容，还可加入碳酸钠干粉至石蕊试纸显碱性。在碱性溶液中，变旋光作用迅速，很快达到平衡。但微碱性溶液不宜放置过久，温度也不可过高，以免破坏果糖。

第四，钠灯直流供电出故障时，仪器钠灯也可在交流电的情况下工作，但仪器的性能略有下降。如打开电源后钠光灯不亮，应先检查保险丝。钠光灯积灰或损坏，可打开机壳进行擦净或更换。

第五，旋光仪在使用时，需通电预热几分钟，但钠光灯使用时间不宜过长。

第六，旋光仪是比较精密的光学仪器，使用时，仪器金属部分切忌沾污酸碱，防止腐蚀。光学镜片部分不能与硬物接触，以免损坏镜片。

第七，仪器应放在干燥通风处，防止潮气侵蚀，尽可能在20℃的工作环境中使用仪器，搬动仪器应小心轻放，避免震动。

四、黏度法

黏度，即液体的黏稠程度。它是液体在外力作用下发生流动时，分子间所产生的内摩擦力。黏度的大小是判别液态食品品质的一项重要物理常数，如啤酒黏度的测定、淀粉黏度的测定等。

黏度分为绝对黏度、运动黏度、条件黏度和相对黏度。

绝对黏度，也叫动力黏度，它是液体以1cm/s的流速流动时，在每$1cm^2$液面上所需切向力的大小，单位为Pa·s。

运动黏度，也叫动态黏度，它是在相同温度下，液体的绝对黏度与其密度的比值，单位为m^2/s。

条件黏度是在规定温度下，在指定的黏度计中，一定量液体流出的时间（$）或将此时间与规定温度下同体积水流出时间之比。

相对黏度是在一定温度时液体的绝对黏度与另一液体的绝对黏度之比。用于比较的液体通常是水或适当的其他液体。

黏度的大小与温度有关。温度越高，黏度越小。纯水在20℃时的绝对黏度为10^{-3}Pa·s。

测定液体的黏度可了解样品的稳定性，也可揭示干物质的量及其相应的浓度。

黏度的测定方法按测试手段可分为毛细管黏度计法、旋转黏度计法和滑球黏度计法等。

第三章 食品中一般成分的检验

第一节 食品中水分、脂肪与灰分的测定

一、食品中水分的测定

（一）测定水分含量的意义

水分是食品分析的重要项目之一。不同种类的食品，水分含量差别很大。控制食品的水分含量，对于保持食品良好的感官性状、维持食品中其他组分的平衡关系、保证食品具有一定的保存期等均起着重要的作用。此外，各种生产原料中水分含量的高低，除了对它们的品质和保存有影响外，对成本核算、提高工厂的经济效益等均具有重大意义。因此，食品中水分含量的测定被认为是食品分析的重要项目之一。

（二）食品中水分的存在形式

1. 自由水

自由水是以溶液状态存在的水分，保持着水分的物理性质，在被截留的区域内可以自由流动。自由水在低温下容易结冰，可以作为胶体的分散剂和盐的溶剂。同时，一些能使食品品质发生质变的反应以及微生物活动可在这部分水中进行。在高水分含量的食品中，自由水的含量可以达到总含水量的90%以上。

2. 亲和水

亲和水可存在于细胞壁或原生质中，是强极性基团单分子外的几个水分子层所包含的水，以及与非水组分中的弱极性基团及氢键结合的水。它向外蒸发的能力较弱，与自由水相比，蒸发时需要吸收较多的能量。

3. 结合水

结合水又称束缚水，是食品中与非水组分结合最牢固的水，如葡萄糖、麦芽糖、乳糖的结晶水以及蛋白质、淀粉、纤维素、果胶物质中的羧基、氨基、羟基和巯基等通过氢键结合的水。结合水的冰点为-40℃，它与非水组分之间配位键的结合能力比亲和水与非水组分间的结合力大得多，很难用蒸发的方法排除。结合水在食品内部不能作为溶剂，微生物也不能利用它们进行繁殖。

在食品中以自由水形态存在的水分在加热时容易蒸发；以另外两种状态存在的水分，加热也能蒸发，但不如自由水容易蒸发，若长时间对食品进行加热，非但不能去除水分，反而会使食品发生质变，影响分析结果。因此，水分测定要严格控制温度、时间等规定的操作条件，方能得到满意的结果。

（三）食品中水分含量的测定方法

1. 干燥法

（1）直接干燥法

①原理

利用食品中水分的物理性质，在101.3 kPa（一个大气压），温度101℃~105℃下，采用挥发方法测定样品中干燥减失的重量，包括吸湿水、部分结晶水和该条件下能挥发的物质，再通过干燥前后的称量数值计算出水分的含量。

②适用范围

直接干燥法适用于在101℃~105℃下，蔬菜、谷物及其制品、水产品、豆制品、乳制品、肉制品、卤菜制品、粮食（水分含量低于18%）、油料（水分含量低于13%）、淀粉及茶叶类等食品中水分的测定，不适用于水分含量小于0.5g/100g的样品。

③样品的制备、测定

固体试样：取洁净铝制或玻璃制的扁形称量瓶，置于101℃~105℃干燥箱中，瓶盖斜支于瓶边，加热1.0h，取出盖好，置干燥器内冷却0.5h，称量，并重复干燥至前后两次质量差不超过2mg，即为恒重。将混合均匀的试样迅速磨细至颗粒小于2mm，不易研磨的样品应尽可能切碎，称取2g~10g试样（精确至0.0001g），放入此称量瓶中，试样厚度不超过5mm，如为疏松试样，厚度不超过10mm，加盖，精密称量后，置于101℃~105℃干燥箱中，瓶盖斜支于瓶边，干燥2h~4h后，盖好取出，放入干燥器内冷却0.5h后称量。然后再放入101℃~105℃干燥箱中干燥1h左右，取出，放入干燥器内冷却0.5h后再称量。并重复以上操作至前后两次质量差不超过 2mg，即为恒重。

半固体或液体试样：取洁净的称量瓶，内加 10g 海砂（实验过程中可根据需要适当增加海砂的质量）及一根小玻棒，置于 101℃～105℃ 干燥箱中，干燥 1.0h 后取出，放入干燥器内冷却 0.5h 后称量，并重复干燥至恒重。然后称取 5g～10g 试样（精确至 0.0001g），置于称量瓶中，用小玻棒搅匀放在沸水浴上蒸干，并随时搅拌，擦去瓶底的水滴，置于 101℃～105℃ 干燥箱中干燥 4h 后盖好取出，放入干燥器内冷却 0.5 h 后称量。然后再放入 101℃～105℃ 干燥箱中干燥 1h 左右，取出，放入干燥器内冷却 0.5h 后再称量。并重复以上操作至前后两次质量差不超过 2mg，即为恒重。

（2）减压干燥法

①原理

利用食品中水分的物理性质，在达到 40kPa～53kPa 压力后加热至（60±5）℃，采用减压烘干方法去除试样中的水分，再通过烘干前后的称量数值计算出水分的含量。

②适用范围

减压干燥法适用于高温易分解的样品及水分较多的样品（如糖、味精等食品）中水分的测定，不适用于添加了其他原料的糖果（如奶糖、软糖等食品）中水分的测定，不适用于水分含量小于 0.5g/100g 的样品（糖和味精除外）。

③样品的测定方法

取已恒重的称量瓶称取 2g～10g（精确至 0.0001g）试样（粉末和结晶试样直接称取；较大块硬糖经研钵粉碎混匀），放入真空干燥箱内，将真空干燥箱连接真空泵，抽出真空干燥箱内空气（所需压力一般为 40kPa～53kPa），并同时加热至所需温度 60℃±5℃。关闭真空泵上的活塞，停止抽气，使真空干燥箱内保持一定的温度和压力，经 4h 后，打开活塞，使空气经干燥装置缓缓通入至真空干燥箱内，待压力恢复正常后再打开。取出称量瓶，放入干燥器中 0.5h 后称量，并重复以上操作至前后两次质量差不超过 2mg，即为恒重。

2. 蒸馏法

（1）原理

利用食品中水分的物理化学性质，使用水分测定器将食品中的水分与甲苯或二甲苯共同蒸出，根据接收的水的体积计算出试样中水分的含量。

（2）适用范围

蒸馏法适用于含较多其他挥发性物质的食品，如香辛料等。

（3）仪器与试剂

①仪器

蒸馏式水分测定仪。

②试剂

甲苯或二甲苯。取甲苯或二甲苯，先以水饱和后，分去水层，进行蒸馏，收集馏出液备用。

（4）操作步骤

准确称取适量试样（应使最终蒸出的水在2mL~5mL，但最多取样量不得超过蒸馏瓶的2/3），放入250mL蒸馏瓶中，加入新蒸馏的甲苯（或二甲苯）75mL，连接冷凝管与水分接收管，从冷凝管顶端注入甲苯，装满水分接收管。同时做甲苯（或二甲苯）的试剂空白。

加热慢慢蒸馏，使每秒钟的馏出液为2滴，待大部分水分蒸出后，加速蒸馏约每秒钟4滴，当水分全部蒸出后，接收管内的水分体积不再增加时，从冷凝管顶端加入甲苯冲洗。如冷凝管壁附有水滴，可用附有小橡皮头的铜丝擦下，再蒸馏片刻至接收管上部及冷凝管壁无水滴附着，接收管水平面保持10min不变为蒸馏终点，读取接收管水层的容积。

3. 卡尔·费休（Karl-Fischer）法

（1）原理

根据碘能与水和二氧化硫发生化学反应，在有吡啶和甲醇共存时，1mol碘只与1mol水作用，反应式如下：

$$C_5h_5N \cdot I_2 + C_5h_5N \cdot sO_2 + C_5h_5N + h_2O \rightarrow 2C_5h_5N \cdot hI + C_5h_5N \cdot sO_3$$

卡尔·费休水分测定法又分为库仑法和容量法。其中容量法测定的碘是作为滴定剂加入的，滴定剂中碘的浓度是已知的，根据消耗滴定剂的体积，计算消耗碘的量，从而计量出被测物质水的含量。

（2）仪器与试剂

①仪器

A. 卡尔·费休水分测定仪；B. 天平：感量为0.1 mg。

②试剂

A. 无水甲醇：优级纯；B. 卡尔·费休试剂。

（3）操作步骤

①卡尔·费休试剂的标定（容量法）

在反应瓶中加一定体积（浸没铂电极）的甲醇，在搅拌下用卡尔·费休试剂滴定至终点。加入 10mg 水（精确至 0.0001g），滴定至终点并记录卡尔·费休试剂的用量（V）。卡尔·费休试剂的滴定度按式（3-1）计算：

$$T = m/V \tag{3-1}$$

式中：

T——卡尔·费休试剂的滴定度，单位为毫克每毫升（mg/mL）；

m——水的质量，单位为毫克（mg）；

V——滴定水消耗的卡尔·费休试剂的用量，单位为毫升（mL）。

②试样前处理

可粉碎的固体试样要尽量粉碎，使之均匀。不易粉碎的试样可切碎。

③试样中水分的测定

于反应瓶中加一定体积的甲醇或卡尔·费休测定仪中规定的溶剂浸没铂电极，在搅拌下用卡尔·费休试剂滴定至终点。迅速将易溶于甲醇或卡尔·费休测定仪中规定的溶剂的试样直接加入滴定杯中；对于不易溶解的试样，应采用对滴定杯进行加热或加入已测定水分的其他溶剂辅助溶解后用卡尔·费休试剂滴定至终点。建议采用容量法测定试样中的含水量应大于 100μg。对于滴定时，平衡时间较长且引起漂移的试样，需要扣除其漂移量。

④漂移量的测定

在滴定杯中加入与测定样品一致的溶剂，并滴定至终点，放置不少于 10 min 后再滴定至终点，两次滴定之间的单位时间内的体积变化即为漂移量。

二、食品中脂肪的测定

（一）脂类的定义与分类

脂类是指存在于生物体中或食品中微溶于水，能溶于有机溶剂的一类化合物的总称。油脂的分类按物理状态分为脂肪（常温下为固态）和油（常温下为液态）。

按化学结构分为简单脂，如酰基脂、蜡；复合脂，如鞘脂类（鞘氨酸、脂肪酸、磷酸盐、胆碱组成）、脑苷脂类（鞘氨酸、脂肪酸、糖类组成）、神经节苷脂类（鞘氨酸、脂肪酸、复合的碳水化合物）；还有衍生脂，如类胡萝卜素、类固醇、脂溶性纤维素等。

按照来源分可分为乳脂类、植物脂、动物脂、海产品动物油、微生物油脂。

按不饱和程度分为干性油（碘值大于 130，如桐油、亚麻籽油、红花油等）；半干性油（碘值介于 100～130，如棉籽油、大豆油等）；不干性油（碘值小于 100，如花生油、蓖麻油等）。

按构成的脂肪酸分为游离脂（如脂肪酸甘油酯）和结合脂（由脂肪酸、醇和其他基团组成的酯，如天然存在的磷脂、糖脂、硫脂和蛋白脂等）。

（二）测定脂肪含量的意义

脂肪是食品中重要的营养成分之一，可为人体提供必需脂肪酸；脂肪是一种富含热能的营养素，是人体热能的主要来源，每克脂肪在体内可提供37.62kJ的热能，比碳水化合物和蛋白质高1倍以上；脂肪还是脂溶性维生素的良好溶剂，有助于脂溶性维生素的吸收；脂肪与蛋白质结合生成的脂蛋白，在调节人体生理机能和完成体内生化反应方面起着十分重要的作用。但是，过量摄入脂肪对人体健康是不利的。

在食品加工生产过程中，原料、半成品、成品的脂肪含量对产品的风味、组织结构、品质、外观、口感等都有直接的影响。蔬菜本身的脂肪含量较低，在生产蔬菜罐头时，添加适量的脂肪可以改善产品的风味；对于面包之类的焙烤食品，脂肪含量特别是卵磷脂等组分，对面包心的柔软度、面包的体积及其结构都有影响。因此，在含脂肪的食品中，其脂肪含量都有一定的规定，是食品质量管理中一项重要的指标。测定食品的脂肪含量，可以评价食品的品质、衡量食品的营养价值，而且对实行工艺监督、生产过程的质量管理、研究食品的储藏方式是否恰当等方面都有重要的意义。

（三）脂肪含量的测定方法

1. 直接萃取法

直接萃取法就是利用有机溶剂直接从食品中萃取出脂类。通常这类方法测得的脂肪含量称为“游离脂肪含量”。选择不同的有机溶剂往往会得到不同的结果。例如，分析油饼中的脂肪含量时，正己烷只能萃取出油脂，而含有氧化酸的甘油酯则萃取不出；当使用乙醚作为溶剂时，不但能将这类甘油酯萃取出，还能萃取出很多不溶于正己烷的氨基酸和色素，因此以乙醚为溶剂时测得的总脂含量远远大于使用正己烷所测得的总脂含量。直接萃取法包括索氏提取法、氯仿–甲醇提取法。下面以直接萃取法中的索氏提取法为例介绍脂肪含量的测定。

索式提取法测得脂肪含量是普遍采用的经典方法，是国标的方法之一。随着科学技术的发展，该法也在不断改进和完善，如目前已有改进的直滴式抽提法和脂肪自动测定仪法。

（1）原理

脂肪易溶于有机溶剂。试样直接用无水乙醚或石油醚等溶剂抽提后，蒸发除去溶剂，

干燥，得到游离态脂肪的含量

（2）适用范围

水果、蔬菜及其制品、粮食及粮食制品、肉及肉制品、蛋及蛋制品、水产及其制品、焙烤食品、糖果等食品中游离态脂肪含量的测定。

（3）仪器和试剂

①仪器

A. 索氏提取器；B. 电热鼓风干燥箱；C. 分析天平：感量 0.1mg；D. 电热恒温水浴锅；E. 干燥器：内装有效干燥剂，如硅胶；F. 滤纸筒；G. 蒸发皿。

②试剂

A. 无水乙醚；B. 石油醚（沸程 30℃~60℃）。

（4）操作方法

①样品处理

固体样品：称取充分混匀后的试样 2g~5g，准确至 0.001g，全部移入滤纸筒内。

液体或半固体试样：称取混匀后的试样 5g~10g，准确至 0.001g，置于蒸发皿中，加入约 20g 石英砂，于沸水浴上蒸干后，在电热鼓风干燥箱中于 100℃±5℃干燥 30 min 后，取出，研细，全部移入滤纸筒内。蒸发皿及粘有试样的玻璃棒，均用沾有乙醚的脱脂棉擦净，并将棉花放入滤纸筒内。

②抽提

将滤纸筒放入索氏抽提器的抽提筒内，连接已干燥至恒重的接收瓶，由抽提器冷凝管上端加入无水乙醚或石油醚至瓶内容积的三分之二处，于水浴上加热，使无水乙醚或石油醚不断回流抽提每小时 6 次~8 次，一般抽提 6h~10h。提取结束时，用磨砂玻璃棒接取 1 滴提取液，磨砂玻璃棒上无油斑表明提取完毕。

③称量

取下接收瓶，回收无水乙醚或石油醚，待接收瓶内溶剂剩余 1mL~2mL 时在水浴上蒸干，再于 100℃±5℃干燥 1 h，放干燥器内冷却 0.5 h 后称量。重复以上操作直至恒重（直至两次称量的差不超过 2mg）。

2. 精密度

在重复性条件下获得的两次独立测定结果的绝对差值不得超过算术平均值的 10%。

2. 经过化学处理后再萃取

（1）酸水解法

①原理

食品中的结合态脂肪必须用强酸使其游离出来，游离出的脂肪易溶于有机溶剂。试样经盐酸水解后用无水乙醚或石油醚提取，除去溶剂即得游离态和结合态脂肪的总含量。

②适用范围

水果、蔬菜及其制品、粮食及粮食制品、肉及肉制品、蛋及蛋制品、水产及其制品、焙烤食品、糖果等食品中游离态脂肪及结合态脂肪总量的测定。

③仪器与试剂

A. 仪器

a. 恒温水浴锅；b. 电热板：满足200℃高温；c. 锥形瓶；d. 分析天平：感量为0.1g和0.001g；e. 电热鼓风干燥箱。

B. 试剂

a. 盐酸；b. 乙醇；c. 无水乙醚；d. 石油醚（沸程为30℃～60℃）；e. 碘；f. 碘化钾。

④操作步骤

A. 试样酸水解

a. 肉制品

称取混匀后的试样3g～5g，准确至0.001g，置于锥形瓶（250mL）中，加入50mL 2mol/L盐酸溶液和数粒玻璃细珠，盖上表面皿，于电热板上加热至微沸，保持1 h，每10min旋转摇动1次。取下锥形瓶，加入150mL热水，混匀，过滤。锥形瓶和表面皿用热水洗净，热水一并过滤。沉淀用热水洗至中性（用蓝色石蕊试纸检验，中性时试纸不变色）。将沉淀和滤纸置于大表面皿上，于（100±5）℃干燥箱内干燥1 h，冷却。

b. 淀粉

根据总脂肪含量的估计值，称取混匀后的试样25g～50g，准确至0.1g，倒入烧杯并加入100mL水。将100mL盐酸缓慢加到200mL水中，并将该溶液在电热板上煮沸后加入样品液中，加热此混合液至沸腾并维持5 min，停止加热后，取几滴混合液于试管中，待冷却后加入1滴碘液，若无蓝色出现，可进行下一步操作。若出现蓝色，应继续煮沸混合液，并用上述方法不断地进行检查，直至确定混合液中不含淀粉为止，再进行下一步操作。

将盛有混合液的烧杯置于水浴锅（70℃～80℃）中30 min，不停地搅拌，以确保温度均匀，使脂肪析出。用滤纸过滤冷却后的混合液，并用干滤纸片取出黏附于烧杯内壁的脂肪。为确保定量的准确性，应将冲洗烧杯的水进行过滤。在室温下用水冲洗沉淀和干滤纸片，直至滤液用蓝色石蕊试纸检验不变色。将含有沉淀的滤纸和干滤纸片折叠后，放置于大表面皿上，在（100±5）℃的电热恒温干燥箱内干燥1h。

c. 其他食品

固体试样：称取约2g~5g，准确至0.001g，置于50mL试管内，加入8mL水，混匀后再加10mL盐酸。将试管放入70℃~80℃水浴中，每隔5 min~10 min以玻璃棒搅拌1次，至试样消化完全为止，约40min~50 min。

液体试样：称取约10g，准确至0.001g，置于50mL试管内，加10mL盐酸。其余操作和固体试样相同。

B. 抽提

a. 肉制品、淀粉

将干燥后的试样装入滤纸筒内，其余抽提步骤与索氏抽提法相同。

b. 其他食品

取出试管，加入10mL乙醇，混合。冷却后将混合物移入100mL具塞量筒中，以25 mL无水乙醚分数次洗试管，一并倒入量筒中。待无水乙醚全部倒入量筒后，加塞振摇1min，小心开塞，放出气体，再塞好，静置12min，小心开塞，并用乙醚冲洗塞及量筒口附着的脂肪。静置10 min~20 min，待上部液体清晰，吸出上清液于已恒重的锥形瓶内，再加5mL无水乙醚于具塞量筒内，振摇，静置后，仍将上层乙醚吸出，放入原锥形瓶内。

（2）罗兹—哥特里法

①原理

利用氨—乙醇溶液破坏乳的胶体性状及脂肪球膜，使非脂成分溶解于氨-乙醇溶液中，而脂肪游离出来，再用乙醚—石油醚提取出脂肪，蒸馏去除溶剂后，残留物即为乳脂肪。

②适用范围

本法适用于各种液状乳（生乳、加工乳、部分脱脂乳等），各种炼乳、奶粉、奶油及冰激凌等能在碱性溶液中溶解的乳制品，也适用于豆乳或加水呈乳状的食品。本法为国际标准化组织（ISO）、联合国粮农组织/世界卫生组织（FAO/WHO）等所采用，是乳及乳制品脂类定量的国际标准法。

③仪器与试剂

A. 仪器

抽脂瓶。

B. 试剂

a. 25%的氨水（相对密度为0.91）；b. 95%的乙醇；c. 乙醚（无过氧化物）；d. 石油醚（沸程为30℃~60℃）。

④操作步骤

取一定量样品（牛奶吸取10.00mL乳粉精密称取约1g，用10mL 60℃水，分数次溶解）于抽脂瓶中，加入1.25mL氨水，充分混匀，置于60℃的水浴中加热5min，再振摇2min，加入10mL乙醇，充分摇匀，于冷水中冷却后，加入25mL乙醚，振摇0.5min，加入25mL石油醚，再振摇0.5 min，静置30 min，待上层液澄清时，读取醚层体积，放出一定体积醚层于一已恒重的烧瓶中，蒸馏回收乙醚和石油醚，挥干残余醚后，放入100~105℃烘箱中干燥1.5h，取出放入干燥器中冷却至室温后称重，重复操作直至恒重。

（3）盖勃法

①原理

在乳中加入硫酸破坏乳胶质性和覆盖在脂肪球上的蛋白质外膜，离心分离脂肪后测量其体积。

②适用范围

盖勃法适用于乳及乳制品、婴幼儿配方食品中脂肪的测定。

③仪器和试剂

A. 仪器

a. 乳脂离心机；b. 盖勃氏乳脂计：最小刻度值为0.1%；c. 10.75mL单标乳吸管。

B. 试剂

a. 硫酸；b. 异戊醇。

④操作步骤

于盖勃氏乳脂计中先加入10mL硫酸，再沿着管壁小心准确加入10.75mL试样，使试样与硫酸不要混合，然后加1mL异戊醇，塞上橡皮塞，使瓶口向下，同时用布包裹以防冲出，用力振摇使呈均匀棕色液体，静置数分钟（瓶口向下），置65℃~70℃水浴中5min，取出后置于乳脂离心机中以1100r/min的转速离心5min，再置于65℃~70℃水浴水中保温5min（注意水浴水面应高于乳脂计脂肪层）。取出，立即读数，即为脂肪的百分数。

三、食品中灰分的测定

（一）食品中的灰分

食品的组成十分复杂，除含有大量有机物质外，还有丰富的无机成分。这些无机成分包括人体必需的无机盐（或称矿物质），其中含量较多的有钙、镁、钾、钠、硫、磷、氯等元素。此外还含有少量的微量元素，如铁、铜、锌、锰、碘、氟、硒等。当这些组分经高温灼烧后，将发生一系列物理和化学变化，最后有机成分挥发逸散，而无机成分（主要是无机盐和氧化物）则残留下来，这些残留物称为灰分。灰分是表示食品中无机成分总量的一项指标。

食品组成不同，灼烧条件不同，残留物亦各不同。食品的灰分与食品中原来存在的无机成分在数量和组成上并不完全相同，因此，严格来说，应该把灼烧后的残留物称为粗灰分。这是因为食品在灰化时，一方面，某些易挥发的元素，如氯、碘、铅等，会挥发散失，磷、硫等也能以含氧酸的形式挥发散失，使部分无机成分减少；另一方面，某些金属氧化物会吸收有机物分解产生的二氧化碳而形成碳酸盐，又使无机成分增加了。

（二）灰分的测定内容

1. 总灰分

总灰分主要是金属氧化物和无机盐类，以及一些杂质。对于有些食品，总灰分是一项重要指标。

2. 水溶性灰分

水溶性灰分反映的是可溶性的钾、钠、钙、镁等氧化物和盐类含量。

3. 水不溶性灰分

水不溶性灰分反映的是污染的泥沙和铁、铝等氧化物及碱土金属的碱式磷酸盐含量。

4. 酸不溶性灰分

酸不溶性灰分反映的是环境污染混入产品中的泥沙及样品组织中的微量氧化硅含量。

（三）测定灰分的意义

1. 判断食品受污染的程度

不同食品，因所用原料、加工方法和测定条件不同，各种灰分的组成和含量也不相同。当这些条件确定后，某种食品的灰分会在一定范围内，如果灰分超过了正常范围，说明食品在生产过程中使用了不合乎卫生标准的原料或食品添加剂，或食品在生产、加工、贮藏过程中受到了污染。因此，测定灰分可以判断食品受污染的程度。

2. 评价食品的加工精度和食品的品质

灰分可以作为评价食品质量的指标。例如，在面粉加工中，常以总灰分含量评定面粉等级，富强粉为0.3%~0.5%；标准粉为0.6%~0.9%；加工精度越细，总灰分越少，这是由于小麦麸皮中的灰分比胚乳的高20倍左右。无机盐是食品的6大营养要素之一，是人类生命活动不可缺少的物质，要正确评价某食品的营养价值，其无机盐含量是一个评价指标。

（四）灰分的测定方法

1. 总灰分的测定直接灰化法

（1）原理

把一定量的样品经炭化后放入高温炉内灼烧，使有机物质被氧化分解，以二氧化碳、氮的氧化物及水的形式逸出，而无机物质以硫酸盐、磷酸盐、碳酸盐、氯化物等无机盐和金属氧化物的形式残留下来，这些残留物即为灰分，称量残留物的质量即可计算出样品中的总灰分。

（2）仪器与试剂

A. 仪器

a. 高温炉；b. 坩埚（石英坩埚或瓷坩埚）；c. 坩埚钳；d. 干燥器；e. 分析天平。

B. 试剂

a. 1∶4盐酸溶液；b. 0.5%的三氯化铁溶液和等量蓝墨水的混合液；c. 6 mol/L的硝酸；d. 36%的过氧化氢；e. 辛醇或纯植物油。

（3）测定步骤

①瓷坩埚的准备

将瓷坩埚用1∶4的盐酸煮1h~2h，洗净晾干后，用三氯化铁与蓝墨水的等体积混合液在坩埚外壁及盖上标号，置于500℃~550℃的高温炉中灼烧0.5h~1h，移至炉口，冷却至200℃以下，取出坩埚，置于干燥器中冷却至室温，称重，再放入高温炉内灼烧0.5h，取出冷却称量，直至恒重（2次称重之差不超过0.2mg）。

②样品的处理

A. 浓稠的液体样品（牛奶、果汁）

准确称取适量试样于已知质量的瓷坩埚中，置于水浴上蒸发至近干，再进行炭化。这类样品若直接炭化，样品沸腾会飞溅，使样品损失。

B. 水分含量多的样品（果蔬）

应先制成均匀的试样，再准确称取适量试样于已知质量的瓷坩埚中，置于烘箱内干燥，再进行炭化。也可取测定水分含量后的干燥试样直接进行炭化。

C. 富含脂肪的样品

先制成均匀试样，准确称取适量试样，先提取脂肪后，再将残留物移入已知质量的瓷坩埚中进行炭化。

D. 水分含量较少的固体样品（谷类、豆类）

先粉碎成均匀的试样，取适量试样于已知质量的坩埚中再进行炭化。

③炭化

试样经预处理后，在灼烧前要先进行炭化，即先用小火加热样品，使样品炭化，之后再进行灰化，否则在灼烧时，因温度高，试样中的水分急剧蒸发，使试样飞溅；糖、蛋白质、淀粉等易发泡膨胀的物质在高温下发泡膨胀而溢出坩埚；直接灼烧，炭粒易被包住，使灰化不完全。

将坩埚置于电炉或煤气灯上，半盖坩埚盖，小心加热使试样在通气状态下逐渐炭化，直至无烟产生。易膨胀发泡的样品，在炭化前，可在试样上酌情加数滴纯植物油或辛醇后再进行炭化。

④灰化

将炭化后的样品移入马弗炉中，在500℃~550℃灼烧灰化，直至炭粒全部消失，待温度降至200℃左右，取出坩埚，放入干燥器内冷却至室温，准确称量。再灼烧、冷却、称量，直至达到恒重。

2. 水溶性灰分和水不溶性灰分的测定

（1）仪器与试剂

仪器、试剂等同总灰分的测定。

（2）操作方法

将测定所得的总灰分残留物中，加入热无离子水25mL，以无灰滤纸过滤，再用25mL热无离子水多次洗涤坩埚、滤纸及残渣。将残渣及滤纸一起移回坩埚中，再进行干燥、炭化、灼烧、冷却、称量，直至恒重。

3. 酸不溶性灰分和酸溶性灰分的测定

（1）仪器、试剂

仪器、试剂等同总灰分的测定。

（2）操作方法

取水不溶性灰分或总灰分残留物，加入25mL 0.1 mol/L的hCl，放在小火上轻微煮沸，用无灰滤纸过滤后，再用热无离子水洗涤至不显酸性为止，将残留物连同滤纸置于坩埚中进行干燥、炭化、灰化，直至恒重。

第二节　食品中酸度、蛋白质与维生素的测定

一、食品中酸度的测定

（一）测定食品酸度的意义

1. 有机酸影响食品的色、香、味及稳定性

果蔬中所含色素的色调与其酸度密切相关，在一些变色反应中，酸是起重要作用的成分。例如，叶绿素在酸性条件下变成黄褐色的脱镁叶绿素；花青素子不同酸度下，颜色亦不相同。果实及其制品的口感取决于糖、酸的种类、含量及比例，酸度降低则甜味增加，同时，水果中适量的挥发酸含量也会带给其特定的香气。另外，食品中有机酸含量高，则其 pH 酸碱度低，而 pH 酸碱度的高低对食品稳定性有一定影响，降低 pH 酸碱度，能减弱微生物的抗热性和抑制其生长，因此 pH 酸碱度是果蔬罐头杀菌的主要依据。在水果加工中，控制介质 pH 酸碱度可以抑制水果褐变，有机酸能与铁、锡等金属反应，加快设备和容器的腐蚀作用，影响制品的风味与色泽，有机酸可以提高维生素 C 的稳定性，防止其氧化。

2. 食品中有机酸的种类和含量是判断其质量好坏的一个重要指标

挥发酸的种类是判断某些制品腐败的标准，如某些发酵制品中有甲酸积累，则说明已发生细菌性腐败。挥发酸的含量也是判断某些制品质量好坏的指标，如水果发酵制品中含 0. 10%以上的醋酸，则说明制品腐败；牛乳及乳制品中乳酸过高时，亦说明已由乳酸菌发酵而产生腐败。新鲜的油脂常常是中性的，不含游离脂肪酸。但油脂在存放过程中，本身含的解脂酶会分解油脂而产生游离脂肪酸，使油脂酸败，故测定油脂酸度（以酸价表示）可判别其新鲜程度。有效酸度（pH 酸碱度）也是判别食品质量的指标，如新鲜肉的 pH 酸碱度为 5. 7~6. 2，若 pH 酸碱度大于 6. 7，说明肉已变质。

3. 利用食品中有机酸的含量和糖含量之比，可判断某些果蔬的成熟度

有机酸在果蔬中的含量，因其成熟度及生长条件不同而异，一般随着成熟度提高，有机酸含量下降，而糖含量增加，糖酸比增大。故测定酸度可判断某些果蔬的成熟度，对于确定果蔬收获及加工工艺条件很有意义。

（二）食品酸度的分类

1. 总酸度

总酸度是指食品中所有酸性成分的总量。它包括离解的和未离解的酸的总和，常用标准碱溶液进行滴定，并以样品中主要代表酸的质量分数来表示，故总酸度又称可滴定酸度。

2. 有效酸度

有效酸度是指样品中呈游离状态的氢离子的浓度（准确地说应该是活度），常用 pH 酸碱度表示。用 pH 计（酸度计）测定有效酸度。

3. 挥发酸度

挥发酸是指易挥发的有机酸，如醋酸、甲酸及丁酸等。可通过蒸馏法分离，再用标准碱溶液进行滴定。

（三）酸度的测定方法

1. 总酸度的测定中和滴定法

（1）原理

食品中的有机弱酸用标准碱液进行滴定时，被中和生成盐类，用酚酞做指示剂，滴定至溶液显淡红色且 30s 不褪色为终点。根据所消耗的标准碱液的浓度和体积，计算出样品中总酸的含量。其反应式如下：

$$RCOO\ h+NaO\ h \rightarrow RCOONa+h_2O$$

（2）试剂

①0. 1 mol/L 的氢氧化钠标准溶液

A. 配制

称取 6g 氢氧化钠，用约 10mL 水迅速洗涤表面，弃去溶液，随即将剩余的氢氧化钠（约 4g）用新煮沸并经冷却的蒸馏水溶解，并稀释至 1000mL，摇匀待标定。

B. 标定

精确称取 0. 4g~0. 6g（准确至 0. 0001 g）在 110℃ ~120℃ 干燥至恒重的基准物邻苯二甲酸氢钾，于 250mL 锥形瓶中，加 50mL 新煮沸过的冷蒸馏水，振摇溶解，加 2 滴酚酞指示剂，用配制的氢氧化钠标准溶液滴定至溶液显微红色且 30s 不褪色；同时做空白试验。

②10g/L 酚酞指示剂

称取酚酞 1g 溶解于 100mL95%的乙醇中。

（3）操作方法

①样品处理

A. 固体样品

若是果蔬及其制品，需去皮、去柄、去核后，切成块状，置于组织捣碎机中捣碎并混合均匀。取适量样品（视其总酸含量而定），用 150mL 无 CO2 蒸馏水（果蔬干品须加入 8~9倍无 CO，蒸馏水），将其移入 250mL 容量瓶中，在 75℃~80℃水浴上加热 0.5h（果脯类在沸水浴上加热 1h），冷却定容，干燥过滤，弃去初滤液 25 mL，收集滤液备用。

B. 含 CO_2的饮料、酒类

将样品置于 40℃水浴上加热 30 min，以除去 CO_2，冷却后备用。

C. 不含 CO_2的饮料、酒类或调味品

混匀样品，直接取样，必要时加适量的水稀释（若样品混浊，则须过滤）。

D. 咖啡样品

取 10g 经粉碎并通过 40 目筛的样品，置于锥形瓶中，加入 75mL 80%的乙醇，加塞放置 16h，并不时摇动，过滤。

E. 固体饮料

称取 5g~10g 样品于研钵中，加入少量无 CO_2 蒸馏水，研磨成糊状，用无 CO，蒸馏水移入 250mL 容量瓶中定容，充分摇匀，过滤。

②滴定

准确吸取滤液 50mL，注入 250mL 三角瓶中，加入酚酞指示剂 3~4 滴。用 0.1 mol/L 氢氧化钠标准溶液滴定至微红色且 30s 不褪色。记录消耗的 0.1 mol/L 氢氧化钠标准溶液的体积（mL）。

2. 挥发酸度的测定

挥发酸是指食品中含低碳链的直链脂肪酸，主要是醋酸和痕量的甲酸、丁酸等，不包括可用水蒸气蒸馏的乳酸、琥珀酸、山梨酸以及 CO_2和 SO_2等。正常的果蔬食品中，其挥发酸的含量较稳定，若在生产中使用了不合格的果蔬原料，或违反正常的工艺操作或在装罐前将果蔬成品放置过久，都会由于糖的发酵而使挥发酸增加，降低了食品的品质，因此，挥发酸含量是某些食品的一项质量控制指标。

总挥发酸可用直接法或间接法测定。直接法是通过水蒸气蒸馏或溶剂萃取把挥发酸分离出来，然后用标准碱滴定；间接法是将挥发酸蒸发除去后，滴定不挥发酸，最后从总酸度中减去不挥发酸，即可得出挥发酸含量。前者操作方便，较常用，适合于挥发酸含量较

高的样品。若蒸馏液有所损失或被污染，或样品中挥发酸含量较少，宜用间接法。

以下介绍水蒸气蒸馏法测定挥发酸。

（1）原理

样品经适当处理后，加适量磷酸使结合态挥发酸游离出，用水蒸气蒸馏分离出总挥发酸，经冷凝、收集后，以酚酞作指示剂，用标准碱液滴定至微红色且30s不褪色为终点，根据标准碱液消耗量计算出样品中总挥发酸含量。

（2）适用范围

水蒸气蒸馏法适用于各类饮料、果蔬及制品（如发酵制品、酒类等）中总挥发酸含量的测定。

（3）仪器与试剂

①仪器

A. 水蒸气蒸馏装置；B. 电磁力搅拌器。

②试剂

A. 0. 1 mol/L 氢氧化钠标准溶液同总酸度的测定中 0. 1 mol/L 氢氧化钠标准溶液的配制与标定；B. 10g/L 酚酞指示剂同总酸度的测定中10g/L 酚酞指示剂的配制；C. 100g/L 磷酸溶液称取 10. 0g 磷酸，用少许无 CO_2蒸馏水溶解，并稀释至 100mL。

（4）样品处理方法

第一，一般果蔬及饮料可直接取样。

第二，含 CO_2的饮料、发酵酒类，需排除 CO_2，具体做法是：取 80mL~100mL 样品置于三角瓶中，在用电磁力搅拌器连续搅拌的同时，于低真空下抽气 2min~4min，以除去 CO_2。

第三，固体样品（如干鲜果蔬及其制品）及冷冻、黏稠等制品。先取可食部分加入一定量水（冷冻制品先解冻），用高速组织捣碎机捣成浆状，再称取处理样品 10g，加入无 CO_2蒸馏水溶解并稀释至 25 mL。

（5）操作方法

第一，样品蒸馏取 25mL 经上述处理的样品移入蒸馏瓶中，加入 25mL 无 CO_2蒸馏水和 1mL 10%的磷酸溶液。连接水蒸气蒸馏装置，加热蒸馏至馏出液约为 300mL 为止。于相同条件下做空白试验。

第二，滴定将馏出液加热至 60℃ ~65℃（不可超过），加入 3 滴酚酞指示剂，用 0. 1 mol/L 氢氧化钠标准溶液滴定至溶液呈微红色且 30s 不褪色，即为终点。

3. 有效酸度的测定

(1) 原理

以玻璃电极为指示电极，以饱和甘汞电极为参比电极，插入待测样液中组成原电池，该电池电动势的大小与溶液的氢离子浓度，亦即与 pH 酸碱度有线性关系。

在 25℃时，每相差 1 个 pH 酸碱度单位就产生 59. 1mV 的电池电动势，可利用酸度计直接读出样品溶液的 pH 酸碱度。

(2) 适用范围

本法适用于各种饮料、果蔬及其制品，以及肉、蛋类等食品中 pH 酸碱度的测定。

(3) 仪器和试剂

①仪器

A. 酸度计；B. 玻璃电极和甘汞电极（或复合电极）；③电磁搅拌器。

②试剂

pH 标准缓冲液：目前市面上有各种浓度的标准缓冲液试剂供应，每包试剂按其要求的方法溶解定容即可。也可按照以下方法配制。

A. pH=1. 68 标准缓冲溶液（20℃）

称取 12. 71g 草酸钾（$K_2C_2O_4 \cdot H_2O$）溶于蒸馏水中，并稀释定容至 1000mL，混匀备用。

B. pH=4. 01 标准缓冲溶液（20℃）

称取在（115±5）℃下烘干 2h～3h，并经冷却的邻苯二甲酸氢钾（$KhC_8h_4O_4$）10. 12g 溶于不含 CO_2 的蒸馏水中，并稀释至 1000mL。

C. pH=6. 88 标准缓冲溶液（20℃）

称取在（115±5）℃下烘干 2h～3h，并经冷却的纯磷酸二氢钾（Kh_2PO_4）3. 39g 和纯无水磷酸氢二钠（Na_2hPO_4）3. 53g 溶于不含 CO_2的蒸馏水中，并稀释至 1000mL。

D. pH=9. 22 标准缓冲溶液（20℃）

称取纯硼砂（$Na_2B_4O_7 \cdot 10h_2O$）3. 80g，溶于不含 CO_2 的蒸馏水中，并稀释至 1000mL。

上述 4 种标准缓冲溶液通常能稳定 2 个月。

(4) 操作步骤

①样品制备

A. 一般液体样品（如牛乳，不含 CO_2的果汁、酒等）

摇匀后可直接取样测定。

B. 含 CO_2的液体样品（如碳酸饮料、啤酒等）

除 CO_2后再测，CO_2去除方法同总酸度的测定。

C. 果蔬样品

将果蔬样品榨汁后，取汁液直接进行 pH 酸碱度测定。对果蔬干制品，可取适量样品，加数倍的无 CO_2蒸馏水，于水浴上加热 30 min，捣碎，过滤，取涂液测定。

D. 肉类制品

称取 10g 已除去油脂并捣碎的样品于 250mL 锥形瓶中，加入 100mL 无 CO_2蒸馏水，浸泡 15min，随时摇动，过滤后取滤液测定。

E. 鱼类等水产品

称取 10g 切碎样品，加入 100mL 无 CO_2蒸馏水，浸泡 30 min（随时摇动），过滤后取滤液测定。

F. 皮蛋等蛋制品

取皮蛋数个，洗净剥壳，按皮蛋：水为 2 ∶ 1 的比例加入无 CO_2蒸馏水，于组织捣碎机中捣成匀浆，再称取 15g 匀浆（相当于 10g 样品），加入无 CO_2蒸馏水至 150mL，摇匀，纱布过滤后，取滤液测定。

G. 罐头制品（液固混合样品）

先将样品沥汁，取浆汁液测定，或将液固混合物捣碎成浆状后，取浆状物测定。若有油脂，则应先分出油脂。

H. 含油及油浸样品

先分离出油脂，再把固形物放于组织捣碎机中捣成匀浆，必要时加入少量无 CO_2蒸馏水（20mL/100g 样品）搅匀后，进行 pH 酸碱度测定。

②酸度计的校正

校正方法因酸度计型号不同而有所不同，下面以 PHS-3C 型酸度计为例。

第一，开启酸度计电源，预热 30min，连接玻璃电极及甘汞电极，在读数开关放开的情况下调零。

第二，选择适当的缓冲液（其 pH 酸碱度与被测样品 pH 酸碱度接近）。

第三，测量标准缓冲液温度，调节酸度计温度补偿旋钮。

第四，将二电极浸入缓冲液中，按下读数开关，调节定位旋钮使 pH 指针指在缓冲液的 pH 酸碱度上，按下读数开关，指针回零。如此重复操作 2 次。

（5）样品测定酸度计经预热并用标准缓冲液校正后，用无 CO_2蒸馏水淋洗电极并用滤纸吸干，再用待测液冲洗电极后，将电极插入待测液中进行测定，测定完毕后清洗电极。

二、食品中蛋白质的测定

（一）食品中蛋白质含量测定的意义

蛋白质是生命的物质基础，是构成生物体细胞组织的重要成分，是生物体发育及修补组织的原料，一切有生命的活体都含有不同类型的蛋白质。人体内的酸碱平衡、水平衡的维持，遗传信息的传递、物质的代谢及转运都与蛋白质有关。人及动物只能从食品中得到蛋白质及其分解产物构成自身的蛋白质，因此，蛋白质是人体重要的营养物质，也是食品中重要的营养指标。

在各种不同的食品中，蛋白质的含量各不相同。一般来说，动物性食品的蛋白质含量高于植物性食品，如牛肉中蛋白质的含量为20%左右，猪肉中的为5%，大豆中的为40%，稻米中的为8.5%。测定食品中蛋白质的含量，对于评价食品的营养价值、合理开发利用食品资源、提高产品质量、优化食品配方、指导经济核算及生产过程控制均具有极其重要的意义。

（二）蛋白质含量的测定方法

1. 凯氏定氮法

（1）原理

食品中的蛋白质在催化加热条件下被分解，产生的氨与硫酸结合生成硫酸铵。碱化蒸馏使氨游离，用硼酸吸收后以硫酸或盐酸标准滴定溶液滴定，根据酸的消耗量乘以换算系数，即为蛋白质的含量。

（2）适用范围

凯氏定氮法可应用于各类食品中蛋白质含量的测定。

（3）仪器和试剂

①仪器

A. 天平：感量为1mg；B. 凯氏定氮蒸馏装置；C. 自动凯氏定氮仪。

②试剂

A. 浓硫酸；B. 硫酸铜；C. 硫酸钾；D. 硼酸；E. 甲基红指示剂；F. 溴甲酚绿指示剂；G. 亚甲基蓝指示剂；H. 氢氧化钠；I. 95%的乙醇；J. 硼酸溶液（20 g/L）：称取20g硼酸，加水溶解后并稀释至1000mL；K. 氢氧化钠溶液（400 g/L）：称取40 g氢氧化钠加水溶解后，放冷，并稀释至100mL；L. 硫酸标准滴定溶液（0.0500 mol/L）或盐酸标准滴定溶液（0.0500 mol/L）；M. 甲基红乙醇溶液（1 g/L）：称取 0.1g 甲基红，溶于 95%的乙醇，用 95%的乙醇稀释至 100mL；N. 亚甲基蓝乙醇溶液（1 g/L）：称取 0.1g 亚甲基蓝，溶于 95%的乙醇，用 95%的乙醇稀释至 100mL；O. 溴甲酚绿乙醇溶液（1 g/L）：称取 0.1 g 溴甲酚绿，溶于 95%的乙醇，用 95%的乙醇稀释至 100mL；P. 混合指示液：2 份甲基红乙醇溶液与 1 份亚甲基蓝乙醇溶液临用时混合。

（4）操作步骤

①凯氏定氮法

第一，试样处理：称取充分混匀的固体试样 0.2g～2g、半固体试样 2g～5g 或液体试样 10g～25g（约相当于 30 mg～40 mg 氮），精确至 0.001g，移入干燥的 100mL、250mL 或 500mL 定氮瓶中，加入 0.2g 硫酸铜、6g 硫酸钾及 20mL 硫酸，轻摇后于瓶口放一小漏斗，将瓶以 45°角斜支于有小孔的石棉网上。小心加热，待内容物全部炭化，泡沫完全停止后，加强火力，并保持瓶内液体微沸，至液体呈蓝绿色并澄清透明后，再继续加热 0.5 h～1h。取下放冷，小心加入 20mL 水。放冷后，移入 100mL 容量瓶中，并用少量水洗定氮瓶，洗液并入容量瓶中，再加水至刻度，混匀备用。同时做试剂空白试验。

第二，测定：按装好的定氮蒸馏装置，向水蒸气发生器内装水至 2/3 处，加入数粒玻璃珠，加甲基红乙醇溶液数滴及数毫升硫酸，以保持水呈酸性，加热煮沸水蒸气发生器内的水并保持沸腾。

第三，向接收瓶内加入 10.0mL 硼酸溶液及 1～2 滴混合指示液，并使冷凝管的下端插入液面下，根据试样中氮含量，准确吸取 2.0mL～10.0mL 试样处理液由小玻杯注入反应室，以 10mL 水洗涤小玻杯并使之流入反应室内，随后塞紧棒状玻塞。将 10.0mL 氢氧化钠溶液倒入小玻杯，提起玻塞使其缓缓流入反应室，立即将玻塞盖紧，并加水于小玻杯以防漏气。夹紧螺旋夹，开始蒸馏。蒸馏 10 min 后移动蒸馏液接收瓶，液面离开冷凝管下端，再蒸馏 1 min。然后用少量水冲洗冷凝管下端外部，取下蒸馏液接收瓶。以硫酸或盐酸标准滴定溶液滴定至终点，其中 2 份甲基红乙醇溶液与 1 份亚甲基蓝乙醇溶液指示剂，颜色由紫红色变成灰色，pH＝5.4；1 份甲基红乙醇溶液与 5 份溴甲酚绿乙醇溶液指示剂，颜色由酒红色变成绿色，pH＝5.1。同时作试剂空白。

②自动凯氏定氮仪法

称取固体试样 0.2g～2g、半固体试样 2g～5g 或液体试样 10g～25 g（约相当于 30 mg～40 mg 氮），精确至 0.001g。按照仪器说明书的要求进行检测。

2. 分光亮度法

（1）原理

食品中的蛋白质在催化加热条件下被分解，分解产生的氨与硫酸结合生成硫酸铵，在pH=4.8 的乙酸钠-乙酸缓冲溶液中与乙酰丙酮和甲醛反应生成黄色的3，5-二乙酰-2，6-二甲基-1，4-二氢化吡啶化合物。在波长400nm 下测定吸亮度值，与标准系列比较定量，结果乘以换算系数，即为蛋白质含量。

（2）试剂

①硫酸铜（$CusO_4 \cdot 5h_2O$）；②硫酸钾（K_2sO_4）；③硫酸（h_2sO_4）：优级纯；④氢氧化钠（NaOh）；⑤对硝基苯酚（$C_6h_5NO_3$）；⑥乙酸钠（$Ch_3COONa \cdot 3h_2O$）；⑦无水乙酸钠（Ch_3COONa）；⑧乙酸（Ch_3COOh）：优级纯；⑨37%的甲醛（hChO）；⑩乙酰丙酮（$C_5h_8O_2$）。

（3）仪器和设备

①分光光度计；②电热恒温水浴锅：100℃±0.5℃；③10mL 具塞玻璃比色管；④天平：感量为1mg。

（4）分析步骤

①试样消解

称取充分混匀的固体试样0.1g~0.5g（精确至0.001g）、半固体试样0.2 g~1g（精确至0.001 g）或液体试样1g~5g（精确至0.001g），移入干燥的100mL 或250mL 定氮瓶中，加入0.1g 硫酸铜、1 g 硫酸钾及5mL 硫酸，摇匀后于瓶口放一小漏斗，将定氮瓶以45°角斜支于有小孔的石棉网上。缓慢加热，待内容物全部炭化，泡沫完全停止后，加强火力，并保持瓶内液体微沸，至液体呈蓝绿色澄清透明后，再继续加热0.5 h。取下放冷，慢慢加入20mL 水，放冷后移入50mL 或100mL 容量瓶中，并用少量水洗定氮瓶，洗液并入容量瓶中，再加水至刻度，混匀备用。按同一方法做试剂空白试验。

②试样溶液的制备

吸取2.00 mL~5.00mL 试样或试剂空白消化液于50mL 或100mL 容量瓶内，加1~2 滴对硝基苯酚指示剂溶液，摇匀后滴加氢氧化钠溶液中和至黄色，再滴加乙酸溶液至溶液无色，用水稀释至刻度，混匀。

③标准曲线的绘制

吸取0.00mL、0.05mL、0.10 mL、0.20mL、0.40mL、0.60mL、0.80mL 和1.00mL 氨氮标准使用溶液（相当于0.00μg、5.00μg、10.0μg、20.0μg、40.0μg、60.0μg、80.0μg和100.0μg 氮），分别置于10mL 比色管中。加4.0mL 乙酸钠-乙酸缓冲溶液及4.0mL 显

色剂，加水稀释至刻度，混匀。置于100℃水浴中加热15 min。取出用水冷却至室温后，移入1cm比色杯内，以零管为参比，于波长400nm处测量吸亮度值，根据标准各点吸亮度值绘制标准曲线或计算线性回归方程。

④试样测定

吸取0.50mL~2.00mL（约相当于氮<100μg）试样溶液和同量的试剂空白溶液，分别于10mL比色管中。加4.0mL乙酸钠-乙酸缓冲溶液及4.0mL显色剂，加水稀释至刻度，混匀。置于100℃水浴中加热15 min。取出用水冷却至室温后，移入1cm比色杯内，以零管为参比，于波长400nm处测量吸亮度值，试样吸亮度值与标准曲线比较定量或代入线性回归方程求出含量。

3. 燃烧法

（1）原理

试样在900℃~1200℃高温下燃烧，燃烧过程中产生混合气体，其中的碳、硫等干扰气体和盐类被吸收管吸收，氮氧化物被全部还原成氮气，形成的氮气气流通过热导检测器（TCD）进行检测。

（2）仪器和设备

①蛋白质分析仪；②天平：感量为0.1 mg。

（3）分析步骤

按照仪器说明书要求称取0.1g~1.0g充分混匀的试样（精确至0.0001 g），用锡箔包裹后置于样品盘上。试样进入燃烧反应炉（900℃~1200℃）后，在高纯氧（≥99.99%）中充分燃烧。燃烧炉中的产物（NO_x）被载气二氧化碳或氦气运送至还原炉（800℃）中，经还原生成氮气后检测其含量。

（三）氨基酸含量的测定方法

1. 双指示甲醛滴定法

（1）原理

氨基酸具有酸性的-COO h和碱性的$-Nh_2-$，它们相互作用而使氨基酸成为中性的内盐。当加入甲醛溶液后，$-Nh_2-$与甲醛结合，从而使碱性消失，这样就可以用强碱标准溶液来滴定-COO h，并用间接的方法测定氨基酸总量。

（2）适用范围

双指示甲醛滴定法适用于测定食品中的游离氨基酸。在发酵工业中，常用此法测定发酵液中氨基氮含量的变化，了解可被微生物利用的氮源的量及利用情况，并以此作为控制发酵生产的指标之一。

（3）试剂

第一，40%的中性甲醛溶液以百里酚酞作指示剂，用氢氧化钠将40%的甲醛中和至淡蓝色；

第二，1g/L百里酚酞乙醇溶液；

第三，1g/L中性红50%的乙醇溶液；

第四，0.1mol/L氢氧化钠标准溶液。

（4）操作步骤

移取含氨基酸20mg~30mg的样品溶液2份，分别置于250mL锥形瓶中，各加50mL蒸馏水，其中1份加入3滴中性红指示剂，用0.1mol/L氢氧化钠标准溶液滴定至由红色变为琥珀色为终点；另1份加入3滴百里酚酞指示剂及中性甲醛20mL，摇匀，静置1min，用0.1 mol/L氢氧化钠标准溶液滴定至淡蓝色为终点。分别记录2次所消耗的碱液的体积（mL）。

2. 氨基酸自动分析仪法

（1）原理

食品中的蛋白质经盐酸水解成为游离氨基酸，经离子交换柱分离后，与茚三酮溶液产生颜色反应，再通过可见光分光亮度检测器测定氨基酸含量。

（2）仪器

氨基酸自动分析仪。

（3）分析步骤

①试样制备

固体或半固体试样使用组织粉碎机或研磨机粉碎，液体试样用匀浆机打成匀浆密封冷冻保存，分析用时将其解冻后使用。

②试样称量

均匀性好的样品，如奶粉等，准确称取一定量试样（精确至0.0001g），使试样中蛋白质含量在10mg~20mg范围内。对于蛋白质含量未知的样品，可先测定样品中蛋白质含量。将称量好的样品置于水解管中。

很难获得高均匀性的试样，如鲜肉等，为减少误差可适当增大称样量，测定前再做稀释。

对于蛋白质含量低的样品，如蔬菜、水果、饮料和淀粉类食品等，固体或半固体试样称样量不大于2g，液体试样称样量不大于5g。

③试样水解

根据试样的蛋白质含量，在水解管内加10mL~15mL 6mol/L盐酸溶液。对于含水量高、蛋白质含量低的试样，如饮料、水果、蔬菜等，可先加入约相同体积的盐酸混匀后，再用6mol/L盐酸溶液补充至大约10mL。继续向水解管内加入苯酚3~4滴。

将水解管放入冷冻剂中，冷冻3min~5min，接到真空泵的抽气管上，抽真空（接近0Pa），然后充入氮气，重复抽真空—充入氮气3次后，在充氮气状态下封口或拧紧螺丝盖。

将已封口的水解管放在（110±1）℃的电热鼓风恒温箱或水解炉内，水解22h后，取出，冷却至室温。

打开水解管，将水解液过滤至50mL的容量瓶内，用少量水多次冲洗水解管，水洗液移入同一50mL容量瓶内，最后用水定容至刻度，振荡混匀。

准确吸取1.0 mL滤液移入15mL或25mL试管内，用试管浓缩仪或平行蒸发仪在40℃~50℃加热环境下减压干燥，干燥后残留物用1mL~2mL水溶解，再减压干燥，最后蒸干。

用1.0mL~2.0mL pH=2.2柠檬酸钠缓冲溶液加入到干燥后试管内溶解，振荡混匀后，吸取溶液通过0.22μm滤膜后，转移至仪器进样瓶，为样品测定液，供仪器测定用。

（4）试样的测定

混合氨基酸标准工作液和样品测定液分别以相同体积注入氨基酸分析仪，以外标法通过峰面积计算样品测定液中氨基酸的浓度。

三、食品中维生素的测定

（一）测定维生素含量的意义

维生素是维持人体正常生理功能所需的一类天然有机化合物，它们的种类很多，目前被认为对维持人体健康和促进发育至关重要的有20余种。维生素对人体的主要功能是作为辅酶的成分调节代谢，需要量极少，但绝对不可缺少。维生素在体内一般不能合成或合成数量较少，不能充分满足机体需要，必须由食物提供。

食品中维生素的含量主要取决于食品的品种及该食品的加工工艺与贮存条件。许多维生素对光、热、氧、pH酸碱度敏感。在正常摄食条件下，没有任何一种食物含有可满足人体所需要的全部维生素，人们必须在日常生活中合理调配饮食结构，获得适量的各种维生素。测定食品中维生素的含量，在评价食品营养价值，开发利用富含维生素的食品资源，指导人们合理调整膳食结构，防止维生素缺乏症，研究维生素在食品加工、储存等过程中的稳定性，指导人们制定合理的工艺及储存条件，监督维生素强化食品的强化剂量，防止因摄入过多而引起维生素中毒等方面，具有十分重要的意义和作用。

（二）脂溶性维生素含量的测定

1. 维生素 A 的测定——反相高效液相色谱法

（1）原理

试样中的维生素 A 及维生素 E 经皂化、提取、净化、浓缩后，C 或 PFP 反相液相色谱柱分离，紫外检测器或荧光检测器检测，外标法定量。

（2）试剂和材料

①试剂

A. 无水乙醇（C_2h_5Oh）：经检查不含醛类物质；B. 抗坏血酸（$C_6h_8O_6$）；C. 氢氧化钾（KO h）；D. 乙醚［（$C h_3Ch_2$）$_2$O］：经检查不含过氧化物；E. 石油醚（$C_5h_{12}O_2$）：沸程为 30℃～60℃；F. 无水硫酸钠（Na_2sO_4）；G. pH 试纸（pH 范围 1～14）；H. 甲醇（Ch_3 Oh）：色谱纯；I. 淀粉酶：活力单位≥100U/mg；J. 2，6-二叔丁基对甲酚（$C_{15}h_{24}O$）：简称 B hT。

②试剂配制

第一，氢氧化钾溶液（50g/100g）：称取 50g 氢氧化钾，加入 50mL 水溶解，冷却后，储存于聚乙烯瓶中。

第二，石油醚—乙醚溶液（1+1）：量取 200mL 石油醚，加入 200mL 乙醚，混匀。

第三，有机系过滤头（孔径为 0. 22μm）。

③标准品

第一，维生素 A 标准品维生素 A（$C_{20}h_{30}O$，CAs 号：68-26-8），纯度≥95%，或经国家认证并授予标准物质证书的标准物质。

第二，维生素 E 标准品：A. α-生育酚（$C_{29}h_{50}O_2$，CAs 号：10191-41-0），纯度≥95%，或经国家认证并授予标准物质证书的标准物质；B. β-生育酚（$C_{28}h_{48}O_2$，CAs 号：148-03-8），纯度≥95%，或经国家认证并授予标准物质证书的标准物质；C. γ-生育酚（$C_{28}h_{48}O_2$，CAs 号：54-28-4），纯度≥95%，或经国家认证并授予标准物质证书的标准物质；D. δ-生育酚（$C_{27}h_{46}O_2$，CAs 号：119-13-1），纯度≥95%，或经国家认证并授予标准物质证书的标准物质。

④标准溶液配制

A. 维生素 A 标准储备溶液（0.500mg/mL）

准确称取 25.0mg 维生素 A 标准品，用无水乙醇溶解后，转移入 50mL 容量瓶中，定容至刻度，此溶液浓度约为 0.500mg/mL。

将溶液转移至棕色试剂瓶中，密封后，在-20℃下避光保存，有效期 1 个月。临用前将溶液回温至 20℃，并进行浓度校正。

B. 维生素 E 标准储备溶液（1.00mg/mL）

分别准确称取 α-生育酚、β-生育酚、γ-生育酚和 δ-生育酚各 50.0mg，用无水乙醇溶解后，转移入 50mL 容量瓶中，定容至刻度，此溶液浓度约为 1.00mg/mL。将溶液转移至棕色试剂瓶中，密封后，在-20℃下避光保存，有效期 6 个月。临用前将溶液回温至 20℃，并进行浓度校正。

C. 维生素 A 和维生素 E 混合标准溶液中间液

准确吸取维生素 A 标准储备溶液 1.00mL 和维生素 E 标准储备溶液各 5.00mL 于同一 50mL 容量瓶中，用甲醇定容至刻度，此溶液中维生素 A 浓度为 10.0μg/mL，维生素 E 各生育酚浓度为 100μg/mL。在-20℃下避光保存，有效期半个月。

D. 维生素 A 和维生素 E 标准系列工作溶液

分别准确吸取维生素 A 和维生素 E 混合标准溶液中间液 0.20mL、0.50 mL、1.00mL、2.00mL、4.00mL、6.00mL 于 10mL 棕色容量瓶中，用甲醇定容至刻度，该标准系列中维生素 A 浓度为 0.20μg/mL、0.50μg/mL、1.00μg/mL、2.00μg/mL、4.00μg/mL、6.00μg/mL，维生素 E 浓度为 2.00μg/mL、5.00μg/mL、10.0μg/mL、20.0μg/mL、40.0μg/mL、60.0μg/mL。临用前配制。

（3）仪器和设备

①分析天平：感量为 0.01mg；②恒温水浴振荡器；③旋转蒸发仪；④氮吹仪；⑤紫外分光光度计；⑥分液漏斗萃取净化振荡器；⑦高效液相色谱仪：带紫外检测器或二极管阵列检测器或荧光检测器。

（4）分析步骤

①试样制备

将一定数量的样品按要求经过缩分、粉碎均质后，储存于样品瓶中，避光冷藏，尽快测定。

②试样处理

A. 皂化

a. 不含淀粉样品

称取2g~5g（精确至0.01g）经均质处理的固体试样或50g（精确至0.01g）液体试样于150mL平底烧瓶中，固体试样需加入约20mL温水，混匀，再加入1.0g抗坏血酸和0.1gBhT，混匀，加入30mL无水乙醇，加入10mL~20mL氢氧化钾溶液，边加边振摇，混匀后于80℃恒温水浴震荡皂化30 min，皂化后立即用冷水冷却至室温。

b. 含淀粉样品

称取2g~5g（精确至0.01g）经均质处理的固体试样或50g（精确至0.01g）液体样品于150mL平底烧瓶中，固体试样需用约20mL温水混匀，加入0.5g~1g淀粉酶，放入60℃水浴避光恒温振荡30min后，取出，向酶解液中加入1.0g抗坏血酸和0.1gBhT，混匀，加入30mL无水乙醇，10mL~20mL氢氧化钾溶液，边加边振摇，混匀后于80℃恒温水浴振荡皂化30min，皂化后立即用冷水冷却至室温。

B. 提取

将皂化液用30mL水转入250mL的分液漏斗中，加入50mL石油醚-乙醚混合液，振荡萃取5min，将下层溶液转移至另一250mL的分液漏斗中，加入50mL的混合醚液再次萃取，合并醚层。

C. 洗涤

用约100mL水洗涤醚层，约需重复3次，直至将醚层洗至中性（可用pH试纸检测下层溶液pH酸碱度），去除下层水相。

D. 浓缩

将洗洗涤后的醚层经无水硫酸钠（约3g）滤入250mL旋转蒸发瓶或氮气浓缩管中，用约15mL石油醚冲洗分液漏斗及无水硫酸钠2次，并入蒸发瓶内，并将其接在旋转蒸发仪或气体浓缩仪上，于40℃水浴中减压蒸馏或气流浓缩，待瓶中醚液剩下约2mL时，取下蒸发瓶，立即用氮气吹至近干。用甲醇分次将蒸发瓶中残留物溶解并转移至10 mL容量瓶中，定容至刻度。溶液过0.22μm有机系滤膜后供高效液相色谱测定。

③色谱参考条件

A. 色谱柱：C30柱（柱长250mm，内径4.6mm，粒径3μm），或相当者；B. 柱温：20℃；C. 流动相：a：水；b：甲醇；D. 流速：0.8mL/min；E. 紫外检测波长：维生素A为325nm；维生素E为294nm；F. 进样量：10μL。

④标准曲线的制作

本法采用外标法定量。将维生素A和维生素E标准系列工作溶液分别注入高效液相色谱仪中，测定相应的峰面积，以峰面积为纵坐标，以标准测定液浓度为横坐标绘制标准曲线，计算直线回归方程。

⑤样品测定

试样液经高效液相色谱仪分析，测得峰面积，采用外标法通过上述标准曲线计算其浓度。在测定过程中，建议每测定 10 个样品用同一份标准溶液或标准物质检查仪器的稳定性。

2. 维生素 D 的测定液相色谱串联质谱法

（1）原理

试样中加入维生素 D_2 和维生素 D_3 的同位素内标后，经氢氧化钾乙醇溶液皂化（含淀粉试样先用淀粉酶酶解）、提取、硅胶固相萃取柱净化、浓缩后，反相高效液相色谱 C18 柱分离，串联质谱法检测，内标法定量。

（2）试剂和材料

①试剂

试剂：A. 无水乙醇（C_2h_5Oh）：色谱纯，经检验不含醛类物质；B. 抗坏血酸（$C_6h_8O_6$）；C. 2，6-二叔丁基对甲酚（$C_{15}h_{24}O$）：简称 BhT；D. 淀粉酶：活力单位≥100 U/mg；E. 氢氧化钾（KO h）；F. 乙酸乙酯（C4h8O2）：色谱纯；G. 正己烷（n-C_6h_{14}）：色谱纯；H. 无水硫酸钠（Na_2sO_4）；I. pH 试纸（pH 范围 1～14）；J. 固相萃取柱（硅胶）：6mL，500mg；K. 甲醇（Ch_3Oh）：色谱纯；L. 甲酸（hCOO h）：色谱纯；M. 甲酸铵（hCOON h4）：色谱纯。

②试剂配制

A. 氢氧化钾溶液（50 g/100 g）

50g 氢氧化钾，加入 50mL 水溶解，冷却后储存于聚乙烯瓶中。

B. 乙酸乙酯-正己烷溶液（5+95）

量取 5mL 乙酸乙酯加入 95mL 正已烷中，混匀。

C. 乙酸乙酯-正已烷溶液（15+85）

量取 15mL 乙酸乙酯加入 85mL 正已烷中，混匀。

D. 0. 05%甲酸-5 mmol/L 甲酸铵溶液

称取 0. 315g 甲酸铵，加入 0. 5mL 甲酸、1000mL 水溶解，超声混匀。

③标准品

第一，维生素 D_2标准品：钙化醇（$C_{28}h_{44}O$，CAs 号：50-14-6），纯度>98%，或经国家认证并授予标准物质证书的标准物质。

第二，维生素 D_3标准品：胆钙化醇（$C_{27}h_{44}O$，CAs 号：511-28-4），纯度>98%，或经国家认证并授予标准物质证书的标准物质。

第三，维生素 D_2-d_3内标溶液（$C_{28}h_{44}O$-d_3）：100μg/mL。

第四，维生素 D_3-d_3内标溶液（$C_{27}h_{44}O$-d_3）：100μg/mL。

④标准溶液配制

A. 维生素 D_2 标准储备溶液

准确称取维生素 D_2 标准品 10.0mg，用色谱纯无水乙醇溶解并定容至 100mL，使其浓度约为 100μg/mL，转移至棕色试剂瓶中，于-20℃冰箱中密封保存，有效期 3 个月。临用前用紫外分光亮度法校正其浓度。

B. 维生素 D_3 标准储备溶液

准确称取维生素 D_2 标准品 10.0mg，用色谱纯无水乙醇溶解并定容至 10mL，使其浓度约为 100μg/mL，转移至 100mL 的棕色试剂瓶中，于-20℃冰箱中密封保存，有效期 3 个月。临用前用紫外分光亮度法校正其浓度。

C. 维生素 D_2 标准中间使用液

准确吸取维生素 D_2 标准储备溶液 10.00 mL，用流动相稀释并定容至 100mL，浓度约为 10.0μg/mL，有效期 1 个月。准确浓度按校正后的浓度折算。

D. 维生素 D_3 标准中间使用液

准确吸取维生素 D_3 标准储备溶液 10.00 mL，用流动相稀释并定容至 100mL 棕色容量瓶中，浓度约为 10.0μg/mL，有效期 1 个月。准确浓度按校正后的浓度折算。

E. 维生素 D_2 和维生素 D_3 混合标准使用液

准确吸取维生素 D_2 和维生素 D，标准中间使用液各 10.00mL，用流动相稀释并定容至 100mL，浓度为 1.00μg/mL。有效期 1 个月。

F. 维生素 D_2-d_3 和维生素 D_3-d_3 内标混合溶液

分别量取 100μL 浓度为 100μg/mL 的维生素 D_2-d_3 和维生素 D_3-d_3 标准储备液加入 10mL 容量瓶中，用甲醇定容，配制成 1μg/mL 混合内标。有效期 1 个月。

⑤标准系列溶液的配制

分别准确吸取维生素 D_2 和 D_3 混合标准使用液 0.10mL、0.20mL、0.50mL、1.00mL、1.50mL、2.00mL 于 10mL 棕色容量瓶中，各加入维生素 D_2-d_3和维生素 D_3-d_3内标混合溶液 1.00mL，用甲醇定容至刻度，混匀。此标准系列工作液浓度分别为 10.0μg/L、20.0μg/L、50.0μg/L、100μg/L、150μg/L、200μg/L。

（3）仪器和设备

①分析天平：感量为 0.1 mg；②磁力搅拌器或恒温振荡水浴：带加热和控温功能；③旋转蒸发仪；④氮吹仪；⑤紫外分光光度计；（6）萃取净化振荡器；（7）多功能涡旋

振荡器；⑧高速冷冻离心机：转速≥6000r/min；⑨高效液相色谱-串联质谱仪：带电喷雾离子源。

（4）分析步骤

①试样制备

将一定数量的样品按要求经过缩分、粉碎、均质后，储存于样品瓶中，避光冷藏，尽快测定。

②试样处理

A. 皂化

a. 不含淀粉样品

称取2g（准确至0.01g）经均质处理的试样于50mL具塞离心管中，加入100μL维生素D_2-d_3和维生素D_3-d_3混合内标溶液和0.4g抗坏血酸，加入6mL约40℃温水，涡旋1min，加入12mL乙醇，涡旋30s，再加入6mL氢氧化钾溶液，涡旋30s后放入恒温振荡器中，80℃避光恒温水浴振荡30min（如样品组织较为紧密，可每隔5 min~10 min取出涡旋0.5 min），取出放入冷水浴降温。

注意：一般皂化时间为30 min，如皂化液冷却后，液面有浮油，需要加入适量氢氧化钾溶液，并适当延长皂化时间。

b. 含淀粉样品

称取2g（准确至0.01g）经均质处理的试样于50mL具塞离心管中，加入100μL维生素D_2-d_3和维生素D_3-d_3混合内标溶液和0.4g淀粉酶，加入10mL约40℃温水，放入恒温振荡器中，60℃避光恒温振荡30min后，取出放入冷水浴降温，向冷却后的酶解液中加入0.4g抗坏血酸、12mL乙醇，涡旋30s，再加入6mL氢氧化钾溶液，涡旋30s后放入恒温振荡器中，同a）皂化30 min。

B. 提取

向冷却后的皂化液中加入20mL正已烷，涡旋提取3min，6000r/min条件下离心3 min。转移上层清液到50mL离心管，加入25 mL水，轻微晃动30次，在6000 r/min条件下离心3min，取上层有机相备用。

C. 净化

将硅胶固相萃取柱依次用8mL乙酸乙酯活化，8mL正已烷平衡，取备用液全部过柱，再用6mL乙酸乙酯—正已烷溶液（5+95）淋洗，用6mL乙酸乙酯-正已烷溶液（15+85）洗脱。洗脱液在40℃下氮气吹干，加入1.00mL甲醇，涡旋30 s，过0.22μm有机系滤膜供仪器测定。

③仪器测定条件

A. 色谱参考条件

色谱参考条件列出如下：

a. C18 柱（柱长 100mm，柱内径 2.1 mm，填料粒径 1.8μm），或相当者；b. 柱温：40℃；c. 流动相 A：0.05%的甲酸-5 mmol/L 甲酸铵溶液；流动相 B：0.05%的甲酸-5 mmol/L 甲酸铵甲醇溶液；流动相洗脱梯度见表 4-3；D 流速：0.4mL/min；E 进样量：10μL。

B. 质谱参考条件

质谱参考条件列出如下：

a. 电离方式：EsI+；b. 鞘气温度：375℃；c. 鞘气流速：12L/min；d. 喷嘴电压：500V；e. 雾化器压力：172kPa；f. 毛细管电压：4500V；g. 干燥气温度：325℃；h. 干燥气流速：10L/min；i. 多反应监测（MRM）模式。

④标准曲线的制作

分别将维生素 D_2和维生素 D_3标准系列工作液由低浓度到高浓度依次进样，以维生素 D_2、维生素 D_3与相应同位素内标的峰面积比值为纵坐标，以维生素 D_2、维生素 D_3标准系列工作液浓度为横坐标分别绘制维生素 D_2、维生素 D_3标准曲线。

⑤样品测定

将待测样液依次进样，得到待测物与内标物的峰面积比值，根据标准曲线得到测定液中维生素 D_2、维生素 D_3的浓度。待测样液中的响应值应在标准曲线线性范围内，超过线性范围则应减少取样量重新按②进行处理后再进样分析。

（三）水溶性维生素含量的测定

1. 硫胺素（维生素 B_1）的测定——荧光分光亮度法

（1）原理

硫胺素在碱性铁氰化钾溶液中被氧化成硫色素，在紫外光照射下，硫色素发出蓝色荧光。在给定的条件下，以及没有其他荧光物质干扰时，此荧光的强度与硫色素量成正比，即与溶液中硫胺素的含量成正比。

如样品中含杂质过多，应经过离子交换剂处理，使硫胺素与杂质分离，然后测定纯化液中硫胺素的含量。

（2）适用范围

硫色素荧光法适用于各类食物中硫胺素的测定，但不适用于有吸附硫胺素能力的物质和含有影响硫色素荧光物质的样品。

（3）仪器和试剂

①仪器

A. 荧光分光亮度计；B. Maizel-Gerson 反应瓶；C. 盐基交换管。

②试剂

A. 正丁醇：优级纯或重蒸馏的分析纯；B. 无水硫酸钠：分析纯；C. 淀粉酶；D. 0.1 mol/L 盐酸溶液：8.5mL 浓盐酸用水稀释至 1000mL；E. 0.3mol/L 盐酸溶液：25.5mL 浓盐酸用水稀释至 1000mL；F. 2mol/L 乙酸钠溶液：164g 无水乙酸钠或 272g 含水乙酸钠溶于水中稀释至 1000mL；G. 25%的氯化钾溶液：250g 氯化钾溶于水中稀释至 1000mL；H. 25%的酸性氯化钾溶液：8.5mL 浓盐酸用 25%的氯化钾溶液稀释至 1000mL；I. 15%的氢氧化钠溶液：15g 氢氧化钠溶于水中稀释至 1000mL；J. 1%的铁氰化钾溶液：1g 铁氰化钾溶于水中稀释至 100mL，放于棕色瓶内保存；K. 碱性铁氰化钾溶液：取 4mL1%铁氰化钾溶液，用 15%的氢氧化钠溶液稀释至 60mL。用时现配，避光使用；L. 3%的乙酸溶液：30mL 冰乙酸用水稀释至 1000mL；M. 活性人造浮石：称取 100g 经 40 目筛的人造浮石，以 10 倍于其容积的 3%的热乙酸搅洗 2 次，每次 10min；再用 5 倍于其容积的 25%的热氯化钾搅洗 15min；然后再用 3%的热乙酸搅洗 10min；最后用热蒸馏水洗至没有氯离子，于蒸馏水中保存；N. 硫胺素标准储备液：准确称取 100mg 经氯化钙干燥 24h 的硫胺素，溶于 0.01 mol/L 盐酸中，并稀释至 1000mL，每毫升此溶液相当于 0.1 mg 硫胺素，于冰箱中避光可保存数月；O. 硫胺素标准中间液：将硫胺素标准储备液用 0.01mol/L 盐酸稀释 10 倍，每毫升此溶液相当 10g 硫胺素，于冰箱中避光可保存数月；P. 硫胺素标准使用液：将硫胺素标准中间液用水稀释 100 倍，每毫升此溶液相当于 0.1g 硫胺素，用时现配；Q. 0.04%的溴甲酚绿溶液：称取 0.1g 溴甲酚绿，置于小研钵中，加入 1.4mL0.1 mol/L 氢氧化钠溶液研磨片刻，再加入少许水继续研磨至完全溶解，用水稀释至 250mL。

（4）操作步骤

①试样处理

样品采集后用匀浆机打成匀浆（或者将样品尽量粉碎），于低温冰箱中冷冻保存，用时将其解冻后使用。

②提取

第一，精确称取一定量试样（估计其硫胺素含量为 10g~30g，一般称取 5g~20g 试样）置于 150mL 三角瓶中，加入 50~75mL 0.1 mol/L 或 0.3 mol/L 盐酸使其溶解，瓶口加盖小烧杯后放入高压锅中加热水解 30 min 后取出。

第二，用2mol/L乙酸钠调其pH酸碱度为4.5（以0.04%的溴甲酚绿为外指示剂）。

第三，按每克试样加入20mg淀粉酶的比例加入淀粉酶，于45℃~50℃保温箱过夜保温（约16h）。

第四，冷至室温，定容至100mL然后混匀过滤，即为提取液。

③净化

第一，少许脱脂棉铺于盐基交换管的交换柱底部，加水将棉纤维中气泡排出，再加约1g活性人造浮石使之达到交换柱的1/3高度。保持盐基交换管中液面始终高于人造浮石。

第二，用移液管加入提取液20mL~80mL（使通过活性人造浮石的硫胺素总量为2g~5g）。

第三，加入约10mL热水冲洗交换柱，弃去废液。如此重复3次。

第四，加入25%的酸性氯化钾（温度为90℃左右）20mL，收集此液于25mL刻度试管内，冷至室温，用25%的酸性氯化钾定容至25mL，即为试样净化液。

第五，重复第一到第四步骤，将20mL硫胺素标准使用液加入盐基交换管以代替样品提取液，即得到标准净化液。

④氧化

第一，将5mL试样净化液分别加入A、B两个Maizel-Gersori反应瓶。

第二，在避光暗环境中将3mL15%的氢氧化钠加入反应瓶A，振摇约15 s，然后加入10mL正丁醇；将3mL碱性铁氰化钾溶液加入反应瓶B，振摇15 s，然后加入10mL正丁醇；将A、B两个反应瓶同时用力振摇，准确计时1.5 min。

第三，重复第一和第二，用标准净化液代替试样净化液。

第四，用黑布遮盖A、B反应瓶，静置分层后弃去下层碱性溶液，加入2g~3g无水硫酸钠使溶液脱水。

⑤荧光强度的测定

A. 荧光测定条件

激发波长365mn；发射波长435nm；激发波狭缝5nm；发射波狭缝5nm。

B. 依次测定下列荧光强度

a. 试样空白荧光强度（试样反应瓶A）；b. 标准空白荧光强度（标准反应瓶A）；c. 试样荧光强度（试样反应瓶B）；d. 标准荧光强度（标准反应瓶B）。

2. 维生素C的测定——2，6-二氯靛酚滴定法

(1) 原理

还原性抗坏血酸可以还原染料2，6-二氯靛酚。该染料在酸性溶液中是粉红色（在中

性或碱性溶液中呈蓝色)，被还原后颜色消失；还原性抗坏血酸还原染料后，本身被氧化成脱氢抗坏血酸。在没有杂质干扰时，一定量的样品提取液还原标准染料液的量，与样品中抗坏血酸的含量成正比。

（2）适用范围

2，6-二氯靛酚滴定法适用于果品、蔬菜及其加工制品中还原性抗坏血酸的测定（不含 $Fe^{2}+$、$Cu^{2}+$、$sn^{2}+$、亚硫酸盐、硫代硫酸盐)，不适用于深色样品。

（3）仪器和试剂

①仪器

A. 高速组织捣碎机；B. 分析天平；C. 酸式滴定管。

②试剂

第一，1%的草酸溶液（g/L)：稀释500mL2%的草酸溶液至1000mL。

第二，2%的草酸溶液（g/L)：溶解2 0g草酸（$h_2C_2O_4$）于700mL水中，稀释至1000 mL。

第三，抗坏血酸标准溶液：准确称取20mg抗坏血酸，溶于1%的草酸溶液，并稀释至100mL，置于冰箱内保存。用时取出5mL，置于50mL容量瓶中，用1%的草酸溶液定容，配成0. 02 mg/mL的标准溶液。

标定：吸取标准溶液5mL于三角瓶中，加入6%的碘化钾溶液0. 5 mL、1%的淀粉溶液3滴，以0. 001mol/L碘酸钾标准溶液滴定，终点为淡蓝色。

第四，2，6-二氯靛酚溶液：称取2，6-二氯靛酚50 mg，溶于200mL含有52 mg碳酸氢钠的热水中，待冷，置于冰箱中过夜，次日过滤于250mL棕色容量瓶中，定容，在冰箱中保存。每周标定1次。

标定：取5mL已知浓度的抗坏血酸标准溶液，加入1%的草酸溶液5mL，摇匀，用2，6-二氯靛酚溶液滴定至溶液呈粉红色且15 s不褪色为终点。

第五，0. 000167 mol/L碘酸钾标准溶液：精确称取干燥的碘酸钾0. 3567g，用水稀释至100mL，取出1mL，用水稀释至100mL，1mL此溶液相当于抗坏血酸0. 088 mg。

第六，1%淀粉溶液（g/L)。

第七，6%碘化钾溶液（g/L)。

（3）操作步骤

第一，样品制备。

①鲜样的制备

称100g鲜样和100g2%的草酸溶液，倒入组织捣碎机中打成匀浆，取10g~40g匀浆（含1mg~2mg抗坏血酸）倒入100mL容量瓶中，加入1%的草酸溶液稀释至刻度，摇匀。

②干样制备

称 1g~4g 干样（含 1mg~2mg 抗坏血酸）放入乳钵中，加入 1%的草酸溶液磨成匀浆，倒入 100mL 容量瓶内，用 1%的草酸溶液稀释至刻度，混匀。

③将①、②液过滤，滤液备用

不易过滤的样品可用离心机离心后，倾出上清液，过滤，备用。

第二，滴定吸取 5mL~10mL 滤液置于 50mL 三角瓶中，快速加入 2，6-二氯靛酚溶液滴定，直到红色不能立即消失，此后要尽快逐滴地加入（样品中可能存在其他还原性杂质，但一般杂质还原染料的速度均比抗坏血酸慢），以呈现的粉红色在 15s 内不消失为终点。同时做试剂空白试验校正结果。

第三节 食品中碳水化合物的测定

一、食品中糖类物质含量测定的意义

碳水化合物统称糖类，是由碳、氢、氧三种元素组成的一大类化合物，是人和动物所需热能的重要来源。一些糖与蛋白质、脂肪等结合生成糖蛋白和糖脂，这些物质都具有重要的生理功能。碳水化合物是食品工业的主要原料和补助材料，是大多数食品的主要成分之一，包括糖、低聚糖和多糖。在食品加工工艺中，糖类对食品的形态、组织结构、理化性质及其色、香、味等感官指标起着十分重要的作用，同时，糖类的含量还是食品营养价值高低的标志，也是某些食品重要的质量指标。因此，碳水化合物的测定是食品的主要分析项目之一，在食品工业中具有十分重要的意义。

二、糖类物质含量的测定方法

（一）还原糖的测定

还原糖是指具有还原性的糖类。在糖类中，分子中含有游离醛基或酮基的单糖和含有游离的半缩醛羟基的双糖都具有还原性。葡萄糖分子中含有游离醛基，果糖分子中含有游离酮基，乳糖和麦芽糖分子中含有游离的半缩醛羟基，因而它们都具有还原性，都是还原糖。其他双糖、三糖、多糖等（常见的蔗糖、糊精、淀粉等都属此类），本身不具有还原性，属于非还原性糖，但可以通过水解而生成具有还原性的单糖，再进行测定，然后换算

成样品中相应的糖类的含量。因此，还原糖的测定是糖类测定的基础。

还原糖的测定方法很多，其中最常用的有直接滴定法、高锰酸钾滴定法、葡萄糖氧化酶—比色法。

1. 直接滴定法

直接滴定法是国家标准分析方法，是目前最常用的测定还原糖的方法，具有试剂用量少，操作简单、快速，滴定终点明显等特点。

（1）原理

一定量的碱性酒石酸铜甲、乙液等体积混合后，生成天蓝色的氢氧化铜沉淀，沉淀与酒石酸钾钠反应，生成深蓝色的酒石酸钾钠铜的络合物。在加热的条件下，以亚甲基芦作为指示剂，用样液直接滴定经标定的碱性酒石酸铜溶液，还原糖将二价铜还原为氧化亚铜。待二价铜全部被还原后，稍过量的还原糖将亚甲基蓝还原，溶液由蓝色变为无色，即为终点。根据最终所消耗的样液的体积，即可计算出还原糖的含量。

实际上，还原糖在碱性溶液中与硫酸铜的反应并不完全符合以上关系，还原糖在此反应条件下将产生降解，形成多种活性降解产物，其反应过程极为复杂，并非反应方程式中所反映的那么简单。在碱性及加热条件下还原糖将形成某些差向异构体的平衡体系。由上述反应看，1mol 葡萄糖可以将 6mol Cu^2+还原为 Cu+。而实际上，从实验结果表明，1 mol 葡萄糖只能还原 5mol 多的 Cu^2+，且随反应条件的变化而变化。

（2）适用范围

适用于各类食品中还原糖含量的测定，但对深色样品（如酱油、深色果汁等），因色素干扰而使终点不易判断，从而影响其准确性而不适用。

（3）仪器和试剂

①仪器

A. 酸式滴定管；B. 可调电炉。

②试剂

A. 碱性酒石酸铜甲液：称取 15g 硫酸铜（$Cu\ sO_4 \cdot 5h_2O$）及 0.05 g 亚甲基蓝，溶于水中并稀释至 1000mL；B. 碱性酒石酸铜乙液：称取 50g 酒石酸钾钠及 75g 氢氧化钠，溶于水中，再加入 4g 亚铁氰化钾，完全溶解后，用水稀释至 1000mL，储存于橡皮塞玻璃瓶内；C. 乙酸锌溶液：称取 21.9g 乙酸锌［$Zn\ (Ch_3COO)_2 2h_2O$］，加入 3mL 冰醋酸，加水溶解并稀释至 1000mL；D. 106g/mol 亚铁氰化钾溶液：称取 10.6g 亚铁氰化钾［$K_4Fe(CN)_6 \cdot 3h_2O$］溶于水中，稀释至 100mL；E. 盐酸；F. 1g/L 葡萄糖溶液：准确称取 1.000g 于 98℃～100℃烘干至恒重的无水葡萄糖，加水溶解后，加入 5mL 盐酸（防止微生物生长），转移入 1000mL 容量瓶中，并用水定容。

（4）操作步骤

①样品处理

A. 乳类、乳制品及含蛋白质的饮料（雪糕、冰激凌、豆乳等）：称取 2.5g～5g 固体样品或吸取 25mL～50mL 液体样品，置于 250mL 容量瓶中，加水 50mL，摇匀后慢慢加入 5mL 醋酸锌及 5mL 亚铁氰化钾溶液，并加水至刻度，混匀，静置 30min；干燥滤纸过滤，弃去初滤液，收集滤液供分析用。

B. 淀粉含量较高的样品

称取 10g～20g 样品，置于 250mL 容量瓶中，加水 200mL，在 45℃水浴中加热 1h，并不断振摇。取出冷却后加水至刻度，混匀，静置；吸取 20mL 上清液于另一 250mL 容量瓶中，以下按 A 项操作。

C. 酒精性饮料

吸取 100.0mL 试样，置于蒸发皿中，用氢氧化钠（40 g/L）溶液中和至中性，在水浴上蒸发至原体积的 1/4 后，移入 250mL 容量瓶中，加水至刻度。

D. 汽水等含有二氧化碳的饮料

吸取 100.0mL 试样置于蒸发皿中，在水浴上除去二氧化碳后，移入 250mL 容量瓶中，并用水洗涤蒸发皿，洗液并入容量瓶中，再加水至刻度，混匀后备用。

②碱性酒石酸铜溶液的标定

准确吸取碱性酒石酸铜甲液和乙液各 5.0mL 于 150mL 锥形瓶中。加水 10mL，加入玻璃珠 3 粒。从滴定管中滴加约 9mL 葡萄糖标准溶液，加热使其在 2min 内沸腾，并保持沸腾 1min，趁沸以每两秒 1 滴的速度继续用葡萄糖标准溶液滴定，直至蓝色刚好褪去为终点，记录消耗葡萄糖标准溶液的体积。平行操作三次，取其平均值。

③样液的预测定

准确吸取碱性酒石酸铜甲液和乙液各 5.0mL 于 150mL 锥形瓶中。加水 10mL，加入玻璃珠 3 粒，加热使其在 2min 内沸腾，并保持沸腾 1min，趁沸以先快后慢的速度从滴定管中滴加样液，滴定时须始终保持溶液呈微沸状态。待溶液颜色变浅时，以每 2 秒 1 滴的速度继续滴定，直至蓝色刚好褪去为终点，记录消耗样液的总体积。

④样液的测定

准确吸取碱性酒石酸铜甲液和乙液各 5.0mL 于 150mL 锥形瓶中。加水 10mL，加入玻璃珠 3 粒，从滴定管中加入比预测定时少 1mL 的样液，加热使其在 2min 内沸腾，并保持沸腾 1min，趁沸以每 2 秒滴的速度继续滴定，直至蓝色刚好褪去为终点，记录消耗样液的总体积。同法平行操作三次，取其平均值。

（5）结果计算见式（4-28）

2. 高锰酸钾滴定法

（1）原理

将还原糖与一定量过量的碱性酒石酸铜溶液反应，还原糖将 Cu^{2}+还原为 Cu_2O，经过滤，得到 Cu_2O 沉淀，加入过量的酸性硫酸铁溶液将其氧化溶解，而 Fe^{3} 被定量地还原为 Fe^{2}+，用高锰酸钾标准溶液滴定所生成的 Fe^{2}+，根据高锰酸钾标准溶液的消耗量可计算出 Cu_2O 的量，再从检索表中查出与 Cu_2O 量相当的还原糖的量，即可计算出样品中还原糖的含量。

（2）适用范围

适用于各类食品中还原糖含量的测定，对于深色样液也同样适用。

（3）仪器和试剂

①仪器

25mL 古式坩埚或 G4 垂熔坩埚；真空泵或水力真空管。

②试剂

A. 碱性酒石酸铜甲液

称取 34.639g 硫酸铜（$Cu\ sO_4 \cdot 5h_2O$），加适量水溶解，加 0.5mL 浓硫酸，再加水稀释至 500mL，用精制石棉过滤。

B. 碱性酒石酸铜乙液

称取 173g 酒石酸钾钠和 50g 氢氧化钠，加适量水溶解，并稀释至 500mL，用精制石棉过滤，储存于具橡皮塞的玻璃瓶内。

C. 精制石棉

取石棉，先用 3mol/L 盐酸浸泡 2h～3h，用水洗净，再用 10g/L 氢氧化钠溶液浸泡 2h～3h，倾去溶液，用碱性酒石酸铜乙液浸泡数小时，用水洗净，再以 3mol/L 盐酸浸泡数小时，以水洗至不显酸性。然后加水振摇，使之成为微细的浆状纤维，用水浸泡并储存于玻璃瓶中，即可作填充古式坩埚用。

D. 0.02 mol/L 高锰酸钾标准溶液

配制：称取 3.3g 高锰酸钾溶于 1050mL 水中，缓缓煮沸 20min～30min，冷却后于暗处密封保存数日，用垂熔漏斗过滤，保存于棕色瓶内。

标定：准确称取于 105℃～200℃ 干燥 1h～1.5h 的基准草酸钠约 0.2g，溶于 50mL 水中，加 8mL 硫酸，用配制的高锰酸钾标准溶液滴定，接近终点时加热至 70℃，继续滴至溶液显粉红色且30s不褪色为止。同时做空白试验。

E. 1 mol/L氢氧化钠溶液

称取4g氢氧化钠，加水溶解并稀释至100mL。

F. 硫酸铁溶液

称取50g硫酸铁，加入200mL水溶解后，慢慢加入100mL硫酸，冷却加水稀释至1000mL。

G. 3 mol/L盐酸溶液

30mL盐酸加水稀释至120mL即可。

（4）操作步骤

①样品处理

A. 乳类、乳制品及含蛋白质的冷食类

称取2.5g~5g固体样品（液体样品吸取25mL~50mL）置于250mL容量瓶中，加50mL溶液至刻度，摇匀后加入10mL碱性酒石酸铜甲液及4 mL1mol/L氢氧化钠溶液至刻度，混匀，静置30 min，干滤，弃去初滤液，滤液供分析用。

B. 酒精类饮料

吸取100mL样品，置于蒸发皿中，用1mol/L氢氧化钠溶液中和至中性，蒸发至原体积的1/4后，移入250mL容量瓶中。加50mL水，混匀。以下自“加10mL碱性酒石酸铜甲液”起，按A项操作。

C. 淀粉含量较高的食品

精密称取10g~20g样品，置于250mL容量瓶中，加入200mL水，于45℃水浴中加热1h，并不断振摇，取出冷却后，加水至刻度，混匀静置。吸取20mL上清液于另一个250mL容量瓶中，以下自“加10mL碱性酒石酸铜甲液”起，按A项操作。

D. 汽水等含二氧化碳的饮料

吸取样品100mL于蒸发皿中，在水浴上蒸发除去二氧化碳后，转移入250mL容量瓶中，加水至刻度，混匀备用。

②测定

准确吸取经处理后的样液50mL于400mL烧杯中，加入碱性酒石酸铜甲液、乙液各25mL，盖上蒸发皿，置于电炉上加热，使之在4min内沸腾，再准确煮沸2min，趁热用G4垂熔坩埚或用铺好石棉的古式坩埚抽滤，并用60℃的热水洗涤烧杯及沉淀，至洗液不显碱性为止。将垂熔坩埚或古式坩埚放回400mL烧杯中，加硫酸铁溶液25mL和水25mL，用玻璃棒搅拌，使氧化亚铜全部溶解，用0.02 mol/L高锰酸钾标准溶液滴定至微红色为终点。记录高锰酸钾标准溶液的消耗量。

另取水 50mL 代替样液，按上述方法做空白试验。记录空白试验消耗高锰酸钾标准溶液的量。

3. 葡萄糖氧化酶——比色法

（1）原理

葡萄糖氧化酶（GOD）在有氧条件下，催化-D-葡萄糖（葡萄糖水溶液状态）氧化，生成 D-葡萄糖酸-内酯和过氧化氢。受过氧化物酶（POD）催化，过氧化氢与 4-氨基安替吡啉和苯酚生成红色醌亚胺。在波长 505 nm 处测定醌亚胺的吸亮度，可计算出食品中葡萄糖的含量。

（2）仪器

①恒温水浴锅。②可见分光亮度计。

（3）试剂

①组合试剂盒

1 号瓶：内含 0. 2mol/L 磷酸盐缓冲溶液（pH＝7）100mL，其中 4-氨基安替吡啉为 0. 00154 mol/L；2 号瓶：内含 0. 022 mol/L 苯酚溶液 100mL；3 号瓶：内含葡萄糖氧化酶 400U（活力单位）、过氧化酶 1000U（活力单位）。1~3 号瓶须在 4℃左右保存。

②酶试剂溶液

将 1 号瓶和 2 号瓶的物质充分混合均匀，再将 3 号瓶的物质溶解其中，轻轻摇动（勿剧烈摇动），使葡糖糖氧化酶和过氧化物酶完全溶解。此溶液须在 4℃左右保存，有效期为 1 个月。

③0. 085molL 亚铁氰化钾溶液

称取 3. 7g 亚铁氰化钾［$K_4Fe(CN)_6 \cdot 3h_2O$］，溶于 100mL 重蒸馏水中，摇匀。

④0. 25 mol/L 硫酸锌溶液

称取 7. 7g 硫酸锌（$ZnsO_4 \cdot 7h_2O$），溶入 100mL 重蒸馏水中，摇匀。

⑤0. 1 mol/L 氢氧化钠溶液

称取 4g 氢氧化钠，溶于 1000mL 重蒸馏水中，摇匀。

⑥葡萄糖标准溶液

称取经（100±2）℃烘烤 2h 的葡萄糖 1. 0000g，溶于重蒸馏水中，定容至 100mL，摇匀。将此溶液用重蒸馏水稀释，即为 20g/mL 葡萄糖标准溶液。

（4）操作步骤

①试液的制备

A. 不含蛋白质的试样

用100mL烧杯称取试样1g～10g（精确至0.001g），加少量重蒸馏水，转移到250mL容量瓶中，稀释至刻度。摇匀后用快速滤纸过滤。弃去最初滤液30mL即为试液（试液中葡萄糖含量大于300g/mL时，应适当增加定容体积）。

B. 含蛋白质的试样

用100mL烧杯称取试样1～10g（精确至0.001g），加少量重蒸馏水，转移到250mL容量瓶中，加入0.085 mol/L亚铁氰化钾溶液5mL、0.25 mol/L硫酸锌溶液5mL和0.1 mol/L氢氧化钠溶液10mL，用重蒸馏水定容至刻度。摇匀后用快速滤纸过滤。弃去最初滤液30mL，即为试液（试液中葡萄糖含量大于300g/mL时，应适当增加定容体积）。

C. 标准曲线的绘制

用微量移液管取0.00mL、0.20mL、0.40mL、0.60 mL、0.80mL、1.00mg葡萄糖标准溶液，分别置于10mL比色管中，各加入3mL酶试剂溶液，摇匀，在（36±1）℃的水浴锅中恒温保存40 min。冷却至室温，用重蒸馏水定容至10mL摇匀。用1cm比色皿，以葡萄糖标准溶液含量为0.00的试剂溶液调整分光亮度计的零点，在波长505nm处，测定各比色管中溶液的吸亮度。

②试液吸亮度的测定

用微量移液管吸取0.50mL～5.00mL试液（依试管中葡萄糖的含量而定），置于10mL比色管中。加入3mL酶试剂溶液，摇匀，在（36±1）℃的水浴锅中恒温40 min。冷却至室温，用重蒸馏水定容至10mL，摇匀。用1cm比色皿，以等量试液调整分光亮度计的零点，在波长505nm处，测定比色管中溶液的吸亮度。

（二）蔗糖的测定

在食品生产加工中，为判断原料的成熟度，鉴别白糖、蜂蜜等食品原料的品质，以及控制糖果、果脯、加糖乳制品等产品的质量指标，常常需要测定蔗糖的含量。蔗糖是非还原性双糖，不能用测定还原糖的方法直接进行测定，但蔗糖经酸水解后可生成具有还原性的葡萄糖和果糖，再按测定还原糖的方法进行测定。对于纯度较高的蔗糖溶液，可用相对密度、折射率、比旋亮度等物理检验法进行测定。下面以盐酸水解法为例进行说明。

1. 原理

样品脱脂后，用水或乙醇提取，提取液经澄清处理以除去蛋白质等杂质后，再用盐酸水解，使蔗糖转化为还原糖。然后按还原糖测定方法，分别测定水解前后样液中还原糖的含量，两者差值即为由蔗糖水解产生的还原糖量，乘以一个换算系数0.95即为蔗糖的含量。

2. 仪器和试剂

（1）仪器

同还原糖的测定。

（2）试剂

①1g/L 甲基红指示剂：称取 0.1 g 甲基红，用体积分数为 60% 的乙醇溶解并定容 100mL；②6mol/L 盐酸溶液；③200g/L 氢氧化钠溶液。其他试剂同还原糖的测定。

3. 测定方法

取一定量的样品，按还原糖测定法中的方法进行处理。吸取经处理后的样品 2 份各 50mL，分别放入 100mL 容量瓶中，一份加入 5mL、6mol/L 盐酸溶液，置于 68℃～70℃ 水浴中加热 15 min，取出迅速冷却至室温，加 2 滴甲基红指示剂，用 200g/L 氢氧化钠溶液中和至中性，加水至刻度，混匀；另一份直接用水稀释到 100mL。然后按直接滴定法或高锰酸钾滴定法测定还原糖的含量。

（三）总糖的测定——直接滴定法

食品中的总糖通常是指食品中存在的具有还原性的或在测定条件下能水解为还原性单糖的碳水化合物总量。它反映的是食品中可溶性单糖和低聚糖的总量，其含量高低对产品的色、香、味、组织形态、营养价值、成本等有一定影响；总糖也是许多食品（如麦乳精、果蔬罐头、巧克力、软饮料等）的重要质量指标，因此，在食品分析中总糖的测定具有重要的意义，是食品生产中常规分析项目之一。

总糖的测定通常是以还原糖的测定方法为基础的，常用的方法是直接滴定法，也可以用蒽酮比色法等。下面以直接滴定法为例介绍总糖的测定。

1. 原理

样品经处理除去蛋白质等杂质后，加入稀盐酸，在加热条件下使蔗糖水解转化为还原糖，再以直接滴定法测定水解后样品中还原糖的总量。

2. 仪器和试剂

（1）仪器

同蔗糖的测定。

（2）试剂

同蔗糖的测定。

3. 操作步骤

（1）样品处理

同直接滴定法测定还原糖。

（2）测定

按测定蔗糖的方法水解样品，再按直接滴定法测定还原糖的含量。

（四）淀粉的测定——酸水解法

淀粉是一种多糖，它广泛存在于植物的根、茎、叶、种子等组织中，是人类食物的重要组成部分，也是供给人体热能的主要来源。淀粉在食品工业中的用途广泛，如制作面包、糕点、饼干用的面粉，通过掺和纯淀粉，调节面筋浓度和胀润度；在糖果生产中不仅使用大量由淀粉制造的糖浆，也使用原淀粉和变性淀粉；在冷饮中作为稳定剂，在肉类罐头中作为增稠剂，在其他食品中还可作为胶体生成剂、保湿剂、乳化剂、黏合剂等。淀粉含量是某些食品主要的质量指标，也是食品生产管理中的一个常规检验项目。

淀粉的测定方法有很多，常用的方法有酸水解法和酶水解法，水解法是将淀粉在酸或酶的作用下水解为葡萄糖后，再按测定还原糖的方法进行定量测定。下面以酸水解法为例介绍淀粉的测定。

1. 原理

样品经乙醚处理除去脂肪，经乙醇处理除去可溶性糖类后，用酸将淀粉水解为葡萄糖，按还原糖测定方法测定还原糖含量，再折算为淀粉含量。

2. 适用范围

酸水解法适用于淀粉含量较高，而其他能被水解为还原糖的多糖含量较少的样品。淀粉含量较低而半纤维素、多缩戊糖和果胶含量较高的样品不适宜用该法。

3. 仪器和试剂

（1）仪器

沸水浴回流装置。

（2）试剂

①乙醚；②85%的乙醇溶液；③6mol/L 盐酸溶液；④400g/L 氢氧化钠溶液；⑤100g/L 氢氧化钠溶液；⑥0.2%的甲基红乙醇指示剂；⑦200g/L 中性乙酸铅溶液；⑧100g/L 硫酸钠溶液。其他试剂同还原糖的测定。

4. 测定方法

（1）样品处理

①粮食、豆类、糕点、饼干、代乳品等较干燥易磨细的样品

称取2g~5g（含淀粉0.5g左右）磨细、过40目筛的试样，置于铺有慢速滤纸的漏斗中，用30mL乙醚分3次洗去样品中的脂肪，再用150mL85%的乙醇分次洗涤残渣，以除去可溶性糖类。以100mL水把漏斗中的残渣全部转移入250mL锥形瓶中。

②蔬菜、水果及各种粮豆含水熟食制品

按1∶1加水在组织捣碎机中捣成匀浆（蔬菜、水果需先洗净、晾干，取可食部分）。称取5g~10g匀浆于250mL锥形瓶中，加30mL乙醚振摇提取脂肪，用滤纸过滤除去乙醚，再用30mL乙醚淋洗2次，弃去乙醚；之后用150mL 85%的乙醇分次洗涤残渣。以100mL水把漏斗中的残渣全部转移入250mL锥形瓶中。

（2）水解

将上述250mL锥形瓶中加入30mL、6mol/L盐酸溶液，装上冷凝管，于沸水浴中回流2h。回流完毕，立即置于流动水中冷却，冷却后加入2滴甲基红，先用400g/L氢氧化钠调至黄色，再用6mol/L盐酸溶液调到刚好变为红色。再用100g/L氢氧化钠调到红色刚好褪去。若水解液颜色较深，可用精密pH试纸测试，使样品水解液的pH酸碱度约为7。之后加入20mL20%的乙酸铅，摇匀后放置10min，再加20mL 10%的硫酸钠溶液。摇匀后用水转移至500mL容量瓶中，加水定容。过滤、弃去初滤液，收集滤液备用。

（3）测定

测定按还原糖测定法进行测定，并同时做试剂空白试验。

（五）纤维素的测定

纤维素是植物性食品的主要成分之一，尤其在谷类、豆类、水果、蔬菜中含量较高，食品的纤维在化学上不是单一的物质，而是包括纤维素、半纤维素、木质素等多种成分的混合物，其组成十分复杂，且随食品的来源、种类而变化。纤维素是人类膳食中不可缺少的重要物质之一，在维持人体健康、预防疾病方面有着独特的作用，已日益引起人们的重视。人类每天要从食品中摄入一定量（8g~12g）纤维素才能维持人体正常的生理代谢功能。在食品生产和食品开发过程中，常需要测定纤维素的含量，它也是食品成分全分析项目之一，对于食品品质管理和营养价值的评定具有重要意义。

1. 植物类食品中粗纤维的测定

(1) 原理

在硫酸作用下，试样中的糖、淀粉、果胶质和半纤维素经水解除去后，再用碱处理，除去蛋白质及脂肪酸，剩余的残渣为粗纤维。如其中含有不溶于酸碱的杂质，可灰化后除去。

(2) 范围

本标准适用于植物类食品中粗纤维含量的测定。

(3) 试剂

①1.25%的硫酸。②1.25%的氢氧化钾溶液。③石棉：加5%的氢氧化钠溶液浸泡石棉，在水浴上回流8h以上，再用热水充分洗涤，然后用20%盐酸在沸水浴上回流8 h以上再用热水充分洗涤，干燥，在600℃~700℃中灼烧后，加水使成混悬物，贮存于玻塞瓶中。

(4) 分析步骤

第一，称取20g~30g捣碎的试样（或5.0g干试样），移入500mL锥形瓶中，加入200mL煮沸的1.25%硫酸，加热使微沸，保持体积恒定，维持30 min，每隔5 min摇动锥形瓶一次，以充分混合瓶内的物质。

第二，取下锥形瓶，立即用亚麻布过滤后，用沸水洗涤至洗液不呈酸性。

第三，再用200mL煮沸的1.25%氢氧化钾溶液，将亚麻布上的存留物洗入原锥形瓶内加热微沸30min后，取下锥形瓶，立即以亚麻布过滤，以沸水洗涤2次~3次后，移入已干燥称量的G2垂融坩埚或同型号的垂融漏斗中，抽滤，用热水充分洗涤后，抽干。再依次用乙醇和乙醚洗涤一次。将坩埚和内容物在105℃烘箱中烘干后称量，重复操作，直至恒量。

如试样中含有较多的不溶性杂质，则可将试样移入石棉坩埚，烘干称量后，再移入550℃高温炉中灰化，使含碳的物质全部灰化，置于干燥器内，冷却至室温称量，所损失的量即为粗纤维量。

2. 食品中膳食纤维的测定

(1) 术语和定义

①膳食纤维（DF）

不能被人体小肠消化吸收但具有健康意义的、植物中天然存在或通过提取/合成的、聚合度DP≥3的碳水化合物聚合物。包括纤维素、半纤维素、果胶及其他单体成分等。

②可溶性膳食纤维（SDF）

能溶于水的膳食纤维部分，包括低聚糖和部分不能消化的多聚糖等。

③不溶性膳食纤维（IDF）

不能溶于水的膳食纤维部分，包括木质素、纤维素、部分半纤维素等。

④总膳食纤维（TDF）

可溶性膳食纤维与不溶性膳食纤维之和。

（2）原理

干燥试样经热稳定α-淀粉酶、蛋白酶和葡萄糖苷酶酶解消化去除蛋白质和淀粉后，经乙醇沉淀、抽滤，残渣用乙醇和丙酮洗涤，干燥称量，即为总膳食纤维残渣。另取试样同样酶解，直接抽滤并用热水洗涤，残渣干燥称量，即得不溶性膳食纤维残渣；滤液用4倍体积的乙醇沉淀、抽滤、干燥称量，得可溶性膳食纤维残渣。扣除各类膳食纤维残渣中相应的蛋白质、灰分和试剂空白含量，即可计算出试样中总的、不溶性和可溶性膳食纤维含量。

（3）适用范围

适用于所有植物性食品及其制品中总的、可溶性和不溶性膳食纤维的测定，但不包括低聚果糖、低聚半乳糖、聚葡萄糖、抗性麦芽糊精、抗性淀粉等膳食纤维组分。

（4）试剂和材料

①试剂

A. 95%的乙醇（Ch_3Ch_2Oh）；B. 丙酮（Ch_3COCh_3）；C. 石油醚：沸程30℃～60℃；D. 氢氧化钠（NaOh）；E. 重铬酸钾（$K_2Cr_2O_2$）；F. 三羟甲基氨基甲烷（$C_4h_{11}NO_3$，TRIs）；G. 2-（N-吗啉代）乙烷磺酸（$C_6h_{13}NO_4s \cdot h_2O$，MEs）；H. 冰乙酸（$C_2h_4O_2$）；I. 盐酸（hCI）；J. 硫酸（$h_2sO_4$）；K. 热稳定α-淀粉酶液：CAs9000-85-5，IUB3. 2. 1. 1，10000U/mL±1000U/mL，不得含丙三醇稳定剂，于0℃～5℃冰箱储存；L. 蛋白酶液：CAs9014-01-1，IUB 3. 2. 21. 14，300U/mL～400U/mL，不得含丙三醇稳定剂，于0℃～5℃冰箱储存；M. 淀粉葡萄糖苷酶液：CAs 9032-08-0，IUB3. 2. 1. 3，2000U/mL～3300U/mL，于0℃～5℃储存；N. 硅藻土：CAs68855-54-9。

②试剂配制

A. 乙醇溶液（85%，体积分数）

取895mL的95%乙醇，用水稀释并定容至1L，混匀。

B. 乙醇溶液（78%，体积分数）

取821mL的95%乙醇，用水稀释并定容至1L，混匀。

C. 氢氧化钠溶液（6mol/L）

称取24 g氢氧化钠，用水溶解至100mL，混匀。

D. 氢氧化钠溶液（1 mol/L）

称取 4g 氢氧化钠，用水溶解至 100mL，混匀。

E. 盐酸溶液（1 mol/L）

取 8. 33mL 盐酸，用水稀释至 100mL，混匀。

F. 盐酸溶液（2mol/L）

取 167mL 盐酸，用水稀释至 1L，混匀。

G. ME s-TRIs 缓冲液（0. 05 mol/L）

称取 19. 52g2-（N-吗啉代）乙烷磺酸和 12. 2g 三羟甲基氨基甲烷，用 1. 7L 水溶解，根据室温用 6mol/L 氢氧化钠溶液调 pH，20℃时调 pH 为 8. 3，24℃时调 pH 为 8. 2，28℃时调 pH 为 8. 1；20℃～28℃其他室温用插入法校正 pH。加水稀释至 2L。

H. 蛋白酶溶液

用 0. 05 mol/LME s-TRIs 缓冲液配成浓度为 50mg/mL 的蛋白酶溶液，使用前现配并于 0℃～5℃暂存。

I. 酸洗硅藻土

取 200g 硅藻土于 600mL 的 2mol/L 盐酸溶液中，浸泡过夜，过滤，用水洗至滤液为中性，置于（525±5）℃马弗炉中灼烧灰分后备用。

J. 重铬酸钾洗液

称取 100g 重铬酸钾，用 200mL 水溶解，加入 1800mL 浓硫酸混合。

K. 乙酸溶液（3mol/L）

取 172mL 乙酸，加入 700mL 水，混匀后用水定容至 1L。

（5）仪器和设备

①高型无导流口烧杯：400mL 或 600mL；②坩埚：具粗面烧结玻璃板，孔径 40μm～60μm，清洗后的坩埚在马弗炉中（525±5）℃灰化 6h，炉温降至 130℃以下取出，于重铬酸钾洗液中室温浸泡 2h，用水冲洗干净，再用 15mL 丙酮冲洗后风干，用前，加入约 1. 0g 硅藻土，130℃烘干，取出坩埚，在干燥器中冷却约 1h，称量，记录处理后坩埚质量（mg），精确到 0. 1mg；③真空抽滤装置：真空泵或有调节装置的抽吸器。备 1 L 抽滤瓶，侧壁有抽滤口，带与抽滤瓶配套的橡胶塞，用于酶解液抽滤；④恒温振荡水浴箱：带自动计时器，控温范围室温 5℃～100℃，温度波动±1℃；⑤分析天平：感量 0. 1mg 和 1mg；⑥马弗炉：（525±5）℃；⑦烘箱：（130±3）℃；⑧干燥器：二氧化硅或同等的干燥剂；⑨pH 计：具有温度补偿功能，精度±0. 1；⑩真空干燥箱：70℃±1℃；⑪筛：筛板孔径 0. 3 mm～0. 5 mm。

(6) 分析步骤

①试样制备

A. 脂肪含量<10%的试样

若试样水分含量较低(<10%),取试样直接反复粉碎,至完全过筛。混匀,待用。

若试样水分含量较高(>10%),试样混匀后,称取适量试样(不少于50g),置于70℃±1℃真空干燥箱内干燥至恒重。将干燥后试样转至干燥器中,待试样温度降到室温后称量。根据干燥前后试样质量,计算试样质量损失因子。干燥后试样反复粉碎至完全过筛,置于干燥器中待用。

B. 脂肪含量>10%的试样

试样需经脱脂处理。称取适量试样(不少于50g)置于漏斗中,按每克试样25mL的比例加入石油醚进行冲洗,连续3次。脱脂后将试样混匀再按上述方法进行干燥、称量,记录脱脂、干燥后试样质量损失因子。试样反复粉碎至完全过筛,置于干燥器中待用。

若试样脂肪含量未知,按先脱脂再干燥粉碎方法处理。

C. 糖含量>5%的试样

试样需经脱糖处理。称取适量试样(不少于50g)置于漏斗中,按每克试样10mL的比例用85%的乙醇溶液冲洗,弃乙醇溶液,连续3次。脱糖后将试样置于40℃烘箱内干燥过夜,称量,记录脱糖、干燥后试样质量损失因子。干样反复粉碎至完全过筛,置于干燥器中待用。

②酶解

第一,准确称取双份试样,约1g(精确至0.1mg),双份试样质量差<0.005g。将试样转置于400mL~600mL高脚烧杯中,加入0.05 mol/LME s-TRIs缓冲液40mL,用磁力搅拌直至试样完全分散在缓冲液中。同时制备两个空白样液与试样液进行同步操作,用于校正试剂对测定的影响。

第二,热稳定α-淀粉酶酶解:向试样液中分别加入50μL热稳定α-淀粉酶液缓慢搅拌,加盖铝箱,置于95℃~100℃恒温振荡水浴箱中持续振摇,当温度升至95℃开始计时,通常反应35min。将烧杯取出,冷却至60℃,打开铝箱盖,用刮勺轻轻将附着于烧杯内壁的环状物以及烧杯底部的胶状物刮下,用10mL水冲洗烧杯壁和刮勺。

如试样中抗性淀粉含量较高(>40%),可延长热稳定α-淀粉酶酶解时间至90min,如必要也可另加入10mL二甲基亚砜帮助淀粉分散。

第三,蛋白酶酶解:将试样液置于(60±1)℃水浴中,向每个烧杯加入100μL蛋白酶溶液，盖上铝箱，开始计时，持续振摇，反应30min。打开铝箱盖，边搅拌边加入5mL、3 mol/L乙酸溶液，控制试样温度保持在（60±1）℃。用1mol/L氢氧化钠溶液或1mol/L盐酸溶液调节试样液pH至4.5±0.2。

应在（60±1）℃时调pH，因为温度降低会使pH升高。同时注意进行空白样液的pH测定，保证空白样和试样液的pH一致。

第四，淀粉葡糖苷酶酶解：边搅拌边加入100μL淀粉葡萄糖苷酶液，盖上铝箱，继续于（60±1）℃水浴中持续振摇，反应30 min。

③测定

A. 总膳食纤维（TDF）测定

沉淀：向每份试样酶解液中，按乙醇与试样液体积比4：1的比例加入预热至（60±1）℃的95%乙醇（预热后体积约为225mL）取出烧杯，盖上铝箱，于室温条件下沉淀1 h。

抽滤：取已加入硅藻土并干燥称量的坩埚，用15mL 78%的乙醇润湿硅藻土并展平，接上真空抽滤装置，抽去乙醇使坩埚中硅藻土平铺于滤板上。将试样乙醇沉淀液转移入坩埚中抽滤，用刮勺和78%的乙醇将高脚烧杯中所有残渣转至坩埚中。

洗涤：分别用78%的乙醇15mL洗涤残渣2次，用95%的乙醇15mL洗涤残渣2次，丙酮15mL洗涤残渣2次，抽滤去除洗涤液后，将坩埚连同残渣在105℃烘干过夜。将坩埚置干燥器中冷却1h，称量（包括处理后坩埚质量及残渣质量），精确至0.1mg。减去处理后坩埚质量，计算试样残渣质量。

蛋白质和灰分的测定：取2份试样残渣中的1份按GB 5009.5测定氮含量，以6.25为换算系数，计算蛋白质质量；另1份试样测定灰分，即在525℃灰化5h，于干燥器中冷却，精确称量坩埚总质量（精确至0.1mg），减去处理后坩埚质量，计算灰分质量。

B. 不溶性膳食纤维（IDF）测定

按上述方法称取试样、酶解。

抽滤洗涤：取已处理的坩埚，用3mL水润湿硅藻土并展平，抽去水分使坩埚中的硅藻土平铺于滤板上。将试样酶解液全部转移至坩埚中抽滤，残渣用70℃热水10mL洗涤2次，收集并合并滤液，转移至另一600mL高脚烧杯中，备测可溶性膳食纤维。按上述方法记录残渣重量、测定蛋白质和灰分。

C. 可溶性膳食纤维（SDF）测定

计算滤液体积：收集不溶性膳食纤维抽滤产生的滤液，至已预先称量的600mL高脚烧杯中，通过称量“烧杯+滤液”总质重，扣除烧杯质量的方法估算滤液体积。

沉淀：按滤液体积加入4倍量预热至60℃的95%乙醇，室温下沉淀1h。以下测定按总膳食纤维测定步骤进行。

（六）果胶物质的测定

果胶物质是复杂的高分子聚合物，基本结构是半乳糖醛酸。果胶物质一般以原果胶、果胶酯酸、果胶酸三种不同的形态存在于果蔬组织中。它的用途很广，在食品工业中可作为增稠剂和胶胨材料，例如制造果冻、糖果，作为果汁稳定剂、果酱增稠剂等。它还具有保健作用，可作为胃肠道、胃溃疡的辅助治疗剂。

果胶物质的测定方法有重量法、咔唑比色法、果胶酸钙滴定法等，比较常用的是重量法。

以下介绍用重量法测定食品中的果胶物质。

1. 原理

先用70%的乙醇溶液处理样品，使果胶沉淀，再用乙醇、乙醚洗涤沉淀，除去可溶性糖类、脂肪、色素等干扰物质，残渣分别提取可溶性果胶和原果胶，皂化以除去甲氧基，生成果胶酸钠，再经酸化，加入钙盐，生成果胶酸钙，烘干后称重。

2. 适用范围

重量法适用于各类食品中果胶物质的测定，方法可靠稳定，但程序较烦琐。

3. 仪器和试剂

（1）仪器

①布氏漏斗；②G2垂熔坩埚；③抽氯瓶；④真空泵。

（2）试剂

①乙醇；②乙醚；③0.05 mol/L盐酸溶液；④0.1 mol/L氢氧化钠溶液；⑤1 mol/L醋酸溶液：取58.3mL冰醋酸，用水定容至100mL；⑥1mol/L氯化钙溶液：称取110.99g无水氯化钙，用水定容至500mL。

4. 测定方法

（1）样品处理

①新鲜样品

称取试样30g~50g，用小刀切成薄片，置于预先放有99%乙醇的500mL锥形瓶中，装上回流冷凝器，在水浴上沸腾回流15 min后冷却，用布氏漏斗过滤，残渣于研钵中一边慢慢研磨，一边滴加70%的热乙醇，冷却后再过滤，反复操作至滤液不呈糖的反应（用苯酚—硫酸法检测）为止。残渣用99%的乙醇洗涤，再用乙醚洗涤，风干乙醚。

②干燥样品

研细，过 60 目筛，称取 5g~10g 样品于烧杯中，加入热的 70%乙醇，充分搅拌以提取糖类，过滤。反复操作至滤液不呈糖的反应。残渣用 99%的乙醇洗涤，再用乙醚洗涤，风干乙醚。

（2）提取果胶

①水溶性果胶提取

用 150mL 水将上述漏斗中残渣移入 250mL 烧杯中，加热至沸，并保持沸腾 1h，随时补足蒸发的水分，冷却后移入 250mL 容量瓶中，加水定容，摇匀，过滤，弃去初滤液，收集滤液即得水溶性果胶提取液。

②总果胶的提取

用 150mL 加热至沸的 0.05mol/L 盐酸溶液把漏斗中残渣移入 250mL 锥形瓶中，装上冷凝器，于沸水浴中加热回流 1h，冷却后移入 250mL 容量瓶中，加甲基红指示剂 2 滴，加 0.1 mol/L 氢氧化钠中和后，用水定容，摇匀，过滤，收集滤液即得总果胶的提取液。

（3）测定

取 25mL 提取液（能生成果胶酸钙 25mg 左右）于 500mL 烧杯中，加入 0.1 molL 氢氧化钠溶液 100mL，充分搅拌，静置 0.5h，加入 1mol/L 醋酸 50mL，静置 5 min，边搅拌边缓缓加入 1mol/L 氯化钙溶液 25 mL，静置 1h（陈化），加热煮沸 5 min，趁热用烘干至恒重的滤纸（或 G2 垂熔坩埚）过滤，用热水洗涤至无氯离子（用 10%的硝酸溶液检测）为止。滤渣连同滤纸一同放入称量瓶中，置于 105℃烘箱中（G2 垂熔坩埚可直接放入）干燥至恒重。

第四章
食品中添加剂与残留危害物质的安全检测技术

第一节　食品中添加剂的安全检测技术

一、食品添加剂概述

食品添加剂在食品加工中起着非常重要的作用，是不可或缺的主要基础配料，被列为我国加速开发发展的重要基础行业。可以这样说没有现在种类多样的食品添加剂，就没有发展迅速的现代化的食品工业。食品添加剂在现代食品工业中占有很重的分量，与它所起到的作用是密不可分的。主要可以用于储存食物，作用到微生物的层面上，保证食物的品质和风味不发生变化；改变食品的外部特性，提升食品的色香味等方面的品质；丰富食物的营养种类，防止食物的营养流失和匮乏；还可以用于加工食品的过程之中，促进食品加工业的产业化发展。

在世界范围内，无论是哪个国家开发使用任何一种添加剂都必须经过安全检测才能够应用于实际。那么怎样的安全检测条件和标准才能够被大家所接受呢？就是依据有关要求对添加剂对食品所起到的作用，所产生的影响进行鉴定和评价。其中最重要的是毒理学评价，它是制定食品添加剂使用标准的重要依据。

（一）半数致死量（LD_{50}）

半数致死量或称致死中量（50%Lethal Dose），即一组受试动物死亡50%的剂量（单位mg/kg体重），这是经口一次量给予或24 h内多次给予受试动物后，在短时间内动物所产生的毒性反应，包括可以致死的和非致死的两方面的指标参数，是判断食品添加剂急性毒性的重要指标。致死剂量通常用半数致死剂量LD_{50}表示。相同的受试动物、不同的给饲途径，其LD_{50}不同。对食品添加剂来说，主要采用经口LD_{50}，其经口LD_{50}越大，毒性就越低。当 LD_{50}数值小于 1 时，属于极毒；当 LD_{50}。数值在 5001 和 15000 之间时，实际上是无毒的；当 LD_{50}数值大于 15000 时，属于无毒。通常，对动物毒性很低的物质，对人的毒性往往也低。

（二）日允许摄入量（ADI）

通过长期摄入该受试物质的小动物仍无任何中毒表现的每日摄入剂量（No-Observed Effect Level，NOEL），其单位以 mg/（kg · d）表示。待动物试验结果出来之后，在一定的条件下将所得结果推论到人，得到人的一天中允许摄入的含量（Acceptable Daily Intake，ADI）。由于动物试验等的不同，所得 ADI 也有不同。目前国际上最广泛采用的是由 JECFA 所制定的 ADI。这是评价食品添加剂安全性最重要，也是最终的标准。

（三）一般公认安全（GRAS）

依据世界上大多数国家和组织经过公认的，认为不会对人体和环境造成损坏的一些添加剂列为安全范围之内。一般包括纯属天然的物质，已经使用某些年限证明没有问题的物质等。

我国食品添加剂标准化技术委员会规定，从动植物可食部分提取的天然食用香料一般不进行毒理学试验即可使用。对凡属 WHO 建议批准使用或已制定 ADI 者，以及 FEMA、欧洲理事会、国际香料工业组织等 4 个国际组织中 2 个或 2 个以上允许使用的品种，我国均允许使用。

二、食品中防腐剂的检测

防腐剂是指一类加入食品中能防止或延缓食品腐败的食品添加剂，其本质是具有抑制微生物增值或杀死微生物的一类化合物。防腐剂对微生物繁殖体有杀灭作用，使芽孢不能发育为繁殖体而逐渐死亡。不同的防腐剂，其作用机理不完全相同，如醇类能使病原微生物蛋白质变性；苯甲酸、尼泊金类能与病原微生物酶系统结合，影响和阻断其新陈代谢过程；阳离子型表面活性剂类有降低表面张力作用，增加菌体细胞膜的通透性，使细胞膜破裂和溶解。

在食品工业中，作为防腐剂，不能影响人体正常的生理功能。通常来说，在正常规定的使用范围内使用食品防腐剂对人体没有毒害或毒性很小，而防腐剂的超标准使用对人体的危害很大。因此，食品防腐剂的定性与定量的检测在食品安全性方面是非常重要的。

（一）苯甲酸和山梨酸的检测

1. 气相色谱法

（1）原理

样品用盐酸（1∶1）酸化，使山梨酸和苯甲酸游离出来，再用乙醚提取，气相色谱-氢火焰离子化检测器检测。

（2）仪器与试剂

气相色谱仪（具有氢火焰离子化检测器）。

第一，乙醚（不含过氧化物）、石油醚（沸程 30～60℃）、无水硫酸钠。

第二，盐酸（1∶1）：取 100 mL 盐酸，加水稀释至 200 mL。

第三，氯化钠酸性溶液（40 g/L）：在 40 g/L 氯化钠溶液中加少量盐酸（1∶1）酸化。

第四，山梨酸标准储备液（2 mg/mL）：准确称取山梨酸 0.2000 g，置于 100mL 容量瓶中，用石油醚-乙醚（3∶1）混合溶剂溶解，并稀释至刻度。

第五，苯甲酸标准储备液（2 mg/mL）：准确称取苯甲酸 0.2000 g，置于 100mL 容量瓶中，用石油醚-乙醚（3∶1）混合溶剂溶解，并稀释至刻度。

第六，山梨酸、苯甲酸标准使用液：吸取适量的山梨酸、苯甲酸标准溶液，以石油醚-乙醚（3∶1）混合溶剂稀释，浓度分别为 50.00、100.00、150.00、200.00、250.00（μg/mL）的山梨酸或苯甲酸。

（3）操作方法

①样品处理

称取 2.50g 混合均匀的样品，置于 25 mL 具塞量筒中，加 0.5 mL 盐酸（1∶1）酸化，用 10mL 乙醚提取 2 次，每次振摇 1 min，将上层乙醚提取液转入另一个 25 mL 带塞量筒中。合并乙醚提取液。用 3 mL 氯化钠酸性溶液洗涤 2 次，静止 15 min，用滴管将乙醚层通过无水硫酸钠滤入 25 mL 容量瓶中。加乙醚至刻度，混匀。准确吸取 5 mL 乙醚提取液于 5 mL 具塞刻度试管中，置 40℃水浴上挥干，加入 2 mL 石油醚-乙醚（3∶1）混合溶剂溶解残渣，备用。

②色谱参考条件

色谱柱：HP-INNOWAX，30 m×0.32 mm×0.25μm。

进样口温度：250℃，检测器温度：250℃。

升温程序：80℃保持 1 min，以 30℃/min 升温到 180℃保持 1 min，再以 20℃升温至

220℃，保持 10 min。

进样量：2μL，分流比 4∶1。

③样品测定

分别进 2μL 标准系列中各浓度标准使用液于气相色谱仪中，以浓度为横坐标，相应的峰面积（或峰高）为纵坐标，绘制山梨酸、苯甲酸的标准曲线。同时进样 2μL 样品溶液。测得峰面积（或峰高）与标准曲线比较定量。

（4）结果计算

$$\omega = \frac{c \times V \times 1000}{m \times \frac{5}{25} \times 1000} \tag{4-1}$$

式中，ω 为样品中山梨酸或苯甲酸的含量，mg/kg；c 为测定用样品液中山梨酸或苯甲酸的浓度，μg/mL；V 为加入石油醚-乙醚（3∶1）混合溶剂的体积，mL；m 为样品的质量，g；5 为测定时吸取乙醚提取液的体积，mL；25 为样品乙醚提取液的总体积，mL。

（5）说明及注意事项

第一，样品提取液应用无水硫酸钠充分脱除水分，如果挥干后仍有残留水分，必须将水分挥干，否则会使结果偏低。

第二，乙醚提取液挥干后如有氯化钠析出，应将氯化钠搅松后再加入石油醚-乙醚混合液，否则氯化钠覆盖部分苯甲酸，会使结果偏低。

第三，本方法采用酸性石油醚振荡提取，用氯化钠溶液洗涤去除杂质。注意振荡不宜太剧烈，以免产生乳化现象。

第四，苯甲酸具有一定的挥发性，浓缩时，水浴温度不宜超过 40℃，否则结果偏低。

第五，本方法适用于酱油、果汁、果酱等样品的分析。

2. 高效液相色谱法

（1）原理

样品提取后，将提取液过滤后进入反相高效液相色谱中分离、测定，根据保留时间定性，峰面积进行定量。

（2）仪器与试剂

高效液相色谱仪（配紫外检测器）。

方法中所用试剂，除另有规定外，均为分析纯试剂，水为蒸馏水或同等纯度水。

第一，甲醇（色谱纯）、正己烷（分析纯）。

第二，氨水（1∶1）：氨水与水等体积混合。

第三，亚铁氰化钾溶液：称取 106 g 三水合亚铁氰化钾，加水溶解后定容至 1000 mL。

第四，乙酸锌：称取 220 g 二水合乙酸锌溶于少量水中，加入 30 mL 冰乙酸，加水稀释至 1000 mL。

第五，乙酸铵溶液（0.02 mol/L）：称取 1.54g 乙酸铵，加水至 1000 mL，溶解，经滤膜（0.45μm）过滤。

第六，pH4.4 乙酸盐缓冲溶液：

A. 乙酸钠溶液

称取 6.80 g 三水合乙酸钠，用水溶解后定容至 1000 mL。

B. 乙酸溶液

量取 4.3 mL 冰乙酸，用水稀释至 1000 mL。

将 A 和 B 按体积比 37：63 混合，即为 pH4.4 乙酸盐缓冲液。

第七，pH7.2 磷酸盐缓冲液：A. 磷酸氢二钠溶液：称取 23.88 g 十二水合磷酸氢二钠，用水溶解后定容至 1000 mL。B. 磷酸二氢钾溶液。称取 9.07 g 磷酸二氢钾，用水溶解后定容至 1000 mL。将 A 和 B 按体积比 7：3 混合，即为 pH7.2 磷酸盐缓冲液。

第八，苯甲酸标准储备溶液（1 mg/mL）：准确称取 0.2360 g 苯甲酸钠，加水溶解并定容至 200 mL。

第九，山梨酸标准储备溶液（1 mg/mL）：准确称取 0.1702g 山梨酸钾，加水溶解并定容至 200 mL。

第十，苯甲酸、山梨酸标准混合使用溶液：准确量取不同体积的苯甲酸、山梨酸标准储备溶液，将其稀释为苯甲酸和山梨酸的含量分别为 0.00、20.0、40.0、80.0、100.0、200.0（μg/mL）混合标准使用液。

（3）操作方法

①样品处理

A. 液体样品

碳酸饮料、果汁、果酒、葡萄酒等液体样品。称取 10 g（精确至 0.001 g）样品，放入小烧杯中，含乙醇或二氧化碳的样品需在水浴中加热除去二氧化碳或乙醇，用氨水调 pH 近中性，转移至 25 mL 容量瓶中，定容，混匀，过 0.45μm 滤膜，待上机分析。

乳饮料、植物蛋白饮料等含蛋白质较多的样品。称取 10 g（精确至 0.001 g）样品于 25 mL 容量瓶中，加入 2 mL 亚铁氰化钾溶液，摇匀，再加入 2 mL 乙酸锌溶液，摇匀，沉淀蛋白质，加水定容至刻度，4000 r/min 离心 10 min，取上清液，过 0.45μm 滤膜，待上机分析。

B. 半固态样品

含有胶基的果冻样品。称取 0.5～1 g 样品（精确至 0.001 g），加少量水，转移到 25 mL容量瓶中，在加水至约 20 mL，在 60℃～70℃水浴中加热片刻，加塞，剧烈振荡使其分散均匀，用氨水调 pH 近中性，置于 60℃～70℃水浴中加热 30 min，取出后趁热超声 5 min，冷却后用水定容至刻度，过 0.45μm 滤膜，待上机分析。

油脂、奶油类样品。称取 2～3 g（精确至 0.001 g）于 50 mL 离心管中，加入 10 mL 正己烷，涡旋混合，使样品充分溶解，4000 r/min 离心 3min，吸取正己烷转移至 250 mL 分液漏斗中，在向离心管中加入 10 mL 重复提取一次，合并正己烷提取液于 250 mL 分液漏斗中。在分液漏斗中加入 20 mLpH4.4 乙酸盐缓冲溶液，加塞后剧烈振荡分液漏斗约 30 s，静置，分层后，将水层转移至 50 mL 容量瓶中，20 mL pH4.4 乙酸盐缓冲溶液重复提取一次，合并水层于容量瓶中用乙酸盐缓冲液定容至刻度，过 0.45μm 滤膜，待上机分析。

C. 固体样品

饼干、糕点、肉制品等。称取 2～3 g（精确至 0.001 g）于小烧杯中，用约 2 0 mL 水分数次冲洗样品，将样品转移至 25 mL 容量瓶中，超声提取 5 min，取出后加入 2 mL 亚铁氰化钾溶液，摇匀，再加入 2 mL 乙酸锌溶液，摇匀，用水定容至刻度。提取液转入离心管中，4000 r/min 离心 10 min，取上清液过 0.45μm 滤膜，待上机分析。

油脂含量高的火锅底料、调料等样品。称取 2～3 g（精确至 0.001 g）于 5 0 mL 离心管中，加入 10 mL 磷酸盐缓冲液，用涡旋混合器充分混合，然后于 4000 r/min 离心 5 min，吸取水层转移至 25 mL 容量瓶中，再加入 10mL 磷酸盐缓冲液于离心管中，重复提取，合并两次水层提取液，用磷酸缓冲液定容至刻度，混匀，过 0.45μm 滤膜，待上机分析。

②色谱参考条件

色谱柱：C_{18}柱，4.6 mm×250 mm，5μm，或性能相当色谱柱。

流动相：甲醇+0.02 mol/L 乙酸铵溶液（5∶95）。

流速：1 mL/min。

进样量：10μL。

检测器：紫外检测器，波长 230 nm。

（4）结果计算

$$\omega = \frac{c \times V \times 1000}{m \times 1000 \times 1000} \tag{4-2}$$

式中，ω 为样品中苯甲酸或山梨酸的含量，g/kg；c 为从标准曲线得出的样品中待测物的浓度，$\mu g/mL$；V 为样品定容体积，mL；m 为样品质量，g。

（5）说明及注意事项

第一，对于固态食品，苯甲酸的最低检出限为 1.8 mg/kg，山梨酸的最低检出限为 1.2 mg/kg。

第二，本方法可以同时检测糖精钠。

第三，山梨酸的最佳检测波长为 254 nm，苯甲酸和糖精钠的最佳检测波长为 230 nm，为了保证同时检测的灵敏度，方法选择检测波长为 230 nm。

第四，样品中如含有二氧化碳，乙醇等应先加热除去。

第五，含脂肪和蛋白质的样品应先除去脂肪和蛋白质，以防污染色谱柱，堵塞流路系统。

第六，可根据具体情况适当调整流动相中甲醇的比例，一般在 4%～6%。

（二）脱氢乙酸的检测

1. 气相色谱法

（1）原理

试样酸化后，脱氢乙酸用乙醚提取，浓缩，用附氢火焰离子化检测器的气相色谱仪进行分离测定，外标法定量。

（2）仪器与试剂

气相色谱仪（带氢火焰离子化检测器）。

第一，乙醚、丙酮、无水硫酸钠、饱和氯化钠溶液、1%碳酸氢钠溶液、10%硫酸（体积分数）。

第二，脱氢乙酸标准储备液（10 mg/mL）：准确称取脱氢乙酸标准品 100 mg，置 1 0 mL 容量瓶中，用丙酮溶解、定容。

第三，脱氢乙酸标准工作液：取脱氢乙酸标准储备液，用丙酮分别稀释至浓度为 100.00、200.00、300.00、400.00、500.00、800.00（μg/mL）的脱氢乙酸标准工作液。

（3）操作方法

①样品处理

A. 果汁

称取 20 g 混合均匀的样品于 250 mL 分液漏斗中，加入 1 mL 10%的硫酸酸化，然后加入 10 mL 饱和氯化钠溶液，摇匀，分别用 50、30、30（mL）乙醚提取 3 次，每次 2 min，放置，将上层乙醚层吸入另一分液漏斗中，合并乙醚提取液，以 10 mL 饱和氯化钠溶液洗涤一次，弃去水层。用滤纸除去漏斗颈部的水分，塞上脱脂棉，加无水硫酸钠 10 g，将提取液通过无水硫酸钠过滤至浓缩瓶中，在 50℃水浴浓缩器上浓缩近干，吹氮气除去残留溶剂。用丙酮定容后供气相色谱测定。

B. 腐乳、酱菜

称取 5 g 混合均匀的样品于 100 mL 具塞试管中，加入 1mL。10%的硫酸酸化，10 mL 饱和氯化钠溶液，摇匀，用 50、30、30（mL）乙醚提取 3 次，用吸管转移乙醚至 250 mL 分液漏斗中，用 10 mL 饱和氯化钠溶液洗涤一次，弃去水层，用 50 mL 碳酸氢钠溶液提取 2 次，每次 2 min，水层转移至另一分液漏斗中，用硫酸调节为酸性，加氯化钠至饱和，用 50、30、30（mL）乙醚提取 3 次，合并乙醚层于 250 mL 分液漏斗中。用滤纸除去漏斗颈部的水分，塞上脱脂棉，加无水硫酸钠 10 g，将滤液过滤至浓缩器瓶中，在浓缩器上浓缩近干，吹氮气除去残留溶剂。用丙酮定容后供气相色谱测定。

②色谱参考条件

色谱柱：毛细管柱为 HP-5（30 m×250μm×0. 25μm）。

柱温：170℃，进样口温度：230℃，检测器温度：250℃。

升温程序：初始温度为 120℃，以 10℃/min 至 170℃。

氢气流速：50 mL/min，空气流速：500 mL/min，氮气流速：1. 5 mL/min。

③样品测定

分别进 2μL 标准系列中各浓度标准使用液于气相色谱仪中，以浓度为横坐标，相应的峰面积（或峰高）为纵坐标，绘制标准曲线。

同时进样 2μL 样品溶液。测得峰面积（或峰高）与标准曲线比较定量。

（4）结果计算

$$\omega = \frac{c \times V \times 1000}{m \times 1000 \times 1000} \tag{4-3}$$

式中，ω 为样品中脱氢乙酸的含量，g/kg；c 为由标准曲线查得样品中脱氢乙酸的含量，μg/mL；V 为样品液中丙酮体积，mL；m 为样品质量，g。

（5）说明及注意事项

第一，本方法适合于果汁、腐乳、酱菜中脱氢乙酸的测定。

第二，本方法的检出限，果汁为 2. 0 mg/kg；腐乳、酱菜为 8. 0 mg/kg。

第三，本方法的实验条件也适用于脱氢乙酸、山梨酸、苯甲酸的同时测定。

第四，用乙醚提取时不要剧烈振荡以防止乳化。

2. 液相色谱法

（1）原理

用氢氧化钠溶液提取试样中的脱氢乙酸，脱脂、除蛋白质后，用高效液相色谱紫外检测器测定，外标法定量。

（2）仪器与试剂

高效液相色谱仪。

第一，甲醇、乙酸铵（优级纯）。

第二，正己烷、氯化钠（分析纯）。

第三，10%的甲酸：量取 10 mL 甲酸，加水 90 mL，混匀。

第四，0. 02 mol/L 乙酸铵溶液：称取 1. 54 g 乙酸铵，用水溶解并定容至 1L。

第五，20 g/L 氢氧化钠：称取 20 g 氢氧化钠，用水溶解，并定容至 1 L。

第六，120 g/L 硫酸锌：称取 120 g 七水硫酸锌，用水溶解并定容至 1 L；70%甲醇：量取 70 mL 甲醇，加水 30 mL，混匀。

第七，脱氢乙酸标准储备液（1 mg/mL）：准确称取脱氢乙酸标准品 100 mg，用 10 mL20 g/L的氢氧化钠溶液溶解，用水定容至 100 mL。

第八，脱氢乙酸标准工作液：分别吸取 0. 1、1. 0、5. 0、10、20（mL）的脱氢乙酸储备液，用水稀释至 100 mL，配成浓度分别为 1. 0、10. 0、50. 0、100. 0、200. 0（μg/mL）的脱氢乙酸标准工作液。

（3）操作方法

①样品处理

A. 果汁等液体样品

准确称取 2～5 g 混匀样品，置于 25 mL。容量瓶中，加入约 10 mL 水，用 20 g/L 氢氧化钠溶调 pH 至 7～8，加水稀释至刻度，摇匀，置于离心管中 4000 r/min 离心 10 min。取 20 mL 上清液用 10%的甲酸调 pH 至 4～6，定容至 25 mL，待净化。Ci 固相萃取柱使用前用5 mL甲醇，10 mL 水活化，取 5 mL 样品提取液加入已活化的固相萃取柱，用 5mL 水淋洗，用 2 mL70%的甲醇洗脱，收集洗脱液，过 0. 45μm 滤膜，供高效液相色谱分析。

B. 酱菜、发酵豆制品

准确称取 2～5 g 混合均匀的样品，置于 25 mL 容量瓶中，加入约 10 mL 水，5 mL 硫酸锌，用氢氧化钠溶调 pH 至 7～8，加水稀释至刻度，超声提取 10 min，取 1 0 mL 于离心管中，4000 r/min 离心 10 min。取上清液过 0. 45μm 滤膜。

C. 黄油、面包、糕点、焙烤食品馅料、复合调味料准确称取混合均匀的样品 2~5 g，置于 50 mL 容量瓶中，加入约 10 mL 水、5 mL 硫酸锌，用氢氧化钠溶液调 pH 至 7~8，加水定容至刻度，超声提取 10 min，转移到分液漏斗中，加入 10 mL 正己烷，振摇 1 min，静置分层，弃去正己烷层，再加入 10mL 正己烷重复提取一次，取下层水相置于离心管中，4000 r/min 离心 10 min。取上清液过 0. 45μm 滤膜，供高效液相色谱分析。

②色谱参考条件

色谱柱：C_{18}柱，5μm，250 mm×4. 6 mm。

流动相：甲醇+0. 02 mol/L 乙酸铵（10：90，体积比）。

流速：1. 0 mL/min。

柱温：30℃。

进样量：101 L。

检测波长：293 nm。

（4）结果计算

$$\omega = \frac{(c - c_0) \times V \times f \times 1000}{m \times 1000 \times 1000} \tag{4-4}$$

式中，ω 为样品中脱氢乙酸的含量，g/kg；c 为由标准曲线查得样品中脱氢乙酸的含量，μg/mL；c_0 为由标准曲线查得空白样品中脱氢乙酸的含量，μg/mL；V 为样品溶液总体积，mL；f 为过萃取柱换算系数；m 为样品质量，g。

（5）说明及注意事项

第一，该方法适用于黄油、酱菜、发酵豆制品、面包、糕点、焙烤食品馅料、复合调味汁、果蔬汁中脱氧乙酸的测定。

第二，1mg/mL 的标准储备液，4℃保存，可使用 3 个月；标准曲线工作液，4℃保存，可使用 1 个月。

第三，如液相色谱分离效果不理想，取 10~20 mL 上清液，用 10%的乙酸调整 pH 至 4~6 后，定容到 25 mL，取 5 mL 过固相萃取柱净化，收集洗脱液，过 0. 45μm 滤膜，再进行分析。

第四，本法在为 5~1000 mg/kg 范围回收率在 80%~110%，相当标准偏差小于 10%。

（三）羟基苯甲酸酯的检测

1. 气相色谱法

（1）原理

样品酸化后，对羟基苯甲酸酯类用乙醚提取、浓缩后，用氢火焰离子化检测器的气相色谱仪进行测定，外标法定量。

（2）仪器与试剂

气相色谱仪（带氢火焰离子化检测器）。

第一，乙醚、无水乙醇、无水硫酸钠、饱和氯化钠溶液、1%的碳酸氢钠溶液。

第二，盐酸（1∶1）：量取 50 mL 盐酸，用水稀释至 100 mL。

第三，对羟基苯甲酸乙酯、丙酯标准溶液（1 mg/mL）：准确称取对羟基苯甲酸乙酯、丙酯各 0.050 g，溶于 50 mL 容量瓶中，用无水乙醇稀释至刻度。

第四，对羟基苯甲酸乙酯、丙酯使用溶液：取适量的对羟基苯甲酸乙酯、丙酯标准溶液用无水乙醇分别稀释为浓度分别为 50、100、200、400、600、800（μg/mL）的对羟基苯甲酸乙酯、丙酯。

（3）操作方法

①样品处理

A. 酱油、醋、果汁

吸取 5g 混合均匀的样品于 125 mL 分液漏斗中，加入 1 mL 盐酸（1∶1）酸化，10 mL 饱和氯化钠溶液，摇匀，用 75 mL 乙醚提取，静置分层，用吸管将上层乙醚转移至 250 mL 分液漏斗中。水层再用 50mL 乙醚提取 2 次，合并乙醚层于分液漏斗中，用 10 mL 饱和氯化钠溶液洗涤一次，再分别用 1%的碳酸氢钠溶液洗涤 3 次，每次 10 mL，弃去水层。用滤纸吸去漏斗颈部水分，塞上脱脂棉，加 10 g 无水硫酸钠，将乙醚层通过无水硫酸钠转移至 KD 浓缩器上浓缩近干，用氮气除去残留溶剂。用无水乙醇定容至 2 mL，供气相色谱用。

B. 果酱

称取 5 g 混合均匀的样品于 100 mL 具塞试管中，加入 1 mL 盐酸（1∶1）酸化，10 mL 饱和氯化钠溶液，摇匀，分别用 7 mL 乙醚提取 3 次，用吸管转移乙醚至 250 mL 分液漏斗中，以下按上法操作。

②色谱参考条件

色谱柱：玻璃柱，内径 3 mm，长 2.6 m 内涂 3%SE-30 固定液的 60~80 目 Chromosorb WAW DMCS。

柱温：170℃，进样口温度：220℃，检测器温度：220℃。

氢气流速：50 mL/min，氮气流速：40 mL/min，空气流速：500 mL/min。

进样量：1μL。

③样品测定

分别进 1μL 标准系列中各浓度标准使用液于气相色谱仪中，以浓度为横坐标，相应的峰面积（或峰高）为纵坐标，绘制标准曲线。

同时进样 1μL 样品溶液。测得峰面积（或峰高）与标准曲线比较定量。

（4）结果计算

$$\omega = \frac{c \times V \times 1000}{m \times 1000 \times 1000} \tag{4-5}$$

式中，ω 为样品中对羟基苯甲酸酯类含量，g/kg；c 为测定样品中对羟基苯甲酸酯类浓度，μg/mL；V 为样品定容体积，mL；m 为样品质量，g。

2. 高效液相色谱法

（1）原理

试样用甲醇超声波提取，利用高效液相色谱分离，二极管阵列检测器检测。

（2）仪器与试剂

高效液相色谱仪（附二极管阵列检测器）。

第一，甲醇（色谱纯）、乙酸铵。

第二，200μg/mL 标准储备液：准确称取对羟基苯甲酸甲酯、乙酯、丙酯、丁酯各 0. 020 g，溶于 100 mL 容量瓶中，用甲醇定容。

第三，标准工作溶液：将混合标准溶液用甲醇依次稀释成 1. 0、10. 0、25. 0、50. 0、100. 0（μg/mL）的系列标准溶液。

（3）操作方法

①样品处理

准确称取 5 g（精确至 0. 01 g）试样于 25 mL 比色管中，加入 15 mL 甲醇，混匀，漩涡混合 2 min，超声波提取 10 min，冷却至室温后用甲醇定容至 25 mL，摇匀。静置分层，取上清液过 0. 45μm 微孔滤膜，备用。

②色谱参考条件

色谱柱：C_{18}柱，4. 6 mm×250 mm，5μm，或性能相当色谱柱。

流动相：甲醇+0. 02 mol/L 乙酸铵溶液（60：40）。

流速：1 mL/min。

进样量：10μL。

柱温：35℃。

检测器：紫外检测器，波长 256 nm。

③样品测定

将标准工作溶液按照浓度由低到高的顺序进样测定，以各组分峰面积对其浓度绘制标准曲线。试样溶液进样后，以各组分在 256 nm 波长下色谱图中的保留时间定性，标准曲线定量。

（4）结果计算

$$\omega = \frac{c \times V \times 1000}{m \times 1000 \times 1000} \tag{4-6}$$

式中，ω 为样品中各组分的含量，g/kg；c 为从标准曲线得出的样品中待测样中某组分的浓度，μg/mL；V 为样品定容体积，mL；m 为样品质量，g。

（四）水杨酸的检测

1. 原理

样品加热去除二氧化碳和乙醇，调 pH 至中性，过滤后用高效液相色谱检测。

2. 仪器与试剂

高效液相色谱（配紫外检测器）。

第一，甲醇。

第二，0.02 mol/L 乙酸铵溶液：称取 1.54 g 乙酸铵，加水至 1 L，溶解过 0.45μm 膜过滤。

第三，20 g/L 碳酸氢钠溶液：称取 2 g 碳酸氢钠，加水至 100 mL，振摇溶解。

第四，水杨酸标准储备液（1 mg/mL）：准确称取 0.100 g 水杨酸，加热溶解，移入 100 mL 容量瓶中，用水定容至刻度。

3. 操作方法

（1）样品处理

称取 5.00~10.00 g 试样，放入小烧杯中，加入 5.0 mL 乙醇，水浴加热除去乙醇和二氧化碳，转移至 25 mL 容量瓶中，用水定容至刻度，经 0.45μm 膜过滤。

（2）色谱参考条件

色谱柱：Phenomenex luna 5μm Cig（250 mm×4.60 mm）。

流动相：乙酸胺（0.02 mol/L）：甲醇：冰醋酸（91∶9∶0.15）。

流速：1.0 mL/min。

进样量：10μL。

紫外检测器：检测波长 230 nm。

（3）样品测定

根据样液水杨酸的浓度选择峰面积相近的校正工作溶液系列。用保留时间定性，外标法定量。

4. 结果计算

$$\omega = \frac{c \times V \times 1000}{m \times 1000} \tag{4-7}$$

式中，ω 为试样中水杨酸的含量，mg/kg（mg/L）；c 为从标准工作曲线得到的提取液中水杨酸的浓度，pg/mL；V 为提取液定容体积，mL；m 为样品质量或体积，g（mL）。

5. 说明及注意事项

第一，本方法适合碳酸饮料、果酱、核桃粉等样品中水杨酸含量的测定。

第二，流动相中加入一定的酸，可改善样品的分离效果。

（五）甲醛的检测

1. 气相色谱法

（1）原理

甲醛在酸性条件下与2，4-二硝基苯肼反应，生成稳定的2，4-二硝基苯腙。应用环己烷萃取后，用氢火焰离子化检测器测定。

（2）仪器与试剂

气相色谱仪（带氢火焰离子化检测器）。

第一，甲醛标准储备溶液的配置和标定同分光光度法。

第二，2，4-二硝基苯肼溶液：称取0.1009g2，4-二硝基苯肼，加入24 mL浓硫酸，用重蒸水定容至100 mL。

第三，环己烷、10%的磷酸。

（3）操作方法

①样品处理

取混合均匀的样品10.00 g于蒸馏瓶中，加20 mL蒸馏水，用玻璃棒搅匀，浸泡30 min，加10%的磷酸溶液10 mL后，立即同水蒸气进行蒸馏，接受管下口预先插入盛有20 mL蒸馏水且置于冰浴的接收装置中，收集蒸馏液至200 mL。

②衍生

准确吸取一定体积的甲醛样品提取液于25 mL具塞试管中，加入0.2 mL2，4-二硝基苯肼，混匀，在60℃水浴锅中反应15 min，冷却。同时做空白衍生。

③提取

在反应液中加入5 mL环己烷（分2次，每次2.5 mL），充分混匀，萃取，取上清液用无水硫酸钠脱水后进行气相色谱分析。

④色谱参考条件

色谱柱：毛细管柱为HP-1（30μm×320μm×0.25μm）。

气化室温度：180℃，检测器温度：180℃。

载气流速（N_2）：1 mL/min。

升温程序：起始温度为40℃，保持1 min，再以8℃/min升温至100℃，保持7 min。

进样量：2μL。

⑤标准曲线的绘制

在10 mL比色管中，加甲醛标准溶液用纯水配成0.00、0.10、0.20、0.50、1.00、2.00（mg/L）的工作液，加0.2 mL2，4-二硝基苯肼衍生液，在60℃水浴中恒温保持15 min后，冷却，然后加5.0 mL环己烷（分2次，2.5 mL/次），萃取，取出环己烷层，进样，绘制标准曲线。

（4）结果计算

$$\omega = \frac{c \times V_1 \times V_3 \times 1000}{m \times V_2 \times 1000} \tag{4-8}$$

式中，ω为试样中甲醛的残留量，mg/g（mg/L）；c为从标准工作曲线得到的样液对应的甲醛浓度，mg/L；V_1为样品提取液的体积，mL；V_2为衍生用样品提取液体积，mL；V_3为环己烷定容体积，mL；m为样品质量或体积，g或mL。

2. 液相色谱法

（1）原理

用衍生液提取试样中的甲醛，反应生成甲醛衍生物，液液萃取净化后，在365 nm下检测，外标法定量。

（2）仪器与试剂

高效液相色谱仪（配有二极管阵列检测器或紫外检测器）。

第一，乙腈、正己烷（色谱纯）。

第二，硫酸铵、乙酸钠、冰乙酸（分析纯）。

第三，乙腈饱和的正己烷：100 mL乙腈中加入100 mL正己烷，充分振荡后，静置分层，取上层液体。

第四，缓冲溶液（pH 5）：称取 2.64 g 乙酸钠，用适量的水溶解，加入 1.0mL 冰乙酸，用水定容至 500 mL。

第五，2，4-二硝基苯肼溶液（0.6 g/L）：称取 2，4-二硝基苯肼 300 mg 用乙腈溶解定容至 500 mL。

第六，衍生液：量取 100 mL 缓冲溶液和 100 mL 2，4-二硝基苯肼溶液，混匀。

第七，甲醛标准溶液（100μg/mL）。

（3）操作方法

①样品处理

A. 固体样品

称取混合均匀的试样 2.0 g（准确至 0.01g），置于 50 mL 塑料离心管中，准确加入 20 mL 衍生剂，旋紧塞子，涡旋混匀后置于 60℃恒温振荡器中，150 r/min 振荡，间隔 20 min 取出混匀 1 次，振荡 1 h 后取出，冷却至室温。以不低于 4000 r/min 离心 5 min，如离心后样品澄清，过 0.45μm 微孔滤膜，供液相色谱分析。如样品离心后浑浊或分层，在提取液中加入 8 g 硫酸铵，混匀，以不低于 4000 r/min 离心 5min，移取上清液于 20mL 具塞试管中，下层溶液用 10mL 乙腈重复萃取 1 次，合并上清液，用乙腈定容至 20mL，混匀后过 0.45μm 微孔滤膜，供液相色谱分析。

B. 液体样品

移取试样 1.0mL，置于 10mL 具塞试管中，补加缓冲液至 5.0mL，在用 2，4-二硝基苯肼溶液定容至 10.0mL，盖上塞子后混匀，60℃水浴中加热 1h，取出后冷却到室温。以不低于 4000 r/min 离心 5 min，如离心后样品澄清，过 0.45μm 微孔滤膜。

②甲醛衍生物标准溶液的制备

移取 20、50、100、200、500（μL）甲醛标准溶液，置于 10mL 具塞试管中，补加缓冲溶液至 5.0mL，再用 2，4-硝基苯肼溶液定容至 10mL，盖上塞子后混匀，60℃水浴加热 1 h，取出后冷却至室温。过 0.45μm 微孔滤膜，供液相色谱分析。

③色谱参考条件

色谱柱：C_{18}柱，250 mm×4.6 mm，5μm 或相当的色谱柱。

流动相：甲醇-水（70：30，体积分数）。

流速：1.0mL/min。

检测波长：365nm。

进样量：20μL。

④样品测定

根据样液中甲醛衍生物浓度选择峰面积相近的校正工作溶液系列。校正工作溶液和样液中甲醛衍生物的响应值均应在仪器的检测线性范围内。用保留时间定性，外标法定量。

（4）结果计算

$$\omega = \frac{c \times V \times 1000}{m \times 1000} \qquad (4-9)$$

式中，ω 为试样中甲醛的残留量，mg/kg（mg/L）；c 为从标准工作曲线得到的样液对应的甲醛浓度，mg/L；V 为样液最终定容体积，mL；m 为样品质量或体积，g（mL）。

（5）说明及注意事项

第一，本法适用银鱼、香菇、面粉、奶粉、奶糖、奶油、乳饮料、啤酒中甲醛含量的测定。

第二，所用水为超纯水，所用器皿用水洗净后，再于 130℃烘箱内烘 1~3h。

第三，甲醛标准溶液置于 4℃冰箱保存，使用前在室温（20±3）℃平衡，混匀，安培瓶封装的标样，打开后推荐一次性使用，或转移至棕色瓶密封。

第四，若试样中脂肪含量较高，可在提取液中加入 5 mL 乙腈饱和的正己烷，涡旋混合，离心，弃去上层正己烷后，再进行净化。

第五，液体类试样中甲醛测定下限为 2.0 mg/L；固体类试样中甲醛测定下限为 5.0 mg/kg。

三、食品中抗氧化剂的检测

食品抗氧化剂是能防止或延缓食品或其成分原料氧化变质的食品添加剂。肉类食品的变色、水果、蔬菜的褐变等均与氧化有关，含油脂多的食品中尤其严重。抗氧化剂的种类繁多，目前我国允许使用的抗氧剂为 25 种，尚无统一的分类标准。根据溶解性的不同，分为水溶性抗氧化剂和脂溶性抗氧化剂；按来源不同，分为天然抗氧化剂和人工合成的抗氧化剂；按作用机理不同，分为自由基抑制剂、金属离子螯合剂、氧清除剂、单线态氧猝灭剂、过氧化物分解剂、酶抗氧化剂、增效剂等。

抗氧化的作用是阻止或延缓食品氧化变质的时间，而不能改变已经氧化的结果，在抗氧化剂的使用上有一定的要求。一般来说，抗氧化剂应尽早加入，加入方式以直接加入脂肪和油的效果最方便、最有效。抗氧化剂的使用量一般较少，有的抗氧化剂使用量大时反而会加速氧化过程。选择抗氧化剂时要考虑食品的 pH、香味、口感等因素，并与食品充分混合均匀后才能很好地发挥作用，同时还要控制影响抗氧化剂发挥性能的因素，以达到良好的抗氧化效果。

（一）丁基羟基茴香醚和二丁基羟基甲苯检测

1. 气相色谱法

（1）原理

试样中的丁基羟基茴香醚（BHA）和二丁基羟基甲苯（BHT）用有机溶剂提取，凝胶渗透色谱净化，用气相色谱氢火焰离子化检测器检测，采用保留时间定性，外标法定量。

（2）仪器与试剂

气相色谱仪：配氢火焰离子化检测器；凝胶渗透色谱净化系统。

第一，环己烷、乙酸乙酯、丙酮、乙腈（色谱纯）。

第二，石油醚：沸程 30℃～60℃（重蒸）。

第三，BHA 和 BHT 混合标准储备液（1 mg/mL）：准确称取 BHA、BHT 标准品各 100 mg 用乙酸乙酯-环己烷（1∶1）溶解，并定容至 100 mL，4℃冰箱中保存。

第四，BHA 和 BHT 标准工作液：分别吸取标准储备液 0.1、0.5、1.0、2.0、3.0、4.0、5.0（mL）于 10mL 容量瓶中，用乙酸乙酯-环己烷（1∶1）定容，配成浓度分别为 0.01、0.05、0.10、0.20、0.30、0.40、0.50（mg/mL）标准序列。

（3）操作方法

①样品提取

油脂含量在 15%以上的样品（如桃酥）：称取 50～100 g 混合均匀的样品，置于 250 mL 具塞三角瓶中，加入适量石油醚，使样品完全浸泡，放置过夜，用滤纸过滤，回收溶剂，得到的油脂过 0.45μm 滤膜。

油脂含量在 15%以下的样品（蛋糕、江米条等）：称取 1～2 g 粉碎均匀的样品，加入 10 mL 乙腈，涡旋混合 2 min，过滤，重复提取 2 次，收集提取液旋转蒸发近干，用乙腈定容至 2 mL，待气相色谱分析。

②样品净化

准确称取提取的油脂样品 0.5 g（精确至 0.1 mg），用乙酸乙酯-正己烷（1∶1）定容至 10 mL，涡旋 2 min，经凝胶渗透色谱装置净化，收集流出液，旋转蒸发近干，用乙酸乙酯-环己烷（1∶1）定容至 2 mL，待气相色谱分析。

③凝胶色谱净化参考条件

凝胶渗透色谱柱：300 mm×25 mm 玻璃柱，Bio Beads（S-X3），200～400 目，25 g。

柱分离度：玉米油与抗氧化剂的分离度大于 85%。

流动相：乙酸乙酯-环己烷（1∶1）。

流速：4.7 mL/min。

流出液收集时间：7～13 min。

紫外检测波长：254 nm。

④气相色谱参考条件

色谱柱：14%的氰丙基-苯基二甲基硅氧烷毛细管柱 30 m×0.25 mm，0.25μm。

进样口温度：230℃，检测器温度：250℃。

进样量：1μL。

进样方式：不分流。

升温程序：开始 80℃，保持 1 min，以 10℃/min 升温至 250℃，保持 5 min。

⑤样品测定

分别吸取 BHA 和 BHT 标准工作液 1μL，注入气相色谱中，以标准溶液的浓度为横坐标，峰面积为纵坐标，绘制标准曲线。吸取 1μL 将样品提取液进行样品分析。

（4）结果计算

$$\omega = \frac{c \times V \times 1000}{m \times 1000} \tag{4-10}$$

式中，ω 为样品中 BHA 或 BHT 的含量，mg/kg 或 mg/L；c 为从标准曲线中查得的样品溶液中抗氧化剂的浓度，μg/mL；V 为样品定容体积，mL；m 为样品质量，g 或 mL。

（5）说明及注意事项

第一，本方法适用于食品中 BHA 和 BHT 的检测，同时还可以检测 TBHQ 的含量。

第二，本方法的最小检出限：BHA 2 mg/kg、BHT 2 mg/kg 和 TBHQ5 mg/kg。

2. 高效液相色谱法

（1）原理

样品中的 BHA 和 BHT 经甲醇提取，利用反相 C_{18}柱进行分离，紫外检测器检测，外标法定量。

（2）仪器与试剂

高效液相色谱仪（配紫外检测器或二极管阵列检测器）。

第一，甲醇、乙酸（色谱纯）。

第二，混合标准储备液配置（1 mg/mL）：准确称取 BHA 和 BHT 标准品各 100 mg 用甲醇溶解并定容至 100 mL，4℃冰箱中保存；

第三，标准工作液：准确吸取混合标准储备液 0.1、0.5、1.0、1.5、2.0、2.5（mL）

于1 0 mL容量瓶中，用甲醇定容，配成浓度分别为10. 0、50. 0、100. 0、150. 0、200. 0、250. 0（μg/mL）标准工作溶液。

（3）操作方法

①样品处理

准确称取植物油样品5 g（精确至0. 001 g），置于15 mL具塞离心管中，加入8 mL甲醇，涡旋提取3 min，放置2 min后，3000 r/min离心5 min，将上清液转移至25 mL容量瓶中，残余物再用8 mL甲醇重复提取2次，合并上清液于容量瓶中，用甲醇定容至刻度，混匀，过0. 45μm有机滤膜，待高效液相色谱分析。

②色谱参考条件

色谱柱：反相Ci_8色谱柱，150 mm×3. 9 mm，4. 6μm。

流动相：A：甲醇，B：1%的乙酸水溶液。

流速：0. 8 mL/min。

洗脱程序：起始为40%的A，7. 5 min后变为100%的A，保持4 min，1. 5 min后变为40%的A，平衡5 min。

检测波长：280 nm。

进样量：10μL。

检测温度：室温。

（4）结果计算

$$\omega = \frac{c \times V \times 1000}{m \times 1000} \tag{4-11}$$

式中，ω为样品中BHA或BHT的含量，mg/kg；c为从标准曲线中查得提取液中抗氧化剂的浓度，μg/mL；V为样品提取液定容体积，mL；m为样品质量，g。

（5）说明及注意事项

第一，本方法适用于植物油中BHA和BHT的检测，还可以同时检测TBHQ的含量。

第二，方法的检出限：BHA为1. 0mg/kg，BHT为0. 5mg/kg、TBHQ为1. 0mg/kg。

（二）特丁基对苯二酚的检测

1. 气相色谱法

（1）原理

食用植物油中的特丁基对苯二酚（TBHQ）经80%的乙醇提取，浓缩后，用氢火焰离子化检测器检测，根据保留时间定性，外标法定量。

（2）仪器与试剂

气相色谱仪（配氢火焰离子化检测器）。

第一，无水乙醇、95%的乙醇、二硫化碳。

第二，80%的乙醇甲醇：量取 80 mL95%的乙醇和 15 mL 蒸馏水，混匀。

第三，TBHQ 标准储备液（1 mg/mL）：称取 TBHQ 100 mg 于小烧杯中，用 1 mL 无水乙醇溶解，加入 5 mL 二硫化碳，移入 100 mL 容量瓶中，再用 1mL 无水乙醇洗涤烧杯后，用二硫化碳冲洗烧杯，定容至 100 mL。

第四，TBHQ 标准工作溶液：吸取标准储备液 0. 0、2. 5、5. 0、7. 5、10. 0、12. 5（mL）于 5 0 mL 容量瓶中，用二硫化碳定容，配成浓度分别为 0. 0、50. 0、100. 0、150. 0、200. 0、250. 0（μg/mL）TB-HQ 标准工作溶液。

（3）操作方法

①样品处理

准确称取试样 2. 00 g 于 2 5 mL 具塞试管中，加入 6 mL 80%的乙醇溶液，置于涡旋振荡器混匀，静止片刻，放入 90℃水浴中加热促使其分层，迅速将上层提取液转移至蒸发皿中，再用 6 mL80%的乙醇重复提取 2 次，提取液合并入蒸发皿中，将蒸发皿在 60℃水浴中挥发近干，向蒸发皿中加入二硫化碳，少量多次洗涤蒸发皿中残留物，转移到刻度试管中，用二硫化碳定容至 2. 0 mL。

②色谱参考条件

色谱柱：玻璃柱：内径 3 mm，长 3 m，填装涂布 2%OV-1 固定液的 80～100 目 Chromosorb WAW DMCS。

进样口温度：250℃，检测器温度：250℃，柱温：180℃。

③样品检测

取标准工作溶液 2μL 注入气相色谱中，以浓度为横坐标，峰面积为纵坐标绘制标准曲线。同时取样品提取液 2μL，注入气相色谱仪测定，取试样 TBHQ 峰面积与标准系列比较定量。

（4）结果计算

$$\omega = \frac{c \times V \times 1000}{m \times 1000 \times 1000} \tag{4-12}$$

式中，ω 为试样中的 TBHQ 含量，g/kg；c 为由标准曲线上查出的试样测定液中 TBHQ 的浓度，μg/mL；V 为试样提取液的体积，mL；m 为试样的质量，g。

（5）说明及注意事项

第一，本标准适合于较低熔点的食用植物油中 TBHQ 含量的测定。不适用于熔点高于35℃以上的食用植物油中 TBHQ 含量的测定。

第二，方法的定量限为 0.001 g/kg。

第三，标准储备液置于棕色瓶中 4℃下可保存 6 个月。

第四，转移提取液时避免将油滴带出，挥发干时切勿蒸干。

2. 液相色谱法

（1）原理

食用植物油中的 TBHQ 经 95%的乙醇提取、浓缩、定容后，用液相色谱仪测定，与标准系列比较定量。

（2）仪器与试剂

高效液相色谱仪（配有二极管阵列或紫外检测器）。

第一，甲醇、乙腈（色谱纯）。

第二，95%的乙醇、36%的乙酸（分析纯）。

第三，异丙醇（重蒸馏）、异丙醇-乙腈（1∶1）。

第四，TBHQ 标准储备液（1 mg/mL）：准确称取 TBHQ 50 mg 于小烧杯中，用异丙醇-乙腈（1∶1）溶解后，转移至 50 mL 棕色容量瓶中，小烧杯用少量异丙醇-乙腈（1∶1）冲洗 2~3 次，同时转入容量瓶中，用异丙醇-乙腈（1∶1）定容至刻度。

第五，TBHQ 标准中间液：准确吸取 TBHQ 标准储备液 10.00 mL，于 100mL 棕色容量瓶中，用异丙醇-乙腈（1∶1）定容，此溶液浓度为 100μg/mL，置于 4℃冰箱中保存。

第六，TBHQ 标准使用液：吸取标准储备液 0.0、0.5、1.0、2.0、5.0、10.0（mL）标准中间液于 10 mL 容量瓶中，用异丙醇-乙腈（1∶1）定容，配成浓度分别为 0.0、5.0、10.0、20.0、50.0、100.0（μg/mL）TBHQ 标准工作溶液。

（3）操作方法

①样品处理

准确称取试样 2.00g 于 2 5 mL 比色管中，加入 6 mL 95%的乙醇溶液，置旋涡混合器上混合 10 s，静置片刻，放入 90℃左右水浴中加热 10~15 s 促其分层。分层后将上层澄清提取液，用吸管转移到浓缩瓶中（用吸管转移时切勿将油滴带入）。再用 6 mL95%的乙醇溶液重复提取 2 次，合并提取液于浓缩瓶内，该液可放在冰箱中储存一夜。

乙醇提取液在 40℃下，用旋转蒸发器浓缩至约 1 mL，将浓缩液转移至 10mL 试管中，用异丙醇-乙腈（1∶1）转移、定容，经 0.45μm 滤膜过滤，待高效液相色谱分析。

②色谱参考条件

色谱柱：C_{18}柱，250 mm<4.6 mm，4.6μm。

流动相：A：甲醇-乙腈（1∶1），B：乙酸-水（5：100）。

系统程序：8 min 内由 30%的 A 变为 100%的 A，保持 6 min，3 min 后降至 30%的 A。

检测波长：280 nm。

流速：2.0 mL/min。

柱温：40℃。

进样量：20μL。

③样品测定

取 TBHQ 标准工作液 20μL 注入液相色谱仪，以浓度为横坐标，峰面积为纵坐标绘制标准曲线。取样品提取液 20μL 注入液相色谱仪，根据试样中的 TBHQ 峰面积与标准曲线比较定量。

（4）结果计算

$$\omega = \frac{c \times V \times 1000}{m \times 1000 \times 1000} \tag{4-13}$$

式中，ω 为试样中的 TBHQ 含量，g/kg；c 为由标准曲线上查出的试样测定液中 TBHQ 的浓度，μg/mL；V 为试样提取液的体积，mL；m 为试样的质量，g。

（5）说明及注意事项

第一，本标准适合于较低熔点的食用植物油中 TBHQ 含量的测定。不适用于熔点高于 35℃以上的食用植物油中 TBHQ 含量的测定。

第二，方法的定量限为 0.006 g/kg。

第三，标准储备液置于棕色瓶中 4℃下可保存 6 个月。

第四，转移提取液时避免将油滴带出，旋转蒸发时避免将溶剂蒸干。

3. 气相色谱——质谱法

（1）原理

样品经乙腈提取后，利用气相色谱-质谱进行分析，外标法定量。

（2）仪器与试剂

气相色谱——质谱联用仪（配电喷雾离子源）。

第一，正己烷（色谱纯）

第二，乙腈、甲醇、乙醇（分析纯）。

第三，TBHQ 标准储备液（100μg/mL）：称取 TBHQ 10 mg 于小烧杯中，用乙腈溶解并定容到 100 mL，4℃冷藏。

（3）操作方法

①样品处理

称取混合均匀的样品 5 g（精确至 1mg）于 5 0 mL 聚四氟乙烯离心管中，加入 15 mL 乙腈，超声提取 5 min，在振荡器上提取 10 min，4000 r/min 离心 2 min，将上清液转入旋转蒸发瓶中，再用 15 mL 乙腈重复提取一次，合并提取液，40℃水浴中旋转浓缩至干，用 1.0 mL 乙腈溶解、定容，待 GC-MS 分析。

②色谱参考条件

色谱柱：DP-5MS，30 m×0.25 mm×0.25μm。

载气为氦气。

流速：1.0 mL/min。

进样方式：不分流进样。

进样体积：1μL。

进样口温度：250℃。

升温程序：60℃保持 1 min，然后以 20℃/min 的速率升至 160℃，再以 5℃/min 到 180℃，最后以 25℃/min 到 280℃，保持 1 min。

质谱条件：离子源为电喷雾离子源（EI 源），电子能量为 70 eV。

离子源温度：250℃，四级杆温度：150℃。

采集方式：选择离子方式（SIM）TBHQ 碎片离子 m/x 为 151、166，定量离子为 151。

③标准曲线的绘制。用乙腈稀释 TBHQ 标准工作液为 0.1、0.5、1.0、5.0、10（μg/mL）。以浓度为横坐标，峰面积为纵坐标绘制标准曲线。

（4）结果计算

$$\omega = \frac{c \times V \times 1000}{m \times 1000 \times 1000} \tag{4-14}$$

式中，ω 为试样中的 TBHQ 含量，g/kg；c 为由标准曲线上查出试样测定液相当于 TBHQ 的浓度，μg/mL；V 为试样提取液的体积，mL；m 为试样的质量，g。

（5）说明及注意事项

第一，本方法适合速煮米、腌制腊肉、方便面、苹果派和起酥油等食品中 TBHQ 的测定。

第二，本方法的定量限为 0.1 mg/kg。

四、食品中甜味剂的检测

甜味剂是许多食品的指标之一，为使食品、饮料具有适口的感觉，需要加入一定量的甜味剂。甜味剂是指赋予食品或饲料以甜味的食物添加剂。按照来源的不同，可将其分为天然甜味剂和人工甜味剂。天然营养型甜味剂如蔗糖、葡萄糖、果糖、果葡糖浆、麦芽糖、蜂蜜等，一般视为食品原料，可用来制造各种糕点、糖果、饮料等，不作为食品添加剂加以控制。非糖类甜味剂有天然的和人工合成的两类，天然甜味剂如甜菊糖、甘草等，人工合成甜味剂有糖精、糖精钠、乙酰磺氨酸钾（安赛蜜）、环己基氨基磺酸钠（甜蜜素）、天冬酰苯丙氨酸甲酯（阿斯巴甜）、三氯蔗糖等。

（一）糖精钠的检测

1. 原理

试样加温除去二氧化碳和乙醇，调 pH 至近中性，过滤后进高效液相色谱仪。经反相色谱分离后，根据其标准物质峰的保留时间进行定性，以其峰面积求出样品中被测物质的含量。

2. 仪器与试剂

高效液相色谱仪（附紫外检测器）。

第一，甲醇、氨水（1+1）。

第二，乙酸铵溶液：0.02 mol/L。

第三，糖精钠标准使用溶液：0.10 mg/mL。

3. 操作方法

（1）样品处理

①汽水

称取 5.00~10.00g，放入小烧杯中，微温搅拌除去二氧化碳，用氨水（1+1）调 pH 约为 7。加水定容至适当的体积，经 0.45μm 滤膜过滤。

称取 5.00~10.00 g，用氨水（1+1）调 pH 约为 7，加水定容至适当的体积，离心沉淀，上清液经 0.45μm 滤膜过滤。

称取 10.00 g，放小烧杯中，水浴加热除去乙醇，用氨水（1+1）调 pH 约为 7，加水定容至 20 mL，经 0.45μm 滤膜过滤。

②固体、半固体食品

准确称取 25 g 样品于透析膜中，加 0.08%的 NaOH 60 mL，制成糊状，将透析袋口扎紧，放于盛有 0.08%的 NaOH 200 mL 的烧杯中透析，过夜。在透析液烧杯中，加 HCl（1+1）0.8 mL，使呈中性，加 0.2%的 CusO415 mL、4%的 NaOH8mL，混匀，30 min 后过滤。取滤液 100 mL 用水定容至 250 mL 分液漏斗中。加稀 HCl（1+1），用无水乙醚 30 mL 提取残渣两次，合并乙醚提取液于 K-D 浓缩器中，浓缩至干：加水溶解，再用氨水（1+1）调 pH 约为 7，移入 10 mL 容量瓶中，加水定容，经 0.45μm 滤膜过滤。

（2）标准曲线的绘制

分别吸取糖精钠标准使用溶液（0.10 mg/mL）0 mL、0.2 mL、0.4 mL、0.6 mL、0.8mL、1.0mL 于 1 0 mL 容量瓶中，用氨水（1+1）调 pH 约为 7，加水定容至刻度，摇匀。分别取 10μL 注入高效液相色谱仪，以峰面积为纵坐标、浓度为横坐标，绘制标准曲线。

（3）样品测定

吸取样品处理液 10μL 注入高效液相色谱仪中进行分离，以其标准溶液峰的保留时间为依据进行定性，以其峰面积求出样液中被测物质的含量。

4. 结果计算

$$\omega = \frac{m_1}{m \times \frac{V_1}{V_2} \times 1000} \times 1000 \tag{4-15}$$

式中，ω 为样品中糖精钠的含量，g/kg；m_1 样品峰面积查标准曲线对应含量，mg；m 为样品质量，g；V_1 为进样液体积，mL；V_2 为样品处理液体积，mL。

5. 说明及注意事项

第一，样品如为碳酸饮料类，应先水浴加温搅拌除去二氧化碳；如为配制酒类，应先水浴加热除去乙醇，再用氨水（1+1）调 pH 约为 7。

第二，固体、半固体样品为蜜饯、糕点、酱菜、冷饮等。

第三，糖精易溶于乙醚，而糖精钠难溶于乙醚，为了便于乙醚提取，使糖精钠转换为糖精，样品溶液需进行酸化处理。

第四，为防止用乙醚萃取时发生乳化，可在样品溶液中加入 $CuSO_4$ 和 NaOH，沉淀蛋白质；对于富含脂肪的样品，可先在碱性条件下用乙醚萃取脂肪，然后酸化，再用乙醚提取糖精。

第五，此方法可以同时测定苯甲酸、山梨酸和糖精钠。

（二）乙酰磺氨酸钾的检测

1. 原理

试样中乙酰磺氨酸钾经反相 Ci　柱分离后，以保留时间定性，峰高或峰面积定量。

2. 仪器与试剂

高效液相色谱仪。

第一，甲醇、乙腈。

第二，硫酸铵溶液：0.02 mol/L。

第三，硫酸溶液：10%。

第四，中性氧化铝：100~200 目。

第五，乙酰磺氨酸钾标准储备液：1 mg/mL。

第六，流动相：0.02 mol/L 硫酸铵（740~800 mL）+甲醇（170~150 mL）+乙腈（90~50 mL）+10%H_2SO_4（1mL）。

3. 操作方法

（1）样品处理

①汽水

将试样温热，搅拌除去二氧化碳或超声脱气。吸取试样 2.5mL 于 2 5 mL 容量瓶中，加流动相至刻度，摇匀后，溶液通过微孔滤膜过滤，过滤作 HPLC 分析用。

②可乐型饮料

将试样温热，搅拌除去二氧化碳或超声脱气，吸取已除去二氧化碳的试样 2.5 mL，通过中性氧化铝柱，待试样液流至柱表面时，收集 25 mL 洗脱液，摇匀后超声脱气，此液作 HPLC 分析用。

③果茶、果汁类食品

吸取 2.5 mL 试样，加水约 20 mL 混匀后，离心 15 min（4000 r/min），上清液全部转入中性氧化铝柱，待水溶液流至柱表面时，用流动相洗脱。收集洗脱液 25 mL，混匀后，超声脱气，此液作 HPLC 分析用。

（2）标准曲线的绘制

分别进样含乙酰磺氨酸钾 4μg/mL、8μg/mL、12μg/mL、16μg/mL、20μg/mL 的标准液各 10μL，进行 HPLC 分析，然后以峰面积为纵坐标，以乙酰磺氨酸钾的含量为横坐标，绘制标准曲线。

（3）样品测定

吸取处理后的试样溶液 10μL 进行 HPLC 分析，测定其峰面积，从标准曲线查得测定液中乙酰磺氨酸钾的含量。

4. 结果计算

$$\omega = \frac{c \times V \times 1000}{m \times 1000} \tag{4-16}$$

式中，ω 为试样中乙酰磺氨酸钾的含量，mg/kg 或 mg/L；c 为由标准曲线上查得进样液中乙酰磺氨酸钾的量，μg/mL；V 为试样稀释液总体积，mL；m 为试样质量，g 或 mL。

5. 说明及注意事项

第一，本方法也适用于糖精钠的测定。

第二，本方法检出限：乙酰磺氨酸钾、糖精钠为 4μg/mL（g），线性范围乙酰磺氨酸钾、糖精钠为 4~20μg/mL。

（三）甜蜜素的检测

1. 原理

在硫酸介质中环己基氨基磺酸钠与亚硝酸反应，生成环己醇亚硝酸酯，用气相色谱法测定，根据保留时间和峰面积进行定性和定量。

2. 仪器与试剂

气相色谱仪（附氢火焰离子化检测器）。

第一，层析硅胶（或海砂）、亚硝酸钠溶液（50 g/L）、100 g/L 硫酸溶液。

第二，环己基氨基磺酸钠标准溶液：准确称取 1.0000 g 环己基氨基磺酸钠（含环己基氨基磺酸钠>98%），加水溶解并定容至 100 mL，此溶液每毫升含环己基氨基磺酸钠 10 mg。

3. 操作方法

（1）样品处理

①液体样品

含二氧化碳的样品先加热除去二氧化碳，含酒精的样品加氢氧化钠溶液（40 g/L）调至碱性，于沸水浴中加热除去乙醇。样品摇匀，称取 20.0 g 于 100 mL 带塞比色管，置冰浴中。

②固体样品

将样品剪碎称取 2.0 g 于研钵中，加少许层析硅胶或海砂研磨至呈干粉状，经漏斗倒入 100 mL 容量瓶中，加水冲洗研钵，并将洗液一并转移至容量瓶中，加水至刻度，不时摇动。1 h 后过滤，滤液备用。准确吸取 20 mL 滤液于 100 mL 带塞比色管，置冰浴中。

（2）色谱参考条件

色谱柱：长 2 m，内径 3 mm，不锈钢柱。

固定相：Chromosorb WAW DMCS 80～100 目，涂以 10%的 SE-30。

柱温：80℃，汽化温度：150℃，检测温度：150℃。

流速：氮气 40 mL/min，氢气 30 mL/min，空气 300 mL/min。

（3）标准曲线的绘制

准确吸取 1.00 mL 环己基氨基磺酸钠标准溶液于 100 mL 带塞比色管中，加水 20mL，置冰浴中，加入 5 mL 亚硝酸钠溶液（50 g/L），5mL 硫酸溶液（100g/L），摇匀，在冰浴中放置 30 min，并不时摇动。然后准确加入 10 mL 正己烷、5g 氯化钠，摇匀后置漩涡混合器上振动 1 min（或振摇 80 次），静置分层后吸出己烷层于 10mL 带塞离心管中进行离心分离。每毫升己烷提取液相当于 1 mg 环己基氨基磺酸钠。将环己基氨基磺酸钠的己烷提取液进样 1～5μL 于气相色谱仪中，根据峰面积绘制标准曲线。

（4）样品测定

在样品管中自“加入 5 mL 亚硝酸钠溶液（50 g/L）……”起依标准曲线绘制中所述方法操作，然后将试样同样进样 1～5μL，测定峰面积，从标准曲线上查出相应的环己基氨基磺酸钠含量。

4. 结果计算

$$\omega = \frac{V \times 10 \times 1000}{m \times V \times 1000} \tag{4-17}$$

式中，ω 为样品中环己基氨基磺酸钠的含量，g/kg；A 为从标准曲线上查得的测定用试样中环己基氨基磺酸钠的质量，μg；m 为样品的质量，单位为克（g）；V 为进样体积，μL；10 表示正己烷加入的体积，mL。

五、食品中其他添加剂的检测

（一）漂白剂的检测

漂白剂是为了消除食品加工制造过程中染上或保留在原料中的某些令色泽不正、容易使人产生不洁或厌恶等感觉的有色物质而使用的漂白物质。根据作用的机理不同，分为还原型漂白剂和氧化型漂白剂两大类。还原型漂白剂利用与着色物质的发色基团发生还原反应，使之褪色，达到漂白、抑制褐变。常用的还原性漂白剂为亚硫酸及其盐类，如二氧化硫、焦亚硫酸钠、亚硫酸氢钠、亚硫酸钠、低亚硫酸钠等。还原漂白剂应用较广，且多为亚硫酸及其盐类，产生的亚硫酸具有很强的还原性，能消耗食品组织中的氧，抑制好氧性微生物的活动，还能抑制某些微生物活动所需要的酶的活性，具有一定的防腐作用。氧化性漂白剂利用与发色基团发生氧化反应，使之分解褪色，达到漂白、抑菌的作用。

1. 亚硫酸盐的检测

（1）充氮蒸馏-分光光度法

①原理

样品加入盐酸后，充氮气蒸馏，使其中的二氧化硫释放出来，并被甲醛溶液吸收，形成稳定的羟甲基磺酸加成化合物。加入氢氧化钠使化合物分解，与甲醛及盐酸苯胺作用生成紫红色络合物，在 577 nm 处有最大吸收，测定其吸光值，与标准系列比较定量。

②仪器与试剂

分光光度计、充氮蒸馏装置、流量计、酒精灯。

第一，乙醇、冰乙酸、正辛醇。

第二，6%的氢氧化钠溶液：称取 6 g 氢氧化钠溶液用水溶解，并稀释至 100 mL。

第三，0.05 mol/L 环己二胺四乙酸二钠溶液（CDTA-2Na）：称取 1，2-反式环己二胺四乙酸，加入 6.5 mL 氢氧化钠溶液，用水稀释到 100 mL。

第四，甲醛吸收液储备液：称取 2.04 g 邻苯二甲酸氢钾，用少量水溶解，加入 5.5 mL 甲醛，20 mLCDTA-2Na 溶液，用水稀释至 100 mL。

第五，甲醛吸收液：将甲醛吸收液储备液稀释 100 倍，现用现配。

第六，盐酸副玫瑰苯胺：称取 0.1 g 精制过的盐酸副玫瑰苯胺于研钵中，加少量水研磨使溶解并稀释至 100 mL。取 5 0 mL 置于 100 mL 容量瓶中，分别加入磷酸 30 mL、盐酸 12 mL，用水定容，混匀，放置 24 h，避光密封保存，备用。

第七，0.100 mol/L 碘标准溶液：称取 12.7 g 碘，加入 40 g 碘化钾和 25 mL 水，搅拌至完全溶解，用水稀释至 1000 mL，储存在棕色瓶中。

第八，0.100 mol/L 硫代硫酸钠标准溶液。

第九，0.05%乙二胺四乙酸二钠溶液（EDTA-2Na）：称取 0.25 g EDTA-2Na 溶于 500 mL 新煮沸并冷却的水中，现用现配。

第十，二氧化硫标准溶液：称取 0.2 g 亚硫酸钠，溶于 200 mL EDTA-2Na 溶液中，摇匀，放置 2~3 h 后标定。

第十一，二氧化硫标准溶液标定：吸取 20.0 mL 二氧化硫标准储备液于 250mL 碘量瓶中，加 50 mL 新煮沸但已冷却的水，准确加入 0.1 mol/L 碘标准溶液 10.00 mL，1mL 冰乙酸，盖塞、摇匀，放置于暗处，5 min 后迅速以 0.100 mol/L 硫代硫酸钠标准溶液滴定至淡黄色，加 1.0 mL 淀粉指示液，继续滴至无色。另取 20 mLEDTA-2Na，按相同方法做试剂空白试验。

第十二，根据标定的二氧化硫的含量，用甲醛吸收液稀释为 100μg/mL 二氧化硫标准储备液。

第十三，二氧化硫标准使用液（1 mg/mL）：将二氧化硫标准储备液用甲醛吸收液稀释 100 倍。

③操作方法

A. 样品处理

称取 0.2~2 g（精确至 0.001 g）样品于 100 mL 烧瓶中，加入 2 mL 乙醇，1mL 丙酮-乙醇溶液、2 滴正辛醇及 20 mL 水，混匀。量取 20 mL 甲醛吸收缓冲液于 50 mL 吸收瓶中，并安装到蒸馏装置上，调节氮气流速为 0.5 L/min。在烧瓶中迅速加入 10 mL 盐酸溶液，将烧瓶装回蒸馏装置，用酒精灯加热，使样品溶液在 1.5 min 左右沸腾，控制火焰高度，使液面边缘无明显焦糊，加热 25 min。取下吸收瓶，以少量的水冲洗尖嘴，并入吸收瓶中，将吸收液转入 25 mL 容量瓶中定容。同时做空白实验。

B. 样品测定

取 25 mL 具塞试管，分别加入 0、1、3、5、8、10（mL）二氧化硫标准使用液，补加甲醛吸收液使总体积为 10 mL，混匀。再加入 5%氢氧化钠溶液 0.5 mL，混匀，迅速加入 1.00 mL0.05%盐酸副玫瑰苯胺溶液，立即混匀显色。用 1 cm 比色皿，以零管调节零点，在 577 nm 处测定吸光度。

吸取 0.5~10.00 mL 样品蒸馏液，不足时需补加甲醛吸收液至 10.00 mL 于 2 5 mL 具塞试管中，显色，同时做空白实验。

④结果计算

$$\omega = \frac{(m_1 - m_0) \times V_3 \times 1000}{m_2 \times V_4 \times 1000} \tag{4-18}$$

式中，ω 为试样中的二氧化硫总含量，mg/kg；m_1 为由标准曲线中查得的测定用试液中二氧化硫的质量，μg；m_0 为由标准曲线中查得的测定用空白溶液中二氧化硫的质量，μg；m_2 为试样的质量，g；V_3 为试样蒸馏液定容体积，mL；V_4 为测定用蒸馏液定容体积，mL。

⑤说明及注意事项

第一，本方法适用于食用菌中亚硫酸盐的测定。

第二，本方法的检出限为0.1μg。

第三，CDTA-2Na在4℃冰箱中储存，可保存1年。100μg/mL二氧化硫标准储备液在冰箱中可保存6个月。

第四，二氧化硫标定时平行不少于3次，平行样品消耗硫代硫酸钠的体积差应小于0.04 mL，计算时取平均值。

第五，样品显色时要保证标准系列和样品在相同的温度下，显色时间尽量保持一致。比色时操作迅速。

第六，该方法避免使用毒性较强的四氯汞钠试剂，有一定的应用前景。

（2）蒸馏法

①原理

样品用盐酸（1∶1）酸化后，在密闭容器中加热蒸馏，使二氧化硫释放出来，用乙酸铅溶液吸收。吸收后用浓酸酸化，再以碘标准溶液滴定，根据所消耗的碘标准溶液量计算出试样中的二氧化硫含量。

②仪器与试剂

蒸馏装置、碘量瓶、滴定管。

第一，盐酸（1∶1）：量取盐酸100 mL，用水稀释到200 mL。

第二，2%的乙酸铅溶液：称取2 g乙酸铅，溶于少量水中并稀释至100 mL。

第三，0.01 mol/L碘标准溶液。

第四，1%的淀粉指示剂：称取1 g可溶性淀粉，用少许水调成糊状，缓缓倾入100mL沸水中，随加随搅拌，煮沸2 min，放冷，备用，此溶液应现配现用。

③操作方法

A. 样品处理

称取约5.00 g混合均匀试样（液体试样直接吸取5.0~10.0 mL）置于500 mL圆底蒸馏烧瓶中，加250 mL水，装上冷凝装置。在碘量瓶中加入2%的乙酸铅溶液25 mL，冷凝管下端应插入乙酸铅吸收液中。在蒸馏瓶中加入10 mL盐酸（1∶1），立即盖塞，加热蒸馏。当蒸馏液约200 mL时，使冷凝管下端离开液面，再蒸馏1 min。用少量蒸馏水冲洗插入乙酸铅溶液的装置部分。同时做空白试验。

B. 样品测定

在碘量瓶中依次加入10 mL浓盐酸和1 mL淀粉指示剂，摇匀，用0.01 mol/L碘标准滴定溶液滴定至变蓝且在30 s内不褪色为止，记录所消耗的碘标准滴定溶液的体积。

④结果计算

$$\omega = \frac{(V_2 - V_1) \times 0.01 \times 0.032 \times 1000}{m} \tag{4-19}$$

式中，ω 为试样中的二氧化硫总含量，g/kg；V_1 为滴定试样所用碘标准滴定溶液的体积，mL；V_2 为滴定试剂空白所用碘标准滴定溶液的体积，mL；m 为试样质量，g；0.032 为 1 mL 碘标准溶液（$c_{1/2I_2}$ 1.0 mol/L）相当的二氧化硫的质量，g。

⑤说明及注意事项

第一，本法适合于色酒和葡萄糖糖浆、果脯等食品中二氧化硫残留量的测定。

第二，蒸馏装置要保障密封，否则会使结果偏低。

第三，方法的检出浓度为 1 mg/kg。

2. 过氧化苯甲酰的检测

（1）气相色谱法

①原理

小麦粉中的过氧化苯甲酰被还原铁粉和盐酸反应生成的原子态的氢还原为苯甲酸，提取后用气相色谱测定。

②仪器与试剂

气相色谱仪（附氢离子化检测器）。

第一，乙醚、还原铁粉、氯化钠、丙酮、碳酸氢钠、石油醚（沸程 60～90℃）、石油醚-乙醚（3：1）。

第二，盐酸（1：1）：50 mL 盐酸与 50 mL 水混合。

第三，5%的氯化钠。

第四，1%碳酸氢钠的 5%氯化钠溶液：称取 1g 碳酸氢钠溶于 100 mL5%的氯化钠溶液中。

第五，1mg/mL 苯甲酸标准储备液：称取苯甲酸 0.1g（精确至 0.0001 g），用丙酮溶解并转移至 100 mL 容量瓶中，定容。

第六，100μg/mL 苯甲酸标准工作液：吸取苯甲酸标准储备液 10mL，于 100mL 容量瓶中，用丙酮定容。

③操作方法

A. 样品处理

准确称取试样 5.00g 加入具塞三角瓶中，加入 0.01g 还原铁粉，数粒玻璃珠和 20 mL 乙醚，混匀。逐滴加入 0.5 mL 盐酸，摇动三角瓶，用少量乙醚冲洗内壁后，放置至少 12

h 后，摇匀，将上清液经滤纸过滤到分液漏斗中，用 15 mL 乙醚冲洗三角瓶内残渣，重复 3 次，上清液滤入分液漏斗中，最后用少量乙醚冲洗滤纸和漏斗。

在分液漏斗中加入 5%的氯化钠溶液 30 mL，振动 30 s，静置分层后，将下层液弃去，重复用氯化钠溶液洗涤一次，弃去水层，加入 1%碳酸氢钠的 5%的氯化钠溶液 15 mL，振动 2 min，静置分层后将下层碱液放入已预先加入 3~4 勺氯化钠固体的 50 mL 具塞试管中。分液漏斗的乙醚再用碱性溶液提取一次，下层碱液合并到具塞试管中。

在具塞试管中加入 0. 8 mL 盐酸（1∶1），适当摇动以去除残留的乙醚及反应生成的二氧化碳。加入 5. 00 mL 乙醚-石油醚（3∶1），重复振动 1 min，静置分层，上层液待分析。

B. 标准曲线的绘制

准确吸取苯甲酸标准使用液 0. 0、1. 0、2. 0、3. 0、4. 0、5. 0（mL），置于 150 mL 具塞三角瓶中，除不加铁粉外，其他步骤同样品处理。标准工作液最终浓度为 0. 0、20. 0、40. 0、60. 0、80. 0、100. 0（μg/mL）。

C. 色谱参考条件

色谱柱：内径 3 mm，长 2 m 玻璃柱，填装涂布 5%的（质量分数）DEGS+1%的磷酸固定液的 Chromosorb WAW DMCS。

进样口温度：250℃，检测器的温度：250℃，柱温 180℃。

进样量：2. 0μL。

④结果计算

$$\omega = \frac{c \times 5 \times 1000}{m \times 1000 \times 1000} \times 0.992 \qquad (4-20)$$

式中，ω 为样品中过氧化苯甲酰的含量，g/kg；c 为从标准曲线中查得的相当于苯甲酸的浓度，μg/mL；5 为试样提取液定容体积，mL；m 为样品质量，g；0. 992 为由苯甲酸换算成过氧化苯甲酰的换算系数。

⑤说明及注意事项

第一，本方法适用于小麦粉中过氧化苯甲酰含量的检测。

第二，用分液漏斗提取时注意放气，防止气体顶出活塞。

第三，在用石油醚-乙醚提取前，要振动比色管，去除多余的乙醚和二氧化碳等气体，室温较低时，可将试管放入 50℃水浴中加热。

（2）液相色谱法

①原理

用甲醇提取样品中的过氧化苯甲酰，以碘化钾为还原剂将过氧化苯甲酰还原为苯甲酸，高效液相色谱分离，230 nm 下进行检测，外标法定量。

②仪器与试剂

高效液相色谱仪（配有紫外检测器或二极管阵列检测器）。

第一，甲醇（色谱纯）、50%的碘化钾。

第二，0.02 mol/L 乙酸铵缓冲液：称取乙酸胺 1.54 g 用水溶解并稀释至 1L，过 0.45μm 微孔滤膜后备用。

第三，苯甲酸标准储备液（1 mg/mL）：称取 0.1 g（精确至 0.0001 g）苯甲酸，用甲醇溶解并定容到 100 mL 容量瓶中。

第四，苯甲酸标准工作液：吸取苯甲酸标准储备液 0.0、1.25、2.50、5.00、10.0、12.5（mL）分别置于 25 mL 容量瓶中，用甲醇定容至刻度，配成浓度分别为 0.0、50.0、100.0、200.0、400.0、500（μg/mL）标准工作液。

③操作方法

A. 样品处理

称取样品 5 g（精确至 0.0001 g）于 50 mL 具塞试管中，加入 10 mL 甲醇，在涡旋混合器上混匀 1 min，静置 5 min，加入 50%的碘化钾溶液 5 mL，在涡旋混合器上混匀 1 min，放置 10 min 后，用水定容到 50 mL，混匀，取上清液过 0.22μm 滤膜，待液相色谱分析。

B. 色谱参考条件

色谱柱：反相 C_{18}，4.6 min×250 mm，5μm。

流动相：甲醇：0.02 mol/L 乙酸铵为 10：90。

检测波长：230 nm。

流速：1.0 mL/min。

进样量：10μL。

C. 样品测定

分别取不含过氧化苯甲酰和苯甲酸的小麦粉 5 g（精确至 0.0001g）于 50 mL 具塞试管中，分别加入 10 mL 苯甲酸标准工作液，按样品提取方法操作，使标准溶液的最终浓度分别为 0.0、10.0、20.0、40.0、80.0、100.0（μg/mL），分别取 10μL 注入高效液相色谱中，以苯甲酸的浓度为横坐标，峰面积为纵坐标绘制标准曲线。

取样品提取液 10μL 注入高效液相色谱中，根据苯甲酸的峰面积从标准曲线上查出对应的浓度，计算样品中过氧化苯甲酰的含量。

④结果计算

$$\omega = \frac{c \times V \times 1000}{m \times 1000 \times 1000} \times 0.992 \tag{4-21}$$

式中，ω 为样品中过氧化苯甲酰的含量，g/kg；c 为从标准曲线中查得的相当于苯甲酸的浓度，μg/mL；V 为样品定容体积，mL；m 为样品质量，g；0.992 为由苯甲酸换算成过氧化苯甲酰的换算系数。

⑤说明及注意事项

第一，该方法适用于小麦粉中过氧化苯甲酰含量的检测。

第二，方法的最低检出限为 0.5 mg/kg。

3. 过氧化氢的检测

（1）原理

过氧化氢在酸性溶液中，与钛离子生成稳定橙色络合物，颜色的深浅与样品中过氧化氢成正比，可以求出样品中过氧化氢的含量。反应式如下：

$$Ti^{4+}H_2O_2+2H_2O \rightarrow H_2TiO_4+4H^+$$

（2）仪器与试剂

分光光度计。

第一，钛溶液：称取二氧化钛（TiO_2）1.0 g，移入 250 mL 锥形瓶中，加入硫酸铵 4 g，浓硫酸 100 mL，上面放一小漏斗，置于 150℃ 砂锅中加热 15～16h，冷却后，将溶液倾入至 4 倍的水中，放冷，用磁板过滤，清液备用。

第二，过氧化氢标准溶液：0.1 mg/mL。

（3）操作方法

①标准曲线的绘制

用移液管分别吸取每毫升相当于 0.1 mg 的标准溶液 0.0 mL、0.5 mL、1.0 mL、2.0 mL、4.0 mL、6.0 mL、8.0 mL 和 10mL，分别移入 25 mL 比色管中，加水至 10 mL。分别加入钛溶液 7 mL，用水稀释至 25 mL，摇匀后，在分光光度计波长 430 nm 处测定吸光度，绘制标准曲线。

②样品测定

称取搅碎均匀的样品 5.0g，用水移入 50 mL 容量瓶中，加水至刻度，不时振摇，浸抽 30 min 后，过滤，然后用移液管吸取溶液 10mL，置于 25 mL 比色管中，加入钛溶液 7 mL。以下按绘制标准曲线步骤进行，测得吸光度，从标准曲线中查出样液中过氧化氢含量。

（4）结果计算

$$\omega = \frac{m_1}{m_2} \times 1000 \qquad (4-22)$$

式中，ω 为样品中过氧化氢含量，mg/kg；m_1 为从标准曲线查的过氧化氢的质量，mg；

m_2 为测定时所取样品溶液相当的样品质量，g。

（5）说明及注意事项

第一，脱水蔬菜等样品应取样 50～100 g，加水至 200g，泡软后用组织搅碎机搅碎，混匀后取样。

第二，如果样液有颜色，应以样液空白为参比液，即用稀硫酸（1∶4）7 mL 代替 7 mL 钛溶液，其他仍按方法进行。

第三，钡、铅、锶和钙等离子能与硫酸生成沉淀物，需过滤后再进行测定。

第四，用钒离子同时与过氧化氢生成黄至橙红色络合物，也可以目视比较法求出样液中过氧化氢含量。

4. 过氧乙酸的检测

（1）原理

用高锰酸钾除去样品中的除了过氧乙酸以外的其他过氧化物等干扰后，常温下，在稀硫酸介质中，过氧乙酸与碘化钾反应，释放出定量的碘。

（2）仪器与试剂

分光光度计。

第一，10%的 KI 溶液、2 mol/L H_2SO_4 溶液、10%的硫酸、0. 1 mol/L $KMnO_4$溶液、10%的 EDTA 溶液、10%的 NH_4F、硅氧树脂（消泡后使用）。

第二，过氧乙酸标准溶液配置：吸取 40%的过氧乙酸 1 mL，放入 100 mL 容量瓶中，加水至刻度，混匀。

第三，过氧乙酸标准溶液标定：吸取 20. 0 mL 过氧乙酸溶液，置于预先加有 1 0mL2mol/LH_2SO_4溶液的 200 mL 三角瓶中，用 0. 1 mol/L $KMnO_4$标准溶液滴定至溶液颜色刚呈现粉红色，以除去乙酸以外的其他过氧化物，滴加 10%的 KI 溶液至溶液颜色至棕色。然后再用 0. 1 mol/L的硫代硫酸钠标准溶液进行标定，确定其浓度，使用时稀释为 100μg/mL。

（3）操作方法

①样品处理

准确称取搅碎均匀的样品 20. 0 g 至 250 mL 烧杯中，加水 5 0 mL，硅氧树脂 1 滴，混合并不时振摇，浸提 30 min 后，离心，上清液移入 100 mL 容量瓶中，加水定容，作待测液。

准确吸取一定量的待测液置于预先加有 10 mL2mol/L H_2SO_4溶液的 100mL 三角瓶中，加水至总体积 25 mL，用 0. 1 mol/L$KMnO_4$溶液滴定至溶液颜色呈粉红色，加入 2 mL10%的 EDTA 溶液和 2 mL10%的 NH4F 溶液，加入 10%的硫酸溶液，调节溶液 pH 为 1. 0（酸度过大可用 NaOH 稀溶液调整)。

将溶液转移至 100 mL 的分液漏斗中，加 10 mL10%的 KI 溶液（略微过量），摇动，使其充分反应，静置 3~5 min；加入 6mLCCl_4，振荡 1min，静置分层后，将有机相通过脱脂棉滤入 1 cm 比色皿中（比色皿加盖），以试剂空白作参比，在 510 nm 处测定吸光度。

②样品测定

将过氧乙酸逐步稀释至 0. 1~10μg/mL 范围内，按样品处理步骤进行处理后在 510 nm 处测定吸光值。

（4）结果计算

$$\omega = \frac{c \times V_1 \times 1000}{m \times V_2 \times 1000 \times 1000} \tag{4-23}$$

式中，ω 为样品中过氧乙酸的含量，g/kg；c 为从标准曲线中查得的过氧乙酸的浓度，μg/mL；V_1 为试样提取液定容体积，mL；V_2 为分取提取液的体积，mL；m 为样品质量，g。

（5）说明及注意事项

①酸性条件下，样品中的过氧化氢可以用高锰酸钾标准溶液滴定，得到过氧化氢的量。

②在 pH1~2 的条件下，过氧乙酸与碘化钾反应效果最佳。

③提取液中 Fe^{3+}、Cu^{2+}对反应的干扰，分别用 NH_4F 和 EDTA 掩蔽。

（二）着色剂的检测

食品着色剂又称食用色素，是以食品着色为目的的一类食品添加剂。食品的颜色是食品感官质量的重要指标之一，食品具有鲜艳的色泽不仅可以提高食品的感官质量，给人以美的享受，还可以增进食欲。在一定的使用量的范围内使用着色剂对人体没有伤害。但是若食品着色剂添加超标，长期或者一次性大量食用可能给人体内脏带来损害甚至致癌。

1. 栀子黄的检测

（1）原理

试样中栀子黄经提取净化后，用高效液相色谱法测定，以保留时间定性、峰高定量，栀子苷是栀子黄的主要成分，为对照品。

（2）仪器与试剂

高效液相色谱（配荧光检测器）、小型粉碎机、恒温水浴。

试剂均为分析纯，水为蒸馏水。

第一，甲醇、石油醚（60℃~90℃）、乙酸乙酯、三氯甲烷、姜黄色素、栀子苷。

第二，栀子苷标准溶液：称取2.75 mg栀子苷标准品，用甲醇溶解，并用甲醇稀释至27.5μg/mL栀子苷。

第三，栀子苷标准使用液：分别吸取栀子苷标准溶液。0.0、2.0、4.0、6.0、8.0（mL）于10 mL容量瓶中，加甲醇定容至10 mL，即得0.0、5.5、11.0、16.5、22.0（μg/mL）的栀子苷标准系列溶液。

（3）操作方法

①试样处理

A. 饮料

将试样温热，搅拌除去二氧化碳或超声脱气，摇匀后，通过微孔滤膜0.4μm过滤，滤液备作HPLC分析用。

B. 酒

试样通过微孔滤膜过滤，滤液作HPLC分析用。

C. 糕点

称取10 g试样放入100 mL的圆底烧瓶中，用50 mL石油醚加热回流30 min，置室温。砂芯漏斗过滤，用石油醚洗涤残渣5次，洗液并入滤液中，减压浓缩石油醚提取液，残渣放入通风橱至无石油醚味。用甲醇提取3~5次，每次30 mL，直至提取液无栀子黄颜色，用砂芯漏斗过滤，滤液通过微孔滤膜过滤，滤液储于冰箱备用。

②色谱参考条件

色谱柱：5μm ODS C_{18} 150 mm×4.6 mm。

流动相：甲醇：水（35：65）。

流速：0.8 mL/min。

波长：240 nm。

③标准曲线的绘制

在本实验条件下，分别注入栀子苷标准使用液0、2、4、6、8（μL），进行HPLC分析，然后以峰高对栀子苷浓度作标准曲线。

④样品测定

在实验条件下，注5μL试样处理液，进行HPLC分析，取其峰与标准比较测得试样中栀子苷含量。

（4）结果计算

$$\omega = \frac{A \times V}{m \times 1000} \tag{4-24}$$

式中，ω 为试样中栀子黄色素的含量，g/kg；A 为进样液中栀子苷的含量，μg/mL；V 为试样制备液体积，mL；m 为试样质量，g。

在重复性条件下获得的两次独立测定结果的绝对差值不得超过5%。

2. 诱惑红的检测

（1）原理

诱惑红在酸性条件下被聚酰胺粉吸附，而在碱性条件下解吸附，再用纸色谱法进行分离后，与标准比较定性、定量。

（2）仪器与试剂

可见分光光度计、微量注射器、展开槽、恒温水浴锅、台式离心机。

第一，石油醚（沸程30℃～60℃）、甲醇、200目聚酰胺粉、1：10硫酸、50 gL氢氧化钠、海沙、50%的乙醇溶液。

第二，乙醇-氨溶液：取2 mL的氨水，加70%（体积分数）的乙醇至100 mL。

第三，pH6的水：用20%的柠檬酸调至pH6。

第四，200 g/L柠檬酸溶液、100 g/L钨酸钠溶液。

第五，诱惑红的标准溶液：准确称取0.025 g诱惑红，加水溶解，并定容至25 mL，即得1 mg/mL。

第六，诱惑红的标准使用溶液：吸取诱惑红的标准溶液5.0 mL于50 mL容量瓶中，加水稀释到50 mL，即得0.1 mg/mL。

第七，展开剂：丁酮：丙醇：水：氨水（7：3：3：0.5），正丁醇：无水乙醇：1%的氨水（6：2：3），2.5%的柠檬酸钠：氨水：乙醇（8：1：2）。

（3）操作方法

①试样的处理

A. 汽水

将试样加热去二氧化碳后，称取10.0 g试样，用20%的柠檬酸调pH呈酸性，加入0.5～1.0 g聚酰胺粉吸附色素，将吸附色素的聚酰胺粉全部转到漏斗中过滤，用pH4的酸性热水洗涤多次（约200 mL），以洗去糖等物质。若有天然色素，用甲醇-甲酸溶液洗涤1～3次，每次20 mL，至洗液无色为止。再用70℃的水多次洗涤至流出液中性。洗涤过程必须充分搅拌然后用乙醇-氨水溶分次解吸色素，收集全部解吸液，于水浴上去除氨，蒸发至2 mL左右，转入5 mL的容量瓶中，用50%的乙醇分次洗涤蒸发皿，洗涤液并入5 mL的容量瓶中，用50%的乙醇定容至刻度。此液留作纸色谱用。

B. 硬糖

称取 10.0 g 的已粉碎试样，加 30 mL 水，温热溶解，若试样溶液 pH 较高，用柠檬酸溶液调至 pH4。按“汽水”中“加入 0.5~1.0 g 聚酰氨粉吸附”操作。

C. 糕点

称取 10.0 g 已粉碎的试样，加 30 mL，石油醚提取脂肪，共提 3 次，然后用电吹风吹干，倒入漏斗中，用乙醇-氨解吸色素，解吸液于水浴上蒸发至 20 mL，加 1 mL 的钨酸钠溶液沉淀蛋白，真空抽滤，用乙醇-氨解吸滤纸上的诱惑红，然后将滤液于水浴上挥去氨，调 pH 呈酸性，以下按“汽水中加入 0.5~1.0 g 聚酰氨粉吸附”操作。

D. 冰激凌

称取 10.0g 已均匀的试样，加入 20 g 海砂，15 mL 石油醚提取脂肪，提取 2 次，倾去石油醚，然后在 50℃ 的水浴挥去石油醚，再加入乙醇-氨解吸液解吸诱惑红，解吸液倒入 100 mL 的蒸发皿中，直至解吸液无色。将解吸液于水浴上挥去乙醇，使体积约为 20 mL 时，加入 1 mL 硫酸，1mL 钨酸钠溶液沉淀蛋白，放置 2 min，然后用乙醇-氨调至 pH 呈碱性，将溶液转入离心管中，5000 r/min，离心 15 min，倾出上清液，于水浴挥去乙醇，用柠檬酸溶液调 pH 呈酸性，按“汽水中加 0.5~1.0 g 聚酰氨粉吸附”操作。

②定性

取色谱用纸，在距底边 2 cm 起始线上分别点 3~10μL 的试样处理液、1 mL 色素标准液，分别挂于盛有不同展开剂的展开槽中，用上行法展开，待溶剂前沿展至 15 cm 处，将滤纸取出空气中晾干，与标准斑比较定性。

③标准曲线的绘制

吸取 0.0、0.2、0.4、0.6、0.8、1.0（mL）诱惑红标准使用液，分别置于 10 mL 比色管中，各加水稀释到刻度。用 1 mL 比色杯，以零管调零点，于波长 500 nm 处，测定吸光度，绘制标准曲线。

④样品测定

取色谱用纸，在距离底边 2 cm 的起始线上，点 0.20 mL 试样处理液，从左到右点成条状。纸的右边点诱惑红的标准溶液 1μL，依法展开，取出晾干。将试样的色带剪下，用少量热水洗涤数次，洗液移 10mL 的比色管中，加水稀释至刻度，混匀后，与标准管同时在 500 nm 处，测定吸光度。

（4）结果计算

$$\omega = \frac{A \times 1000}{m \times \frac{V_2}{V_1} \times 1000} \tag{4-25}$$

式中，ω 为试样中的诱惑红的含量，g/kg；A 为测定用试样处理液中诱惑红的量，mg；m 为试样的质量，g；V_1 为试样解吸后总体积，mL；V_2 为试样纸层析用体积，mL。

第二节　食品中残留危害物质的安全检测技术

一、食品中农药残留的检测

农药广义上是指农业上使用的化学品。狭义上是指用于防治农、林有害生物的化学、生物制剂及为改善其理化性状而用的辅助剂。农药在防治农作物病虫害、控制人畜传染病、提高农畜产品的产量和质量等方面，都起着重要的作用。但是，大量使用农药会造成对农副产品、食物的污染。农药残留是指农药施用后，残存在生物体、农副产品和环境中的微量农药原体、有毒代谢产物、降解物和杂质的总称，会构成不同程度的毒性。

（一）有机磷农药的检测

有机磷农药是含有 C-P 键或 C-O-P、C-S-P、C-N-P 键的有机化合物，包括磷酸酯类化合物及硫代磷酸酯类化合物。目前正式商品化的有机磷农药有上百种，具有代表性的有敌敌畏、敌百虫、马拉硫磷、对硫磷、乐果、辛硫磷、甲胺磷、甲拌磷（3911）、氧化乐果、二溴磷、久效磷、磷铵、杀螟硫磷、甲基对硫磷、倍硫磷、内吸磷（1059）、双硫磷、乙酰甲胺磷、二嗪磷、丙溴磷等。

1. 原理

含有机磷的样品在富氢焰上燃烧，以 HPO 碎片的形式放射出波长 526 nm 的特性光，这种光通过滤光片选择后由光电倍增管接收转换成电信号，经微电流放大器放大后被记录下来。样品的峰面积或峰高与标准品的峰面积或峰高进行比较定量。

2. 仪器

气相色谱仪（带 NPD 检测器或 FPD 检测器）、粉碎机、组织捣碎机、旋转蒸发仪、振荡器、真空泵、水浴锅。

3. 操作方法

（1）样品制备

取粮食样品经粉碎机粉碎过 20 目筛制成试样。取水果、蔬菜样品洗净，晾干去掉非可食部分后制成待分析试样。

（2）提取

①水果、蔬菜

精确称取50.00 g试样，置于300 mL烧杯中，加入50 mL水和100 mL丙酮，用组织捣碎机提取1~2 min。匀浆液经布氏漏斗减压抽滤。量取100 mL滤液至500 mL分液漏斗中。

②谷物

称取25.00 g试样置于300 mL烧杯中，加入50 mL水和100 mL丙酮，以下步骤同①。

注意取样的均一性和代表性。提取液总体积为150 mL。组织捣碎机使用前应清洗干净，以防操作过程中样品受到污染或残留量发生改变。

（3）净化

向（2）中①或②的滤液中加入10~15 g氯化钠使溶液处于饱和状态。猛烈振摇2~3 min，静置10 min，使丙酮从水相中盐析出来，水相用50 mL二氯甲烷振摇2 min，再静置分层。将丙酮与二氯甲烷提取液合并，经装有20~30g无水硫酸钠的玻璃漏斗脱水滤入250 mL圆底烧瓶中，再以约40 mL二氯甲烷分数次洗涤容器和无水硫酸钠。洗涤液也并入烧瓶中，用旋转蒸发器浓缩至约2 mL，浓缩液定量转移至5~25 mL容量瓶中，加二氯甲烷定容。

（4）色谱参考条件

色谱柱：

第一，玻璃柱2.6 m×3 mm，填装涂有4.5%DC-200+2.5%OV-17的Chromosorb WAW DMCS（80~100目）的担体。

第二，玻璃柱2.6 m×3 mm，填装涂有1.5%DCOE-1的Chromosorb WAWDMCS（60~80目）的担体。

气体速度：氮气（N_2）50 mL/min，氢气（H_2）100 mL/min，空气50 mL/min。柱温：240℃，汽化室温度：260℃，检测器温度：270℃。

4. 结果计算

以样品色谱峰的保留时间与农药标准的保留时间比较而判断样品中是否含有该种农药残留。以试样的峰高或峰面积与标准比较定量：

$$\omega = \frac{A_i V_1 V_3 m_s \times 1000}{A_{is} V_2 V_4 m \times 1000} \tag{4-26}$$

式中，ω为试样中农药的含量，μg/kg；V_1为试样提取液的总体积，mL；V_2为净化用提取液的总体积，mL；V_3 为浓缩后的定容体积，mL；A_i 为试样中 i 组分的峰面积，积分单位；V_4 为进样体积，mL；m 为样品的质量，g；m_s 为注入色谱仪中的标准组分的质量，ng；A_{is} 为混合标准液中 i 组分的峰面积，积分单位。

（二）氨基甲酸酯类农药残留的检测

氨基甲酸酯类农药是一类含氮有机化合物，是在禁用六六六等有机氯农药之后使用量较大的一类农药，氨基甲酸酯类农药作用迅速、持效期短、选择性强，在作物中用作杀虫剂、除草剂、杀菌剂等。

1. 原理

含氮有机化合物被色谱柱分离后，在加热的碱金属片上热分解产生氰自由基，并且从被加热的碱金属表面放出的原子状态的碱金属（Rb）接受电子变成 CN-再与氢原子结合，由收集器收集信号电流。

2. 仪器

气相色谱仪（火焰热离子检测器）、电动振荡器、组织捣碎机、粮食粉碎机、恒温水浴锅和减压浓缩装置等。

3. 操作方法

（1）试样的制备

取粮食经粮食粉碎机粉碎，过 20 目筛制成粮食试样。取蔬菜去掉非食用部分后剁碎或经组织捣碎机捣碎制成蔬菜试样。

（2）提取

①粮食

称取约 40g 粮食试样精确至 0.001 g，置于 250 mL 具塞锥形瓶中，加入 20~40g 无水硫酸钠、100 mL 无水甲醇。塞紧，摇匀，于电动振荡器上振荡 30 min。然后经快速滤纸过滤于量筒中，收集 50 mL 滤液转入 250 mL 分液漏斗中，用 50 mL50 g/L 氯化钠溶液洗涤量筒，并入分液漏斗中。

②蔬菜

称取 20 g 蔬菜试样，精确至 0.001 g，置于 250 mL 带塞锥形瓶中，加入抽滤瓶中，用 50 mL无水甲醇分次洗涤提取瓶及滤器。将滤液转入 500 mL 分液漏斗中，用 100 mL50 g/L 氯化钠水溶液洗涤滤器，并将滤液倒入分液漏斗中。

（3）净化

①粮食

于盛有试样提取液的250 mL分液漏斗中加入50 mL石油醚，振荡1 min静置分层后，将下层放入第二个250 mL分液漏斗中，加25 mL甲醇-氯化钠溶液于石油醚层中。振荡30 s静置分层后，将下层并入甲醇氯化钠溶液中。

②蔬菜

于盛有试样提取液的500 mL分液漏斗中加入50 mL石油醚，振荡1min，静置分层后将下层放入第二个500 mL分液漏斗中，并加入50mL石油醚振荡1 min，静置分层后将下层放入第三个500 mL分液漏斗中。然后用25 mL甲醇-氯化钠溶液洗涤，并入第三个分液漏斗中。

（4）浓缩

于盛有试样净化液的分液漏斗中，用二氯甲烷（50 mL、25 mL、25 mL）依次提取3次，每次振摇1 min，静置分层后将二氯甲烷层过滤于250 mL蒸馏瓶中。将蒸馏瓶接上减压浓缩装置，于50℃水浴上减压浓缩至1 mL左右，取下蒸馏瓶。将残余物转入10 mL刻度离心管中，用二氯甲烷反复洗涤蒸馏瓶并入离心管中。然后吹氮气除尽二氯甲烷溶剂，用丙酮溶解残渣并定容至2.0 mL，以供后面的步骤使用。

（5）色谱参考条件

色谱柱：玻璃柱，内装涂有2% OV-101±6% OV-210混合固定液的Chromosorb W（HP）80~100目担体。

气体速度：氮气65 mL/min，空气150 mL/min，氢气3.2mL/min。柱温：190℃，进样口或检测温度：240℃。

（6）样品测定

取上述浓缩步骤中的试样液及标准液各1μL注入气相色谱仪中，做色谱分析。根据组分在两根色谱柱上的出峰时间与标准组分比较定性分析；用外标法与标准组分比较定量分析。

4. 结果计算

$$\omega = \frac{E_i \times A_i \times 2000}{m \times A_E \times 1000} \tag{4-27}$$

式中，ω为试样中农药的含量，mg/kg；E_i为标准试样中i组分的含量，ng；A_i为试样中i组分的峰面积或峰高，积分单位；A_E为标准试样中i组分的峰面积或峰高，积分单位；m为样品质量，g；2000为进样液的定容体积，2.0 mL；1000为换算单位。

（三）拟除虫菊酯类农药残留的测定

有机菊酯是一类重要的合成杀虫剂，具有防治多种害虫的广谱功效，其杀虫毒力比老一代杀虫剂如有机氯、有机磷、氨基甲酸酯类提高10～100倍。拟除虫菊酯对昆虫具有强烈的触杀作用，其作用机理是扰乱昆虫神经的正常生理，使之由兴奋、痉挛到麻痹而死亡。有机菊酯因用量小、使用浓度低，故对人畜较安全，对环境的污染很小。其缺点主要是对鱼毒性高，对某些益虫也有伤害，长期重复使用也会导致害虫产生耐药性。

1. 原理

试样中有机氯和拟除虫菊酯农药用有机溶剂提取，经液萃取及层析净化除去干扰物质，用GC（ECD）检测，根据色谱峰的保留时间定性，外标法定量。

2. 仪器

气相色谱仪（带ECD）、电动振荡器、粉碎机、组织捣碎机、旋转蒸发仪、布氏漏斗（直径80 mm）、抽滤瓶（200 mL）、具塞三角瓶（100 mL）、分液漏斗（250 mL）、层析柱。

3. 操作方法

（1）样品前处理

粮食试样经粉碎机粉碎，过20目筛备用。蔬菜试样擦净，去掉非可食部分后备用。

（2）提取

①粮食

称取10 g粮食试样，置于100 mL具塞三角瓶中，加入20 mL石油醚，于振荡器上振摇0.5 h。

②蔬菜

称取20 g蔬菜试样，置于组织捣碎杯中，加入30 mL丙酮和30mL石油醚，于捣碎机上捣碎2 min，捣碎液经抽滤，滤液移入250 mL分液漏斗中，加入100 mL2%的硫酸钠水溶液，充分摇匀，静置分层，将下层溶液转移到另一250 mL分液漏斗中，再用2×20 mL石油醚萃取，合并三次萃取的石油醚层，经无水硫酸钠干燥，于旋转蒸发仪上浓缩至10 mL。

（3）净化

层析柱中先加入1 cm高无水硫酸钠，再加入5 g用5%的水脱活的弗罗里硅土，最后再加入1 cm高无水硫酸钠，轻轻敲实，用20 mL石油醚淋洗净化柱，弃去淋洗液，柱面要留有少量液体。

准确吸取上述提取液 2 mL，加入已淋洗过的净化柱中，用 100 mL 石油醚-乙酸乙酯（95：5，体积比）洗脱，收集洗脱液于蒸馏瓶中，于旋转蒸发仪上浓缩近干，用少量石油醚多次溶解残渣于刻度离心管中，最终定容至 1.0mL，供气相色谱分析。

（4）色谱参考条件

毛细管色谱柱 OV-101，15 m×0.25 mm（i.d.）；载气为氮气，流速 40 mL/min，分流比 1：50；尾吹气 60 mL/min；检测器、进样口温度 250℃；起始柱温 180℃，3℃/min 升至 230℃后，保持 30 min。

（5）样品测定

吸取 1.0μL 混合标液或净化试样液注入气相色谱仪，记录色谱峰的保留时间和峰高，以组分保留时间定性，采用外标法定量。

4. 结果计算

$$\omega = \frac{H_i \times m_{is} \times V_2}{H_{is} \times V_1 \times m} \times K \tag{4-28}$$

式中，ω 为试样中农药的含量，mg/kg；H_i 为试样中 i 组分农药峰高，mm；m_{is} 为标准样品中 i 组分农药的含量，ng；V_1 为试样进样体积，μL；V_2 为试样最后定容体积，mL；H_{is} 为标准样品中 i 组分农药峰高，mm；m 为试样的质量，g；K 为稀释倍数。

二、食品中兽药残留的检测

兽药广义上是指用于预防治疗畜禽疾病的药物及一些化学的、生物的药用成分。狭义上兽药仅是指用于预防和治疗畜禽疾病的药物。兽药的主要用途有防病治病、促进生长、提高生产性能、改善动物性食品的品质等。兽药残留是指动物性产品的任何可食部分含有的兽药及配体化合物或其代谢物的总称。

（一）抗生素残留量的检测

抗生素类药物多为天然发酵产物，是临床应用最多的一类抗菌药物，如青霉素类、氨基糖苷类、大环内酯类、四环素类、土霉素、金霉素、螺旋霉素、链霉素等。青霉素类最容易引起超敏反应，四环素类有时也能引起超敏反应。轻度及中度的超敏反应一般表现为短时间内出现血压下降、皮疹、身体发热、血管神经性水肿、血清病样反应等，极度超敏反应可能导致过敏性休克甚至死亡。

1. 原理

用 0.1 mol/L Na2EDTA-Mcllvaine（pH＝4.0±0.05）缓冲溶液提取可食动物肌肉中四

环素族抗生素残留，提取液经离心后，上清液用 Oasis HLB 或相当的固相萃取柱和羧酸型阳离子交换柱净化，用液相色谱-紫外检测器测定，以外标法定量。此标准检出限：土霉素、四环素、金霉素、强力霉素均为 0. 005 mg/kg。

2. 仪器与试剂

液相色谱串联四极杆质谱仪或相当者（配电喷雾离子源，ESI）、分析天平、旋涡混合器、低温离心机、氮吹浓缩仪、固相萃取真空装置、Oasis HLB 固相萃取柱、pH 计、组织捣碎机、超声提取仪。

第一，甲醇和乙腈（色谱纯）。

第二，乙酸乙酯、乙二胺四乙酸二钠（$Na_2EDTA \cdot 2H_2O$）、三氟乙酸、柠檬酸（$C_6H_8O_7 \cdot H_2O$）、磷酸氢二钠（$Na_2HPO_4 \cdot 12H_2O$）（分析纯）。

第三，Mcllvaine 缓冲溶液：将 1000 mL0. 1 mol/L 柠檬酸溶液与 625 mL0. 2 mol/L 磷酸氢二钠溶液混合，必要时用 NaOH 或 HCl 调节 pH=4. 0±0. 05。

第四，Na_2EDTA-Mcllvaine 缓冲溶液（0. 1 mol/L）：称取 60. 5 g 乙二胺四乙酸二钠放入 1625 mL Mcllvaine 缓冲溶液中，使其溶解，摇匀。

第五，三氟乙酸水溶液（10 mmol/L）：准确吸取 0. 765 mL 三氟乙酸于 1000 mL 容量瓶中，用水溶解并定容。

第六，Oasis HLB 固相萃取柱：60mg，3mL。使用前分别用 5 mL 甲醇和 5mL 水预处理，保持柱体湿润。

第七，土霉素、四环素、金霉素、强力霉素等兽药标准品，纯度均≥95%。

第八，兽药标准储备溶液：准确称取按其纯度折算为 100%质量的兽药标品各 10. 0 mg，分别用甲醇溶解并定容至 100mL，浓度相当于 100 mg/L。储备液在-18℃以下储存于棕色瓶中。

第九，混合标准工作溶液：根据需要，用甲醇-三氟乙酸水溶液（1∶19，体积比）将标准储备溶液配制为适当浓度的混合标准工作溶液。混合标准工作溶液应使用前配制。

3. 操作方法

（1）样品制备

第一，动物肌肉、肝脏、肾脏和水产品。从全部样品中取出约 500g，用组织捣碎机充分捣碎均匀，装入洁净容器中，密封，于-18℃以下冷冻存放。

第二，牛奶。从全部样品中取出约 500 g 样，充分混匀，装入洁净容器中，密封，于-18℃以下冷冻存放。

（2）提取

①动物肝脏、肾脏、肌肉组织、水产品

称取均质试样 5 g（精确到 0.01g），置于 50 mL 聚丙烯离心管中，分别用约 20 mL、20 mL、10 mL 0.1 mol/L EDTA-Mcllvaine 缓冲溶液冰水浴超声提取三次，每次旋涡混合 1 min，超声提取 10 min，3000 r/min 离心 5 min（温度低于 15℃），合并上清液（注意控制总提取液的体积不超过 50 mL），并定容至 50 mL，混匀，5000 r/min 离心 10 min（温度低于 15℃），用快速滤纸过滤，待净化。

②牛奶

称取混匀试样 5 g（精确到 0.01 g），置于 50 mL 比色管中，用 0.1 mol/L EDTA-Mcllvaine 缓冲溶液溶解并定容至 50 mL，旋涡混合 1 min，冰水浴超声 10 min，转移至 50mL 聚丙烯离心管中，冷却至 0℃～4℃，5000 r/min 离心 10 min（温度低于 15℃），用快速滤纸过滤，待净化。

（3）净化

准确吸取 10 mL 提取液（相当于 1 g 样品），以 1 滴/s 的速度过 HLB 固相萃取柱，待样液完全流出后，依次用 5 mL 水和 5 mL 甲醇-水（1：19，体积比）淋洗，弃去全部流出液。2.0 kPa 以下减压抽干 5 min，最后用 10 mL 甲醇-乙酸乙酯（1：9，体积比）洗脱。将洗脱液用氮吹浓缩至干（温度低于 40℃），用 1.0 mL 甲醇-三氟乙酸水溶液（1：19，体积比）溶解残渣，过 0.45μm 滤膜，待测定。

（4）液相色谱参考条件

色谱柱：Inertsil C8-3，5μm，150 mm×2.1 mm（i.d.）。

流动相：甲醇和三氟乙酸溶液，采用梯度洗脱。

流速：300μL/min。

柱温：30℃。

进样量：30μL。

（5）质谱参考条件

电喷雾电离源正离子模式（ESI+）。

质谱扫描方式。

多反应监测（MRM）。

分辨率，单位分辨率。

（6）样品测定

待测样品中化合物色谱峰的保留时间与标准溶液相比变化范围应在±2.5%；每种化合

物的质谱定性离子必须出现，至少应包括一个母离子和两个子离子，而且同一检测批次，对同一化合物，样品中目标化合物的两个子离子的相对丰度比与浓度相当的标准溶液相比，其允许偏差不超过规定的范围。采用外标峰面积法定量。

4. 结果计算

$$\omega = \frac{A_x \times c_s \times V}{A_s \times m} \tag{4-29}$$

式中，ω 为样品中待测组分的含量，μg/kg；A_x 为测定液中待测组分的峰面积；A_s 为标准液中待测组分的峰面积；c_s 为标准液中待测组分的含量，μg/L；V 为定容体积，mL；m 为最终样液所代表的样品质量，g。

（二）磺胺类药物残留量的检测

本法用于检测可食性动物组织中七种常见的磺胺类药物残留。可食性组织样品经乙腈提取，正己烷分配，再经碱性氧化铝 SPE 柱净化，用反相高效液相色谱-紫外检测器在 270 nm 检测。检测下限为 0.05 mg/kg，样品处理过程简单、快速、灵敏、易于掌握。

1. 操作方法

（1）提取

准确称取 5.00 g 组织样品匀浆物，置于 50 mL 聚丙烯离心管中，加无水硫酸钠 4.0g 和乙腈 25 mL，匀浆后，以 3000 r/min 的速度离心 5 min。

分离后的残渣再加入 25 mL 乙腈，振荡 10 min 后，以 3000 r/min 的速度离心 5 min。合并两次得到的上层清液，加入 30 mL 正己烷，振荡 10 min 后，以 3000 r/min 的速度离心 5 min。取下层液体置于鸡心瓶中，加入 10 mL 正丙醇，混合后于 50℃ 下减压干燥，用 3 mL 乙腈-水（95∶5，体积比）溶解残留物。

（2）净化

上述样品通过碱性氧化铝 SPE 柱，不收集，用 5 mL 乙腈-水（95：5，体积比）洗涤鸡心瓶，经过 SPE 柱，吹去柱内滞留的液体。用 10 mL 乙腈-水（70：30，体积比）洗脱后，洗脱液中加入 5 mL 正丙醇，在 50℃ 下减压干燥后，残留物用 2.0 mL 流动相溶解，以备高效液相色谱仪进行检测。

（3）样品测定

分别取适量的标准溶液和试样溶液，做单点或多点校准，以色谱峰面积定量。标准溶液和试样溶液中磺胺类药物的响应值均应在仪器检测的线性范围之内，以便准确定量。

（4）色谱参考条件

色谱柱：C_{18}柱，250 mm×4.6 mm（内径）。

流动相：乙腈-甲醇-水-乙酸（2：2：9：0.2）。

流速：1.0 mL/min。

检测波长：270 nm。

进样量：20 mL。

（5）空白实验

除不加试样外，均按上述测定步骤进行。

2. 结果计算

$$\omega = \frac{cV}{m} \tag{4-30}$$

式中，ω 为试样中磺胺类药物残留量，mg/g；c 为试样液中对应的磺胺类药物浓度，mg/mL；V 为试样总体积，mL；m 为组织样品质量，g。

（三）硝基呋喃类药物残留量的检测

硝基呋喃类药物主要包括呋喃唑酮、呋喃他酮、呋喃苯烯酸钠及制剂等几种。下面简要介绍鸡肉组织中和鱼肉中呋喃唑酮残留量的高效液相色谱测定方法。

该法是将被测样品加 C_{18}混匀后装柱，用正已烷冲洗，真空抽干后，用乙酸乙酯洗脱，洗脱液减压浓缩至干后的残渣用流动相溶解，过氧化铝柱后供高效液相色谱仪（配紫外检测器）检测。本方法在动物可食性组织中的检测限为0.01μg/g。

1. 操作方法

（1）提取和纯化

称取组织2 g，加 C_{18}约3 g，置玻璃研钵中，用研杵混匀，混匀时应保持轻微压力沿同一方面划圆，直至组织与 C_{18}成一均匀物质。将其装入玻璃色谱柱中，色谱柱置于抽气瓶上，用20 mL正已烷冲洗色谱柱，洗液弃去，用真空泵抽气至干，再用30 mL乙酸乙酯洗脱（用真空泵抽气，使流速约为2mL/min）。收集洗脱液置50mL蒸馏瓶中，用旋转蒸发器减压浓缩至于，温度在55℃～60℃。残渣加流动相0.5～1.0 mL涡流振荡溶解，过氧化铝小柱，所制样液供反相高效液相色谱仪测定。

（2）色谱参考条件

取20μL注入高效液相色谱仪。

色谱柱：RP-Ci　柱，300 mm×3.9 mm（内径）。

流动相：乙腈-磷酸溶液（2：8）。

流动相流速：0.7 mL/min。

检测波长：367 nm。

2. 结果计算

$$\omega = \frac{Ac_s}{A_s c} \tag{4-31}$$

式中，ω 为试样中呋喃唑酮留量，μg/g；A 为试样液中呋喃唑酮的峰面积，mm^2；A_s 为标准工作液中呋喃唑酮的峰面积，mm^2；c_s 为标准工作液中呋喃唑酮的浓度，μg/mL；c 为最终试样液所代表的试样的浓度，g/mL。

三、非法添加物的检测

非法添加物是指不属于传统上认为是食品原料的、不属于批准使用的新资源食品的、不属于卫生部公布的食药两用或作为普通食品管理物质的、未列入我国食品添加剂相关规定的、其他我国法律法规允许使用物质之外的物质。主要代表物质有三聚氰胺、苏丹红和孔雀石绿等。

（一）三聚氰胺的检测

三聚氰胺是一种重要的化工原料，目前广泛应用于木材、涂料、造纸、塑料、医药等行业。化学式为 $C_3H_6N_6$，是一种三嗪类含氮杂环有机化合物。外观为白色晶体，可溶于甲醇、乙酸、甲醛、甘油等有机溶剂，受热分解释放剧毒气体氰化物。三聚氰胺自身毒性较低，成年人体内的三聚氰胺大部分可排出体外，但如果与三聚氰酸同时存在，会生成人体无法溶解的氰尿酸三聚氰胺。

目前比较常见的方法有高效液相色谱法、液相色谱-质谱联用法、气相色谱质谱联用法、毛细管电泳质谱联用法、试剂盒检测法、拉曼光谱法、红外光谱法、离子色谱法等。其中高效液相色谱法以其分离效果好、测定范围广、选择性好等优点最为常用。

高效液相色谱法测定动物肌肉中的三聚氰胺残留量如下所示。

1. 前处理

称取 2.5 g 试样于 50 mL 具塞塑料离心管中，加入 24 mL 乙腈水（8+2，体积比）和 1mL1.0 mol/L 的盐酸溶液，涡旋振荡 30s，超声提取 5 min，均质 30s，以不低于 4000 r/min 离心 10 min。

移取 5 mL 上清液于玻璃离心管，加入 3 mL 乙腈饱和正己烷，涡旋振荡 30s，以不低于4000 r/min离心5min，弃去上层正己烷，转移至已依次用3 mL甲醇活化，3 mL0.1 mol/L盐酸溶液平衡的固相萃取柱中，依次用3mL0.1mol/L盐酸溶液和3 mL甲醇洗涤，抽至近干后，用5 mL5%的氨甲醇溶液洗脱，收集洗脱液，整个固相萃取过程流速不超过1 mL/min，洗脱液于45℃下用氮气吹干，残留物用1 mL乙腈-0.05 mol/L磷酸盐缓冲液（1+1）定容，涡旋混合30 s，过0.2μm有机相微孔滤膜后，供高效液相色谱法测定。

2. 样品测定

色谱柱：强阳离子交换色谱柱，Luna SCX（250 mm>（4.6 mm，5μm）。流动相：乙腈-0.05 mol/L磷酸盐缓冲液（30+70，体积比）。

流速：1.5 mL/min。

柱温：35℃。

检测波长：235 nm。

进样量：20μL。

方法的测定下限为0.5 mg/kg。

3. 说明及注意事项

乙腈的比例越低，提取动物肌肉样品时越容易出现胶状现象，尤其是虾肉样品，离心后仍分层不好。可以采用乙腈-水（8+2）和1.0 mol/L盐酸溶液混合提取。

60 mg的MCX柱往往由于样品基质造成的干扰，使上柱的样液基质与三聚氰胺竞争保留，使柱过载，造成回收率不稳定。用150 mg的MCX回收率高、重现性好。

（二）苏丹红的检测

苏丹红是一组人工合成的亲脂性偶氮化合物，属工业染料，一般不溶于水，易溶于有机溶剂，可作为化学合成着色剂应用于蜡、油彩、地板蜡等化工产品生产中。苏丹红在体内代谢成胺类物质（包括苯胺、萘酚等），均为有毒有机化合物。常用如下方法对苏丹红等油溶性非食用色素进行快速检测。

1. 仪器和材料

第一，层析缸。

第二，层析纸。

第三，Ⅱ、Ⅲ、Ⅳ号系列苏丹红对照液。

第四，展开剂：正丁醇-无水乙醇-氨水=20∶1∶1（V∶V∶V）。

第五，毛细管。

2. 样品处理

取约 1 g 样品于容器中，加入 2 mL 纯净水或蒸馏水，加入 2~4 mL 乙酸乙酯（环己烷、正己烷等有机溶剂都可以），充分振荡 1 min 以上，静置 3 min 以上。如果下层（水层）洗脱液有颜色，说明样品中含有水溶性色素，可选用水溶性非食用色素速测盒加以检测；如果上层（有机溶剂层）洗脱液有颜色，说明样品中含有油溶性色素，需要继续往下操作。

3. 点样

取 1 张层析纸，在底端向上约 1 cm 处、平行相隔约 1 cm、用铅笔画出将要点样的十字线或 5 个小点。取 1 支毛细管，蘸取样品上层（有机溶剂层）洗脱液，将其点在 1 号十字线上。另取 4 支毛细管分别蘸取苏丹红 I、Ⅱ、Ⅲ、IV 号对照液少许，依次分别点在其他十字线上。

4. 展开

取一个 250mL 以上的烧杯，加入约 5 mL 展开剂，将层析纸（样品端朝下）插入展开剂中靠在杯壁上，待展开剂沿层析纸向上平行展开至层析纸顶端约 1 cm 处时取出层析纸。

5. 结果判断与表述

如果样品在层析纸展开轨迹中出现斑点，其斑点展开（向上跑）的距离与某一苏丹红对照液展开后的斑点距离相等、颜色相同或颜色虽浅却相近时，即可判断样品中含有这一色素。

（三）孔雀石绿的检测

孔雀石绿是一种有毒的三苯甲烷类人工合成有机化合物，是具有金属光泽的晶体，易溶于水，溶于乙醇、甲醇和戊醇，水溶液呈蓝绿色，pH = 0. 0 以下呈黄色，最大吸收波长 616. 9 nm。孔雀石绿既是染料，也是杀菌剂，可致癌。

孔雀石绿以价格低廉、操作方便、药效明显等特征被广泛应用于水产养殖业。自 20 世纪 30 年代以来，许多国家曾采用孔雀石绿杀灭鱼类体内外寄生虫和鱼卵中的霉菌。还可以用孔雀石绿消毒，用以延长鱼类长途贩运的存活时间。从 20 世纪 90 年代开始，国内外研究人员逐渐发现孔雀石绿具有较多的副作用，目前已被禁用。

孔雀石绿在波长为 618 nm 处有吸收峰，可采用紫外可见检测器检测。无色孔雀石绿在波长 267 nm 处有吸收峰，但由于很多有机小分子在 267 nm 处都有吸收，无色孔雀石绿目标峰附近干扰峰较多，该方法定性和定量的准确性不够理想。在此基础上我国现行的水产行业标准及国家标准利用 PbO_2 将无色孔雀石绿氧化成孔雀石绿，并在 618 nm 进行检测，克服了以前检测方法中对无色孔雀石绿定性准确性不高和灵敏度低的缺点。但氧化铅会将部分孔雀石绿转化成去甲基孔雀石绿，影响检测灵敏度，同时氧化柱的性能对色谱峰的对称性和响应值的大小会有一定的影响。

第五章 食品中重金属污染物与掺假物质的安全检测技术

第一节　食品中重金属污染物的安全检测技术

一、食品中汞的检测

（一）原子荧光光谱分析法

1. 原理

试样经酸加热消解后，在酸性介质中，试样中汞被硼氢化钾（KBH_4）还原成原子态汞，由载气–氩气代入原子化器中。在特制汞空心阴极灯照射下，基态汞原子被激发至高能态，在去活化回到基态时，发射出特征波长的荧光，其荧光强度与汞含量成正比，与标准系列比较进行定量。

2. 仪器与试剂

双道原子荧光光度计、高压消毒罐（100mL）、微波消解炉。

第一，优级纯硝酸、过氧化氢 30%、优级纯硫酸、硫酸+硝酸+水（1+1+8）、硝酸溶液（1+9）、氢氧化钾溶液（5 g/L）。

第二，硼氢化钾溶液（5 g/L）：称取 5. 0 g 硼氢化钾，溶于 5. 0 g/L 氢氧化钾溶液中，稀释至 1000 mL，现用现配。

第三，汞标准储备溶液：精密称取 0. 1354 g 干燥过的二氯化汞加硫酸+硝酸+水（1+1+8）混合酸，溶解后移入 100 mL 容量瓶中，稀释至刻度，混匀，此溶液每毫升相当于 1 mg 汞。

第四，汞标准使用溶液：准确吸取汞标准储备液 1 mL，置于 100 mL 容量瓶中，用硝酸溶液（1+9）稀释至刻度，混匀，此溶液浓度为 10μg/mL。分别吸取此溶液 1 mL 和 5

mL，置于两个 100 mL 容量瓶中，用硝酸溶液（1+9）稀释至刻度，混匀，溶液浓度分别为 100 ng/mL、500 ng/mL，分别用于测定低浓度试样和高浓度试样，制作标准曲线。

3. 操作方法

（1）样品处理

称取经粉碎混匀过的 40 目筛的干样 0.2~1.00 g，置于聚四氟乙烯内罐中，加 5 mL 硝酸，混匀后放置过夜，再加 7 mL 过氧化氢，盖上内盖放于不锈钢外套中，旋紧密封。然后将普通消解器放于烘箱中加热，升温至 120℃后保持恒温 2~3 h，至消解完全，自然冷却至室温。将消解液用硝酸溶液（1+9）定量转移并定容至 25 mL，摇匀。同时做试剂空白试验。

（2）标准系列配制

分别吸取 100 ng/mL 和 500 ng/mL 汞标准使用液 0.25 mL、0.50 mL、1.00 mL、2.00 mL、2.50 mL 于 2 5 mL 容量瓶中，用硝酸溶液（1+9）稀释至刻度，混匀，分别为低浓度标准系列和高浓度标准系列。

（3）仪器参考条件

光电倍增管负高压 240 V。

汞空心阴极灯电流 30 mA。

原子化器：温度 300℃，高度 8.0 mm。

氩气流速：载气 500 mL/min，屏蔽气 1000 mL/min。

测量方式为标准曲线法。

读数方式为峰面积。

读数延迟时间 1.0 s。

读数时间 10.0 s。

硼氢化钾溶液加液时间 8.0 s。

标液或样液加液体积 2 mL。

（4）样品测定

设定好仪器最佳条件，逐渐将炉温升至所需要温度后，稳定 10~20 min 后开始测量。连续用硝酸溶液（1+9）进样，待读数稳定之后，转入标准系列测量，绘制标准曲线。转入试样测量，先用硝酸溶液（1+9）进样，使读数基本回零，再分别测定试样空白和试样消化液，每测不同的试样前都应清洗进样器。试样测定结果按公式计算。

4. 说明及注意事项

第一，汞元素易挥发，在消解过程中要注意控制消解温度。

第二，分析纯的盐酸和硝酸中一般含有较高的汞，建议使用优级纯的盐酸和硝酸，并在使用时做试剂空白。

第三，玻璃器皿容易吸附汞，实验所用玻璃仪器均需以硝酸-水（1：1）浸泡过夜，用水反复冲洗，最后用去离子水冲洗干净，晾干后使用。

第四，硼氢化钾浓度降低灵敏度会增加，但不能低于0.01%。

（二）冷原子吸收法

1. 原理

汞蒸气强烈吸收253.7 nm的共振线。试样消解后使汞转为汞离子，在强酸性介质中以氯化亚锡还原成元素汞，以氮气或干燥空气作为载体，将元素汞吹入汞测定仪，进行冷原子吸收测定，在一定浓度范围其吸收值与汞含量成正比，与标准系列比较定量。

2. 仪器与试剂

双光束测汞仪、压力消解罐、恒温干燥箱等。

①氯化亚锡溶液（100 g/L）

称取1 0 g氯化亚锡溶于20 mL盐酸中，以水稀释至100 mL，现用现配。

②汞标准储备液

准确称取0.1354 g经干燥器干燥过的二氧化汞溶于硝酸-重铬酸钾溶液中，移入100 mL容量瓶中，以硝酸-重铬酸钾溶液稀释至刻度混匀。此溶液含1.0 mg/mL汞。用时由硝酸-重铬酸钾溶液稀释成2.0 ng/mL、4.0ng/mL、6.0ng/mL、8.0 ng/mL、10.0 ng/mL的汞标准使用液。

3. 操作方法

（1）样品制备

粮食、豆类去杂质磨碎后过20目筛，果蔬、肉类及蛋类等匀浆，样品储于塑料瓶中保存。

（2）样品处理

称取1.00~3.00 g试样（干样、含脂肪高的试样<1.00g，鲜样<3.00g，或按压力消解罐使用说明书称取试样）于聚四氟乙烯内罐，加硝酸2~4 mL浸泡过夜。再加过氧化氢（30%）2~3 mL盖好内盖，旋紧不锈钢外套，放入120℃~140℃恒温干燥箱保持3~4 h，在箱内冷却至室温。将消化液洗入或过滤入10.0 mL容量瓶中，用水少量多次洗涤罐，洗液合并于容量瓶中并定容至刻度，混匀备用。同时作试剂空白试验。

(3) 标准曲线绘制

吸取2.0 ng/mL、4.0ng/mL、6.0ng/mL、8.0 ng/mL、10.0ng/mL汞标准使用液各5.0 mL(相当于10.0 ng、20.0ng、30.0 ng、40.0 ng、50.0ng)置于汞蒸气发生器还原瓶中,分别加入1.0 mL氯化亚锡(100 g/L),迅速盖紧瓶塞,随后有气泡产生,从仪器读数显示的最高点测得其吸收值。然后打开吸收瓶上的三通阀将产生的汞蒸气吸收于高锰酸钾溶液(50 g/L)中,待测汞仪上的读数达到零点时进行下一次测定。

(4) 样品测定

分别吸取样液和试剂空白液各5.0 mL置于测汞仪的汞蒸气发生器的还原瓶中,以下按"标准曲线绘制"中"分别加入1.0 mL还原剂氯化亚锡"起进行操作。

4. 说明及注意事项

第一,在重复性条件下获得的两次独立测定结果的绝对差值不得超过算术平均值的20%。

第二,所用玻璃仪器均需以硝酸(1+5)浸泡过夜,用水反复冲洗,最后用去离子水冲洗干净。

第三,试样消解可根据实验室条件选用GB/T 5009.17—2003中的任何一种。

(三) 气相色谱法

1. 原理

样品用氯化钠研磨后加入含有Cu^{2+}的盐酸-水(1∶11),样品中结合的甲基汞与Cu^{2+}交换,甲基汞被萃取出来后,经离心或过滤,将上清液调至一定的酸度,用巯基棉吸附样品中的甲基汞,再用盐酸-水(1∶5)洗脱,最后以苯萃取甲基汞,用色谱分析。

2. 仪器与试剂

(1) 仪器

气相色谱仪附63Ni电子捕获检测器或氚源电子捕获检测器,酸度计,离心机。

巯基棉管:用内径6 mm、长度20 cm,一端拉细(内径2 mm)的玻璃滴管内装0.1~0.15 g巯基棉,均匀填塞,临用现装。

(2) 试剂

第一,氯化钠、苯、无水硫酸钠、4.25%的氯化铜溶液、4%的氢氧化钠溶液。

第二,盐酸-水(1∶5)、盐酸-水(1∶11)、巯基棉。

第三,淋洗液(pH 3.0~3.5),用盐酸-水(1∶11)调节水的pH为3.0~3.5。

第四，甲基汞标准溶液（1 mg/mL）：准确称取0.1252 g氯化甲基汞，用苯溶解于100 mL容量瓶中，加苯稀释至刻度。放置冰箱（4℃）保存。吸取1.0mL甲基汞标准溶液，置于100 mL容量瓶中，用苯稀释至刻度。取此溶液1.0 mL，置于100 mL容量瓶中，用盐酸-水（1∶5）稀释至刻度，此溶液每毫升相当于0.10μg甲基汞，临用时新配。

第五，0.1%的甲基橙指示液：称取甲基橙0.1 g，用9 5%的乙醇稀释至100 mL。

3. 操作方法

（1）色谱参考条件

色谱柱内径3 mm，长1.5 m的玻璃柱，内装涂有质量分数为7%的丁二酸乙二醇聚酯（PEGS）或涂质量分数为1.5%的OV-17和1.95%QF-1或质量分数为5%的丁二乙酸二乙二醇酯（DEGS）固定液的60~80目Chromosorb WAW DMCS；63Ni电子捕获检测器温度为260℃，柱温185℃，汽化室温度215℃；氚源电子捕获检测器温度为190℃，柱温185℃，汽化室温度185℃；载气（高纯氮）流量为60 mL/min。

（2）样品测定

称取1.00~2.00 g肉类样品，加入等量氯化钠，研成糊状，加入0.5 mL 4.25%的氯化铜溶液，轻轻研匀，用30 mL盐酸-水（1∶11）分次转入100 mL带塞锥形瓶中，剧烈振摇5 min，放置30 min，样液全部转入50 mL离心管中，用5 mL盐酸-水（1∶11）淋洗锥形瓶，洗液与样液合并，2000 r/min离心10 min，将上清液全部转入100 mL分液漏斗中，于残渣中再加10 mL盐酸-水（1∶11），用玻璃棒搅拌均匀后再离心，合并两份离心溶液。加入等量的4%氢氧化钠溶液中和，加1~2滴甲基橙指示液，调至溶液变黄色，然后滴加盐酸-水（1∶11）至溶液从黄色变橙色（溶液的pH在3.0~3.5）。

将塞有0.1~0.15 g的巯基棉的玻璃滴管接在分液漏斗下面，控制流速为4~5 mL/min；然后用pH3.0~3.5的淋洗液冲洗漏斗和玻璃管，取下玻璃管，用玻璃棒压紧巯基棉，用洗耳球将水尽量吹尽，然后加入1 mL盐酸-水（1∶5）分别洗脱1次，用洗耳球将洗脱液吹尽，收集于10 mL具塞比色管中。另取2支10 mL具塞比色管，各加入2.0 mL样品提取液和甲基汞标准使用液（0.10μg/mL）。向含有样品及甲基汞标准使用液的具塞比色管中各加入1.0 mL苯，提取振摇2 min，分层后吸出苯液，加少许无水硫酸钠脱水，静置，吸取一定量进行气相色谱测定，记录峰高，与标准峰高比较定量。

4. 说明及注意事项

第一，为减少玻璃吸附，所有玻璃仪器均用硝酸-水（1∶5）浸泡24 h，用水反复冲洗，最后用去离子水冲洗干净。

第二，苯试剂应在色谱上无杂峰，否则应重蒸馏纯化。

第三，无水硫酸钠用苯提取，避免干扰。巯基棉的制备。在 250 mL 具塞锥形瓶中依次加入 35 mL 乙酸酐，16 mL 冰乙酸、50 mL 硫代乙醇酸、0. 15 mL 硫酸、5 mL 水混匀，冷却后加入 14 g 脱脂棉，不断翻压，使棉花完全浸透，将塞盖好，置于恒温培养箱中，在 (37±0. 5)℃保温 4 d（注意切勿超过 40℃），取出后用水洗至近中性，除去水分后平铺于瓷盘中，再在（37±0. 5)℃恒温箱中烘干，成品放入棕色瓶中，放置冰箱（4℃）保存备用，使用前，应先测定巯基棉对甲基汞的吸附效率为 95%以上方可使用。

二、食品中砷的检测

（一）原子荧光光谱法

1. 原理

样品处理后，加入硫脲使五价砷还原为三价砷，再加入硼氢化钠或硼氢化钾使其还原生成砷化氢，由氩气载入原子化器中，样品中的砷在特制砷空心阴极灯的发射光激发下产生原子荧光，其荧光强度在一定条件下与被测液中的砷浓度成正比，与标准系列比较定量。

2. 仪器与试剂

原子荧光光度计。

第一，优级纯硝酸、硫酸、高氯酸、盐酸、氢氧化钠、5%的硫脲溶液。

第二，1%的硼氢化钠（$NaBH_4$）溶液：称取硼氢化钠 5 g，溶于 0. 2%的氢氧化钠溶液 500 mL 中混匀。此液于 4℃冰箱可保存 10 d，（也可称取 7 g 硼氢化钾代替）。

第三，砷标准储备液（0. 1 mg/mL）：精确称取于 100℃干燥 2 h 以上的三氧化二砷（As_2O_3）0. 1320 g，加 10%的氢氧化钠 1 0 mL 溶解，用适量水转入 1000mL 容量瓶中，加 25 mL 硫酸-水（1∶9），用水定容至刻度。吸取 1. 00 mL 砷标准储备液于 100 mL 容量瓶中，用水稀释至刻度，浓度为 1μg/mL，此液应当日配制使用。

第四，15%的六水硝酸镁干灰化试剂、氧化镁。

3. 操作方法

（1）仪器参考条件

光电倍增管电压：400 V。

砷空心阴极灯电流：35 mA。

原子化器：温度 820℃~850℃。

高度：7 mm。

氩气流速：载气 600 mL/min。

测量方式：荧光强度或浓度直读。

读数方式：峰面积。

读数延迟时间：1 s。

读数时间：15 s。

硼氢化钠溶液加入时间：5 s。

进样量：连续进样 2 mL。

（2）湿法消解

固体样品称样 1~2.5 g，液体（匀浆）样品称样 5~10 g（或 mL），置入 50mL 锥形瓶中，加硝酸 20~40 mL，硫酸 1.25 mL 摇匀，加几个玻璃珠，盖上表面皿，置于电热板上加热消解。若分解不完全或色泽变深，取下放冷，补加硝酸 5~10 mL，再消解，如此反复两三次，注意避免炭化。如仍不能消解完全，则加入高氯酸 1~2mL，继续加热至消解完全后，再持续蒸发至高氯酸的白烟散尽，硫酸的白烟开始冒出。冷却，加水 25 mL，再蒸发至冒硫酸白烟。冷却，用水将消化液转入 25 mL 容量瓶中，用少量水多次冲洗锥形瓶，合并洗液至容量瓶中，加入 5%的硫脲 2.5 mL，用水定容，待测。同时做试剂空白。

（3）干法灰化

称取 0.5~2.5 g 固体样品于 50~100 mL 坩埚中，加 15%的硝酸镁 10mL 混匀，小心蒸干，将氧化镁 1 g 仔细覆盖在干渣上，于电炉上炭化至无黑烟，移入 550℃高温炉灰化 4 h。取出放冷，小心加入 10 mL 盐酸-水（1：1）中和氧化镁并溶解灰分，转入 25 mL 容量瓶中，向容量瓶中加入 5%的硫脲 2.5 mL，另用硫酸-水（1：9）分次涮洗坩埚后转出合并，直至 25 mL 刻度，混匀待测。同时做试剂空白。

（4）标准溶液的配制

准确吸取 1μg/mL 砷使用标准液 0.0 mL、0.2 mL、0.5 mL、2.0 mL、5.0mL 加入 25 mL 容量瓶中（各相当于砷浓度 0.0 ng/mL、8.0 ng/mL、20.0 ng/mL、80.0 ng/mL、200.0 ng/mL），各加 12.5 mL 硫酸-水（1：9），5%的硫脲 2.5 mL，用水定容待测。

（5）样品测定

分别测定标准、空白和样品消化液，绘制标准曲线，根据回归方程求出试剂空白液和样品被测液的砷浓度，计算样品的砷含量。

4. 说明及注意事项

第一，使用硫脲和抗坏血酸将五价砷还原为三价砷时，还原时间应在 15 min 以上，温度低时，要延长还原时间，温度高时可缩短还原时间。

第二，硼氢化钾浓度对测定有较大影响，应保证硼氢化钾的浓度。

第三，氢氧化钾或氢氧化钠中可能含有少量的砷，对测定结果有一定的影响，尽可能使用优级纯的试剂。

第四，硼氢化钾需储存在聚乙烯材质的容器中，避免使用玻璃仪器。

（二）离子色谱-原子荧光光谱法

1. 原理

本法的原理是样品中的砷化物经离子色谱分离后，与盐酸和硼氢化钾反应，生成的气体经气液分离器分离，在载气的带动下进入原子荧光光度计进行检测。

2. 仪器与试剂

液相色谱、氢化物发生-原子荧光光度计。

第一，甲醇、4%的乙酸、0.5%的氢氧化钾、7%盐酸。

第二，流动相：5 mmol/L 磷酸氢二氨（用 4%的乙酸调 pH 6.0）。

第三，砷储备液（1 mg/mL）。

第四，1.5%的硼氢化钾：将硼氢化钾溶解在 0.5%的氢氧化钾溶液中。

3. 操作方法

（1）样品处理

样品用粉碎机粉碎，称取 0.5 g，鲜样捣碎、混合均匀后称取 5 g。放入离心管中，加入 10 mL 甲醇-水溶液（1∶1），超声提取 10 min，离心 10 min。将上清液转移至圆底烧瓶中，样品重复提取 3 次，合并提取液，30℃旋干，用 10mL 水溶解，过 0.45μm 滤膜，供色谱分析。水样直接过 0.45μm 滤膜，备用。依据标准物质进行回归定量分析。

（2）仪器参考条件

①色谱参考条件

色谱柱：需采用 Hamilton PRP－X100（250 mm×4.1 mm i.d.，10μm）。流动相：5 mmol/L磷酸氢二氨（用 4%的乙酸调 pH 6.0）。

流速：1 mL/min。

进样量：20μL。

②原子荧光光谱条件。

原子荧光光度计：1.5%的 KBH_4。

灯电流：50 mA。

载流：7%的 HCl。

流速：6.0 mL/min。

载气：氩气，400 mL/min。

PMT 电压：270 V。

4. 说明及注意事项

缓冲液的浓度对分离条件影响较大，浓度低时，分离效果好，但最后的 As^{5+}脱尾严重；浓度高时 DMA 与 MMA 不易分离，因此，要控制流动相的 pH 6.0 左右。

（三）高效液相色谱-等离子发射光谱法

1. 原理

样品中的砷化物提取后，经色谱柱分离，进入等离子发生光谱进行检测，外标法定量。

2. 仪器与试剂

高效液相色谱仪、等离子发射光谱、超声波清洗仪。

第一，硝酸、甲醇、氨水、乙酸

第二，20 mmol/L 磷酸缓冲液、10 mmol/L 嘧啶。

第三，砷标准溶液：砷甜菜碱（AsB）、砷胆碱（AsC）、三甲砷酸（TMAO）、三价砷、五价砷等标准储备液浓度 1000μg/mL；标准工作液浓度为 1.0~20.0μg/L。

3. 操作方法

（1）样品处理

样品用粉碎机粉碎，称取干样 0.5 g，鲜样捣碎、混合均匀后称取 5 g 放入离心管中，加 10 mL 甲醇-水溶液（1∶1），超声提取 10 min，离心 10 min。将上清液转移至圆底烧瓶中，重复提取 3 次，合并提取液，30℃旋干，用 10 mL 水溶解，过 0.45μm 滤膜，供色谱分析。根据标准系列样品进行回归定量分析。

（2）仪器参考条件

①色谱参考条件

第一，阴离子交换色谱柱 PRP-X100（4.1mm×250 mm，10μm 粒径）。

柱温：40℃。

流动相 20 mmol/L 磷酸缓冲液（用氨水调 pH 6.0）。

流速 1.5 mL/min。

第二，阳离子交换色谱柱 Zorbax 300 SCX 柱（4.6 mm×250 mm，10μm 粒径）。

温度：30℃。

流动相：10 mmol/L 嘧啶（用乙酸调 pH 2.3）。

流速：1.5 mL/min。

进样量：20μL。

②等离子发射光谱条件

RF 电压：1.2 kW。

辅助氩气流量：0.8 L/min。

雾化氩气流量：0.96 L/min。

冷却氩气：15 L/min。

4. 说明及注意事项

第一，色谱的分离取决于 pH、不同的砷化物 pK_4 不同。As^5+（$pK_{a1}=2.3$）、MMA（$pK_a=3.6$）、DMA（$pK_a=6.2$）可作为阴离子；AC+、TMAO、TeMA 可作为阳离子；AB（$pK_a=2.18$）作为两性离子；亚砷酸盐和 As_3+（$pK_{a1}=9.3$）在阴离子和阳离子均可发生置换反应。

第二，阳离子交换色谱可用于分离砷甜菜碱（AB）、砷胆碱（AC）、三甲基砷氧（TMAO）、四甲基砷离子（Me_4As+AC）；阴离子交换色谱可用于分离 As^3+、As^5+、MMA（V）、DMA（V）砷的无机形态。

三、食品中铅的检测

（一）石墨炉原子吸收光谱法

1. 原理

试样经灰化或酸消解后，注入原子吸收分光光度计石墨炉中，电热原子化后吸收 283.3 nm 共振线，在一定浓度范围，其吸收值与铅含量成正比，与标准系列比较定量。

2. 仪器与试剂

(1) 仪器

原子吸收分光光度计（附石墨炉原子化器和铅空心阴极灯），马弗炉，天平（0.001 g），干燥恒温箱，瓷坩埚，压力消解器、压力消解罐或压力溶弹，可调式电热板或可调式电炉。

(2) 试剂

第一，优级纯硝酸、过硫酸铵、过氧化氢（30%）、优级纯高氯酸、硝酸（1+1）、硝酸（0.5 mol/L）、硝酸（1 mol/L）、磷酸二氢铵溶液（20 g/L）、硝酸+高氯酸（9+1）。

第二，铅标准储备液：准确称取 1.000 g 金属铅（纯度 99.99%），分次加少量硝酸（1+1），加热溶解，总量不超过 37 mL，移入 1000 mL 容量瓶，加水至刻度，混匀。此溶液每毫升含 1.0 mg 铅。

第三，铅标准使用液：每次吸取铅标准储备液 1.0 mL 于 100 mL 容量瓶中，加硝酸（0.5 mol/L）至刻度。如此经多次稀释成每毫升含 10.0 ng、20.0 ng、40.0 ng、60.0 ng、80.0ng 铅的标准使用液。

3. 操作方法

(1) 试样消解

称取 1~2 g 试样（精确到 0.001 g，干样、含脂肪高的试样<1 g，鲜样<2g 或按压力消解罐使用说明书称取试样）于聚四氟乙烯内罐，加硝酸 2~4 mL 浸泡过夜。再加过氧化氢（30%）2~3 mL（总量不能超过罐容积的 1/3）。盖好内盖，旋紧不锈钢外套，放入恒温干燥箱，120℃~140℃保持 3~4h，在箱内自然冷却至室温，将消化液转移到 10~25 mL 容量瓶中，用水少量多次洗涤罐，洗液合并于容量瓶中并定容至刻度，混匀备用。同时做试剂空白。

(2) 仪器参考条件

波长：283.3 nm。

狭缝：0.2~1.0 nm。

灯电流：5~7 mA。

干燥温度：120℃，20 s。

灰化温度：450℃，持续 15~20 s。

原子化温度：1700~2300℃，持续 4~5 s。

背景校正：氘灯或塞曼效应。

(3) 标准曲线的绘制

吸取铅标准使用液各10μL，注入石墨炉，测得其吸光值并求得吸光值与浓度关系的一元线性回归方程。

样品测定及空白测定同上，测得其吸光值，通过回归方程求得样液中铅含量。对有干扰样品，需要注入5μL2%的磷酸二氢铵溶液作为基体改进剂以消除干扰。绘制铅标准曲线时也要加入与样品测定时等量的基体改进剂磷酸二氢铵溶液。

（二）火焰原子吸收光谱法

1. 原理

试样经处理后，铅离子在一定pH条件下与二乙基二硫代氨基甲酸钠（DDTC）形成络合物，经4-甲基-2-戊酮萃取分离，导入原子吸收分光光度计中，火焰原子化后，吸收283.3 nm共振线，吸收量与铅含量成正比，与标准系列比较定量。

2. 仪器与试剂

（1）仪器

原子吸收分光光度计（火焰原子化器），马弗炉，天平（感量为1 mg），干燥恒温箱，瓷坩埚，压力消解器、压力消解罐或压力溶弹，可调式电热板或可调式电炉。

（2）试剂

第一，硝酸+高氯酸（9+1）、硫酸铵溶液（300 g/L）、柠檬酸铵溶液（250 g/L）、溴百里酚蓝水溶液（1 g/L）、二乙基二硫代氨基甲酸钠（DDTC）溶液（50 g/L）、氨水（1+1）、4-甲基-2-戊酮（MIBK）。

第二，铅标准溶液：同石墨炉法。

第三，盐酸（1+11）、磷酸溶液（1+10）。

3. 操作方法

（1）试样处理

①饮品及酒类

取均匀试样10~20 g（精确到0.01 g）于烧杯中（酒类应先在水浴上蒸去乙醇），于电热板上先蒸发至一定体积后，加入硝酸-高氯酸（9+1）消化完全后，转移、定容于50 mL容量瓶中。

②包装材料浸泡液

可直接吸取测定。

③谷类

称取 5~10 g 试样（精确到 0.01g），置于 50 mL 瓷坩埚中，小火炭化，然后移入马弗炉中，500℃以下灰化 16 h 后，取出坩埚，放冷后再加少量硝酸-高氯酸（9+1），小火加热，不使干涸，必要时再加少许混合酸，如此反复处理，直至残渣中无碳粒，待坩埚稍冷，加 10 mL 盐酸（1+11），溶解残渣并移入 50 mL 容量瓶中，再用水反复洗涤坩埚，洗液并入容量瓶中，并稀释至刻度，混匀备用。

取与试样相同量的混合酸和盐酸（1+11），按同一操作方法做试剂空白试验。

（2）萃取分离

吸取 25~50 mL 上述制备的样液及试剂空白液，分别置于 125 mL 分液漏斗中，补加水至 60 mL 加 2 mL 柠檬酸铵溶液（250 g/L），溴百里酚蓝水溶液（1 g/L）3~5 滴，用氨水（1+1）调 pH 至溶液由黄变蓝，加硫酸铵溶液（300 g/L）10 mL，DDTC 溶液（50 g/L）10mL，摇匀。放置 5 min 左右，加入 10.0 mL MIBK，剧烈振摇提取 1 min，静置分层后，弃去水层，将 MIBK 层放入 10mL 带塞刻度管中，备用。分别吸取铅标准使用液 0.00mL、0.25 mL、0.50 mL、1.00 mL、1.50mL、2.00mL 于 125 mL 分液漏斗中。与试样相同方法萃取。

（3）仪器参考条件

空心阴极灯电流：8 mA。

共振线：283.3 nm。

狭缝：0.4 nm。

空气流量：8 L/min。

燃烧器高度：6 mm。

（三）二硫腙比色法

1. 原理

样品经消化后，在 pH=8.5~9.0 时，铅离子与二硫腙生成红色络合物，溶于三氯甲烷，加入柠檬酸铵、氰化钾和盐酸羟胺等，防止铜、铁、锌等离子干扰，与标准系列比较定量。

2. 仪器与试剂

分光光度计。

第一，1+1 氨水、盐酸（1+1）、酚红指示液（1 g/L）、氰化钾溶液（100 g/L）、三氯甲烷（不应含氧化物）、硝酸（1+99）、硝酸-硫酸混合液（4+1）。

第二，盐酸羟胺溶液（200 g/L）：称取 20 g 盐酸羟胺，加水溶解至 50 mL，加 2 滴酚红指示液，加氨水（1+1）调 pH 至 8.5~9.0（由黄变红，再多加 2 滴），用二硫腙-三氯甲烷溶液提取至三氯甲烷层绿色不变为止，再用三氯甲烷洗两次，弃去三氯甲烷层，水层加盐酸（1+1）呈酸性，加水至 100 mL。

第三，柠檬酸铵溶液（200 g/L）：称取 50 g 柠檬酸铵，溶于 100 mL 水中，加 2 滴酚红指示液，加氨水（1+1）调 pH 至 8.5~9.0，用二硫腙-三氯甲烷溶液提取数次，每次 10~20 mL，至三氯甲烷层绿色不变为止，弃去三氯甲烷层，再用三氯甲烷洗两次，每次 5 mL，弃去三氯甲烷层，加水稀释至 250 mL。

第四，淀粉指示液：称取 0.5 g 可溶性淀粉，加 5 mL 水摇匀后，慢慢倒入 100mL 沸水中，随倒随搅拌，煮沸，放冷备用。临用时配制。

第五，二硫腙-三氯甲烷溶液（0.5 g/L）：称取精制过的二硫腙 0.5g，加 1 L 三氯甲烷溶解，保存于冰箱中。

第六，二硫腙使用液：吸取 1.0 mL 二硫腙溶液，加三氯甲烷至 10 mL，混匀。用 1 cm 比色皿，以三氯甲烷调节零点，于波长 510 nm 处测吸光度（A），用下式算出配制 100 mL 二硫腙使用液（70%透光度）所需二硫腙溶液的体积（V）。

第七，铅标准溶液：精密称取 0.1598g 硝酸铅，加 10 mL 硝酸（1+99），全部溶解后，移入 100 mL 容量瓶中，加水稀释至刻度。此溶液每毫升相当于 1.0 mg 铅。

第八，铅标准使用液：吸取 1.0 mL 铅标准溶液，置于 100 mL 容量瓶中，加水稀释至刻度。此溶液每毫升相当于 10.0 mg 铅。

3. 操作步骤

（1）样品预处理

在采样和制备过程中，应注意不使样品污染。

粮食、豆类去杂物后，磨碎，过 20 目筛，储于塑料瓶中，保存备用。

蔬菜、水果、鱼类、肉类及蛋类等水分含量高的鲜样，用食品加工机或匀浆机打成匀浆，储于塑料瓶中，保存备用。

（2）样品消化（灰化法）

①粮食及其他含水分少的食品

称取 5.00 g 样品，置于石英或瓷坩埚中；加热至炭化，然后移入马弗炉中，500℃灰化 3 h，放冷，取出坩埚，加硝酸（1+1），润湿灰分，用小火蒸干，在 500℃灼烧 1 h，放冷，取出坩埚。加 1mL 硝酸（1+1），加热，使灰分溶解，移入 50 mL 容量瓶中，用水洗涤坩埚，洗液并入容量瓶中，加水至刻度，混匀备用。

②含水分多的食品或液体样品

称取5.0 g或吸取5.00 mL样品，置于蒸发皿中，先在水浴上蒸干，再按①自“加热至炭化”起依法操作。

（3）样品测定

吸取10.0 mL消化后的定容溶液和同量的试剂空白液，分别置于125 mL分液漏斗中，各加水至20 mL。

吸取0.00 mL、0.10 mL、0.20 mL、0.30 mL、0.40 mL、0.50 mL铅标准使用液（相当0μg、1μg、2μg、3μg、4μg、5μg铅），分别置于125 mL分液漏斗中，各加硝酸（1+99）至20 mL。

于样品消化液、试剂空白液和铅标准液中各加2 mL柠檬酸铵溶液（20 g/L）、1mL。盐酸羟胺溶液（200 g/L）和2滴酚红指示液，用氨水（1+1）调至红色，再各加2mL氰化钾溶液（100 g/L），混匀。各加5.0 mL二硫腙使用液，剧烈振摇1 min，静置分层后，三氯甲烷层经脱脂棉滤入1 cm比色皿中，以三氯甲烷调节零点，于波长510 nm处测吸光度，各点减去空白液管吸光度值后，绘制标准曲线或计算一元回归方程，样品与标准曲线比较。

四、食品中其他金属污染物的检测

（一）食品中锡的检测

1. 原理

样品经消化后，在弱酸性溶液中四价锡离子与苯芴酮形成微溶性橙红色络合物，在保护性胶体存在下与标准物质比较定量。

2. 仪器与试剂

分光光度计、电热板。

第一，10%的酒石酸溶液、1%的抗坏血酸溶液、0.5%的动物胶溶液、1%的酚酞指示液(10 g/L)。

第二，氨水-水（1∶1）、硫酸-水（1∶9）、硝酸-硫酸（5∶1）。

第三，0.01%的苯芴酮溶液：称取0.010 g苯芴酮，加少量甲醇及硫酸-水（1∶9）数滴溶解，以甲醇稀释至100 mL。

第四，锡标准溶液（1 mg/mL）：准确称取 0.1000 g 金属锡，置于小烧杯中，加 10 mL 硫酸，盖以表面皿，加热至锡完全溶解，移去表面皿，继续加热至发生浓白烟，冷却，慢慢加 50 mL 水，移入 100 mL 容量瓶中，用硫酸-水（1∶9）多次洗涤烧杯，并入容量瓶中，稀释至刻度。工作时用硫酸-水（1∶9）稀释锡标准使用液为 10μg/mL。

3. 操作步骤

（1）干法灰化

称取 1.00~5.00 g 样品于瓷坩埚中，先小火在电热板上炭化至无烟，移入马弗炉 500℃灰化 6~8 h 时，冷却。若个别样品灰化不彻底，需冷却后小心加入 1 mL 混合酸在电炉上小火加热，反复多次直到消化完全，放冷，用 0.5 mol/L 硝酸将灰分溶解，过滤 25 mL 容量瓶中定容，同时作试剂空白。

（2）湿法消解

称取样品 1.00~5.00 g 于三角瓶中，放数粒玻璃珠，加 10 mL 混合酸，加盖浸泡过夜，次日在电炉上消解，若溶液变棕色，需再加混合酸，直至消化液呈无色透明或略带黄色，过滤 25mL 容量瓶中定容，同时作试剂空白。

（3）样品测定

吸取 0.0 mL、0.5mL、1.0 mL、1.5mL、2.0 mL、2.5 mL 锡标准使用液（相当于 0.0μg、5.0μg、10.0μg、15.0μg、20.0μg、25.0μg 锡），分别置于 25 mL 比色管中，加入 0.5 mL 酒石酸溶液及 1 滴酚酞指示液，混匀，加氨水-水（1∶1）中和至淡红色，再加 3 mL 硫酸溶液、0.5%的动物胶溶液 1 mL 及 2.5 mL 抗坏血酸溶液，再加水至 25 mL，混匀，再各加 0.01%的苯芴酮溶液 1 mL，混匀，1 h 后，分别取样品消化液和试剂空白液在波长 490 nm 处比色测定，绘制标准曲线。

（二）食品中镉的检测

1. 原理

样品经过消化后，在碱性溶液中，镉离子与 6-溴苯并噻唑偶氮萘酚形成红色络合物，溶于三氯甲烷，与标准系列比较定量。

2. 仪器与试剂

分光光度计。

第一，三氯甲烷、二甲基甲酰胺、混合酸（硝酸-高氯酸，3+1）、酒石酸钾钠溶液（400 g/L）、氢氧化钠溶液（200 g/L）、柠檬酸钠溶液（250 g/L）。

第二，镉试剂：称取 38.4 mg 6-溴苯并噻唑偶氮萘酚溶于 50 mL 二甲基甲酰胺中，储于棕色瓶中。

第三，镉标准溶液：准确称取 1.000 L 容量瓶中，以水稀释至刻度，混匀，储于聚乙烯瓶中。此溶液每毫升相当于 1.0 mg 镉。镉标准使用液：吸取 10.0 mL 镉标准溶液，置于 100 mL 容量瓶中，以盐酸（1+1+1）稀释至刻度，混匀。如此多次稀释至每毫升相当于 1.0μg 镉。

3. 操作方法

（1）样品消化

称取 5.00~10.00 g 样品，置于 150mL 锥形瓶中，加入 15~20 mL，混合酸（如在室温放置过夜，则次日易于消化），小火加热，待泡沫消失后，可慢慢加大火力，必要时再加少量硝酸，直至溶液澄清无色或微带黄色，冷却至室温。

取与消化样品相同量的、混合酸、硝酸铵同一操作方法做试剂空白实验。

（2）样品测定

将消化好的样液及试剂空白液用 20 mL 水分数次洗入 125 mL 分液漏斗中，以氢氧化钠溶液（200 g/L）调节至 pH = 7 左右。取 0.0mL、0.5 mL、1.0mL、3.0mL、5.0mL、7.0mL、10.0mL 镉标准使用液（相当于 0.0μg、0.5μg、1.0μg、3.0μg、5.0μg、7.0μg、10.0μg 镉），分别置于 125 mL 分液漏斗中，再各加水至 20 mL。用氢氧化钠溶液（200 g/L）调节至 pH=7 左右。于样品消化液、试剂空白液及标准液中依次加入 3 mL 柠檬酸钠溶液（250 g/L）、4mL 酒石酸钾钠溶液（400 g/L）及 1 mL 氢氧化钠溶液（200 g/L），混匀。再各加 5.0 mL 三氯甲烷及 0.2 mL 镉试剂，立即振摇 2 min，静置分层后，将三氯甲烷层经脱脂棉滤入试管中，以三氯甲烷调节零点，于 1 cm 比色皿在波长 585 nm 处测吸光度。

第二节　食品中掺假物质的安全检测技术

一、概述

食品掺假是指人为地、有目的地向食品中加入一些非固有的成分，以增加其重量或体积，而降低成本；或改变某种质量，以低劣的色、香、味来迎合消费者贪图便宜的行为。食品掺假主要包括掺假、掺杂和伪造，这三者之间并没有明显的界限，食品掺假即为掺假、掺杂和伪造的总称。一般的掺假物质能够以假乱真。

食品掺假会极大地影响食品质量，营养价值、感官特性、安全性等都会发生改变。根据所添加物质的种类不同，所造成的危害程度也是不同的。

第一，添加物属于正常食品或原辅料，仅是成本较低，则会致使消费者蒙受经济损失。例如，乳粉中加入过量的白糖；牛乳中掺水或豆浆；芝麻香油中加米汤或掺葵花油、玉米胚油；糯米粉中掺大米粉；味精中掺食盐等。这些添加物都不会对人体产生急性损害，但食品的营养成分、营养价值降低，干扰经济市场。

第二，添加物是杂物，不利于人体健康。例如，米粉中掺入泥土，面粉中混入沙石等杂物，人食用后可能对消化道黏膜产生刺激和损伤。

第三，添加物具有明显的毒害作用，或具有蓄积毒性。例如，用化肥（尿素）浸泡豆芽；用除草剂催发无根豆芽；将添加绿色染料的凉粉当作绿豆粉制成的凉粉等。人食用这类食品后，胃部会受到恶性刺激，还可能对人体产生蓄积毒性，致癌、致畸、致突变等危害。最近，有些地区也有因混入桐油的食用油炸制油饼、油条而引起人食物中毒的报道。

第四，添加物细菌污染而腐败变质的，通过加工生产仍不能彻底灭菌或破坏其毒素。曾有因食用变质月饼、糕点等引起食物中毒的典型事例，使食用者深受其害。

二、食品掺假鉴别检验的方法

（一）感官检验法

1. 感官检验的特点与类型

（1）分析型感官检验

分析型感官检验有适当的测量仪器。可用物理、化学手段测定质量特性值，也可用人的感官来快速、经济，甚至高精度地对样品进行检验。这类检验最主要的问题是如何测定检验人员的识别能力。检验是以判断产品有无差异为主，主要用于产品的入厂检验、工序控制与出厂检验。

（2）偏爱型感官检验

偏爱型感官检验与分析型感官检验正好相反，是以样品为工具，了解人的感官反应及倾向。这种检验必须用人的感官来进行，完全以人为测定器，调查、研究质量特性对人的感觉、嗜好状态的影响程序。（无法用仪器测定）这种检验的主要问题是如何能客观地评价不同检验人员的感觉状态及嗜好的分布倾向。

2. 感官分析和评价的步骤

（1）项目目标的确定

首先要确定感官分析和评价的目标和目的，是要改进产品、替换成分降低成本、模拟同类产品、评价单一感官性状，还是对产品进行综合评价，都要目的明确。

（2）实验目标的确定

项目目标确定后，实验目标就可以确定，主要是考虑选择哪种实验，如总体差别实验、单项差别实验、相对喜好程度实验、接受性实验。才能达到实验目的。

（3）样品的筛选

实验设计人员需要对样品进行查看，熟悉感官评定的程序，对样品进行合理储存、筛选、准备和编号。

（4）实验设计

包括具体实验方法、评价员的筛选和培训、问卷的设计、数据分析应选用何种方法。

（5）实验的实施

实验的具体执行，一般都有专门实验人员负责。

（6）分析数据

选择合适的统计方法和相应软件对数据进行分析，也要进行误差分析。

（7）结果解释

对实验的目的、方法和结果进行报告、总结，对结果进行解释，提出合理建议。

（二）物理分析法

1. 相对密度检验法

相对密度是物质重要的物理常数，各种液态食品都具有一定的相对密度，当其组成成分及浓度发生改变时，其相对密度往往也随之改变。通过测定液态食品的相对密度，可以检验食品的纯度、浓度及判断食品的质量。

蔗糖溶液的相对密度随糖液浓度的增加而增大，原麦汁的相对密度随浸出物浓度的增加而增大，而酒中酒精的相对密度却随酒精度的提高而减小，这些规律已通过实验制定出了它们的对照表，只要测得它们的相对密度就可以查出其对应的浓度。

对于某些液态食品（如果汁、番茄制品等），测定相对密度并通过换算或查专用经验表格可以确定可溶性固形物或总固形物的含量。

（1）密度计法

密度计放入被测液体中，由于下端较重，故能自行保持垂直。密度计本身的质量与液体给它的浮力平衡，密度计的质量为定值，所以被测液体的密度越大，密度计浸入液体中的体积越小。根据密度计浮在液面上体积的大小就可求得液体密度的大小。在密度计的细管上刻上数值就可直接读出液体密度的值。有的专用密度计已将密度换算成了某种溶液的百分含量，可以直接读出溶液的百分含量。密度计法是测定液体密度便捷、实用的方法，只是准确度不如密度瓶法。

测定方法如下：将混合均匀的被测样液沿筒壁徐徐注入适当容积的清洁量筒中，注意避免起泡沫。将密度计洗净擦干，缓缓放入样液中，使其自由浮在量筒中，再将其稍微按下，然后升起达平衡位置，静止并无气泡冒出后，从水平位置读取与液平面相交处的刻度值。同时用温度计测量样液的温度，如测得温度不是标准温度，应对测得值加以校正。

（2）密度瓶法密度瓶具有一定的容积，在一定的温度下，用同一密度瓶分别

称量等体积的样品溶液和蒸馏水的质量，两者之比即为该样品溶液的相对密度。

测定方法如下：先把密度瓶洗干净，再依次用乙醇、乙醚洗涤，烘干冷却至室温，用万分之一的天平准确称量（带温度计的塞子不要烘烤）。装满样液，盖上瓶盖，置20℃水浴中浸0.5 h，使内容物的温度达到20℃，用细滤纸条吸去支管标线上的样液，盖上侧管帽后取出。用滤纸把密度瓶外擦干，置天平室内0.5h，称重。将样液倾出，洗净密度瓶，装入煮沸0.5 h并冷却到20℃下的蒸馏水，按上法操作。测出同体积20℃蒸馏水的质量。

2. 旋光法

（1）普通旋光计

最简单的旋光计是由两个尼克尔棱镜构成，一个用于产生偏振光，称为起偏器；另一个用于检验偏振光振动平面被旋光质旋转的角度，称为检偏器。当起偏器与检偏器光轴互相垂直时，即通过起偏器产生的偏振光的振动平面与检偏器光轴互相垂直时，偏振光通不过去，故视野最暗，此状态为仪器的零点。若在零点情况下，在起偏器和检偏器之间放入旋光质，则偏振光部分或全部地通过检偏器，结果视野明亮。此时如果将检偏器旋转一角度使视野最暗，则所旋角度即为旋光质的旋光度。实际上这种旋光计并无实用价值，因用肉眼难以准确判断什么是“最暗”状态。为克服这个缺点，通常在旋光计内设置一个小尼克尔棱镜，使视野分为明暗两半，这就是半影式旋光计。此仪器的终点不是视野最暗，而是视野两半圆的照度相等。由于肉眼较易识别视野两半圆光线强度的微弱差异，故能正确判断终点。

（2）检糖计

检糖计是测定糖类的专用旋光计，其测定原理与半影式旋光计基本相同。

检糖计读数尺的刻度是以糖度表示的。最常用的是国际糖度尺，以 S 表示。其标定方法如下：在 20℃时，把 26.000 g 纯蔗糖（在空气中以黄铜砝码称出）配成 100 mL 的糖液，在 20℃用 200 mm 观测管以波长 λ=589.4400 nm 的钠黄光为光源测得的读数定为 100°S。1°S 相当于 100 mL 糖液中含有 0.26g 蔗糖。读数为 x°S，表示 100 mL 糖液中含有 0.26x g 蔗糖。

（3）WZZ-1 型自动旋光计

WZZ-1 型自动旋光计采用光电检测器及晶体管自动示数装置，具有体积小、灵敏度高、没有人为误差、读数方便、测定迅速等优点。

当检测池中放进存有被测溶液的试管后，由于溶液具有旋光性，使偏振光旋转了一个角度，零度视场便发生了变化，转动检偏镜一定角度，能再次出现亮度一致的视场。这个转角就是溶液的旋光度，测得溶液的旋光度后，就能确定该物质的纯度和含量。

3. 折光法

（1）手提折光仪

使用方法如下：打开盖板，用软布仔细擦净检测棱镜，并用滤纸和擦镜纸将水拭净。取待测溶液数滴，置于检测棱镜上，轻轻合上盖板，避免气泡产生，使溶液遍布棱镜表面。将光窗对准光源，视场中明暗分界线相应读数即为溶液中糖液的质量分数。

（2）阿贝折光仪

阿贝折射仪能测定透明、半透明液体或固体的折射率。折射率刻度范围 1.3000~1.7000，可测糖溶液的浓度范围为 0%~95%，相当于折射率为 1.333~1.531，测定温度为 0℃~50℃内样品的折射率。

测定液体时，阿贝折射仪的使用方法如下：棱镜表面洗净擦干，滴加 1~2 滴蒸馏水于下面棱镜上，将两块棱镜闭合，用棱镜开关手轮旋紧；由目镜观察，转动棱镜旋钮，使视野出现明暗两部分；旋转棱镜旋钮，使明暗分界线在十字线交叉点；旋转色散补偿器旋钮，使视野中只有黑白两色；再适当转动聚光镜，此时目镜视场下方显示的示值应为蒸馏水的折射率，显示仪器正常（若读数不正确，可借助仪器上特有的校正螺旋，将其调整到正确读数，即为仪器的校准）；将棱镜表面洗净擦干，用样液代替蒸馏水，同样操作可得样液折射率（若测定液为蔗糖溶液，可直接从视场中示值上半部读出蔗糖溶液的百分数）；折射率通常规定在 20℃时测定，如测定温度不是 20℃，应按实际测定温度进行校正。

（三）其他方法

化学分析法以物质的化学反应为基础，使被测成分在溶液中与试剂作用，由生成物的量或消耗试剂的量来确定组分含量的方法。它是食品检测技术中最基础、最重要的检测方法。

仪器分析法是在物理分析、化学分析的基础上发展起来的一种快速、准确的分析方法。它是以物理或物理化学性质为基础，利用光电仪器来测定物质含量的方法，包括物理分析法和物理化学方法。该方法灵敏、快速、准确，尤其适用于微量成分分析，但必须借助较昂贵的仪器，如分光光度计、气相色谱仪、液相色谱仪、原子吸收分光光度计等。目前，在我国的食品分析检测方法中也有着广泛应用。

酶分析法是利用酶作为生物催化剂进行定性或定量的分析方法。酶分析法具有高效性、专一性、干扰能力强、简便、快速、灵敏性等特点。

三、乳与乳制品掺假的检测

（一）鲜牛乳的感官检验

1. 优质鲜乳

①色泽

呈乳白色或淡黄色。

②气味及滋味

具有显现牛乳固有的香味，无其他异味。

③组织状态

呈均匀的胶态流体，无沉淀、无凝块、无杂质、无异物等。

2. 次质鲜乳

①色泽：较新鲜乳色泽差或灰暗。

②气味及滋味：乳中固有的香味稍淡，或略有异味。

③组织状态：均匀的胶态流体，无凝块，但带有颗粒状沉淀或少量脂肪析出。

3. 不新鲜乳

①色泽

白色凝块或明显黄绿色。

②气味及滋味

有明显的异常味，如酸败味、牛粪味、腥味等。

③组织状态

呈稠样而不成胶体溶液，上层呈水样，下层呈蛋白沉淀。

（二）牛乳掺假的快速检测

1. 掺水的检验

（1）密度法

正常牛乳密度在 1.028~1.033 之间，掺水后密度下降。用乳稠计测定。

操作方法如下：将 10℃~25℃的牛乳样品小心地注入容积为 250 mL 的量筒中，加到量筒容积的 3/4，勿使发生泡沫并测量其试样温度。用手拿住乳稠计上部，小心地将它沉到相当刻度 30 度处，放手让它在乳中自由浮动，但不能与管壁接触。静置 1~2 min 后，读取乳稠计的度数，以牛乳表面层与乳稠计的接触点为准。据温度和乳稠计度数，换算成 20℃时相对密度。

（2）乳清密度法

由于牛乳的相对密度受乳脂含量的影响，如果牛乳即掺水又脱脂，则可能全乳的相对密度值变化不大。所以检测牛乳相对密度变化，最好测定乳清的相对密度值。乳清主要成分为乳糖和矿物质，乳清比重比全乳的密度更加稳定，乳清正常比重为 1.027~1.030。

操作方法如下：取牛乳样品 200 mL 置锥形瓶内，加 20%℃醋酸溶液 4 mL，于 40℃水浴中加热至出现酪蛋白凝固，置室温冷却后，用两层纱布夹一层滤纸抽滤，滤液（即乳清）。按上述方法测定相对密度。

（3）化学检查法

各种天然水（井水、河水等）一般均含有硝酸盐，而正常乳则完全不含有硝酸盐。原料乳是否掺水，可用二苯胺法测定微量硝酸根验证。在浓硫酸介质中，硝酸根可把二苯胺氧化成蓝色物质。若试验显示蓝色，则可判断为掺水；若试验不显蓝色，由于某些水源不含硝酸盐（或掺入蒸馏水），也不能说明没掺水。可继续将氯化钙溶液加入待检乳样中，酒精灯上加热煮沸至蛋白质凝固，冷却后过滤。在白瓷皿中加入二苯胺溶液，用洁净的滴管加几滴滤液于二苯胺中，如果在液体的接界处有蓝色出现，说明有掺水。

（4）冰点测定法

正常新鲜乳的冰点应为-0.53~-0.59℃，掺假后将会使冰点发生明显的变化，低于或高于此值都说明可能有掺假或者是变质。样品的冰点明显高于-0.53℃，说明可能是掺水，可计算掺水量；样品的冰点低于-0.59℃，说明可能掺有电解质或蔗糖、尿素以及牛尿等物质。

(5) 硝酸银-重铬酸钾法

正常乳中氯化物很低，掺水乳中氯化物的含量随掺水量增加而增加。利用硝酸银与氯化物反应检测。检测时先在被检乳样中加两滴重铬酸钾，硝酸银试剂与乳中氯化物反应完后，剩余的硝酸银便与重铬酸钾产生反应，据此确定是否掺水和掺水的程度。

(6) 干物质测定法

正常乳的干物质量为11%~15%，若干物质量明显低于此值则证明掺水。

2. 掺碱的检验

(1) 指示剂法

①玫瑰红酸法

取被检乳、正常乳分别注入试管中，然后滴加玫瑰红酸酒精溶液，摇匀后观察其变化。若乳中含碱，乳样会呈玫瑰红色，含碱量越大，其颜色也越鲜艳；而不含碱的乳样则呈棕黄色（肉桂色）。也可在白瓷滴定板的坑内滴入被检乳及上述指示剂，混合均匀，如呈现玫瑰红色，则说明乳中掺有碱性物质。

②溴甲酚紫法

在试管中加入被检乳和溴甲酚紫酒精溶液，摇匀后放在沸水中加热，呈现天蓝色的表示加有过量的碱性物质。

③溴麝香草酚蓝法

取乳样于试管中，沿管壁加入溴百里香酚蓝乙醇溶液，缓慢转动几次，静置后，观察界面环层颜色变化。

乳中碳酸氢钠的检验，是取样品乳于试管中，沿试管壁缓缓滴入麝香盐，注意切勿摇动，静置，若观察到二液面交界处有环，可按相关标准来判断碳酸氢钠的加入量。

(2) 灰分碱度滴定法

一般所加的碱又为乳酸所中和，用指示剂法很难测出，可测灰分中的碱的量。此方法适用于掺入任何量的中和剂，但操作复杂。

以高温灼烧试样成灰分后，用蒸馏水进行浸提，浸提液中加入甲基橙指示剂，用标准硫酸滴定至溶液由黄色变为橙色为止。

操作方法如下：取牛乳 20 mL 于瓷坩埚中，先于沸水浴上蒸发至干，置电炉上炭化，然后移入高温电炉（550℃）内灰化完全并冷却。加热水 30 mL 溶解，溶液转移至锥形瓶内，加 0.1%的甲基橙指示剂 3 滴，用 0.1000 mol/L HCl 滴定至橙黄色（同时做正常乳对比试验）。正常牛乳灰分的碱度以碳酸钠计时，应为 0.025%（平均值）。如所测碱度远远超过此值，说明牛乳中有中和剂。根据所记录的 HCl 消耗体积，计算乳中含碱量。

（3）掺硝酸盐检验

①单扫示波极谱法

单扫示波极谱法是用溶出分析仪扫描硝酸盐标准溶液，再扫描被检乳样，可对比分析出乳中硝酸盐加入量。此法适用于鲜牛乳和杀菌牛乳中硝酸盐的检出。

②甲醛法

检测乳与甲醛溶液混合，注入硫酸，观察环带，如 1000 mL 牛乳中含有 0.5 mg 的硝酸盐，经 5~7 min 便出现环带。

（4）掺石灰乳检验

牛乳中掺石灰乳，可利用其干扰玫瑰红酸钠与钡离子的反应进行检验。在中性环境中，玫瑰红酸钠可与钡离子生成红棕色沉淀。

3. 掺无机盐的检验

（1）掺食盐

①银量法

新鲜乳中含氯离子一般为 0.09%~0.12%。用莫尔法测氯离子时，如果其含量远超过 0.12%可认为掺有食盐。在乳样中加入铬酸钾和硝酸银，新鲜乳由于乳中氯离子含量很低，硝酸银主要和铬酸钾反应生成红色铬酸银沉淀，如果掺有氯化钠，硝酸银则主要和氯离子反应生成氯化银沉淀，并且被铬酸钾染成黄色。

②食盐检测试纸法

食盐检测试纸是利用铬酸银与氯化银的溶度积不同，使铬酸银沉淀转化为氯化银沉淀，从而使试纸变色达到检验效果。氯离子的检测浓度主要取决于铬酸根的浓度，选择适当的铬酸根浓度，以提高试纸的灵敏度。

（2）掺芒硝

操作方法：鉴定硫酸根离子。在一定量的牛乳中，加入氯化钡与玫瑰红酸钠时生成红色的玫瑰红酸钡沉淀。如果牛乳中掺有芒硝，Ba^2+则先与 SO 反应生成硫酸钡白色沉淀，并且被玫瑰红酸钠染色显现黄色。

（3）掺碳酸铵、硫酸铵和硝酸铵

碳酸铵、硫酸铵和硝酸铵是常见的化肥，都含有铵离子，可通过铵离子的鉴定得到检验。铵离子的鉴定一般采用纳氏试剂法。纳氏试剂与氨可形成红棕色沉淀，其沉淀物多少与氨或铵离子的含量成正比。取滤纸（$<1cm^2$）滴上 2 滴纳氏试剂，沾在表面皿上，在另一块表面皿中加入 3 滴待检乳样和 3 滴 20%的氢氧化钠溶液，将沾有滤纸的表面皿扣在上面，组成气室，将气室置于沸水浴中加热。若沾有纳氏试剂的滤纸呈现橙色至红棕色，则

表示掺有各种铵盐；若滤纸不显色，则说明没有掺入铵盐。如进一步确定是哪一种化肥可再进行阴离子鉴定，如 NO_3^-、SO_4^{2-}、CO_3^{2-}等。

4. 掺蔗糖的检验

正常乳中只含有乳糖，而蔗糖含有果糖，所以通过对酮糖的鉴定，检验出蔗糖的是否存在。取乳样品于试管中，加入间苯二酚溶液，摇匀后，置于沸水浴中加热。如果有红色呈现，说明掺有蔗糖。

此外，常见含葡萄糖的物质有葡萄糖粉、糖稀、糊精、脂肪粉、植脂末等。为了提高鲜奶的密度和脂肪、蛋白质等理化指标，常在鲜奶中掺入这类物质。取尿糖试纸，浸入乳样中 2 s 后取出，对照标准板，观察现象。含有葡萄糖类物质时，试纸即有颜色变化。

5. 掺米汤、面汤的检验

正常的牛乳不含淀粉，而米汤和面汤中都含有淀粉，淀粉遇到碘溶液，会出现蓝色反应。如果掺有糊精，则呈紫红色反应。

操作方法如下：牛乳 5 mL，加温稍煮沸放冷后，加入数滴碘液，有淀粉存在时显蓝色，有糊精类时显红紫色。

6. 掺豆浆的检验

（1）皂素显色法

皂素可溶解于热水或热乙醇，并与氢氧化钾反应生成黄色化合物。

操作方法如下：取被检乳样 20 mL，放入 50 mL 锥形瓶中，加乙醇、乙醚（1∶1）混合液 3 mL，混入后加入 25%的氢氧化钠溶液 5 mL，摇匀，同时做空白对照试验。参比的新鲜牛乳应呈暗白色，试样呈微黄色，表示有豆浆掺入。本法灵敏度不高，当豆浆掺入量大于 10%时才呈阳性反应。

（2）脲酶检验法

脲酶是催化尿素水解的酶，广泛地存在于植物中，在大豆和刀豆的种子中含量尤多。动物中不含脲酶，可借检验脲酶来检验牛乳中是否掺有豆浆。脲酶催化水解碱-镍缩二脲试剂后，与二甲基乙二肟的酒精溶液反应，生成红色沉淀。

操作方法如下：在白瓷点滴板上的 2 个凹槽处各加 2 滴碱-镍缩二脲试剂澄清液，再向 1 个凹槽滴加调成中性或弱碱性的待检乳样，另一个滴加 1 滴水。在室温下放置 10~15 min，然后往每个凹槽中各加 1 滴二甲基乙二肟的酒精溶液。如果有二甲基乙二肟络镍的红色沉淀生成，说明牛乳中掺有豆浆。作为对照的空白试剂，应仍维持黄色或仅趋于变成橙色的微弱变化。

（3）检铁试验法

大豆中含铁的量远远高于牛乳中铁的含量，所以可据此判断。氮化亚锡邻二氮菲溶液，加豆乳的牛乳呈粉红色，颜色随豆浆加入量的增加而加深，不加豆浆的不变色。

操作方法如下：取牛乳 10 mL，加入约 0.1 g 氯化亚锡充分振摇，放 5 min，使 Fe^{3+} 还原成 Fe^{2+}，再加 2 mL 邻二氮菲溶液，混匀。观察眼色的变化。该法检出限为 5%。

7. 防腐剂的检验

（1）甲醛的检验

取硫酸试剂于试管中，沿管壁小心加入被检乳，勿使混合，静置于试管架上。约 10 min后观察两液接触面颜色变化。如有甲醛时，为紫色或深蓝色环。正常乳为淡黄色、橙黄色或褐色环。

（2）过氧化氢的检验

取牛乳适量，加入硫酸和淀粉碘化钾溶液，放置几分钟后，若出现蓝色则证明牛乳中掺有过氧化氢。

（3）水杨酸的检验

取蒸馏液，加入三氯化铁溶液，若无紫色出现，证明无水杨酸及其盐存在。如有紫色出现，再取蒸馏液，加入氢氧化钠溶液、醋酸溶液及硫酸铜溶液，混合均匀后加热煮沸半分钟，冷却，若有砖红色出现，可确证有水杨酸及其盐存在。

（4）焦亚硫酸钠的检验

乳样中滴加碘试剂振荡摇匀，再加淀粉溶液，振荡摇匀后观察。乳样呈蓝色，说明不含焦亚硫酸钠，为正常乳；若乳样呈白色，说明含焦亚硫酸钠，为掺假乳。

8. 残留抗生素的检验

（1）发酵法

抗生素影响鲜奶的正常发酵。为了便于检验者观察发酵与否的现象，有人采用在检验乳中加入指示剂，因为乳酸菌发酵产生乳酸会降低溶液的 pH，通过指示剂颜色变化来判定检验乳是否发酵，从而判定检验中是否有抗生素或防腐剂。

操作方法如下：取被检验乳 10 mL 加入试管中，再加入石蕊试剂 2 mL；用滴管小心滴入 0.5%的氢氧化钠溶液，使被检乳显示明显的蓝色；将被检乳用棉塞塞住管口在 85℃水浴锅中保温 10 min，冷却；加入乳酸菌菌种液 1mL，混匀后，置于 42℃的恒温培养箱中发酵。如果奶样已发酵，证明无抗生素；反之则为异常乳。蓝色不变则为含抗生素或防腐剂异常；乳红色不含抗生素或防腐剂合格乳。同时做对照实验可节省判定时间。

（2）国标 TTC 方法

当抗生素存在时，接种菌种后，细菌被抑制，此时，加入的 TTC 指示剂（三苯基四氮唑）不被还原，即不变色。否则细菌会增殖，使 TTC 还原成红色。

9. 白陶土的检验

白陶土为水化硅酸铝，食后影响胃的消化。铝离子在中性或弱酸性下可与桑色素反应生成内络盐，在阳光下或紫外灯光下，呈现很绿的绿色荧光，利用此法鉴别效果准确。

操作方法如下：取待测牛乳 5 mL，加入过量氢氧化钾，滤除沉淀，取滤液 0.5 mL，加适量醋酸使其酸化，再加 2～3 滴桑色素，在紫外灯下观察，如有强烈绿色荧光说明待测牛乳中掺有白陶土。

10. 阿拉伯胶的检验

取适量待测牛乳，加醋酸使之凝固，过滤，滤液蒸发浓缩至原液体积的 1/5，加适量无水乙醇，如产生絮状白色沉淀，则可认为被测牛乳中有阿拉伯胶。

11. 以复原乳代替生鲜牛乳检验

一些不良商贩用奶粉掺水勾兑成液体乳，以生鲜牛乳的名义销售，欺骗消费者。

牛奶在受热过程中发生美拉德反应，其中的蛋白质与糖反应会生成糠氨酸这一特定产物，当乳制品中糠氨酸含量高于一定值时则可鉴定为含有复原乳。可以采用高效液相色谱法测定乳品中糠氨酸的含量。

（三）乳粉掺假的检测

1. 乳粉中杂质度的测定

称取乳粉样品用温水充分调和至无乳粉粒，加温水加热，在棉质过滤板上过滤，用水冲洗黏附在过滤板上的牛乳。将滤板置烘箱中烘干，以滤板上的杂质与标准板比较即得乳粉杂质度。

2. 真乳粉和假乳粉的感官检验

（1）手捏检验

真乳粉用手捏住袋装乳粉的包装来回摩擦，真乳粉质地细腻，发出“吱吱”声；假乳粉用手捏住袋装乳粉包装来回摩擦，由于掺有白糖、葡萄糖而颗粒较粗，发出“沙沙”的声响。

（2）色泽检验

真乳粉呈天然乳黄色；假乳粉颜色较白，细看呈结晶状，并有光泽，或呈漂白色。

(3) 气味检验

真乳粉嗅之有牛乳特有的香味；假乳粉的乳香味甚微或没有乳香味。

(4) 滋味检验

真乳粉细腻发黏，溶解速度慢，无糖的甜味；假乳粉溶解快，不黏牙，有甜味。

(5) 溶解速度检验

真乳粉用冷开水冲时，需经搅拌才能溶解成乳白色混悬液；用热水冲时，有悬漂物上浮现象，搅拌时黏住调羹。假乳粉用冷开水冲时，不经搅拌就会自动溶解或发生沉淀；用热水冲时，其溶解迅速，没有天然乳汁的香味和颜色。

四、粮食类食品掺假的检测

(一) 粮食新鲜程度的检验

1. 邻甲氧基苯酚法

新鲜粮食酶的活性很强，随着储存时间增长，酶的活性逐渐降低，故可用酶的活性来判断粮食新鲜程度。

在过氧化氢存在下，邻甲氧基苯酚会在新粮的氧化还原酶作用下生成红色的四联邻甲氧基苯酚，而陈粮则不显色。根据该原理进行检查。如果米粒和溶液在 1~3 min 内呈自浊而溶液上部呈浓红褐色为新鲜米；不显色则为纯陈米。新米与陈米混合时，显色速度不同，新米含量越多，显色越快，反之则慢。如果新米掺陈米，可取 100 粒米进行试验，新米染色后排出，数粒数，可概略定量掺陈米百分率。

该方法不足在于，凡是影响酶活性变化的因素对本法都有干扰。例如，小麦粉在加工时局部温度过高，破坏酶活性，就不能用该法判断新鲜与否。

2. 酸碱度指示剂法

随着放置时间的增长，米会逐渐被氧化，从而使酸度增加，pH 下降，故可从 pH 指示剂变化来判断粮食的新鲜程度。

这里分两种情况：如果判断总体样品是否是新大米，可用米浸泡液测定；如果判断陈米掺入率时，可用浓度高的指示剂使米染色判断。

上述方法适用于大米、糯米，而对于有色的米类如玉米、黄米等并不适用。对带色米、面等，可取样品加蒸馏水浸泡，过滤。取滤液用氢氧化钾滴定，并计算酸度，陈粮酸度明显高于新粮。

（二）大米掺假的检测

1. 好米中掺有霉变米的检验

（1）感官检验

市售粮曾发现有人将发霉米掺入好米中销售，也有人将发霉米漂洗之后销售，进口粮中也曾发现霉变米。感官检验霉变米的方法是，看该米是否有霉斑、霉变臭味，米粒表面是否有黄、褐、黑、青斑点，胚芽部位是否有霉变变色，如果有上述现象，说明待检测米是霉变米。

若粮食的储存、运输管理不善，在水分过高、温度高时就极易发霉。大米、面粉、玉米、花生和发酵食品中，主要是曲霉、青霉，个别地区以镰刀菌为主。有人将发霉米掺到好米中销售，或将发霉米漂洗之后销售。

（2）霉菌孢子计数和霉菌相检验

菌落培养，并计算菌落总数，鉴定各类真菌。正常霉孢子数计数≤1000 个/g；如果在 1000~100000 个/g，则为轻度霉变；如果大于 100000 个/g 为霉变。不过，该法不适合于经漂洗后的霉变米的检验。

（3）脂肪酸度检验

大米在储藏过程中，所含的脂肪易氧化分解，形成脂肪酸，使大米酸度增大。尤其是霉变的大米更容易如此，为此，可以用标准氢氧化钾溶液滴定来计算其脂肪酸度。

2. 糯米中掺大米的检验

（1）感官检验

糯米为乳白色，籽粒胚芽孔明显，粒小于大米粒；大米为青白色半透明，籽粒胚芽孔不明显，粒均大于糯米。

（2）加碘染色法

糯米淀粉中主要是支链淀粉，大米淀粉中含直链淀粉和支链淀粉，该法利用不同淀粉遇碘呈不同的颜色进行鉴别。糯米呈棕褐色，大米呈深蓝色。

如需定量，则可随机取样品少量按操作进行，染色后倒出米粒，将大米挑出，可计算掺入率。

3. 大米涂油、染色的检验

（1）大米涂油的检验（用矿物油抛光）

涂油大米用手摸时，手上没有米糠面；把大米放进温开水里浸泡，水面上会浮现细小油珠。

（2）大米染色的检验

染色大米用手摸时有光滑感，手上没有米糠面；用清水淘米时，颜料会自动溶解脱落，等水变混浊后即显出大米本来面目。

（三）面粉掺假的检测

1. 掺硼砂的检验

硼砂作为食品添加剂早已被禁用，但仍有人在制作米面制品时加入。

（1）感官检验

加入硼砂的食品，用手摸均有滑爽感觉，并能闻到轻微的碱性味。

（2）pH 试纸法

用 pH 试纸贴在食品上，如 pH 试纸变蓝，说明该食品被硼砂或其他碱性物质污染，如试纸无变化则表示正常。

（3）姜黄试纸检验法

将姜黄试纸放在食品表面并润湿，再将试纸在碱水中蘸一下，若试纸呈浅蓝色，说明食品掺硼砂，如试纸颜色为褐色，则属正常。

2. 掺吊白块的检验

“吊白块”又叫甲醛次硫酸氢钠，是纺织和橡胶工业原料，作漂白剂用，食品禁用。其在加工过程中所分解产生的甲醛，是细胞原浆毒，能使蛋白质凝固，摄入 10 g 即可致人死亡。甲醛进入人体后可引起肺水肿，肝、肾充血及血管周围水肿。并有弱的麻醉作用。

操作方法如下：取面条加小倍量水混匀，移入锥形瓶中，后瓶中加 1 ∶ 1 HCl，再加 2 g锌粒；迅速在瓶口包一张醋酸铅试纸，观察，同时作对照。如果有吊白块，醋酸铅试纸会变为棕黑色。

3. 掺溴酸钾的检验

溴酸钾有致突变性和致癌性，可导致中枢神经系统麻痹。目前，世界上大多数发达及发展中国家都明确规定溴酸钾不得作为小麦粉处理剂。

（1）定性检验法

①钾盐焰色反应

将沾有面粉的金属环放在酒精灯火焰上，只接触到火焰的中下部，若面粉中含有溴酸钾就会自下而上出现一条亮紫色的火焰。

②硝酸银法

取一定量的面粉溶解于蒸馏水中，再滴加硝酸银，若有浅黄色沉淀出现，说明面粉中掺有溴酸钾。

（2）定量检验法

①电极电位法

先测定标准溶液的电极电位，绘制标准曲线，然后测定试样电极电位值，根据标准曲线求出含量。

②离子色谱法

称取面粉及面制品，加水或淋洗液振摇均匀后，超声波浸提，静置后离心分离，合并离心液。溶液经微孔滤膜过滤后，离子色谱仪分析。

4. 掺亚硫酸盐的检验

亚硫酸盐可用于面粉、制糖、果蔬加工、蜜饯、饮料等食品的漂白。但亚硫酸盐有一定毒性，表现在可诱发过敏性疾病和哮喘，破坏维生素 B_1。我国允许使用亚硫酸及亚硫酸盐，但严格控制其二氧化硫残留量。

（1）副玫瑰苯胺法

亚硫酸盐与四氯汞钠反应生成稳定的络合物，再与甲醛及盐酸副玫瑰苯胺作用生成紫红色的络合物，用分光光度计在波长 550 nm 处测吸光度。该法可用于二氧化硫定性和定量测定，最低检出浓度为 1 mg/kg。

（2）蒸馏直接滴定法

面粉中的游离和结合 SO_2 在碱液中被固定为亚硫酸盐，在硫酸作用下，又会游离出来，可以用碘标准溶液进行滴定。当达到滴定终点时，过量的碘与淀粉指示剂作用，生成蓝色的碘-淀粉复合物。由碘标准溶液的滴定量计算总 SO_2 的含量。盐酸副玫瑰苯胺法使用了大量有毒物质，对人、环境都有一定危害。蒸馏直接滴定法操作简便，但操作者的主观因素对实验结果影响较大。

（3）试纸条——光反射传感器检测法

三乙醇胺是一种普通试剂，可络合铁、锰等共存干扰离子，而对亚硫酸盐有很好的吸收性，并且检测效果较好。用三乙醇胺吸收原理制得的亚硫酸盐试纸条，与小型的光反射传感器联用进行定量检测，试纸条与光反射传感器相结合，实现对食品中亚硫酸盐的定量检测。先将试纸条与亚硫酸盐反应显色，颜色深浅与亚硫酸盐浓度呈线性关系，然后将显色的试纸条放入光反射传感器的感应窗进行测定。

（4）碘酸钾——淀粉试纸法

取面粉加蒸馏水，振摇混合，放置，再加磷酸溶液，立刻在瓶口悬挂碘酸钾-淀粉试纸，加塞，在室温放置数分钟，观察试纸是否变蓝紫色。若变蓝紫色，则说明样品中含有亚硫酸盐；若不显色，则说明样品中不含亚硫酸盐。

5. 掺过氧化苯甲酰的检验

过氧化苯甲酰（BPO）是一种白色粉末，无臭或略带苯甲醛气味，难溶于水，易溶于有机溶剂，它在面粉中具有增白增筋、加速面粉后熟、提高面粉出粉率和防止面粉霉变等作用，因而被用作面粉及面制品加工过程中的增白剂。国家标准规定，面粉增白剂在小麦粉中的最大用量为 0.06 g/kg。过量添加过氧化苯甲酰，对面粉的气味、色泽、营养成分等产生不良影响。

（1）分光光度法

面粉中的过氧化苯甲酰被无水乙醇提取后，将 Fe^{2+}氧化成 Fe^{3+}；酸性条件下 Fe^{3+}与邻菲罗啉发生褪色反应，反应与过氧化苯甲酰含量在一定范围内呈线性关系，与标准曲线比较定量。

（2）流动注射化学发光法

利用 BPO 可直接氧化鲁米诺产生化学发光的特点，建立了一种流动注射化学发光测定面粉中 BPO 含量的方法。例如，将过氧化苯甲酰溶液和碱性鲁米诺由通道泵入，经混合后在反应盘管中反应产生化学发光信号。由光电倍增管（PMT）检测，记录仪记录发光信号。

六、食用油脂掺假的检测

（一）食用油脂的感官检验

1. 植物油

①色泽

同种植物油颜色越浅，品质越好。

②气味及滋味

按正常、焦糊、酸败、苦辣等表示。

③透明度

纯净植物油应是透明的，但一般油类常因含有过量水分，杂质，蛋白质和油脂物溶解物（如磷脂）等而呈现混浊。从油脂透明程度可判断植物油是否纯净。

2. 动物油脂

①色泽

凝固的油脂应为白色，或略带淡黄色。

②稠度

15℃~20℃猪脂应为软膏状，牛、羊脂应为坚实的固状体。

③透明度

正常油脂融化后应透明。

（二）毛油与精制油的鉴别检验

植物油的制备方法主要采用浸出法和压榨法，用这两种方法制得的油称为毛油。对毛油进行脱胶、脱酸、脱臭、脱色等工艺加工，以便除掉尘埃、蛋白质、胶质、黏质物、游离脂肪酸、色素及有臭物质，从而得到精制油。

毛油与精制油存在以下区别，可以为鉴别提供依据。

第一，毛油经短时间存放就会产生臭味，加热后发烟点低，水分高、油加热后变黑。

第二，水分：正常精制植物油水分含量小于0.2%，而毛油水分多大于0.5%，但是仅水分一项不能做出准确判定，还应配合其他指标。

第三，精制油杂质0.1%~0.25%，毛油中杂质远远超过此数。

油脂由于品质和含杂质量的不同，经过加热后其透明度和颜色均发生不同的变化，因此，可以通过加热试验，对加热前后进行比较，判断油脂的品质和含杂质的情况。油样混浊在加热时消失，冷却后又重新出现，则说明油样水分过高或含有动物性脂肪；油样混浊在加热时也不消失，则说明杂质多。

（三）食用油脂掺另一种油脂的检验

在质量好或售价高的油脂产品中掺入质量差或价格低的同种油脂或另一种油脂，如芝麻油中掺入大豆油、菜籽油等是食用油脂掺假常见的一种方式。

1. 芝麻油掺假的检验

芝麻油简称麻油，俗称香油，是以芝麻为原料加工制取的食用植物油，是消费者喜爱的调味品。因含有多种挥发性芳香物质，故有浓烈香味。它既能提高食品的口感增进食欲，营养价值也优于其他油脂，因而香油售价最高。

掺假香油多为掺入棉籽油、卫生油（精炼棉籽油）和菜籽油等低价油脂，也有在香油中掺入米汤（小米汤）等物质。

（1）看色法

纯香油呈淡红色或红中带黄，如掺上其他油，颜色就不同。掺菜籽油呈草绿色，掺棉籽油呈黑红色，掺卫生油呈黄色。

（2）观察法

夏季在阳光下看纯香油，清晰透明纯净。如掺假就会模糊混浊，还容易沉淀变质。

（3）水试法

用筷子蘸一滴香油，滴到平静的水面上，纯香油会呈现出无色透明的薄薄的大油花。掺了假的则会出现较厚较小的油花。

（4）摩擦法

将油滴置于手掌中，用另一手掌用力摩擦，由于摩擦产生热，油的芳香物质分子运动加速，香味容易扩散。如为纯香油，闻之有单纯浓烈的香油香味。

此外，芝麻油与蔗糖盐酸作用产生红色物质的量和芝麻油的量成正比。可取标准芝麻油反应，做出标准曲线，样品与之对照，达到定量的目的。可用此法测定芝麻油中其他油的掺入量。

2. 掺棉籽油的检验

用棉籽所榨的油称为棉籽油，经精炼后，是一种适于食用的植物油。价格相当便宜。粗制棉籽油中有游离棉酚、棉酚紫和棉绿素等三种毒素。如长期食用，就有可能发生中毒。主要症状：为皮肤灼烧难忍，无汗或少汗，同时伴有心慌、无力、肢体麻木、头晕、气急等，并影响生殖机能。

（1）定性检验法

取油样溶于1%硫黄的二硫化碳溶液后加入1~2滴吡啶或戊醇。在饱和食盐水中徐徐加热至盐水沸腾，持续30 min。若溶液呈红色，或橘红色，表示有棉籽油存在。可能是由于棉籽油中含有极微量的醛和酮所至。

（2）定量检验法

①紫外分光光度法

棉酚经用丙酮提取后，在378 nm处有最大吸收，其吸光度与棉酚量在一定范围内成正比，与标准系列比较定量。

②比色法

样品中游离棉酚经提取后，在乙醇溶液中与苯胺形成黄色化合物，与标准系列比较定量。

3. 掺菜籽油的检验

菜籽油中含有一般油脂中所没有的芥酸，为一种不饱和的“固体脂肪酸”（熔点为33℃～34℃）。芥酸对营养产生副作用，如抑制生长、甲状腺肥大等。

它的金属盐仅微溶于有机溶剂。与饱和脂肪酸的金属盐性质相近。与一般不饱和脂肪酸的金属盐不同。当以金属盐的分离方法分离油脂中的脂肪酸时，芥酸的金属盐与饱和脂肪酸的金属盐混合一起分离出来。

碘值是量度物质不饱和度的一个重要的指标。因此测定分离出来饱和脂肪酸和芥酸的碘值（称为芥酸值）可以判定芥酸的存在情况以及大致含量。如所测得的芥酸值大于4，表示有菜籽油存在。

4. 掺花生油的检验

花生油中含有花生酸等高分子饱和脂肪酸，利用其在某些溶剂中（如乙醇）的相对不溶性的特点而加以检出。操作方法如下：皂化后加乙醇，测定其混浊温度，不同的油的混浊温度不同，以此判断。本试验不适用于芝麻油中检出花生油。

（四）食用油脂掺非油脂或非食用油的检验

在食用油脂中掺非油脂成分或非食用油，如掺水或米汤、矿物油、桐油、蓖麻油等是食用油脂掺假的另一种常见方式。

1. 掺米汤的检验

米汤中淀粉与碘酒反应，产物呈蓝黑色。

将筷子放入油内，然后将油滴在白纸上或玻璃上，再将碘酒滴于试样油上。如果油立即变成蓝黑色，证明油中加入了米汤。

2. 掺水的检验

植物油的水分含量如在0.4%以上，则浑浊不清，透明度差。并且把油放入铁锅内加热或者燃烧时，会发出“叭叭”的爆炸声。

将食用植物油装入1个透明玻璃瓶内，观察其透明度。也可将油滴在干燥的报纸上，小心点燃。燃烧时是否有“叭叭”的爆炸声；或者将油放入铁锅内加热，是否有“叭叭”的爆炸声和油从锅内往外四溅的现象。

3. 掺桐油的检验

桐树的果实，提取出来的油为桐油，我国南方各省出产丰富，工业上用作油漆涂料，常因混入食用油中或误食中毒。可引起呕吐、腹泻、腹痛，严重者出现便血、呼吸短促和虚脱等症状。桐油含18碳三烯酸，具有α型和β型两种异构体。α型能在氧化剂或光照的情况下转变成β型。α型为油状液体，凝固点约为3℃，易溶于有机溶剂。β型呈白色絮状物，凝固点62℃，不易溶于有机溶剂。

（1）亚硝酸盐法

亚硝酸盐在硫酸存在下生成亚硝酸，能氧化α型桐油酸生成β型，不溶于水和有机试剂，呈白色混浊。

（2）硫酸法

取样品数滴，置白瓷板上，加硫酸1~2滴，如有桐油存在，则呈现深红色并凝成固体，颜色渐加深，最后呈炭黑色。

（3）苦味酸法

根据桐油酸与苦味酸的冰乙酸饱和溶液作用产生有色物质来判断桐油的存在。随桐油含量的增加，出现的颜色依次为黄、橙、红。

（4）三氯化锑法

桐油与三氯化锑三氯甲烷溶液相遇，会生成一种污红色的发色基团（豆油存在色泽干扰）。

4. 掺矿物油的检验

（1）感官检验

①看色泽

食用油中掺入矿物油后，色泽比纯食用油深。

②闻气味

用鼻子闻时，能闻到矿物油的特有气味，即使食用油中掺入矿物油较少，也可使原食用油的气味淡薄或消失。

③口试

掺入矿物油的食用油，入嘴有苦涩味。

（2）化学检验法

①皂化法

作为食用油脂的高级脂肪酸的甘油酯，可以在碱性条件下发生水解反应（即皂化反应），其产物皆易溶于水。而矿物油则不能皂化，也不溶于水。据此性质即可通过皂化反应来检验矿物油。

②荧光法

矿物油具有荧光反应，而植物油类均无荧光。在荧光灯下照射，若有天青色荧光出现，即可证明油样中含矿物油。

5. 掺蓖麻油的检验

蓖麻油可用做药用泻剂；纺织、化工及轻工等部门用蓖麻油作助染剂、润滑剂、乳化剂和制造涂料、油漆、皂类及油墨的原料。

（1）颜色反应

分别取数滴油样于瓷比色盘中，分别滴加数滴硫酸、硝酸和密度为1.5%的烟硝酸，如果分别呈现淡褐色、褐色和绿色则可推测有蓖麻油存在。

（2）无水乙醇法

食用油中蓖麻油的检出是根据蓖麻油能与无水乙醇呈任何比例混合，而其他常见的植物油不易溶于乙醇的性质。

七、调味品掺假的检测

（一）食用盐掺假的检测

1. 碘盐的检验

碘盐的检验有以下方法。

（1）感官检验

①观色

假碘盐外观呈淡黄色或杂色，容易受潮。

②手感

用手抓捏，假碘盐呈团状，不易分散。

③鼻闻

假碘盐有一股氨味。

④口尝

假碘盐咸中带苦涩味。

（2）理化检验

①定性检验

碘盐中的碘遇淀粉变成紫色。操作方法如下：将盐撒在淀粉或切开的土豆上，盐变成紫色的是碘盐，颜色越深表示含碘量越高；如果不变色，说明不含碘。

②碘化钾的检验

KI 与 $NaNO_2$反应生成碘，碘遇淀粉变成紫色。

试剂：取 20 mL0. 5%的淀粉溶液，滴入 8 滴 0. 5%的亚硝酸钠和 4 滴硫酸（1+4），摇匀，应在临用前现配。

操作方法如下：取 2 g 待检盐放在白瓷板上，向盐上滴 2~3 滴检测试剂。如果不出现蓝紫色，说明不是碘盐。

2. 食盐含碘量的快速检验（试纸法）

快速检测液与食盐中的碘酸钾发生化学反应而显色，根据食盐中含碘量不同，呈现的颜色不同，颜色变化从淡黄到紫红（玫瑰红色），与标准色阶对照测得食盐中碘的含量。适用于食用盐中含碘量的现场快速检验。

操作方法如下：取一小堆直径约 1. 5 cm 的盐样，在 0. 5 cm 高度处滴加试剂，5 s 后与标准色阶对照。

需要说明的是，此法为现场检测快速方法，检测结果为不合格产品时，应复测以保证结果的准确性，必要时需送实验室采用仲裁方法进行复测。

（二）味精掺假的快速检测

1. 掺食盐的检验

甲级味精中谷氨酸钠含量 99%以上，其食盐含量应<1%，可用快速检验氯化钠含量的方法来判断其纯度。

（1）简易鉴别法

取 5 mL 浓度为 5%的味精溶液于试管中，加入 5%的铬酸钾溶液 1 滴，再加 0. 73%的硝酸银溶液 1 mL，摇匀，观察溶液变色情况。如溶液变成橘红色，则说明样品中氯化钠含量<1%，如溶液呈黄色则说明氯化钠含量>1%。

（2）氯化钠含量准确测定法

精确称取待测样品 1. 000 g，加入 2 0 mL 水溶解，滴加 6 mol/L 硝酸几滴，使其呈酸性，加铬酸钾指示剂 2 mL，用 0. 1 mol/L 硝酸银标准溶液滴定至土黄色为止，同时作空白对照试验。

2. 掺铵盐的检验

（1）pH 试纸法

样品中铵盐遇强碱时，微热，则游离出氨，挥发气体遇 pH 试纸呈碱性反应。

操作方法如下：取待测样品少许于试管中，用少量水溶解，加5滴10%的氢氧化钠溶液，微热，同时试管口悬放一被蒸馏水润湿的pH试纸，如果生成氨臭或试纸变红，则说明有铵盐存在。

（2）气室法

铵盐与奈斯勒试剂作用，出现显著的橙黄色，或生成红棕色沉淀NH_3浓度低时，没有沉淀生成，但溶液呈黄色或棕色。

试剂：奈斯勒试剂（溶解10 g碘化钾于10mL热蒸馏水中，再加入热的升汞饱和溶液至出现红色沉淀，过滤，向滤液中加入30 g氢氧化钾，并加入1.5mL升汞饱和溶液。冷却后，加蒸馏水至200 mL，盛于棕色瓶中，贮于阴凉处）。

操作方法如下：取样品少许溶解，在一个表面皿中加入样品溶液和氢氧化钠溶液混合，并用另一块同样的表面皿盖上，上面盖的这块表面皿中央应该预先贴一片浸过奈斯勒试剂的潮湿滤纸。把这样做成的气室放在水浴上加热数分钟，这时如果奈斯勒试纸有红棕色斑点出现，说明有NH_4^+的存在。

此法限量为0.05μg，最低浓度为1 mg/kg。

3. 掺磷酸盐的检验

在酸性溶液中，磷酸盐与钼酸氨作用生成黄色的结晶性磷钼酸氨沉淀。

试剂：浓硝酸、钼酸氨溶液（称取6.5 g钼酸氨的粉末，加14 mL水与14.5mL浓氨水混合溶解，冷却后缓慢加入32 mL浓硝酸与40 mL水，随加随摇，放置2 d后用石棉过滤即可）。

操作方法如下：取样品0.5 g，溶于2~3 mL水中，滴入几滴浓硝酸，加入5 mL钼酸氨溶液，在60℃~70℃的水浴中加热数分钟，如生成黄色的结晶性沉淀，即表明有磷酸盐的存在。

4. 掺硫酸盐的检验

样品中存在的硫酸盐会与氯化钡作用，生成白色沉淀硫酸钡，加盐酸后不溶解，则说明样品中有硫酸盐存在。

5. 掺碳酸盐或碳酸氢盐的检验

碳酸盐或碳酸氢盐与盐酸作用即生成大量的二氧化碳，形成很多气泡。

取样品少许，加少量水溶解后，加数滴10%的盐酸，观察是否产生气体，如有气体产生，则说明有碳酸盐或碳酸氢盐掺入。

6. 掺蔗糖的检验

蔗糖与间苯二酚在浓盐酸环境下生成玫瑰红颜色。

试剂：间苯二酚、浓盐酸。

操作方法如下：取待测样品 1 g 置于小烧杯中，加入 0.1 g 间苯二酚及 3~5 滴浓盐酸，煮沸 5 min 后，若有蔗糖存在，则出现玫瑰红颜色。

7. 掺淀粉粒的检验

碘和淀粉作用生成蓝色物质。

试剂：碘液（称取 1.3 g 碘及 2 g 碘化钾于 100 mL 蒸馏水中研磨溶解）。

操作方法如下：称取待测样品 0.5g，以少量水加热溶解，冷却后加碘液 2 滴，观察颜色变化，如呈现蓝色、深蓝色或蓝紫色，则表明有淀粉粒存在。

（三）食醋掺假的检测

1. 食醋的感官检验

食醋主要成分是乙酸，含量约在 3.5%~5.0%，其次还有琥珀酸、苹果酸、柠核酸等。其鲜味来自含氮化合物水解产生的各类氨基酸，主要是谷氨酸和天门冬氨酸；甜味主要来源于甘氨酸，丙氨酸和色氨酸和少量糖类；香气来源于不同的酯类。

2. 酿造醋和人工合成醋的鉴别检验

现在已发现有的个体户和少数工厂用工业冰醋酸直接加水配制食醋，到市场上销售，这种危害人民身心健康的做法应坚决制止，下面介绍酿造醋和人工合成醋的鉴别方法。

（1）试剂

①3%的高锰酸钾-磷酸溶液

称取 3g 高锰酸钾，加 85%的磷酸 15 mL 与 7mL 蒸馏水混合，待其溶解后加水稀释到 100 mL。

②草酸-硫酸溶液

5 g 无水草酸或含 2 分子结晶水的草酸 7 g，溶解于 50%的硫酸中至 100 mL。

③亚硫酸品红溶液

取 0.1 g 碱性品红，研细后加入 80℃蒸馏水 60 mL，待其溶解后放入 100 mL 的容量瓶中，冷却后加 10 mL10%的亚硫酸钠溶液和 1 mL 盐酸，加水至刻度混匀，放置过夜，如有颜色可用活性炭脱色，若出现红色应重新配制。

（2）操作方法

取 10 mL 样品加入 25 mL 纳氏比色管中，然后加 2 mL3%的高锰酸钾-磷酸液，观察其颜色变化；5 min 后加草酸-硫酸液 2 mL，摇匀。最后再加亚硫酸品红溶液 5 mL，20 min

后观察它的颜色变化。

3. 掺水的检验

凡以水为溶剂且重于水的溶质，其水溶液的比重通常是随溶质的量增大而递增，随溶质的量减少而递减，所以，通过比重的测定即可判断食醋是否掺水。一般一级食醋比重为5.0以上，二级食醋为3.5以上，根据测得的不同级别食醋的比重即可判断是否掺水。

材料与试剂：量筒、波美表、样品、食醋。

操作方法如下：

第一，将待测食醋样品倒入250 mL（或100 mL）量筒中，平置于台上。

第二，将波美表轻轻放入食醋中心平衡点略低一些的位置，待其浮起至平衡水平而稳定不动时，注意液面无气泡及波美表不触及量筒壁。

第三，视线保持和液面水平进行观察，读取与液面接触处的弯月面下缘最低点处的刻度数值。

（四）酱油掺假的检测

1. 酿造酱油与配制酱油的鉴别检验

酱油是一类色、香、味俱佳而又营养丰富的调料，包括配制酱油和酿造酱油。

配制酱油指以酿造酱油为主体（不低于50%），与酸水解植物蛋白调味液、食品添加剂等配制而成。配制酱油味道新鲜，营养价值并不比酿造酱油低。

酿造酱油是以蛋白质和淀粉为原料进行微生物发酵，而且利用菌体自溶的分解产物，氨基酸含量高，而且有天然的棕红色，还有构成香气的复杂有机酸，酯类和维生素等成分，有特有的香气和滋味。

酿造酱油与配制酱油的鉴别：因含碳水化合物中的植物蛋白在酸解过程中产生乙酰丙酸，为此乙酰丙酸是配制酱油特有的成分，可以作为鉴别配制酱油与酿造酱油的特征。乙酰丙酸与香草醛硫酸接触生成特有的蓝绿色反应。其变色程度与乙酰丙酸量成比例。

2. 掺水的检验

酱油密度在1.14~1.20，不应低于1.10。若密度低于1.10（或含水量高于65%以上），颜色浅，不浓稠，鲜味及香气很淡或没有酱油固有气味，即可判断掺水。加水后还可能加入食盐增加密度，加味精增味，加酱色增色。食盐含量测定可以使用硝酸银滴定法。

3. 掺酱色的检验

酿造酱油中的酱色是蛋白质和淀粉在各种酶的作用下分解反应而成的，含有氨基酸等营养成分。焦糖色素一般由麦芽糖焦化而成。糖类加热后产生糠醛或糠醛衍生物，产物与氢氧化钠产生褐色产物。采用蒽酮反应可以测定糖。从而判断是否含有焦糖色素。

4. 掺尿素的检验

酱油中不含有尿素，不法商贩为了掩盖劣质酱油蛋白质含量低的缺点，同时增加无机盐固形物的含量，有掺入尿素冒充优质酱油的现象。尿素在强酸条件下与二乙酰肟共同加热反应生成红色复合物，以此可检出含有尿素。

操作方法如下：取 5 mL 待测酱油于试管中，加 3~4 滴二乙酰肟溶液，混匀，再加入 1~2 mL 磷酸混匀，置水浴中煮沸。观察颜色变化，如果呈红色，则说明有尿素。

5. 氨基酸氮含量的检验

基酸态氮含量多少影响酱油的鲜味程度，是评价酱油质量优劣的重要指标。伪造酱油不能单凭感官、密度和食盐来测定，需测定氨基酸氮含量。基酸态氮含量正常为 0.4%~0.8%。若酱油中无氨基酸态氮检出，则说明是伪造酱油；若氨基酸态氮低于国家标准，则说明酱油掺假。

氨基酸态氮的测定方法有酸度计法、荧光法、分光光度法。其中酸度计法快速、准确，是最常用的一种。氨基酸具有酸性的羧基和碱性的氨基，当加入甲醛时，甲醛与氨基结合，使氨基碱性消失，而使羧基显示出酸性，以酸度计指示终点，用氢氧化钠标准溶液滴定，计算氨基酸态氮的含量。

八、酒、茶、饮料掺假的检测

（一）酒掺假的检测

1. 白酒的感官检验

白酒是中国特有的一种蒸馏酒，由淀粉或糖质原料制成酒醅或发酵醪经蒸馏而得，又称烧酒、老白干、烧刀子等。

①色泽与透明度

应纯洁无色透明，无浮悬物和沉淀物。有的白酒因发酵期或贮存期较长，可带有极浅的淡黄色，如茅台酒，这是允许的。

②滋味

白酒的滋味要纯正、协调，无强烈的刺激味，入口绵甜爽净。

③气味

气味芳香纯正，具有本产品所特有的明显溢香和较好的留香，不应有异味如焦糊味、腐臭味、糟味、糖味、泥土味等不良气味。

2. 黄酒的感官检验

①色泽

橙黄色至深褐色，清亮透明，有光泽；特级品和一级品允许有微量聚集物，二级品允许有少量聚集物。

②香气

应具有黄酒特有的醇香。

③口味

干黄酒口味醇和、鲜爽，无异味；半干黄酒口味醇厚、柔和、鲜爽，无异味；半甜黄酒口味醇厚，鲜甜爽口，酒体协调，无异味；甜黄酒口味鲜甜、醇厚，酒体协调，无异味。

3. 果酒的感官检验

①外观

应具有原果实的真实色泽，酒液清亮透明，具有光泽，无悬浮物、沉淀物和混浊现象。

②香气

果酒一般具有原果实特有的芳香，陈酒还应具有浓郁的酒香，而且一般都是果香与酒香混为一体。酒香越丰富，酒的品质越好。

③滋味

应酸甜适口、醇厚纯净而无异味，甜型酒应甜而不腻，平型酒要干而不波，不得有突出的酒精气味。

4. 用工业酒精配制白酒的检验

工业酒精是一种含甲醇相当高的变性酒精。甲醇在人体内有蓄积作用，不易排出体外，一次摄入 4～10 g 即可使人严重中毒。甲醇进入人体后通过酶的作用，首先氧化成甲醛和甲酸，甲醛和甲酸的毒性分别是甲醇的 30 倍和 6 倍。甲醇进入人体 6～24 h 即可发生中毒症状，轻度中毒者头痛、视力模糊等；重者引起双目失明；严重者会意识丧失、呼吸衰竭而导致身亡。

可通过测定酒类中的甲醇含量，以鉴别酒类的质量。

品红比色法：甲醇经氧化成甲醛后，与品红亚硫酸作用生成蓝紫色化合物，与标准系列比较定量。

需要注意的是，白酒中其他醛类，以及经高锰酸钾氧化后由醇类变成的醛类与品红亚硫酸作用也显色，但在一定浓度的硫酸酸性溶液中，除甲醛可形成历久不褪的紫色外，其他醛类则历时不久即行消褪或甚至不显色，故无干扰。因此操作时，时间、条件必须准确遵守。

5. 白酒掺水的检验

各种酒类均有一定的酒精含量，如常见的高度酒为62°、60°；低度酒有55°、53°、38°等，掺水后，其酒精含量必然会降低。

（1）感官检验

酒液混浊、不透明，品尝其香和味寡淡，尾味苦涩。

（2）理化指标测定

可用酒精比重计直接测定白酒中是否掺水。

操作方法如下：取酒样倒入量筒中，轻轻放入酒精计，放入时不便上下振动和左右摇摆，也不应接触量筒壁，然后轻轻按下少许，待其上升静置后，从水平位置观察其与液面相交处的刻度，即为乙醇浓度。

需要说明的是，如果酒样中有颜色或杂质，可量取酒样 100 mL，置于蒸馏瓶中，加 50 mL 水进行蒸馏，收集馏液 100 mL，然后测量酒精含量。

6. 白酒掺其他物质的检验

（1）白酒掺糖

白酒中掺入的蔗糖与 α 萘酚的乙醇溶液作用，加入硫酸后，两相界面之间生成紫色环。

操作方法如下：取酒样 1 mL 置于试管中，加入 15%的萘酚乙醇溶液 2 滴，摇匀，沿管壁缓缓加入浓 H_2SO_4，如两相界面间呈现紫色环，则酒样中含糖，正常白酒其界面应为黄色或无色。

（2）白酒掺敌敌畏

敌敌畏在碱性水溶液中与吡啶作用，呈红色或桃红色。

7. 葡萄酒掺假的检验

现场快速检测法是一种识别假劣葡萄酒的快速目视比色方法，适用于葡萄酒样品中多酚含量的检测，可对劣质葡萄酒进行现场识别。本法最低检测限为 0.1 g/L。

（1）原理

正常发酵生产的葡萄酒中富含多酚类化合物。试样中的多酚类化合物在碱性条件下，与 Folin-Ciocalteu（磷钨酸-磷钼酸）试剂形成蓝紫色物质，颜色深浅与多酚类化合物含量有关，由此可对葡萄酒中多酚类化合物进行半定量检测，多酚类化合物含量少的葡萄酒为劣质葡萄酒。

（2）试剂

第一，12%的乙醇溶液（V/V）：取 12.6 mL 95%（V/V）的分析纯乙醇，定容至 100 mL。

第二，25%的（W/V）碳酸钠溶液：称取 42.5 g 无水碳酸钠（分析纯），用水溶解并定容至 1000 mL，有效期 6 个月。

第三，Folin-Ciocalteu（磷钨酸-磷钼酸）试剂：低温避光保存。

第四，配制 400 mg/L 没食子酸标准溶液：称取 0.10 g 没食子酸，用 12%（V/V）的乙醇溶液溶解并定容至 250 mL，移入棕色瓶中，避光、低温保存，有效期为 6 个月。

（3）操作方法

分别移取 0.2 mL12%的乙醇（V/V）、0.2 mL 葡萄酒样品和 0.2 mL 的 400 mg/L 没食子酸标准溶液于 3 个 25 mL 容量瓶中，分取 3 个 1mL Fo-lin-Ciocalteu 试剂，移入上述 3 个 25 mL 容量瓶中，用 4.25%（W/V）的碳酸钠溶液分别稀释定容至 25 mL，摇匀，放置 5 min后比色。

（4）结果判断与表述

第一，若葡萄酒样品显色浅于 400 mg/L 没食子酸标准溶液，则该样品可能为劣质葡萄酒。

第二，现场初步判定为劣质葡萄酒的样品还需抽样送相关机构检验确证。

（5）说明及注意事项

第一，酒精度对显色影响较大，故要严格控制空白和没食子酸标准溶液的酒精度含量。

第二，溶液温度对显色有影响，应注意保持样品和没食子酸标准溶液处于相同温度状态进行颜色比较。

（二）茶叶掺假的检测

1. 真茶与假茶的鉴别检验

（1）外形鉴别

将浸泡后的茶叶平摊在盘子上，用肉眼或放大镜观察。

真茶：有明显的网状脉，支脉与支脉间彼此相互联系、呈鱼背状而不呈放射状。有2/3的地方向上弯曲，连上一支叶脉，形成波浪形，叶内隆起。真茶叶边缘有明显的锯齿，接近于叶柄处逐渐平滑而无锯齿。

假茶：叶脉不明显，一般为羽状脉，叶脉呈放射状至叶片边缘，叶肉平滑，叶侧边缘有的有锯齿，锯齿一般粗大锐利或细小平钝；有的无锯齿，叶缘平滑。

（2）色泽鉴别

真绿茶：色泽碧绿或深绿而油润。假绿茶：一般都呈墨绿或青色，红润。真红茶：色泽呈乌黑或黑褐色而红润。假红茶：墨黑无光，无油润感。

2. 劣质茶叶掺色素的检验

为了掩盖劣质茶叶浸出液的颜色，有的商贩人为地加入色素冒充优质茶叶，其检查方法如下。

取茶叶少许，加三氯甲烷振荡，三氯甲烷呈蓝色或绿色者可疑为靛蓝或姜黄存在。加入硝酸并加热，脱色者为靛蓝，生成黄色沉淀者为姜黄。又于三氯甲烷浸出液中加入氢氧化钾溶液振荡，呈褐色者为姜黄。加盐酸使成酸性，生成蓝色沉淀者为普鲁士蓝。

还可用下面的简易方法进行鉴别。

将干茶叶过筛，取筛下的碎末置白纸上摩擦，如有着色料存在，可显示出各种颜色条痕，说明待测样品中有色素。

（三）茶饮料中茶多酚的快速检测（速测盒法）

1. 样品处理

第一，如果样品比较透明（譬如果味茶饮料），可将样品充分摇匀后备用。

第二，较混浊的样液，譬如果汁茶饮料：称取充分混匀的样液25 mL于59mL容量瓶中，加入95%的乙醇15mL，充分摇匀后放置15 min后，用水定容至刻度。用慢速定量滤纸过滤，滤液备用。

第三，含碳酸气的样液：量取充分混匀的样液100 mL于250 mL烧杯中，称取其总质量，然后置于电炉上加热至沸腾，在微沸状态下加热10 min，将二氧化碳排除。冷却后，用水补足其原来的质量。摇匀后备用。

2. 操作方法及结果判定

取试液1 mL于5 mL比色管中，加入试剂1号1 mL，混匀后用试剂2号定容至刻度。混匀静置10 min，与比色卡比色，找到相应的色阶，该色阶所对应的读数就是被测样品的茶多酚含量。

第六章 食品中真菌毒素与转基因成分的检验技术

第一节 食品中真菌毒素的检验

一、食品中黄曲霉毒素的检测

（一）黄曲霉毒素的性质及其危害

1. 黄曲霉毒素的性质

黄曲霉毒素是由黄曲霉和寄生曲霉在生长后期分泌产生的一类次级代谢产物。黄曲霉毒素的基本结构是由一个双呋喃环和香豆素构成，几乎是无色，分子量为 312~346。B 族和 G 族化学结构稳定，耐高温，分解温度达 280℃难溶于水、石油醚和乙醚易溶于氯仿、甲醇、丙酮、苯、乙腈等多种有机溶剂。在 365 nm 紫外线照射下可产生荧光，B 族毒素显蓝紫色荧光，G 族毒素显黄绿色荧光。B 族和 G 族经常出现在农产品中，而含有 B_1、B_2 的农产品被奶牛吃了之后，分别有一小部分转化为 M_1、M_2 进入奶中。B_1、B_2、G_1、G_2、M_1、M_2 在分子结构上十分接近。

在各类粮、油食品中，玉米、花生最易被污染，其次为大米、稻米、小麦、豆类及高粱等。动物类食品中，腌腊制品、灌肠类与乳及乳制品、蛋及蛋制品、肉制品易受污染。另外，霉变的饲料中也广泛存在。

2. 黄曲毒素的危害

黄曲霉毒素是目前为止已知的最强致癌物之一，其毒性远远大于氰化物、砷化物和有机农药，诱发动物肝癌的能力为二甲基亚硝胺的 75 倍。黄曲霉毒素可在动物体内代谢，进行脱甲基、羟化和环氧化反应，形成具有羟致癌活性的物质。

黄曲霉毒素的毒性主要表现为急性毒性、慢性毒性和致癌作用。急性毒性对动物毒害作用的靶器官主要是肝脏，可以出现肝实质细胞坏死、胆管上皮增生、肝出血等病变。慢性毒性主要是使动物肝脏出现亚急性或慢性损伤，引起肝脏纤维细胞增生，肝硬化；动物表现生长发育缓慢、体重减轻等生长障碍现象。

（二）黄曲霉毒素的检测

黄曲霉毒素的检测方法主要有薄层色谱法、高效液相色谱法、微柱筛选法、酶联免疫吸附法、免疫亲和层析净化高效液相色谱法、免疫亲和层析净化荧光亮度法等。下面介绍同位素稀释液相色谱—串联质谱法、高效液相色谱—柱前衍生法和高效液相色谱—柱后衍生法测定食品中的黄曲霉毒素。

1. 同位素稀释液相色谱一串联质谱法

（1）原理

试样中的黄曲霉毒素 B_1、黄曲霉毒素 B_2、黄曲霉毒素 G_1、黄曲霉毒素 G_2，用乙腈水溶液或甲醇水溶液提取，提取液用含 1%TritonX-100（或吐温-20）的磷酸盐缓冲溶液稀释后，通过免疫亲和柱净化和富集，净化液浓缩、定容和过滤后经液相色谱分离，串联质谱检测，同位素内标法定量。

（2）试剂和材料

①试剂

A. 乙腈（Ch_3CN）：色谱纯；B. 甲醇（Ch_3Oh）：色谱纯；C. 乙酸铵（Ch_3COONh_4）：色谱纯；D. 氯化钠（NaCl）；E. 磷酸氢二钠（Na_2hPO_4）；F. 磷酸二氢钾（Kh_2PO_4）；G. 氯化钾（KC1）；H. 盐酸（hCl）；I. TritonX-100［C，4h220（C_2h_40）n］（或吐温-20，$C_{58}H_{114}O_{26}$）。

②试剂配制

A. 乙酸铵溶液（5 mmol/L）：称取 0. 39 g 乙酸铵，用水溶解后稀释至 1000 mL，混匀；B. 乙腈-水溶液（84+16）：取 840 mL 乙腈加入 160 mL 水，混匀；C. 甲醇-水溶液（70+30）：取 700 mL 甲醇加入 300 mL 水，混匀；D. 乙腈-水溶液（50+50）：取 50mL 乙腈加入 50mL 水，混匀；E. 乙腈-甲醇溶液（50+50）：取 50 mL 乙腈加入 50 mL 甲醇，混匀；F. 10%的盐酸溶液：取 1mL 盐酸，用纯水稀释至 10 mL，混匀；G. 磷酸盐缓冲溶液（以下简称 PBs）：称取 8. 00g 氯化钠、1. 20g 磷酸氢二钠（或 2. 92g 十二水磷酸氢二钠）、0. 20g 磷酸二氢钾、0. 20g 氯化钾，用 900 mL 水溶解，用盐酸调节 pH 至 7. 4±0. 1，加水稀释至 1000 mL；H. 1%的 TritonX-100（或吐温-20）的 P B s：取 10 mLTritonX-100（或吐温-20），用 PB s 稀释至 1 000 mL。

③标准品

A. AFTB1 标准品（C17 hl_2O_6，CA s：1162-65-8）：纯度≥98%，或经国家认证并授予标准物质证书的标准物质；B. AFTB2 标准品（C17 hl_4O_6，CA s：7220-81-7）：纯度≥98%，或经国家认证并授予标准物质证书的标准物质；C. AFTG1 标准品（C17hl2O7，CA s：1165-39-5）：纯度为 98%，或经国家认证并授予标准物质证书的标准物质；D. AFTG2 标准品（C17 hl4O7，CA s：7241-98-7）：纯度为 98%，或经国家认证并授予标准物质证书的标准物质；E. 同位素内标 13C17-AFTB1（C17 hl2O6，CA s：157449-45-0）：纯度≥98%，浓度为 0.5μg/mL；F. 同位素内标 13C17-AFTB2（C17 hl4O6，CAs：157470-98-8）：纯度≥98%，浓度为 0.5μg/mL；G. 同位素内标 13C17-AFTG1（C17 hl2O7，CA s：157444-07-9）：纯度≥98%，浓度为 0.5μg/mL；H. 同位素内标 13C17-AFTG2（C17 hl 4O7，CAs：157462-49-7）：纯度 2 98%，浓度为 0.5μg/mL。

④标准溶液配制

A. 标准储备溶液（10μg/mL）

分别称取 $AFTB_1$、$AFTB_2$、$AFTG_1$ 和 $AFTG_2$ 1 mg（精确至 0.01 mg），用乙腈溶解并定容至 100 mL。此溶液浓度约为 10μg/mL。溶液转移至试剂瓶中后，在-20℃下避光保存，备用。

B. 混合标准工作液（100 ng/mL）

准确移取混合标准储备溶液（1.0^g/m^1.00 mL 至 100 mL 容量瓶中，乙腈定容。此溶液密封后避光-20 龙下保存，三个月有效。

C. 混合同位素内标工作液（100 ng/mL）

准确移取 0.5μg/mL$^{13}C_{17}$-AFTBK $^{13}C_{17}$-AFTB2、$^{13}C_{17}$-AFTG1 和$^{13}C_{17}$-AFTG2 各 2.00 mL，用乙腈定容至 10mL。在-20℃下避光保存，备用。

D. 标准系列工作溶液

准确移取混合标准工作液（100ng/mL）10μL、50μL、100μL、200μL、500μL、800μL、1000μL 至 10 mL 容量瓶中，加入 200μL100 ng/mL 的同位素内标工作液，用初始流动相定容至刻度，配制浓度点为 0.1 ng/mL、0.5 ng/mL、1.0 ng/mL、2.0 ng/mL、5.0 ng/mL、8.0 ng/mL、10.0 ng/mL 的系列标准溶液。

（3）仪器和设备

①匀浆机；②高速粉碎机；③组织捣碎机；④超声波/涡旋振荡器或摇床；⑤天平：感量 0.01 g 和 0.000 01 g；⑥涡旋混合器；⑦高速均质器：转速 6500 r/min~24000 r/min；⑧离心机：转速≥6 000 r/min；⑨玻璃纤维滤纸：快速、高载量、液体中颗粒保留

1. 6p. m；⑩固相萃取装置（带真空泵）；⑪氮吹仪；⑫液相色谱一串联质谱仪：带电喷雾离子源；⑬液相色谱柱；⑭免疫亲和柱：AFTB1 柱容量 3 = 200 ng，AFTB1 柱回收率≥80%，AFTG2 的交叉反应率≥80%；⑮黄曲霉毒素专用型固相萃取净化柱或功能相当的固相萃取柱（以下简称净化柱）：对复杂基质样品测定时使用；⑯微孔滤头：带 0. 22 微孔滤膜；⑰筛网：1 mm~2 mm 试验筛孔径；⑱pH 计。

（4）分析步骤

使用不同厂商的免疫亲和柱，在样品上样、淋洗和洗脱的操作方面可能会略有不同，应该按照供应商所提供的操作说明书要求进行操作。

整个分析操作过程应在指定区域内进行。该区域应避光（直射阳光）、具备相对独立的操作台和废弃物存放装置。在整个实验过程中，操作者应按照接触剧毒物的要求采取相应的保护措施。

①样品制备

A. 液体样品（植物油、酱油、醋等）

采样量需大于 1L，对于袋装、瓶装等包装样品需至少采集 3 个包装（同一批次或号），将所有液体样品在一个容器中用匀浆机混匀后，其中任意的 100 g 样品进行检测。

B. 固体样品（谷物及其制品、坚果及籽类、婴幼儿谷类辅助食品等）

采样量需大于 1 kg，用高速粉碎机将其粉碎，过筛，使其粒径小于 2 mm 孔径试验筛，混合均匀后缩分至 100g，储存于样品瓶中，密封保存，供检测用。

C. 半流体（腐乳、豆豉等）

采样量需大于 1kg，对于袋装、瓶装等包装样品需至少采集 3 个包装（同一批次或号），用组织捣碎机捣碎混匀后，储存于样品瓶中，密封保存，供检测用。

②样品提取

A. 液体样品

a. 植物油脂

称取 5 g 试样（精确至 0. 01 g）于 50mL 离心管中，加入 100μL 同位素内标工作液（3. 4. 3）振荡混合后静置 30 min。加入 20 mL 乙腈-水溶液（84+16）或甲醇-水溶液（70+30），涡旋混匀，置于超声波/涡旋振荡器或摇床中振荡 20 min（或用均质器均质 3 min），在 6000 r/min 下离心 10 min，取上清液备用。

b. 酱油、醋

称取 5g 试样（精确至 0. 01 g）于 50mL 离心管中，加入 125μL 同位素内标工作液振荡混合后静置 30 min。用乙腈或甲醇定容至 25 mL（精确至 0. 1 mL），涡旋混匀，置于超声波/涡旋振荡器或摇床中振荡 20 min（或用均质器均质 3 min），在 6000 r/min 下离心 10 min（或均质后经玻璃纤维滤纸过滤），取上清液备用。

B. 固体样品

a. 一般固体样品

称取 5 g 试样（精确至 0.01 g）于 50 mL 离心管中，加入 100μL 同位素内标工作液振荡混合后静置 30 min。加入 20.0 mL 乙腈-水溶液（84+16）或甲醇-水溶液（70+30），涡旋混匀，置于超声波/涡旋振荡器或摇床中振荡 20 min（或用均质器均质 3 min），在 6000 r/min下离心 10 min（或均质后玻璃纤维滤纸过滤），取上清液备用。

b. 婴幼儿配方食品和婴幼儿辅助食品

称取 5 g 试样（精确至 0.01 g）于 50 mL 离心管中，加入 100μL 同位素内标工作液振荡混合后静置 30 mino 加入 20.0 mL 乙腈-水溶液（50+50）或甲醇-水溶液（70+30），涡旋混匀，置于超声波/涡旋振荡器或摇床中振荡 20 min（或用均质器均质 3 min），在 6000 r/min下离心 10 min（或均质后经玻璃纤维滤纸过滤），取上清液备用。

C. 半流体样品

称取 5g 试样（精确至 0.01 g）于 50mL 离心管中，加入 100μL 同位素内标工作液振荡混合后静置 30 min。加入 20.0 mL 乙腈-水溶液（84+16）或甲醇-水溶液（70+30），置于超声波/涡旋振荡器或摇床中振荡 20 min（或用均质器均质 3 min），在 6000 r/min 下离心 10 min（或均质后经玻璃纤维滤纸过滤），取上清液备用。

③样品净化

A. 免疫亲和柱净化

a. 上样液的准备

准确移取 4mL 上清液，加入 46 mL1%TritionX-100（或吐温-20）的 PBs（使用甲醇-水溶液提取时可减半加入），混匀。

b. 免疫亲和柱的准备

将低温下保存的免疫亲和柱恢复至室温。

c. 试样的净化

待免疫亲和柱内原有液体流尽后，将上述样液移至 50 mL 注射器筒中，调节下滴速度，控制样液以 1 mL/min~3 mL/min 的速度稳定下滴。待样液滴完后，往注射器筒内加入 2×10mL 水，以稳定流速淋洗免疫亲和柱。待水滴完后，用真空泵抽干亲和柱。脱离真空系统；在亲和柱下部放置 10 mL 刻度试管，取下 50m L 的注射器筒，加入 2×1 mL 甲醇洗脱亲和柱，控制 1 mL/min~3 mL/min 的速度下滴，再用真空泵抽干亲和柱，收集全部洗脱液至试管中。在 50 rT 用氮气缓缓地将洗脱液吹至近干，加入 l. 0mL 初始流动相，涡旋 30 s 溶解残留物，0. 22μm 滤膜过滤，收集滤液于进样瓶中以备进样。

B. 黄曲霉毒素固相净化柱和免疫亲和柱同时使用

a. 净化柱净化

移取适量上清液，按净化柱操作说明进行净化，收集全部净化液。

b. 免疫亲和柱净化

用刻度移液管准确吸取上述净化液 4mL，加入 46 mL 1%TritionX-100（或吐温-20）的 PB s（使用甲醇-水溶液提取时，可减半加入），混匀。

注意：全自动（在线）或半自动（离线）的固相萃取仪器可优化操作参数后使用。

④定性测定

试样中目标化合物色谱峰的保留时间与相应标准色谱峰的保留时间相比较，变化范围应在±2. 5%之内。

每种化合物的质谱定性离子必须出现，至少应包括一个母离子和两个子离子。同一检测批次，对同一化合物，样品中目标化合物的两个子离子的相对丰度比与浓度相当的标准溶液相比，其允许偏差不超过相关规定的范围。

⑤标准曲线的制作

在液相色谱串联质谱仪分析条件下，将标准系列溶液由低到高浓度进样检测，以 AFTB1、AFTB2、AFTG1 和 AFTG2 色谱峰与各对应内标色谱峰的峰面积比值一浓度作图，得到标准曲线回归方程，其线性相关系数应大于 0. 99。

⑥试样溶液的测定

取已处理得到的待测溶液进样，内标法计算待测液中目标物质的质量浓度，计算样品中待测物的含量。待测样液中的响应值应在标准曲线线性范围内，超过线性范围则应适当减少取样量重新测定。

⑦空白试验

不称取试样，按上述步骤做空白实验。应确认不含有干扰待测组分的物质。

2. 高效液相色谱—柱前衍生法

（1）原理

试样中的黄曲霉毒素 B_1、黄曲霉毒素 B_2、黄曲霉毒素 G_1、黄曲霉毒素 G_2，用乙腈-水溶液或甲醇-水溶液的混合溶液提取，提取液经黄曲霉毒素固相净化柱净化去除脂肪、蛋白质、色素及碳水化合物等干扰物质，净化液用三氟乙酸柱前衍生，液相色谱分离，荧光检测器检测，外标法定量。

（2）试剂和材料

①试剂

A. 甲醇（C h_3o h）：色谱纯；B. 乙腈（C h_3CN）：色谱纯；C. 正已烷（C_6 h，4）：色谱纯；D. 三氟乙酸（CF_3COO h）。

②试剂配制

A. 乙腈-水溶液（84+16）：取 840 mL 乙腈加入 160 mL 水；B. 甲醇-水溶液（70+30）：取 700 mL 甲醇加入 300 mL 水；C. 乙腈-水溶液（50+50）：取 500 mL 乙腈加入 500 mL水；D. 乙腈-甲醇溶液（50+50）：取 500 mL 乙腈加入 500 mL 甲醇。

③标准品

A. AFTB1 标准品（C17hl2O6，CA s 号：1162-65-8）：纯度≥98%，或经国家认证并授予标准物质证书的标准物质；B. AFTB2 标准品（C17 hl4O6，CA s 号：7220-81-7）：纯度≥98%，或经国家认证并授予标准物质证书的标准物质；C. AFTG1 标准品（C17 hl2O7，CAs 号：1165-39-5）：纯度≥98%，或经国家认证并授予标准物质证书的标准物质；D. AFTG2 标准品（C17 hl4O7，CAs 号：7241-98-7）：纯度≥98%，或经国家认证并授予标准物质证书的标准物质。

④标准溶液配制

A. 标准储备溶液（10μg/mL）

分别称取 AFTB1、AFTB2、AFTG1 和 AFTG2 I mg（精确至 0. 01 mg），用乙腈溶解并定容至 100 mL。此溶液浓度约为 10μg/mL。溶液转移至试剂瓶中后，在-20 T 下避光保存，备用。临用前进行浓度校准（校准方法参见附录 A）。

B. 混合标准工作液（AFTB1 和 AFTG1100 ng/mL，AFTB2 和 AFTG2：30 ng/mL）

准确移取 AFTB1 和 AFTG1 标准储备溶液各 1 mL，AFTB2 和 AFTG2 标准储备溶液各 300μL 至 100 mL 容量瓶中，乙腈定容。密封后避光-20℃下保存，3 个月内有效。

C. 标准系列工作溶液

分别准确移取混合标准工作液 10μL、50μL、200μL、500μL、1000μL、2000μL、4000μL 至 10mL 容量瓶中，用初始流动相定容至刻度。

（3）仪器和设备

①匀浆机；②高速粉碎机；③组织捣碎机；④超声波/涡旋振荡器或摇床；⑤天平：感量 0. 01 g 和 0. 000 01 g；⑥涡旋混合器；⑦高速均质器：转速 6500 r/min~24000 r/min；⑧离心机：转速 3 6000 r/min；⑨玻璃纤维滤纸：快速、高载量、液体中颗粒保留 1. 6μm；⑩氮吹仪；⑪液相色谱仪：配荧光检测器；⑫色谱分离柱；⑬黄曲霉毒素专用型固相萃取

净化柱，或相当者；⑭一次性微孔滤头：带 0.22μm 微孔滤膜；⑮筛网：1 mm~2 mm 试验筛孔径；⑯恒温箱；⑰pH 计。

（4）分析步骤

①样品制备

A. 液体样品（植物油、酱油、醋等）

采样量需大于 1 L，对于袋装、瓶装等包装样品需至少采集 3 个包装（同一批次或号），将所有液体样品在一个容器中用匀浆机混匀后，其中任意的 100 g 样品进行检测。

B. 固体样品（谷物及其制品、坚果及籽类、婴幼儿谷类辅助食品等）

采样量需大于 1 kg，用高速粉碎机将其粉碎，过筛，使其粒径小于 2 mm 孔径试验筛，混合均匀后缩分至 100g，储存于样品瓶中，密封保存，供检测用。

C. 半流体（腐乳、豆豉等）

采样量需大于 1kg，对于袋装、瓶装等包装样品需至少采集 3 个包装（同一批次或号），用组织捣碎机捣碎混匀后，储存于样品瓶中，密封保存，供检测用。

②样品提取

A. 液体样品

a. 植物油脂

称取 5 g 试样（精确至 0.01 g）于 50 mL 离心管中，加入 20 mL 乙腈-水溶液（84+16）或甲醇-水溶液（70+30），涡旋混匀，置于超声波/涡旋振荡器或摇床中振荡 20 min（或用均质器均质 3 min），在 6000 r/min 下离心 10 min，取上清液备用。

b. 酱油、醋

称取 5 g 试样（精确至 0.01 g）于 50 mL 离心管中，用乙腈或甲醇定容至 25mL（精确至 0.1 mL），涡旋混匀，置于超声波/涡旋振荡器或摇床中振荡 20 min（或用均质器均质 3 min），在 6 000 r/min 下离心 10 min（或均质后玻璃纤维滤纸过滤），取上清液备用。

B. 固体样品

a. 一般固体样品

称取 5 g 试样（精确至 0.01 g）于 50 mL 离心管中，加入 20.0 mL 乙腈-水溶液（84+16）或甲醇-水溶液（70+30），涡旋混匀，置于超声波/涡旋振荡器或摇床中振荡 20 min（或用均质器均质 3 min），在 6000 r/min 下离心 10 min（或均质后玻璃纤维滤纸过滤），取上清液备用。

b. 婴幼儿配方食品和婴幼儿辅助食品

称取 5 g 试样（精确至 0.01 g）于 50 mL 离心管中，加入 20.0 mL 乙腈-水溶液（50+

50）或甲醇-水溶液（70+30），涡旋混匀，置于超声波/涡旋振荡器或摇床中振荡 20 min（或用均质器均质 3 min），在 6000 r/min 下离心 10 min（或均质后经玻璃纤维滤纸过滤），取上清液备用。

C. 半流体样品

称取 5g 试样（精确至 0. 01 g）于 50mL 离心管中，加入 20. 0 mL 乙腈-水溶液（84+16）或甲醇-水溶液（70+30），置于超声波/涡旋振荡器或摇床中振荡 20 min（或用均质器均质 3 min），在 6 000 r/min 下离心 10min（或均质后经玻璃纤维滤纸过滤），取上清液备用。

③样品黄曲霉毒素固相净化柱净化

移取适量上清液，按净化柱操作说明进行净化，收集全部净化液。

④衍生

用移液管准确吸取 4. 0 mL 净化液于 10 mL 离心管后在 50 龙下用氮气缓缓地吹至近干，分别加入 200μL 正己烷和 100μL 三氟乙酸，涡旋 30 s，在 40℃±1℃的恒温箱中衍生 15 min 衍生结束后，在 50℃下用氮气缓缓地将衍生液吹至近干，用初始流动相定容至 1. 0mL，涡旋 30 s 溶解残留物，过 0. 22 am 滤膜，收集滤液于进样瓶中以备进样。

⑤色谱参考条件

A. 流动相：a 相：水，b 相：乙腈-甲醇溶液（50+50）；B. 梯度洗脱：24%B（0 min ~6 min），35%的 B（8. 0 min ~ 10. 0 min），100%的 B（10. 2 min ~ 11. 2 min），24%的 B（11. 5min ~ 13. 0 min）；C. 色谱柱：C18 柱（柱长 150 mm 或 250 mm，柱内径 4. 6 mm，填料粒径 5. 0μm），或相当者；D. 流速：1. 0mL/min；E. 柱温：40℃；F. 进样体积：50μL；G. 检测波长：激发波长 360nm；发射波长 440nm。

⑥样品测定

A. 标准曲线的制作

系列标准工作溶液由低到高浓度依次进样检测，以峰面积为纵坐标，浓度为横坐标作图，得到标准曲线回归方程。

B. 试样溶液的测定

待测样液中待测化合物的响应值应在标准曲线线性范围内，浓度超过线性范围的样品则应稀释后重新进样分析。

C. 空白试验

不称取试样，按上述的步骤做空白实验。应确认不含有干扰待测组分的物质。

3. 高效液相色谱——柱后衍生法

（1）原理

试样中的黄曲霉毒素 B_1、黄曲霉毒素 B_2、黄曲霉毒素 G_1、黄曲霉毒素 G_2，用乙腈-水溶液或甲醇-水溶液的混合溶液提取，提取液经免疫亲和柱净化和富集，净化液浓缩、定容和过滤后经液相色谱分离，柱后衍生（碘或溴试剂衍生、光化学衍生、电化学衍生等），经荧光检测器检测，外标法定量。

（2）试剂和材料

A. 试剂

a. 甲醇（Ch_3Oh）：色谱纯；b. 乙腈（Ch_3CN）：色谱纯；c. 氯化钠（NaCl）：d. 磷酸氢二钠（Na_2hPO_4）；e. 磷酸二氢钾（Kh_2PO_4）；f. 氯化钾（KCl）；g. 盐酸（hCl）；h. TritonX-100［$C_{14}h_{22}O$（C_2h_4O）n］（或吐温-20，$C_{58}h_{114}O_{26}$）；i. 碘衍生使用试剂：碘（I_2）；j. 溴衍生使用试剂：三溴化吡啶（$C_5h_6Br_3N_2$）；k. 电化学衍生使用试剂：溴化钾（KBr）、浓硝酸（hNO_3）。

B. 标准品

a. AFTB1 标准品（$C_{17}h_{12}O_6$，CAs 号：1162-65-8）：纯度≥98%，或经国家认证并授予标准物质证书的标准物质；b. AFTB2 标准品（$C_{17}h_{14}O_6$，CAs 号：7220-81-7）：纯度398%，或经国家认证并授予标准物质证书的标准物质；c. AFTG1 标准品（$C_{17}h_{12}O_7$，CAs 号：1165-39-5）：纯度≥98%，或经国家认证并授予标准物质证书的标准物质；d. AFTG2 标准品 $C_{17}h_{14}O_7$，CAs 号：7241-98-7）：纯度≥98%，或经国家认证并授予标准物质证书的标准物质。

③标准溶液配制

A. 标准储备溶液（10 g/mL）

分别称取 AFTB1、AFTB2、AFTG1 和 AFTG21 mg（精确至 0. 01 mg），用乙腈溶解并定容至 100 mL。此溶液浓度约为 10μg/mL。溶液转移至试剂瓶中后，在-20 避光保存，备用。临用前进行浓度校准。

B. 混合标准工作液（AFTB1 和 AFTG1：100 ng/mL，AFTB2 和 AFTG2：30 ng/mL）

准确移取 AFTB1 和 AFTG1 标准储备溶液各 1 mL，AFTB2 和 AFTG2 标准储备溶液各 300μL 至 100 mL 容量瓶中，乙腈定容。密封后避光-20℃保存，三个月内有效。

C. 标准系列工作溶液

分别准确移取混合标准工作液 10μL、50μL、200μL、500μL、1000μL、2000μL、4000μL 至 10mL 容量瓶中，用初始流动相定容至刻度。

（3）仪器和设备

①匀浆机；②高速粉碎机；③组织捣碎机；④超声波/涡旋振荡器或摇床；⑤天平：感量0.01 g和0.000 01 g；⑥涡旋混合器；⑦高速均质器：转速6500 r/min～24 000 r/min；⑧离心机：转速≥6 000 r/min；⑨玻璃纤维滤纸：快速、高载量、液体中颗粒保留1.6mm；⑩固相萃取装置；⑪氮吹仪；⑫液相色谱仪：配荧光检测器；⑬液相色谱柱；⑭光化学柱后衍生器（适用于光化学柱后衍生法）；⑮溶剂柱后衍生装置（适用于碘或溴试剂衍生法）；⑯电化学柱后衍生器（适用于电化学柱后衍生法）；⑰免疫亲和柱：AFTB1柱容量≥200 ng，AFTB1柱回收率≥80%，AFTG2的交叉反应率≥80%；⑱黄曲霉毒素固相净化柱或功能相当的固相萃取柱（以下简称净化柱）：对复杂基质样品测定时使用；⑲一次性微孔滤头：带0.22μm微孔滤膜（所选用滤膜应采用标准溶液检验确认无吸附现象，方可使用）；⑳筛网：1 mm～2 mm试验筛孔径。

（4）分析步骤

使用不同厂商的免疫亲和柱，在样品的上样、淋洗和洗脱的操作方面可能略有不同，应该按照供应商所提供的操作说明书要求进行操作。

整个分析操作过程应在指定区域内进行。该区域应避光（直射阳光）、具备相对独立的操作台和废弃物存放装置。在整个实验过程中，操作者应按照接触剧毒物的要求采取相应的保护措施。

①样品制备

A. 液体样品（植物油、酱油、醋等）

采样量需大于1L，对于袋装、瓶装等包装样品需至少采集3个包装（同一批次或号），将所有液体样品在一个容器中用匀浆机混匀后，其中任意的100 g样品进行检测。

B. 固体样品（谷物及其制品、坚果及籽类、婴幼儿谷类辅助食品等）

采样量需大于1kg，用高速粉碎机将其粉碎，过筛，使其粒径小于2 mm孔径试验筛，混合均匀后缩分至100g，储存于样品瓶中，密封保存，供检测用。

C. 半流体（腐乳、豆豉等）

采样量需大于1kg，对于袋装、瓶装等包装样品需至少采集3个包装（同一批次或号），用组织捣碎机捣碎混匀后，储存于样品瓶中，密封保存，供检测用。

②样品提取

A. 液体样品

a. 植物油脂

称取5 g试样（精确至0.01 g）于50 mL离心管中，加入20 mL乙腈-水溶液（84+

16）或甲醇-水溶液（70+30），涡旋混匀，置于超声波/涡旋振荡器或摇床中振荡 20 min（或用均质器均质 3 min），在 6 000 r/min 下离心 10 min，取上清液备用。

b. 酱油、醋

称取 5g 试样（精确至 0. 01 g）于 50mL 离心管中，用乙腈或甲醇定容至 25 mL（精确至 0. 1 mL），涡旋混匀，置于超声波/涡旋振荡器或摇床中振荡 20 min（或用均质器均质 3 min），在 6000 r/min 下离心 10 min（或均质后玻璃纤维滤纸过滤），取上清液备用。

B. 固体样品

a. 一般固体样品

称取 5 g 试样（精确至 0. 01 g）于 50 mL 离心管中，加入 20. 0 mL 乙腈-水溶液（84+16）或甲醇-水溶液（70+30），涡旋混匀，置于超声波/涡旋振荡器或摇床中振荡 20 min（或用均质器均质 3 min），在 6 000 r/min 下离心 10 min（或均质后玻璃纤维滤纸过滤），取上清液备用。

b. 婴幼儿配方食品和婴幼儿辅助食品

称取 5 g 试样（精确至 0. 01 g）于 50 mL 离心管中，加入 20. 0 mL 乙腈-水溶液（50+50）或甲醇-水溶液（70+30），涡旋混匀，置于超声波/涡旋振荡器或摇床中振荡 20 min（或用均质器均质 3 min），在 6000 r/min 下离心 10min（或均质后经玻璃纤维滤纸过滤），取上清液备用。

C. 半流体样品

称取 5g 试样（精确至 0. 01 g）于 50mL 离心管中，加入 20. 0 mL 乙腈-水溶液（84+16）或甲醇-水溶液（70+30），置于超声波/涡旋振荡器或摇床中振荡 20 min（或用均质器均质 3 min），在 6000 r/min 下离心 10 min（或均质后经玻璃纤维滤纸过滤），取上清液备用。

③样品净化

A. 免疫亲和柱净化

a. 上样液的准备：准确移取 4mL 上述上清液，加入 46 mL 1%TritonX-100（或吐温-20）的 PB s（使用甲醇-水溶液提取时可减半加入），混匀。

b. 免疫亲和柱的准备

将低温下保存的免疫亲和柱恢复至室温。

c. 试样的净化

免疫亲和柱内的液体放弃后，将上述样液移至 50 mL 注射器筒中，调节下滴速度，控制样液以 1mL/min～3 mL/min 的速度稳定下滴。待样液滴完后，往注射器筒内加入 2×

10mL 水，以稳定流速淋洗免疫亲和柱。待水滴完后，用真空泵抽干亲和柱。脱离真空系统，在亲和柱下部放置 10 mL 刻度试管，取下 50 mL 的注射器筒，2×1 mL 甲醇洗脱亲和柱，控制 1 mL/min~3 mL/min 的速度下滴，再用真空泵抽干亲和柱，收集全部洗脱液至试管中。在 50 龙下用氮气缓缓地将洗脱液吹至近干，用初始流动相定容至 1.0 mL，涡旋 30 s 溶解残留物，0.22μm 滤膜过滤，收集滤液于进样瓶中以备进样。

B. 黄曲霉毒素固相净化柱和免疫亲和柱同时使用

a. 净化柱净化

移取适量上清液，按净化柱操作说明进行净化，收集全部净化液。

b. 免疫亲和柱净化

用刻度移液管准确吸取上部净化液 4mL，加入 46 mL 1%TritonX-100（或吐温-20）的 PB s（使用甲醇-水溶液提取时可减半加入），混匀。

④样品测定

A. 标准曲线的制作

系列标准工作溶液由低到高浓度依次进样检测，以峰面积为纵坐标、浓度为横坐标作图，得到标准曲线回归方程。

B. 试样溶液的测定

待测样液中待测化合物的响应值应在标准曲线线性范围内，浓度超过线性范围的样品则应稀释后重新进样分析。

C. 空白试验

不称取试样，按上述的步骤做空白实验。应确认不含有干扰待测组分的物质。

二、食品中脱氧雪腐镰刀菌烯醇的检测

（一）脱氧雪腐镰刀菌烯醇的性质及其危害

1. 脱氧雪腐镰刀菌烯醇的性质

脱氧雪腐镰刀菌烯醇（简称 DON），俗称“呕吐毒素”。它是单端弛霉烯族毒素的一种，主要由禾谷镰刀菌和黄色镰刀菌产生。广泛存在于全球，主要污染小麦、大麦、玉米等谷类作物，也污染粮食制品。我国国家标准 GB 2761—2017 规定在食用大麦、小麦、玉米、麦片、玉米面、小麦粉中的限量为 1 000μg/kg。

DON 易溶于水和极性溶剂甲醇、乙醇、乙腈、丙酮及乙酸乙酯，不溶于正已烷和乙醚。在有机溶剂中稳定，乙酸乙酯和乙腈是长期储存最适合的溶剂。DON 化学性质十分稳

定，主要是由于环氧基团不易受亲核试剂攻击而破坏。

2. 脱氧雪腐镰刀菌烯醇的危害

（1）DON 对植物的危害

DON 具有较强的生物活性，能损伤小麦组织的细胞膜，引起细胞质外渗，使细胞崩解，抑制小麦体细胞内蛋白质的合成，抑制小麦胚根、胚芽及芽鞘的生长，导致麦苗枯萎，麦穗的穗轴组织黄褐病变，维管束导管及韧皮部细胞被褐变物质充满堵塞，最终造成麦穗枯黄萎蔫。

（2）DON 对人和动物的危害

DON 的急性毒性与动物的种属、年龄、性别、染毒途径有关。猪对 DON 很敏感，尤其是母猪，牛羊次之，家禽对其有较高的耐受力。雄性动物比较敏感，经口毒性小于皮下注射。对于敏感动物，急性中毒的症状表现为食欲减退、呕吐、体重减轻、流产、免疫机能下降。例如，日粮中含 2～4 mg/kg DON 便可引起猪采食减少；含 3～6 mg/kg DON 时，生长猪的采食量降低 20%；含 10 mg/kg DON 时完全拒食。

人的急性中毒主要表现为呕吐、拒食、体重降低和腹泻，人群 DON 中毒事件报道的中毒症状包括恶心、呕吐、胃肠紊乱、头晕、头痛和腹泻。慢性毒性表现为摄食减少、生长缓慢及血清免疫球蛋白水平改变。

（二）脱氧雪腐镰刀菌烯醇的检测

脱氧雪腐镰刀菌烯醇的检测方法有薄层层析法、高效液相色谱法、液相色谱—串联质谱法和酶联免疫吸附检测法等。下面介绍同位素稀释液相色谱—串联质谱法和免疫亲和层析净化高效液相色谱法测定食品中的脱氧雪腐镰刀菌烯醇。

1. 同住素稀释液相色谱—串联质谱法

（1）原理

试样中的脱氧雪腐镰刀菌烯醇、3-乙酰脱氧雪腐镰刀菌烯醇和 15-乙酰脱氧雪腐镰刀菌烯醇用水和乙腈的混合溶液提取，提取上清液经固相萃取柱或免疫亲和柱净化，浓缩、定容和过滤后，超高压液相色谱分离，串联质谱检测，同位素内标法定量。

（2）试剂和材料

①试剂

A. 乙腈（Ch_3CN）：色谱纯；B. 甲醇（$C h_3 0 h$）：色谱纯；C. 正已烷（$C_6 h_{14}$）；D. 氨水（$Nh_3 \cdot h_2O$）；E. 甲酸（hCOOh）；F. 氮气（N_2）：纯度≥99. 9%。

②试剂配制

A. 乙腈-水溶液（84+16）：量取 160 mL 水加入 840 mL 乙腈中，混匀；B. 乙腈饱和的正己烷溶液：量取 200 mL 正己烷于 250 mL 分液漏斗中，加入少量乙腈，剧烈振摇数分钟，静置分层，弃去下层乙腈层即得；C. 甲醇-水溶液（5+95）：量取 5 mL 甲醇加入到 95 mL 水中，混匀；D. 0. 01%的氨水溶液：取 1001×L 氨水加入 1 000 mL 水中，混匀（仅供离子源模式为 Esl-时使用）；E. 0. 1%的甲酸溶液：取 1mL 甲酸加入 1000 mL 水中，混匀（仅供离子源模式为 E sI+时使用）。

③标准品

A. 脱氧雪腐镰刀菌烯醇（DON，$C_{15}h_{20}O_6$，CAs 号：51481-10-8）：纯度≥99%，或经国家认证并授予标准物质证书的标准物质；B. 3-乙酰脱氧雪腐镰刀菌烯醇（3-ADON，$C_{17}h_{22}0_6$，CAs 号：50722-38-8）：纯度≥99%，或经国家认证并授予标准物质证书的标准物质；C. 15-乙酰脱氧雪腐镰刀菌烯醇（15-ADON，$C_{17}h_{22}O_6$，CAs 号：88337-96-6）：纯度≥99%，或经国家认证并授予标准物质证书的标准物质；D. $^{13}C_{15}$-脱氧雪腐镰刀菌烯醇同位素标准溶液（13C-DON，$^{13}C_{15}h_{20}O_6$，）：25μg/mL，纯度≥99%；E. $^{13}C_{17}$-3$^-$乙酰$^-$脱氧雪腐镰刀菌烯醇同位素标准溶液（^{13}C-3-ADON，$^{13}C_{17}h_{20}{}^{0}_{6}$）：25μg/mL，纯度≥99%。

④标准溶液配制

A. 标准储备溶液（100μg/mL）

分别称取 DON、3-ADON 和 15-ADON 1 mg（准确至 0. 01 mg），分别用乙腈溶解并定容至 10mL。将溶液转移至试剂瓶中，在-20℃下密封保存，有效期 1 年。

B. 混合标准工作溶液（10μg/mL）

准确吸取 100μg/mLDON、3-ADON 和 15-ADON 标准储备液各 1. 0 mL 于同一 10 mL 容量瓶中，加乙腈定容至刻度。在-20 密封保存，有效期半年。

C. 混合同位素内标工作液（1 g/mL）

准确吸取$^{13}C_{15}$-DON 和$^{13}C_{17}$-3-ADON 同位素内标（25 步 g/mL）各 ImL 于同一 25 m L 容量瓶中，加乙腈定容至刻度。在-20 下密封保存，有效期半年。

D. 标准系列工作溶液

准确移取适量混合标准工作溶液和混合同位素内标工作液，用初始流动相配制成 10ng/mL、20ng/mL、40ng/mL、80 ng/mL、160 ng/mL、320 ng/mL、640 ng/mL 的混合标准系列，其中同位素内标浓度为 100ng/mL。标准系列溶液于 4℃保存，有效期 7 日。

（3）仪器和设备

①液相色谱—串联质谱仪：带电喷雾离子源；②电子天平：感量 0. 01 g 和 0. 000 01

g；③高速粉碎机：转速 10000r/min；④匀浆机；⑤筛网：0.5 mm～1 mm 孔径；⑥超声波/涡旋振荡器或摇床；⑦氮吹仪；⑧高速离心机：转速不低于 12 000 r/min；⑨移液器：量程 10μL～100μL 和 100μL～1 000μL；⑩固相萃取装置；⑪通用型固相萃取柱：兼具亲水基团（吡咯烷酮基团）和疏水基团（二乙烯基苯）吸附剂填料的固相萃取小柱，200 mg，6mL，或相当者；⑫DONs 专用型固相净化柱，或相当者；⑬脱氧雪腐镰刀菌烯醇免疫亲和柱：柱容量≥1 000 ng；⑭水相微孔滤膜：0.22μm。

（4）分析步骤

①试样制备

A. 谷物及其制品

取至少 1kg 样品，用高速粉碎机将其粉碎，过筛，使其粒径小于 0.5 mm～1mm 孔径试验筛，混合均匀后缩分至 100g，储存于样品瓶中，密封保存，供检测用。

B. 酒类

取散装酒至少 1L，对于袋装、瓶装等包装样品至少取 3 个包装（同一批次或号），将所有液体试样在一个容器中用均质机混匀后，缩分至 100g 储存于样品瓶中，密封保存，供检测用。含二氧化碳的酒类样品使用前应先置于 4℃冰箱冷藏 30 min，过滤或超声脱气后方可使用。

C. 酱油、醋、酱及酱制品

取至少 1L 样品，对于袋装、瓶装等包装样品至少取 3 个包装（同一批次或号），将所有液体样品在一个容器中用匀浆机混匀后，缩分至 100g 储存于样品瓶中，密封保存，供检测用。

②试样提取

A. 谷物及其制品

称取 2g（准确至 0.01g）试样于 50mL 离心管中，加入 400μL 混合同位素内标工作液振荡混合后静置 30 min。加入 20.0mL 乙腈-水溶液（84+16），置于超声波/涡旋振荡器或摇床中超声或振荡 20 min。10000r/min 离心 5min，收集上清液 A 于干净的容器中备用。

B. 酒类

称取 5g（准确至 0.01g）试样于 50mL 离心管中，加入 200μL 混合同位素内标工作液振荡混合后静置 30min，用乙腈定容至 10mL，混匀，置于超声波/涡旋振荡器或摇床中超声或振荡 20 min。10000 r/min 离心 5min，收集上清液 B 于干净的容器中备用。

C. 酱油、醋、酱及酱制品

称取 2g（准确至 0.01g）试样于 50mL 离心管中，加入 400μL 混合同位素内标工作液振荡混合后静置30min。加入20.0mL乙腈-水溶液（84+16），置于超声波/涡旋振荡器或摇床中超声或振荡20min。10000r/min离心5 min，收集上清液C于干净的容器中备用。

③试样净化

可根据实际情况，选择其中一种方法即可。

A. 通用型固相萃取柱净化

取5mL上清液A或上清液B或上清液C置于50mL离心管中，加入10mL乙腈饱和正已烷溶液，涡旋混合2min，5000 r/min离心2min，弃去正已烷层后，于40℃~50℃下氮气吹干，加入4mL水充分溶解残渣，待净化。

将固相萃取柱连接到固相萃取装置，先后用3mL甲醇和3mL水活化平衡。将4mL水溶液上柱，控制流速为每秒1滴~2滴。用3 mL水、1mL5%的甲醇-水溶液依次淋洗柱子后彻底抽干。用4 mL甲醇洗脱，收集全部洗脱液后在40℃~50℃下氮气吹干。加入1.0mL初始流动相溶解残留物，涡旋混匀10s，用0.22μm微孔滤膜过滤于进样瓶中，待进样。

B. DONs专用型固相净化柱净化

取8mL上清液A或上清液B或上清液C至DONs专用型固相净化柱的玻璃管内，将净化柱的填料管插入玻璃管中并缓慢推动填料管至净化液析出。移取5mL净化液于40℃~50℃下氮气吹干。加入1.0mL初始流动相溶解残留物，涡旋混匀10s，用0.22μm微孔滤膜过滤于进样瓶中，待进样。

C. 免疫亲和柱净化

事先将低温下保存的免疫亲和柱恢复至室温。准确移取5mL上清液A或上清液B或上清液C，于40℃~50℃下氮气吹干，加入2mL水充分溶解残渣，待免疫亲和柱内原有液体流尽后，将上述样液移至玻璃注射器筒中。将空气压力泵与玻璃注射器相连接，调节下滴速度，控制样液以每秒1滴的流速通过免疫亲和柱，直至空气进入亲和柱中。用5mLPBs缓冲盐溶液和5mL水先后淋洗免疫亲和柱，流速约为每秒1滴~2滴，直至空气进入亲和注中，弃去全部流出液，抽干小柱。

准确加入2mL甲醇洗脱亲和柱，控制每秒1滴的下滴速度，收集全部洗脱液至试管中，在50℃下用氮气缓缓地将洗脱液吹至近干，加入1.0mL初始流动相，涡旋30s溶解残留物，0.22μm滤膜过滤，收集滤液于进样瓶中以备进样。

④液相色谱—串联质谱参考条件

A. 离子源模式

EsI+液相色谱—质谱参考条件：a. 液相色谱柱：C18柱（柱长100mm，柱内径

2.1mm；填料粒径 1.7μm），或相当者；b. 流动相：A 相：0.1%的甲酸溶液；B 相：0.1%的甲酸-乙腈；c. 梯度洗脱：2%的 B（0 min～0.8min），24%的 B（3.0 min～4.0 min），100%的 B（6.0 min～6.9 min），2%的 B（6.9 min～7.0min）；d. 流速：0.35 mL/min；e. 柱温：40℃；f. 进样体积：10μL；g）毛细管电压：3.5kV；f：锥孔电压：g：30V；脱溶剂气温度：350℃；脱溶剂气流量：900L/h。

B. 离子源模式

EsI-：液相色谱—质谱参考条件：a. 液相色谱柱：C18 柱（柱长 100mm，柱内径 2.1 mm；填料粒径 1.7μm），或相当者；b. 流动相：A 相：0.01%的氨水溶液；B 相：乙腈；c. 梯度洗脱：2%的 B（0 min～0.8 min），24%的 B（3.0 min～4.0 min），100%的 B（6.0 min～6.9 min），2%的 B（6.9 min～7.0min）；d. 流速：0.35mL/min；e. 柱温：40℃；f. 进样体积：10μL；g. 毛细管电压：2.5kV；锥孔电压：45V；脱溶剂气温度：500℃；脱溶剂气流量：900L/h。

⑤定性测定

试样中目标化合物色谱峰的保留时间与相应标准色谱峰的保留时间相比较，变化范围应在±2.5%之内。

每种化合物的质谱定性离子应出现，至少应包括一个母离子和两个子离子。同一检测批次，对同一化合物，样品中目标化合物的两个子离子的相对丰度比与浓度相当的标准溶液相比，其允许偏差不超过规定的范围。

⑥标准曲线的制作

在上述液相色谱串联质谱仪分析条件下，将标准系列溶液由低到高浓度进样检测，以 DON、3-ADON 和 15-ADON 色谱峰与各对应内标色谱峰的峰面积比值—浓度作图，得到标准曲线回归方程，其线性相关系数应大于 0.99。

⑦试样溶液的测定

取已处理得到的待测溶液进样，内标法计算待测液中目标物质的质量浓度，计算样品中待测物的含量。试液中待测物的响应值应在标准曲线线性范围内，超过线性范围则应适当减少取样量后重新测定。

⑧空白试验

除不加试样外，按上述步骤做空白实验。应确认不含有干扰待测组分的物质。

2. 分析结果的表述

试样中 DON、3-ADON 或 15-ADON 的含量按式（6-1）计算：

$$X = \frac{\rho \times V_1 \times V_3 \times 1000}{V_2 \times m \times 1000} \tag{6-1}$$

式中：

X——试样中 DON、3-ADON 或 15-ADON 的含量，单位为微克每千克（μg/kg）；

ρ——试样中 DON、3-ADON 或 15-ADON 按照内标法在标准曲线中对应的质量浓度，单位为纳克每毫升（ng/mL）；

V_1——试样提取液体积，单位为毫升（mL）；

V_3——试样最终定容体积，单位为毫升（mL）；

1000——换算系数；

V_2——用于净化的分取体积，单位为毫升（mL）；

m——试样的称样量，单位为克（g）。

3. 免疫亲和层析净化高效液相色谱法

（1）原理

试样中的脱氧雪腐镰刀菌烯醇用水提取，经免疫亲和柱净化后，用高效液相色谱—紫外检测器测定，外标法定量。

（2）试剂和材料

①试剂

A. 甲醇（Ch_3Oh）：色谱纯；B. 乙腈（Ch_3CN）：色谱纯；C. 聚乙二醇［相对分子质量为 8000，hO（Ch_2Ch_2O）nh］；D. 氯化钠（NaCl）；E. 磷酸氢二钠（Na_2hPO_4）；F. 磷酸二氢钾（Kh_2PO_4）；G. 氯化钾（KCI）；H. 盐酸（hCI）。

②试剂配制

A. 磷酸盐缓冲溶液（以下简称 PBs）

称取 8. 00g 氯化钠、1. 20g 磷酸氢二钠、0. 20g 磷酸二氢钾、0. 20 g 氯化钾，用 900mL 水溶解，用盐酸调节 pH 至 7. 0，用水定容至 1000 mL。

B. 甲醇——水溶液（20+80）

量取 200mL 甲醇加入 800mL 水中，混匀。

C. 乙——水溶液（10+90）

量取 100mL 乙腈加入 900mL 水中，混匀。

③标准品

脱氧雪腐镰刀菌烯醇（$C_{15}sh_{20}O_6$，CAs 号：51481-10-8）：纯度≥99%，或经国家认证并授予标准物质证书的标准物质。

④标准溶液配制

A. 标准储备溶液（100μg/mL）

称取脱氧雪腐镰刀菌烯醇 1mg（准确至 0. 01 mg），用乙腈溶解并定容至 10mL。将溶液转移至试剂瓶中，在−20℃下密封保存，有效期 1 年。

B. 标准系列工作溶液

准确移取适量脱氧雪腐镰刀菌烯醇标准储备溶液，用初始流动相稀释，配制成 100ng/mL、200ng/mL、500ng/mL、1000ng/mL、2000ng/mL、5000ng/mL 的标准系列工作液，4℃保存，有效期 7 日。

（3）仪器和设备

①高效液相色谱仪：配有紫外检测器或二极管阵列检测器；②电子天平：感量 0. 01g 和 0. 00001g；③高速粉碎机：转速 10000r/min；④筛网：1mm～2mm 孔径；⑤超声波/涡旋振荡器或摇床；⑥氮吹仪；⑦高速离心机：转速≥12000r/min；⑧移液器：量程 10μL～100μL 和 100μL～1000μL；⑨脱氧雪腐镰刀菌烯醇免疫亲和柱：柱容量≥1000ng；⑩玻璃纤维滤纸：直径 11cm，孔径 1. 5μm；⑪水相微孔滤膜：0. 45μm；⑫聚丙烯刻度离心管：具塞，50mL；⑬玻璃注射器：10mL；⑭空气压力泵。

（4）分析步骤

①试样制备

A. 谷物及其制品

取至少 1kg 样品，用高速粉碎机将其粉碎，过筛，使其粒径小于 0. 5mm～1mm 孔径试验筛，混合均匀后缩分至 100g，储存于样品瓶中，密封保存，供检测用。

B. 酒类

取散装酒至少 1L，对于袋装、瓶装等包装样品至少取 3 个包装（同一批次或号），将所有液体试样在一个容器中用均质机混匀后，缩分至 100g 储存于样品瓶中，密封保存，供检测用。含二氧化碳的酒类样品使用前应先置于 4℃冰箱冷藏 30 min，过滤或超声脱气后方可使用。

C. 酱油、醋、酱及酱制品

取至少 1L 样品，对于袋装、瓶装等包装样品至少取 3 个包装（同一批次或号），将所有液体样品在一个容器中用匀浆机混匀后，缩分至 100g 储存于样品瓶中，密封保存，供检测用。

②试样提取

A. 谷物及其制品

称取 25g（准确到 0. 1g）磨碎的试样于 100mL 具塞三角瓶中加入 5g 聚乙二醇，加水

100mL，混匀，置于超声波/涡旋振荡器或摇床中超声或振荡 20 min。以玻璃纤维滤纸过滤至滤液澄清（或 6000r/min 下离心 10min），收集滤液 A 于干净的容器中。10000 r/min 离心 5 min。

B. 酒类

取酒样 20g（准确到 0.1g），加入 1g 聚乙二醇，用水定容至 25.0mL，混匀，置于超声波/涡旋振荡器或摇床中超声或振荡 20min。用玻璃纤维滤纸过滤至滤液澄清（或 6000r/min 下离心 10 min），收集滤液 B 于干净的容器中。

C. 酱油、醋、酱及酱制品

称取样品 25g（准确到 0.1g），加入 5g 聚乙二醇，用水定容至 100mL，混匀，置于超声波/涡旋振荡器或摇床中超声或振荡 20 min。以玻璃纤维滤纸过滤至滤液澄清（或 6000r/min 下离心 10min），收集滤液 C 于干净的容器中。

③净化

事先将低温下保存的免疫亲和柱恢复至室温。待免疫亲和柱内原有液体流尽后，将上述样液移至玻璃注射器筒中，准确移取上述滤液 A 或滤液 B 或滤液 C2.0mL，注入玻璃注射器中。将空气压力泵与玻璃注射器相连接，调节下滴速度，控制样液以每秒 1 滴的流速通过免疫亲和柱，直至空气进入亲和柱中。用 5mLPBs 缓冲盐溶液和 5mL 水先后淋洗免疫亲和柱，流速约为每秒 1 滴~2 滴，直至空气进入亲和柱中，弃去全部流出液，抽干小柱。

④洗脱

准确加入 2mL 甲醇洗脱亲和柱，控制每秒 1 滴的下滴速度，收集全部洗脱液至试管中，在 50℃ 下用氮气缓缓地将洗脱液吹至近干，加入 1.0mL 初始流动相，涡旋 30 s 溶解残留物，0.45μm 滤膜过滤，收集滤液于进样瓶中以备进样。

⑤液相色谱参考条件

A. 液相色谱柱：C18 柱（柱长 150mm，柱内径 4.6 mm；填料粒径 5μm），或相当者；B. 流动相：甲醇+水（20+80）；C. 流速；0.8mL/min；D. 柱温：35℃；E. 进样量：50μL；F. 检测波长：218nm。

⑥定量测定

A. 标准曲线的制作

以脱氧雪腐镰刀菌烯醇标准工作液浓度为横坐标，以峰面积积分值纵坐标，将系列标准溶液由低到高浓度依次进样检测，得到标准曲线回归方程。

B. 试样溶液的测定

试样液中待测物的响应值应在标准曲线线性范围内，超过线性范围则应适当减少称样量，重新处理后再进样分析。

⑦空白试验

除不称取试样外，按上述方法做空白试验。确认不含有干扰待测组分的物质。

（5）分析结果的表述

试样中脱氧雪腐镰刀菌烯醇的含量按式（6-2）计算：

$$X = \frac{(\rho_1 - \rho_0) \times V \times f \times 1000}{m \times 1000} \tag{6-2}$$

式中：

X——试样中脱氧雪腐镰刀菌烯醇的含量，单位为微克每千克（μg/kg）；

ρ_1——试样中脱氧雪腐镰刀菌烯醇的质量浓度，单位纳克每毫升（ng/mL）；

ρ_0——空白试样中脱氧雪腐镰刀菌烯醇的质量浓度，单位纳克每毫升（ng/mL）；

V——样品洗脱液的最终定容体积，单位毫升（mL）；

f——样液稀释因子；

1000——换算系数；

m——试样的称样量，单位克（g）。

三、食品中展青霉素的检测

（一）展青霉素的性质及其毒害

1. 展青霉素的性质

展青霉素的化学名称为4-羟基-4-氢-呋喃（3，2-碳）并吡喃-2（6-氢）酮，分子式为$C_7h_6O_4$，分子量154，其晶体为无色菱形，熔点110.5℃。易溶于水、乙腈、三氯甲烷、丙酮、乙醇和乙酸乙酯等大部分有机溶剂中，微溶于乙醚、苯，不溶于石油醚、戊烷。酸性环境下较稳定，而在碱性条件下稳定性差。20世纪40年代作为一种广谱的抗真菌抗生素被发现，随后又发现它对70多种不同的细菌有抑制作用，包括革兰氏阳性菌和阴性菌。然而之后的临床研究表明，展青霉素不仅对真菌和细菌有毒性，对动物和高等植物也具有毒性作用。

2. 展青霉素的毒害作用

展青霉素是由某些真菌产生的一种有毒次级代谢产物，在多种食品中均有发现，苹果及其制品中尤为严重。通过多年对展青霉素广泛的研究，发现展青霉素具有急性毒性、亚急性毒性、慢性毒性和细胞毒性。急性毒性常表现为急躁、抽搐、呼吸困难、肺部充血、上皮细胞退化、组织坏死、呕吐、肠出血、肠炎以及其他的一些肠胃疾病。慢性毒性表现为致癌、致畸、致突变、神经毒性、免疫毒性、遗传毒性等。细胞毒性表现为质膜的破坏、抑制蛋白质的合成、抑制 Na^+偶联的氨基酸转运、阻断翻译与转录过程、抑制 DNA 的合成、抑制产干扰素的辅助型 T 细胞的形成。展青霉素之所以能够引起细胞毒性，是因为它可以与细胞内的巯基成分发生反应，如谷胱甘和含半胱氨酸的蛋白。事实上，许多活性位点具有巯基的酶也对展青霉素十分敏感，如 RNA 聚合酶、氨酰基-t RNA 合成酶、肌醛缩酶以及依赖 Na^+-K^+的 ATP 酶，这些酶的活性都可以被展青霉素所抑制。另外，展青霉素的毒性还与活体细胞中游离谷胱甘肽的缺失有关。通过加入外源的半胱氨酸或谷胱甘肽，可以解除展青霉素对肠道上皮细胞的毒性作用。另有研究表明展青霉素可以与 Nh_2基团反应，并能够抑制蛋白质的异戊二烯化。异戊二烯化是蛋白质翻译后加工的一种重要修饰过程，许多蛋白质包括原癌基因的激活都必须经过异戊二烯化的修饰过程。然而，有些活性位点缺少巯基的酶如脲酶，也可以与展青霉素反应；展青霉素对转录和翻译的抑制也是通过与 RNA 和 DNA 的直接作用来实现的。因此展青霉素主要通过与巯基相关的反应引起毒性作用，但也有例外。

（二）展青霉素的检测方法

展青霉素的检测方法有薄层色谱法、液相色谱法、免疫学检测方法和高效液相色谱法等。

1. 同位素稀释—液相色谱—串联质谱法

（1）原理

样品中的展青霉素经溶剂提取，展青霉素固相净化柱或混合型阴离子交换柱净化、浓缩后，经反相液相色谱柱分离，电喷雾离子源离子化，多反应离子监测检测，内标法定量。

（2）试剂和材料

①试剂

A. 乙腈（Ch_3CN）：色谱纯；B. 甲醇（Ch_3Oh）：色谱纯；C. 乙酸（$Ch_3COO\ h$）：色谱纯；D. 乙酸铵（Ch_3COONh_4）；E. 果胶酶（液体）：活性≥1500U/g，2℃～8℃避光保存。

②试剂配制

A. 乙酸溶液：取 10mL 乙酸加入 250mL 水，混匀；B. 乙酸铵溶液（5 mmol/L）：称取 0. 38g 乙酸铵，加 1000mL 水溶解。

③标准品

①展青霉素标准品（$C_7h_6O_4$，CAs 号：149-29-1）：纯度≥99%，或经国家认证并授予标准物质证书的标准物质；②$13C_7^-$展青霉素同位素内标：25μg/mL，或经国家认证并授予标准物质证书的标准物质。

④标准溶液配制

A. 标准储备溶液（100μg/mL）

用 2mL 乙腈溶解展青霉素标准品 1.0 mg 后，移入 10mL 的容量瓶，乙腈定容至刻度。溶液转移至试剂瓶中后，在-20℃下冷冻保存，备用，有效期 6 个月。

B. 标准工作液（1μg/mL）

准确吸取 100μL 经标定过的展青霉素标准储备溶液至 10mL 容量瓶中，用乙酸溶液定容至刻度。溶液转移至试剂瓶中后，在 4℃下避光保存，有效期 3 个月。

C. 13C；展青霉素同位素内标工作液（1μg/mL）

准确移取展青霉素同位素内标（25μg/mL）0.40mL 至 10mL 容量瓶中，用乙酸溶液定容。在 4℃下避光保存，备用，3 个月内有效。

D. 标准系列工作溶液

分别准确移取标准工作液适量至 10mL 容量瓶中，加入 500μL 1.0μg/mL 的同位素内标工作液，用乙酸溶液定容至刻度，配制展青霉素浓度为 5ng/mL、10ng/mL、25ng/mL、50ng/mL、100ng/mL、150ng/mL、200ng/mL、250ng/mL 系列标准溶液。

（3）仪器和设备

①液相色谱—质谱联用仪：带电喷雾离子源；②匀浆机；③高速粉碎机；④组织捣碎机；⑤涡旋振荡器；⑥pH 计：测量精度±0.02；⑦天平：感量为 0.01g 和 0.00001g；⑧50mL 具塞 PVC 离心管；⑨离心机：转速≥6000r/min；⑩展青霉素固相净化柱（以下简称净化柱）：混合填料净化柱 Myco sepTM228，或相当者；⑪混合型阴离子交换柱：N-乙烯吡咯烷酮-二乙烯基苯共聚物基质-C h2N（C h3）2C4 h9+为填料的固相萃取柱（6mL，150mg），或相当者。使用前分别用 6mL 甲醇和 6mL 水预淋洗并保持柱体湿润；⑫100mL 梨形烧瓶；⑬固相萃取装置；⑭旋转蒸发仪；⑮氮吹仪。

（4）分析步骤

①试样制备

A. 液体样品（苹果汁、山楂汁等）

样品倒入匀浆机中混匀，取其中任意的 100 g（或 mL）样品进行检测。

酒类样品需超声脱气 1 小时或 4℃低温条件下存放过夜脱气。

B. 固体样品（山楂片、果丹皮等）

样品用高速粉碎机将其粉碎，混合均匀后取样品 100g 用于检测。果丹皮等高黏度样品经液氮冻干后立即用高速粉碎机将其粉碎，混合均匀后取样品 100g 用于检测。

C. 半流体（苹果果泥、苹果果酱、带果粒果汁等）

样品在组织捣碎机中捣碎混匀后，取 100g 用于检测。

②试样提取及净化

A. 混合型阴离子交换柱法

a. 试样提取

澄清果汁：称取 2g 试样（准确至 0.01g），加入 50μL 同位素内标工作液混匀待净化。

苹果酒：称取 1g 试样（准确至 0.01g），加入 50μL 同位素内标工作液，加水至 10mL 混匀后待净化。

固体、半流体试样：称取 1g 试样（准确至 0.01g）于 50mL 离心管中，加入 50μL 同位素内标工作液，静置片刻后，再加入 10mL 水与 75μL 果胶酶混匀，室温下避光放置过夜后，加入 10.0mL 乙酸乙酯，涡旋混合 5min，在 6000r/min 下离心 5min，移取乙酸乙酯层至 100mL 梨形烧瓶。再用 10.0mL 乙酸乙酯提取一次，合并两次乙酸乙酯提取液，在 40℃ 水浴中用旋转蒸发仪浓缩至干，以 5.0mL 乙酸溶液溶解残留物，待净化处理。

b. 净化

将待净化液转移至预先活化好的混合型阴离子交换柱中，控制样液以约 3mL/min 的速度稳定过柱。上样完毕后，依次加入 3mL 乙酸铵溶液、3mL 水淋洗。抽干混合型阴离子交换柱，加入 4mL 甲醇洗脱，控制流速约 3mL/min，收集洗脱液。在洗脱液中加入 20μL 乙酸，置 40℃ 下用氮气缓缓吹至近干，用乙酸溶液定容至 1.0mL，涡旋 30s，溶解残留物，0.22μm 滤膜过滤，收集滤液于进样瓶中以备进样。按同一操作方法做空白试验。

B. 净化柱法

a. 试样提取

液体试样：称取 4g 试样（准确至 0.01g）于 50mL 离心管中，加入 250μL 同位素内标工作液，加入 21 mL 乙腈，混合均匀，在 6000r/min 下离心 5min，待净化。

固体、半流体试样：称取 1g 试样（准确至 0.01g）于 50mL 离心管中，加入 100μL 同位素内标工作液，混匀后静置片刻，再加入 10mL 水与 150μL 果胶酶溶液混匀，室温下避光放置过夜后，加入 10.0mL 乙酸乙酯，涡旋混合 5 min，在 6000r/min 下离心 5 min，移取乙酸乙酯层至梨形烧瓶。再用 10.0mL 乙酸乙酯提取一次，合并两次乙酸乙酯提取液，在 40℃ 水浴中用旋转蒸发仪浓缩至干，以 2.0mL 乙酸溶液溶解残留物，再加入 8mL 乙腈，混匀后待净化。

b. 净化

按照所使用净化柱的说明书操作，将提取液通过净化柱净化，弃去初始的 1mL 净化液，收集后续部分。

用吸量管准确吸取 5.0 mL 净化液，加入 20μL 乙酸，在 40℃下用氮气缓缓地吹至近干，加入乙酸溶液定容至 1mL，涡旋 30s 溶解残渣，过 0.22μm 滤膜，收集滤液于进样瓶中以备进样。按同一操作方法做空白试验。

③标准曲线的制作

将标准系列工作溶液由低到高浓度进样检测，以标准系列工作溶液中展青霉素的浓度为横坐标，以展青霉素色谱峰与内标色谱峰的峰面积比值为纵坐标，绘制得到标准曲线。

④测定

将试样溶液注入液相色谱—质谱仪中，测得相应的峰面积，由标准曲线得到试样溶液中展青霉素的浓度。

⑤定性

试样中目标化合物色谱峰的保留时间与相应标准色谱峰的保留时间相比较，变化范围在±2.5%之内。

每种化合物的质谱定性离子必须出现，至少应包括一个母离子和两个子离子。同一检测批次，对同一化合物，样品中目标化合物的两个子离子的相对丰度比与浓度相当的标准溶液相比，其允许偏差不超过规定的范围。

（5）分析结果的表述

试样中展青霉素的含量按式（6-3）计算：

$$X = \frac{\rho \times V}{m} \times f \tag{6-3}$$

式中：

X——试样中展青霉素的含量，单位为微克每千克或微克每升（μg/kg 或 μg/L）；

ρ——由标准曲线计算所得的试样溶液中展青霉素的浓度，单位为纳克每毫升（ng/mL）；

V——最终定容体积，单位毫升（mL）；

m——试样的称样量，单位克（g）；

f——稀释倍数。

2. 高效液相色谱法

（1）原理

样品中的展青霉素经提取，展青霉素固相净化柱净化、浓缩后，液相色谱分离，紫外检测器检测，外标法定量。

（2）试剂和材料

①试剂

A. 乙腈（Ch_3CN）：色谱纯；B. 甲醇（Ch_3Oh）：色谱纯；C. 乙酸（$Ch_3COO\ h$）：色谱纯；D. 乙酸乙酯（$Ch_3COOCh_2Ch_3$）；E. 乙酸铵（$Ch_3COON\ h_4$）；F. 果胶酶（液体）：活性不低于 1500U/g，2℃～8℃避光保存。

②试剂配制

乙酸溶液：取 10mL 乙酸加入 250mL 水，混匀。

③标准品

展青霉素标准品（$C_7h_6O_4$，CAs 号：149-29-1）：纯度≥99%，或经国家认证并授予标准物质证书的标准物质。

④标准溶液配制

A. 标准储备溶液（100μg/mL）

用 2mL 乙腈溶解展青霉素标准品 1.0 mg 后，移入 10mL 的容量瓶，乙腈定容至刻度。溶液转移至试剂瓶中后，在-20℃下冷冻保存，备用，6 个月内有效。

B. 标准工作液（1μg/mL）

移取 100μL 经标定过的展青霉素标准储备溶液，用乙酸溶液溶解并转移至 10mL 容量瓶中，定容至刻度。溶液转移至试剂瓶中后，在 4℃下避光保存，3 个月内有效。

C. 标准系列工作溶液

分别准确移取标准工作液适量至 5mL 容量瓶中，用乙酸溶液定容至刻度，配制展青霉素浓度为 5ng/mL、10ng/mL、25ng/mL、50ng/mL、100ng/mL、150ng/mL、200ng/mL、250ng/mL 系列标准溶液。

（3）仪器和设备

①液相色谱仪：配紫外检测器；②匀浆机；③高速粉碎机；④组织捣碎机；⑤涡旋振荡器；⑥pH 计：测量精度±0.02；⑦天平：感量为 0.01g 和 0.00001g；⑧50mL 具塞 PVC 离心管；⑨离心机：转速≥6000r/min；⑩展青霉素固相净化柱：混合填料净化柱 Mycosep TM228，或相当者；⑪100mL 梨形烧瓶；⑫固相萃取装置；⑬旋转蒸发仪；⑭氮吹仪；

⑮一次性水相微孔滤头：带0.22μm微孔滤膜。

（4）分析步骤

①试样制备

A. 液体样品（苹果汁、山楂汁等）

样品倒入匀浆机中混匀，取其中任意的100g（或mL）样品进行检测。酒类样品需超声脱气1小时或4℃低温条件下存放过夜脱气。

B. 固体样品（山楂片、果丹皮等）

样品用高速粉碎机将其粉碎，混合均匀后取样品100g用于检测。果丹皮等高黏度样品经液氮冻干后立即用高速粉碎机将其粉碎，混合均匀后取样品100g用于检测。

C. 半流体（苹果果泥、苹果果酱、带果粒果汁等）

样品在组织捣碎机中捣碎混匀后，取100g用于检测。

②净化柱法

A. 试样提取

液体试样：称取4g试样（准确至0.01g）于50mL离心管中，加入250μL同位素内标工作液，加入21mL乙腈，混合均匀，在6000r/min下离心5 min，待净化。

固体、半流体试样：称取1g试样（准确至0.01g）于50mL离心管中，加入100μL同位素内标工作液，混匀后静置片刻，再加入10mL水与150μL果胶酶溶液混匀，室温下避光放置过夜后，加入10.0mL乙酸乙酯，涡旋混合5min，在6000r/min下离心5 min，移取乙酸乙酯层至梨形烧瓶。再用10.0mL乙酸乙酯提取一次，合并两次乙酸乙酯提取液，在40℃水浴中用旋转蒸发仪浓缩至干，以2.0mL乙酸溶液溶解残留物，再加入8mL乙腈，混匀后待净化。

B. 净化

按照所使用净化柱的说明书操作，将提取液通过净化柱净化，弃去初始的1mL净化液，收集后续部分。

用吸量管准确吸取5.0mL净化液，加入20μL乙酸，在40℃下用氮气缓缓地吹至近干，加入乙酸溶液定容至1 mL，涡旋30s溶解残渣，过0.22μm滤膜，收集滤液于进样瓶中以备进样。按同一操作方法做空白试验。

③标准曲线的制作

将标准系列溶液由低到高浓度依次进样检测，以标准溶液的浓度为横坐标，以峰面积为纵坐标，绘制标准曲线。

④测定

将试样溶液注入液相色谱—质谱仪中，测得相应的峰面积，由标准曲线得到试样溶液中展青霉素的浓度。

（5）分析结果的表述

试样中展青霉素含量的计算方法与同位素稀释—液相色谱—串联质谱法相同，根据式（6-3）计算。

四、食品中赭曲霉毒素 A 的检测

（一）赭曲霉毒素 A 的性质及其危害

1. 赭曲霉毒素的性质

赭曲霉毒素（简称 OT）是曲霉菌属和青霉菌属的某些种产生的二级代谢产物，包含 7 种结构类似的化合物。赭曲霉毒素对农作物的污染在全球范围内都比较严重，其中赭曲霉毒素 A（OTA）在自然界分布最广泛，毒性最强，对人类和动物的影响最大。赭曲霉毒素 A 是一种无色结晶的化合物，化学名称为 7-（L-β-苯基丙氨基-羰基）-羧基-5-氯代-8-羟基 3，4-二氢化-3R-甲基异氧杂奈邻酮，分子式为 $C_2Oh_{18}C1NO_6$。在紫外灯下呈蓝色荧光，易溶于极性有机溶剂和稀碳酸氢钠溶液，微溶于水，呈弱酸性，有很高的化学稳定性和热稳定性。其紫外吸收光谱随 pH 酸碱度和溶剂极性的不同而有别，在苯溶液中的最大吸收波长为 333nm；在乙醇溶液中的最大吸收波长是 213nm 和 332nm。它是一种常见的污染农作物的真菌毒素，对动物和人类的健康构成了严重的危害。

2. 赭曲霉毒素 A 的危害

20 世纪 90 年代，国际致癌研究机构（IARC）将 OTA 确定为 2B 类致癌物的一种真菌毒素，其在世界范围内造成的经济损失仅次于黄曲霉毒素。许多研究发现，OTA 最主要的毒性是肾毒性、肝毒性、免疫毒性、致畸性及致癌性，而肝脏和肾脏是 OTA 毒性作用的主要靶器官，它可以导致急性或者慢性肾脏和肝脏的损伤。OTA 能引起动物中毒，对肾脏造成不可逆的毒害，还可导致胎儿畸形、流产甚至死亡，对人类的潜在危害备受关注。

（二）赭曲霉毒素 A 的检测方法

赭曲霉毒素 A 的检测方法主要有免疫亲和柱—高效液相色谱法、免疫亲和值—液相色谱—质谱连用法、离子交换固相萃取柱净化高效液相色谱法、免疫亲和层析净化液相色谱法、加速溶剂萃取法—高效液相色谱光检测法、酶联免疫法、超高效液相色谱一串联质谱法等。下面介绍免疫亲和层析净化液相色谱法和离子交换固相萃取柱净化高效液相色谱法测定赭曲霉毒素 A。

1. 免疫亲和层析净化液相色谱法

（1）原理

用提取液提取试样中的赭曲霉毒素 A，经免疫亲和柱净化后，采用高效液相色谱结合荧光检测器测定赭曲霉毒素 A 的含量，外标法定量。

（2）试剂和材料

①试剂

A. 甲醇（Ch_3Oh）：色谱纯；B. 乙腈（Ch_3CN）：色谱纯；C. 冰乙酸（$C_2h_4O_2$）：色谱纯；D. 氯化钠（NACl）；E. 聚乙二醇［$hOCh_2$（$Ch_2O \cdot Ch_2$）nCh2Oh］；F. 吐温 20（$C_{58}h_{114}O_{26}$）；G. 碳酸氢钠（$NahCO_3$）；H. 磷酸二氢钾（Kh_2PO_4）；I. 浓盐酸（hCl）；J. 氮气（N_2）：纯度≥99.9%。

②试剂配制

A. 提取液Ⅰ：甲醇-水（80+20）；B. 提取液Ⅱ：称取 150.0g 氯化钠、20.0g 碳酸氢钠溶于约 950mL 水中，加水定容至 1L；C. 提取液Ⅲ：乙腈-水（60+40）；D. 冲洗液：称取 25.0g 氯化钠、5.0g 碳酸氢钠溶于约 950mL 水中，加水定容至 1L；E. 真菌毒素清洗缓冲液：称取 25.0g 氯化钠、5.0g 碳酸氢钠溶于水中，加入 0.1 mL 吐温 20，用水稀释至 1L；F. 磷酸盐缓冲液：称取 8.0g 氯化钠、1.2g 磷酸氢钠、0.2g 磷酸二氢钾、0.2g 氯化钾溶解于约 990mL 水中，用浓盐酸调节 pH 至 7.0，用水稀释至 1L；G. 碳酸氢钠溶液（10g/L）：称取 1.0g 碳酸氢钠，用水溶解并稀释到 100mL；H. 淋洗缓冲液：在 1000mL 磷酸盐缓冲液中加入 1.0 mL 吐温 20。

③标准品

赭曲霉毒素 A（$C_{20}h_{18}ClNO_6$，CAs 号：303-47-9），纯度≥99%，或经国家认证并授予标准物质证书的标准物质。

④标准溶液配制

A. 赭曲霉毒素 A 标准储备液

准确称取一定量的赭曲霉毒素 A 标准品，用甲醇-乙腈（50+50）溶解，配成 0.1mg/mL的标准储备液，在-20℃保存，可使用 3 个月。

B. 赭曲霉毒素 A 标准工作液

根据使用需要，准确移取一定量的赭曲霉毒素 A 标准储备液，用流动相稀释，分别配成相当于 1ng/mL、5ng/mL、10ng/mL、20ng/mL、50ng/mL 的标准工作液，4℃保存，可使用 7 日。

⑤材料

A. 赭曲霉毒素 A 免疫亲和柱：柱规格 1mL 或 3mL，柱容量≥100ng，或等效柱；B. 定量滤纸；C. 玻璃纤维滤纸：直径 11cm，孔径 1.5μm，无荧光特性。

（3）仪器和设备

①分析天平：感量 0.001g；②高效液相色谱仪，配荧光检测器；③高速均质器：≥12000 r/min；④玻璃注射器：10mL；⑤试验筛：孔径 1mm；⑥空气压力泵；⑦超声波发生器：功率>180W；⑧氮吹仪；⑨离心机：≥10000 r/min；⑩涡旋混合器；⑪往复式摇床：≥250 r/min；⑫pH 计：精度为 0.01。

（4）分析步骤

①试样制备与提取

A. 谷物、油料及其制品

a. 粮食和粮食制品

颗粒状样品需全部粉碎通过试验筛（孔径 1mm），混匀后备用。

提取方法 1：称取试样 25.0g（精确到 0.1g），加入 100mL 提取液Ⅲ，高速均质 3 min 或振荡 30min，定量滤纸过滤，移取 4mL 滤液加入 26mL 磷酸盐缓冲液混合均匀，混匀后于 8000 r/min 离心 5min，上清作为滤液 A 备用。

提取方法 2：称取试样 25.0g（精确到 0.1g），加入 100mL 提取液 I，高速均质 3 min 或振荡 30min，定量滤纸过滤，移取 10mL 滤液加入 40mL 磷酸盐缓冲液稀释至 50mL，混合均匀，经玻璃纤维滤纸过滤，滤液 B 收集于干净容器中，备用。

b. 食用植物油

准确称取试样 5.0 g（精确到 0.1g），加入 1g 氯化钠及 25mL 提取液 I，振荡 30 min，于 6000 r/min 离心 10min，移取 15mL 上层提取液，加入 30mL 磷酸盐缓冲液混合均匀，经玻璃纤维滤纸过滤，滤液 C 收集于干净容器中，备用。

c. 大豆、油菜籽

准确称取试样 50.0g（精确到 0.1g）（大豆需要磨细且粒度≤2mm）于均质器配置的搅拌杯中，加入 5g 氯化钠及 100mL 甲醇（适用于油菜籽）或 100mL 提取液 I，以均质器高速均质提取 1min。定量滤纸过滤，移取 10mL 滤液并加入 40mL 水稀释，经玻璃纤维滤纸过滤至滤液澄清，滤液 D 收集于干净容器中，备用。

B. 酒类

取脱气酒类试样（含二氧化碳的酒类样品使用前先置于4℃冰箱冷藏30min，过滤或超声脱气）。取其他不含二氧化碳的酒类试样20.0g（精确到0.1 g），置于25mL容量瓶中，加提取液Ⅱ定容至刻度，混匀，经玻璃纤维滤纸过滤至滤液澄清，滤液E收集于干净容器中，备用。

C. 酱油、醋、酱及酱制品

称取25.0g（精确到0.1g）混匀的试样，加提取液I定容至50mL，超声提取5min。定量滤纸过滤，移取10mL滤液于50mL容量瓶中，加水定容至刻度，混匀，经玻璃纤维滤纸过滤至滤液澄清，滤液F收集于干净容器中，备用。

D. 葡萄干

称取粉碎试样50.0g（精确到0.1 g）于均质器配置的搅拌杯中，加入100mL碳酸氢钠溶液，将搅拌杯置于均质器上，以22000 r/min高速均质提取1 min。定量滤纸过滤，准确移取10mL滤液并加入40mL淋洗缓冲液稀释，经玻璃纤维滤纸过滤至滤液澄清，滤液G收集于干净容器中，备用。

E. 胡椒粒/粉

称取粉碎试样25.0g（精确到0.1g）于均质器配置的搅拌杯中，加入100mL碳酸氢钠溶液，将搅拌杯置于均质器上，以22000r/min高速均质提取1 min。将提取物置离心杯中以4000 r/min离心15 min。移取20mL滤液并加入30mL淋洗缓冲液稀释，经玻璃纤维滤纸过滤至滤液澄清，滤液h收集于干净容器中，备用。

②试样净化

A. 谷物、油料及其制品

a. 粮食和粮食制品：将免疫亲和柱连接于玻璃注射器下，准确移取全部滤液A或20mL滤液B，注入玻璃注射器中。将空气压力泵与玻璃注射器相连接，调节压力，使溶液以约每秒1滴的流速通过免疫亲和柱，直至空气进入亲和柱中，依次用10mL真菌毒素清洗缓冲液、10mL水先后淋洗免疫亲和柱，流速为每秒1滴~2滴，弃去全部流出液，抽干小柱。

b. 食用植物油

将免疫亲和柱连接于玻璃注射器下，准确移取30mL滤液C，注入玻璃注射器中。将空气压力泵与玻璃注射器相连接，调节压力，使溶液以约每秒1滴的流速通过免疫亲和柱，直至空气进入亲和柱中，依次用10mL真菌毒素清洗缓冲液、10mL水先后淋洗免疫亲和柱，流速为每秒1滴~2滴，弃去全部流出液，抽干小柱。

c. 大豆、油菜籽

将免疫亲和柱连接于玻璃注射器下，准确移取 10mL 滤液 D，注入玻璃注射器中。将空气压力泵与玻璃注射器相连接，调节压力，使溶液以约 1 滴/s 的流速通过免疫亲和柱，直至空气进入亲和柱中，依次用 10mL 真菌毒素清洗缓冲液、10mL 水先后淋洗免疫亲和柱，流速为每秒 1 滴~2 滴，弃去全部流出液，抽干小柱。

B. 酒类

将免疫亲和柱连接于玻璃注射器下，准确移取 10mL 滤液 E，注入玻璃注射器中。将空气压力泵与玻璃注射器相连接，调节压力，使溶液以约每秒 1 滴的流速通过免疫亲和柱，直至空气进入亲和柱中，依次用 10mL 冲洗液、10mL 水先后淋洗免疫亲和柱，流速为每秒 1 滴~2 滴，弃去全部流出液，抽干小柱。

C. 酱油、醋、酱及酱制品

将免疫亲和柱连接于玻璃注射器下，准确移取 10mL 滤液 F，注入玻璃注射器中。将空气压力泵与玻璃注射器相连接，调节压力，使溶液以约每秒 1 滴的流速通过免疫亲和柱，直至空气进入亲和柱中，依次用 10mL 真菌毒素清洗缓冲液、10mL 水先后淋洗免疫亲和柱，流速为每秒 1 滴~2 滴，弃去全部流出液，抽干小柱。

D. 葡萄干

将免疫亲和柱连接于玻璃注射器下，准确移取 10mL 滤液 G，注入玻璃注射器中。将空气压力泵与玻璃注射器相连接，调节压力，使溶液以约每秒 1 滴的流速通过免疫亲和柱，直至空气进入亲和柱中，依次用 10mL 淋洗缓冲液、10mL 水先后淋洗免疫亲和柱，流速为每秒 1 滴~2 滴，弃去全部流出液，抽干小柱。

E. 胡椒粒/粉

将免疫亲和柱连接于玻璃注射器下，准确移取 10mL 滤液 h，注入玻璃注射器中。将空气压力泵与玻璃注射器相连接，调节压力，使溶液以约每秒 1 滴的流速通过免疫亲和柱，直至空气进入亲和柱中，依次用 10mL 淋洗缓冲液、10mL 水先后淋洗免疫亲和柱，流速为每秒 1 滴~2 滴，弃去全部流出液，抽干小柱。

③洗脱

准确加入 1. 5mL 甲醇或免疫亲和柱厂家推荐的洗脱液进行洗脱，流速约为每秒 1 滴，收集全部洗脱液于干净的玻璃试管中，45℃下氮气吹干。用流动相溶解残渣并定容到 500μL，供检测用。

④试样测定

A. 高效液相色谱参考条件

a. 色谱柱：C18 柱，柱长 150mm，内径 4.6 mm，粒径 5μm，或等效柱；b. 流动相：乙腈-水-冰乙酸（96+102+2）；c. 流速：1.0mL/min；d. 柱温：35℃；e. 进样量：50μL；f. 检测波长：激发波长 333nm，发射波长 460nm。

B. 色谱测定

在①色谱条件下，将赭曲霉毒素 A 标准工作溶液按浓度从低到高依次注入高效液相色谱仪，待仪器条件稳定后，以目标物质的浓度为横坐标（ X 轴），目标物质的峰面积积为纵坐标（ y 轴），对各个数据点进行最小二乘线性拟合，标准工作曲线按式（6-4）计算：

$$y = ax + b \tag{6-4}$$

式中：

y ——目标物质的峰面积比；

a ——回归曲线的斜率；

x ——目标物质的浓度；

b ——回归曲线的截距。

C. 空白试验

不称取试样按上述步骤做空白试验。应确认不含有干扰待测组分的物质。

（5）分析结果的表述

试样中赭曲霉毒素 A 的含量按式（6-5）计算：

$$X = \frac{\rho \times V \times 1000}{m \times 1000} \times f \tag{6-5}$$

式中：

X ——试样中赭曲霉毒素 A 的含量，单位为微克每千克（μg/kg）；

ρ ——试样测定液中赭曲霉毒素 A 的浓度，单位为纳克每毫升（ng/mL）；

V ——试样测定液最终定容体积，单位为毫升（mL）；

1000——单位换算常数；

m ——试样的质量，单位为克（g）；

f ——稀释倍数。

2. 离子交换固相萃取柱净化高效液相色谱法

（1）原理

用提取液提取试样中的赭曲霉毒素 A，经离子交换固相萃取柱净化后，采用高效液相色谱仪结合荧光检测器测定赭曲霉毒素 A 的含量，外标法定量。

（2）试剂和材料

①试剂

A. 乙腈（Ch_3CN）：色谱纯；B. 甲醇（Ch_3Oh）：色谱纯；C. 冰乙酸（$C_2h_4O_2$）；D. 石油醚：分析纯，60℃～90℃；E. 甲酸（Ch_2O_2）；F. 三氯甲烷（$ChCl_3$）；G. 碳酸氢钠（$Na\ hCO_3$）；H. 磷酸（h_3PO_4）；I. 氢氧化钾（KO h）。

②试剂配制

A. 氢氧化钾溶液（0.1 mol/L）：称取氢氧化钾 0.56g，溶于 100mL 水；B. 磷酸水溶液（0.1 mol/L）：移取 0.68 mL 磷酸，溶于 100mL 水；C. 碳酸氢钠溶液（30g/L）：称取碳酸氢钠 30.0g，溶于 1000mL 水；D. 乙酸水溶液（2%）：移取 20mL 冰乙酸，溶于 980mL 水；E. 提取液：氢氧化钾溶液（0.1 mol/L）－甲醇－水（2+60+38）；F. 淋洗液：氢氧化钾溶液（0.1 mol/L）－乙腈－水（3+50+47）；G. 洗脱液：甲醇－乙腈－甲酸－水（40+50+5+5）；H. 甲醇－碳酸氢钠溶液（30g/L）（50+50）；I. 乙腈－2%的乙酸水溶液（50+50）。

③标准品

赭曲霉毒素 A（$C_{20}h_{18}CINO_6$，CAs 号：303－47－9），纯度≥99%。或经国家认证并授予标准物质证书的标准物质。

④标准溶液配制

A. 赭曲霉毒素 A 标准储备液：准确称取一定量的赭曲霉毒素 A 标准品，用甲醇溶解配制成 100μg/mL 的标准储备液，于－20℃避光保存；B. 赭曲霉毒素 A 标准工作液：准确移取一定量的赭曲霉毒素 A 标准储备液，用甲醇溶解配制成 1μg/mL 的标准储备液，于 4℃避光保存；C. 赭曲霉毒素 A 系列标准工作液：准确移取适量赭曲霉毒素 A 标准工作液，用甲醇稀释配制成 1ng/mL、2.5ng/mL、5ng/mL、10ng/mL、50ng/mL 的系列标准工作液。

（3）仪器和设备

①高效液相色谱仪配荧光检测器；②分析天平：感量 0.01g 和 0.0001g；③固相萃取柱：高分子聚合物基质阴离子交换固相萃取柱，柱规格 3mL，柱床重量 200mg，或等效柱；④氮吹仪；⑤涡旋振荡器；⑥旋转蒸发仪；⑦高速万能粉碎机：≥12000r/min；⑧20 目筛；⑨有机滤膜：孔径 0.45μm；⑩快速定性滤纸。

（4）分析步骤

①试样制备

玉米、稻谷（糙米）、小麦、小麦粉、大豆及咖啡豆等用高速万能粉碎机将样品粉碎，过 20 目筛后混匀备用。

②试样提取

A. 玉米

称取试样 10. 0g（精确至 0. 01g），加入 50mL 三氯甲烷和 5mL 0. 1 mol/L 的磷酸水溶液，于涡旋振荡器上振荡提取3min~5min，提取液用定性滤纸过滤，取 10mL 下层滤液至 100mL 平底烧瓶中，于 40℃水浴中用旋转蒸发仪旋转蒸发至近干，用 20mL 石油醚溶解残渣后加入 10mL 提取液，再用涡旋振荡器振荡提取 3min~5min，静置分层后取下层溶液，用滤纸过滤，取 5mL 滤液进行固相萃取净化。

B. 稻谷（糙米）、小麦、小麦粉、大豆

称取试样 10. 0g（精确至 0. 01g），加入 50mL 提取液，于涡旋振荡器上振荡提取 3min~5min，用定性滤纸过滤，取 10mL 滤液至 100mL 平底烧瓶中，加入 20mL 石油醚，涡旋振荡器振荡提取 3min~5min，静置分层后取下层溶液，用滤纸过滤，取 5mL 滤液进行固相萃取净化。

C. 咖啡

称取试样 2. 5g（精确至 0. 01g）于 50mL 聚丙烯锥形试管（带盖）中，加入 25mL 甲醇-碳酸氢钠溶液于涡旋振荡器振荡提取 3min~5 min，4000 r/min 离心 10 min 后上清液用滤纸过滤，取 10mL 滤液进行固相萃取净化。

D. 葡萄酒

移取试样 10. 0g（精确至 0. 01g）于烧杯中，加入 6mL 提取液，混匀，再用氢氧化钾溶液调 pH 至 9. 0~10. 0 进行固相萃取净化。

③试样净化

分别用 5mL 甲醇、3mL 提取液活化固相萃取柱，然后将样品提取液加入固相萃取柱，调节流速以每秒 1 滴~2 滴的速度通过柱子，分别依次用 3mL 淋洗液、3mL 水、3mL 甲醇淋洗柱，抽干，用 5mL 洗脱液洗脱，收集洗脱液于玻璃试管中，于 45℃下氮气吹干，用 1mL 乙腈-2%的乙酸水溶液溶解，过滤后备用。

④高效液相色谱参考条件

A. 色谱柱：C18 柱，柱长 150mm，内径 4. 6 mm，粒径 5μm，或等效柱；B. 柱温：30℃；C. 进样量：10μL；D. 流速：1mL/min；E. 检测波长：激发波长：333nm，发射波长：460nm；F. 流动相及洗脱条件：流动相：a：冰乙酸-水（2+100），b：乙腈；G. 等度洗脱条件：A-B（50+50）；H. 梯度洗脱条件。

⑤色谱测定

在上述色谱条件下，将赭曲霉毒素 A 标准工作溶液按浓度从低到高依次注入高效液相色谱仪；待仪器条件稳定后，以目标物质的浓度为横坐标（x 轴），目标物质的峰面积为纵坐标（y 轴），对各个数据点进行最小二乘线性拟合，标准工作曲线按式（6-5）计算。

（5）分析结果的表述

试样中赭曲霉毒素 A 的含量的计算方法与免疫亲和层析净化液相色谱法相同，按式（6-5）计算：

$$X = \frac{\rho \times V \times 1000}{m \times 1000} \times f \qquad (6-5)$$

式中：

X——试样中赭曲霉毒素 A 的含量，单位为微克每千克（μg/kg）；

ρ——试样测定液中赭曲霉毒素 A 的浓度，单位为纳克每毫升（ng/mL）；

V——试样测定液最终定容体积，单位为毫升（mL）；

1000——单位换算常数；

m——试样的质量，单位为克（g）；

f——稀释倍数。

第二节　食品中转基因成分的检验

20 世纪 80 年代，转基因乙肝疫苗被研制成功。其原理是将乙肝病毒基因中负责表达表面抗原的那一段“剪切”下来，转入酵母菌里。被转入乙肝病毒基因的酵母菌生长时，就会生产出乙肝表面抗原。而酵母菌是一种能快速生长繁殖的生物，于是乙肝表面抗原就被大量生产出来。之后技术接着发展，美国最早对转基因植物进行研究。

转基因食品就是利用现代分子生物技术，将某些生物的基因转移到其他物种中去，改造生物的遗传物质，使其在性状、营养品质、消费品质等方面向人们所需要的目标转变。转基因食品有着诸多的优点，如增加作物产量、降低生产成本、增强作物抗虫害的能力等，大大方便和提升了我们的生活，但由于技术创新带来的不可预知的缺点也在不停地提醒人们要谨慎对待。

迄今为止，没有任何科学证据能够证明转基因食品不会影响人的身体健康，只有口头的辩白。世界粮农组织、世界卫生组织及经济合作组织等国际权威机构都表示，这种转基因物种可能令生物产生“非预期后果”。正是这种“非预期后果”说明目前对这种产品的安全性并无定论，国际消费者联会也表明“到目前为止还没有任何证据能够证明转基因食品是安全的”。

一、食品中转基因成分概述

（一）转基因食品的定义

转基因就是通过生物技术，将某个基因从生物中分离出来，然后植入另一种生物体内，从而创造一种新的人工生物。转基因技术就是将人工分离和修饰过的基因导入生物体基因组中，由于导入基因的表达，引起生物体的性状的可遗传的修饰，这一技术称为转基因技术。

转基因食品主要指利用基因工程技术，将某些外源基因转移到动物、植物或微生物中，进行该物种的遗传密码改造，使其性状、营养价值或品质向人们所需目标转变。由这些转基因物种所生产的食品即为转基因食品，也称基因改造食品或基因修饰食品。

（二）转基因食品的特点

转基因食品具有食品或食品添加剂的特征，产品的基因组构成发生了改变，并存在外源 DNA。产品的成分中存在外源 DNA 表达产物及其生物活性，外源 DNA 表达产物主要包括目的基因、标记基因和报告基因表达的蛋白，或意外表达的蛋白。正是由于存在这些蛋白，才使转基因食品具有与相对应传统食品不同的生物特征，并可能导致安全性问题的出现。此外，产品还具有基因工程所设计的性状和功能，如转基因植物具有抗虫、抗病毒、耐除草剂等。

转基因食品与传统食品比较：传统食品是通过自然选择或人为的杂交育种来进行的；转基因技术着眼于从分子水平上，进行基因操作（通过重组 DNA 技术做基因的修饰或转移），因而更加精致、严密，具有更高的可控制性。人们可以利用现代生物技术改变生物的遗传性状，可以创造自然界中不存在的新物种。比如，可以杀死害虫的食品植物，抗除草剂的食品植物，可以产生人体疫苗的食品植物等。其具有如下特点。

1. 成本低、产量高

成本是传统产品的 40%~60%，产量至少增加 20%，有的增加几倍甚至几十倍。

2. 具有抗草、抗虫、抗逆境等特征

其一可以降低农业生产成本；其二可以提高农作物的产量。

3. 食品的品质和营养价值提高

例如，通过转基因技术可以提高谷物食品赖氨酸含量以增加其营养价值，通过转基因技术改良小麦中谷蛋白的含量比以提高烘焙性能的研究也取得一定的成果。

4. 保鲜性能增强

例如，利用反义 DNA 技术抑制酶活力来延迟成熟和软化的反义 RAN 转基因西红柿，延长贮藏和保鲜时间。

二、食品转基因成分的检测

转基因食品中转基因成分主要包括外源 DNA 及其表达产物（蛋白质），因此食品中转基因成分的检测主要是针对外源 DNA 及蛋白质检测。

一是核酸水平，即检测遗传物质中是否含有插入的外源基因。对食品中转基因成分的核酸检测首先要进行核酸的提取。由于食品成分复杂，除含有多种原料组分外，还含有盐、糖、油、色素等食品添加剂。另外，食品加工过程会使原料中的 DNA 受到不同程度的破坏，因此食品中转基因成分的核酸提取，尤其是 DNA 的提取有特殊性，其提取效果受转基因食品的种类和加工工艺等影响。DNA 检测主要有聚合酶链式反应（PCR）检测技术、基因芯片技术。

二是蛋白质水平，即通过插入外源基因表达的蛋白质产物或其功能进行检测，或者是检测插入外源基因对载体基因表达的影响。由于转基因食品中导入的外源 DNA 片段会表达产生特异蛋白，因此可针对该特异蛋白制备相应抗体，依据抗原与其抗体能特异性结合的免疫学特性，就能通过抗原抗体反应来判断是否含有外源蛋白的存在。蛋白质检测方法主要有免疫测定法、分子印迹法。

（一）PCR 技术检测外源 DNA

PCR（聚合酶链式反应）是利用 DNA 在体外摄氏 95℃ 高温时变性成为单链，低温（经常是 60℃ 左右）时引物与单链按碱基互补配对的原则结合，再调温度至 DNA 聚合酶最适反应温度（72℃ 左右），DNA 聚合酶沿着磷酸到五碳糖的方向合成互补链。基于聚合酶制造的 PCR 仪实际就是一个温控设备，能在变性温度、复性温度、延伸温度之间很好地进行控制。

DNA 的半保留复制是生物进化和传代的重要途径。双链 DNA 在多种酶的作用下可以变性解旋成单链，在 DNA 聚合酶的参与下，根据碱基互补配对原则复制成同样的两分子拷贝。在实验中发现，DNA 在高温时也可以发生变性解链，当温度降低后又可以复性成为双链。因此，通过温度变化控制 DNA 的变性和复性，加入设计引物，DNA 聚合酶、dNTP（脱氧核糖核酸）就可以完成特定基因的体外复制。但是，DNA 聚合酶在高温时会失活，因此，每次循环都得加入新的 DNA 聚合酶。

PCR 技术的基本原理类似于 DNA 的天然复制过程，其特异性依赖于与靶序列两端互补的寡核苷酸引物。PCR 由变性—退火—延伸三个基本反应步骤构成：①模板 DNA 的变性：模板 DNA 经加热至 93℃左右，一定时间后，使模板 DNA 双链或经 PCR 扩增形成的双链 DNA 解离，成为单链，以便它与引物结合，为下一轮反应做准备；②模板 DNA 与引物的退火（复性）：模板 DNA 经加热变性成单链后，温度降至 55℃左右，引物与模板 DNA 单链的互补序列配对结合；③引物的延伸：DNA 模板—引物结合物在 DNA 聚合酶的作用下，以 dNTP 为反应原料，靶序列为模板，按碱基互补配对与半保留复制原理，合成一条新的与模板 DNA 链互补的半保留复制链，重复循环变性—退火—延伸的过程就可获得更多的“半保留复制链”，而且这种新链又可成为下次循环的模板。每完成一个循环需 2~4min，2~3h 就能将待扩目的基因扩增放大几百万倍。

根据不同的检测目的可选择特异性水平不同的目标序列作为检测对象。例如，对于筛选目的，选择特异性不高的通用组件；而对于鉴定（确认）目的，则选择特异性较强的序列，即常用插入序列与植物基因组之间的连接序列。利用 PCR 检测技术可实现对上述目的序列的定性和定量检测。下面以玉米转基因成分检测为例重点介绍 PCR 技术。

样品经过提取 DNA 后，针对转基因植物所插入的外源基因的基因序列设计引物，通过 PCR 技术，特异性扩增外源基因的 DNA 片断，根据 PCR 扩增结果，判断样品中是否含有转基因成分。称取约 50g 玉米样品，在经干热灭菌（150℃干热预处理 2h）或 120℃、30min 高压消毒处理的碾钵或粉碎机中碾磨，至样品粉末颗粒约 0.5mm 大小。

1. 试剂

①引物：检测转基因玉米内、外源基因的引物；②Taq（水生热栖菌）DNA 聚合酶；③dNTPs：dATP、dTTP、dCTP、dGTP、dUTP；④琼脂糖：电泳纯；⑤溴化乙锭（EB）或其他染色剂；⑥三氯甲烷；⑦异戊醇；⑧异丙醇；⑨70%的乙醇；⑩CTAB 裂解液：3%（质量浓度）的 CTAB，1.4mol/LNaCl，0.2%（体积分数）的巯基乙醇，20 mmol/L EDTA，100 mmol/L Tris［三（羟甲基）氨基甲烷］-HCl，pH8.0；⑪Tris-hCl、EDTA 缓冲液：10 mmol/LTris-HCl，pH8.0；1 mmol/LEDTA，pH8.0；⑫10×PCR 缓冲液：100 mmol/L KCl，160 mmol/L（Nh4）$_2$SO4，20 mmol/L mgsO$_4$，200 mmol/L Tris-hCl（pH8.8），1% TritionX-100，1mg/mLB sA；⑬5×TBE 缓冲液：Tris54 g，硼酸 275 g，0.5 mol/LEDTA（pH8.0）20mL，加蒸馏水至 1000mL；⑭10×上样缓冲液：0.25%的溴酚蓝，40%的蔗糖；⑮RNA 酶（10μg/mL）；⑯UNG 酶。

2. 仪器

①固体粉碎机及研钵；②高速冷冻离心机；③台式小型离心机；④Mini 个人离心机；⑤水浴培养箱、恒温培养箱、恒温孵育箱；⑥天平，感量 0.001g；⑦高压灭菌锅；⑧高温干燥箱；⑨纯水器或双蒸水器；⑩冷藏、冷冻冰箱；⑪制冷机；⑫旋涡振荡器；⑬微波炉；⑭基因扩增仪；⑮电泳仪；⑯PCR 工作台；⑰核酸蛋白分析仪；⑱微量移液器；⑲凝胶成像系统；⑳离心管。

3. 检测步骤

（1）对照的设置

阴性目标 DNA 对照：不含外源目标核酸序列的 DNA 片段。

阳性目标 DNA 对照：参照 DNA 或从可溯源的标准物质提取的 DNA 或从含有已知序列阳性样品（或生物）中提取的 DNA。

扩增试剂对照：该对照包括除了测试样品 DNA 模板以外所有的反应试剂，在 PCR 反应体系中用相同体积的水（不含核酸）取代模板 DNA。

（2）模板 DNA 提取

称取 1g 粉样于 10mL 离心管中，加入 5mLCTAB 裂解液（含适量 RNA 酶），混匀，60℃水浴振荡保温 1h，2000 r/min 离心 5min；取上清液，加等体积三氯甲烷/异戊醇（体积分数 24/1）混匀，静置 5 min，8000 r/min 离心 5min，小心离心上清液，再加等体积三氯甲烷/异戊醇（体积分数 24/1）混匀，静置 5 min，8000 r/min 离心 5 min，取离心上清液加 0.65 倍体积的异丙醇，混匀，12000 r/min4℃离心 10min；弃上清液，加 500μL70% 的冰乙酸洗涤一次，12000 r/min 4℃离心 5min；弃上清液，将沉淀晾干，加入 50μLTBE，溶解沉淀（4℃过夜或 37℃保温 1h）；此即为总 DNA 提取液。也可用相应市售 DNA 提取试剂盒提取 DNA。

（3）PCR 扩增

PCR 反应体系见表 6-1，每个样品各做两个平行管。加样时应使样品 DNA 溶液完全落入反应液中，不要黏附于管壁上，加样后应尽快盖紧管盖。

表 6-1　PCR 反应体系表

试剂名称	储备液浓度	25μL 反应体系加样体积/μL	50 pL 反应体系加样体积/μL
lO×PCR 缓冲液		2.5	5.0
mgCq	25 mmol/L	2.5	5.0
dNTP（含 dUTP）	2.5 mmol/L	2.5	5.0

续表

试剂名称	储备液浓度	25μL 反应体系加样体积/μL	50 pL 反应体系加样体积/μL
Taq 酶	5 U/ I μL	0. 2	0. 4
UNG 酶	1 U/μL	0. 2	0. 4
引物	20 pmol/μL	0. 5	1. 0
		0. 5	1. 0
模板 DNA	0. 3~6 μg/mL	1. 0	2. 0
双蒸水		补至 25μL	补至 50μL

表中 DNA 模板为原料的模板量，加工产品可视加工程度适当增加模板量；也可以根据具体情况或不同的反应总体积进行适当调整。

PCR 反应循环参数：50℃ PCR 前去污染 2min，94℃ 预变性 2min。94℃ 变性 40 s，55℃~58℃退火 60s，72℃延伸 60s，35 个循环。72℃延伸 5min。4℃保存。也可根据不同的基因扩散仪对 PCR 反应循环参数做适当调整。

PCR 扩增产物电泳检测：用电泳缓冲液（1×TBE 或 TAE）制备 2%的琼脂糖凝胶（其中在 55℃~60℃左右加入 E8 或其他染色剂至终浓度为 0. 5μg/mL，也可以在电泳后进行染色）。将 10~15μLPCR 扩增产物分别和 2μL 上样缓冲液混合，进行点样。用 100 bp Ladder DNA Marker 或相应合适的 DNA Marker 做相对分子质量标记。3~5V/cm 恒压，电泳 20~40 min。凝胶成像仪观察并分析记录。

（4）结果判断

内源基因的检测。用针对玉米内源基因 IVR 基因（或玉米醇溶蛋白基因）设计的引物对玉米 DNA 提取液进行 PCR 测试，待测样品应被扩增出 226bP（或 173bP）的 PCR 产物。如未见有该 PCR 产物扩增，则说明 DNA 提取质量有问题，或 DNA 提取液中有抑制 PCR 反应的因子存在，应重新提取 DNA，直到扩增出该 PCR 产物。

外源基因的检测。对玉米样品 DNA 提取液进行外源基因的 PCR 测试，如果阴性目标 DNA 对照和扩增试剂对照未出现扩增条带，阳性目标 DNA 对照和待测样品均出现预期大小的扩增条带，则可初步判断待测样品中含有可疑的该外源基因，应进一步进行确证试验。依据确证试样的结果最终报告，如果待测样品中未出现 PCR 扩增产物，则可断定该待测样品中不含有该外源基因。

筛选检测和鉴定检测的选择。对玉米样品中转基因成分的检测，先筛选检测 CaMV35 s、NO s、NPT Ⅱ、PAT、BAR 基因，筛选检测结果为阴性，则直接报告结果。若筛选检测结果阳性，则需进一步鉴定检测 MON810、Bt11、Bt176、T14/T25、CB h351、

GA21、TC1507、MON863、NK603、Bt10的结构特异性基因或品系特异性基因，以确定是何种转基因玉米品系。

（二）分子印迹法

分子印迹法是指为获得在空间结构和结合位点上与某一分子（模板分子）完全匹配的聚合物的实验制备技术。它可通过以下方法实现：首先将具有适当功能的功能单体与模板分子混合，在一定条件下结合成某种单体—模板分子复合物；然后加入适当的交联剂和引发剂将功能模板、单体交联起来形成聚合物，从而使功能单体上的功能基在空间排列和空间定向上固定下来；最后通过一定的物理或化学方法将模板分子从聚合物中洗脱出来，以获得一个具有识别功能并与模板分子相匹配的三维空穴。

第七章 食品中微生物检验基础操作与技术

第一节　食品微生物检验基础操作技术

一、普通光学显微镜使用

显微镜可分为两大类，一类是电子显微镜，另一类是光学显微镜。光学显微镜分为明视野显微镜、暗视野显微镜、相差显微镜、偏光显微镜、荧光显微镜、立体显微镜等。其中应用最为广泛的是明视野显微镜，而其他的显微镜都是在此基础之上发展而来的。平时我们所说的显微镜是指明视野显微镜。

（一）光学显微镜的构造

普通光学显微镜可分为两大部分，分别是机械系统与光学系统。

（二）光学显微镜的使用

1. 观察前的准备

（1）显微镜的安置

将显微镜放置在平整的实验台上，镜座距离实验台边缘约 3～4cm 的距离。镜检时姿势要端正。

（2）光源调节

可通过调节电压以改变镜座内光源灯的亮度，在使用反光镜采集自然光源时，需根据光强度以及物镜的放大倍数选用凹面或平面反光镜并调整其角度，以确保视野内的光线均匀，亮度适宜，从而便于观察。

（3）调节双筒显微镜的目镜

根据使用者个人情况，调节双筒显微镜的目镜，使观察者处于最佳状态进行观察。

（4）聚光器数值孔径的调节

调节聚光器虹彩光圈值与物镜的数值孔径相符或略低。

2. 显微观察

在显微镜目镜一定的情况下，使用不同放大倍数的物镜可达到的分辨率与放大倍数都是不相同的。对于初学者而言，一定要遵循从低倍镜到高倍镜再到油镜的观察顺序。

限于篇幅这里将不再叙述低倍镜观察、高倍镜观察与油镜观察的具体操作。

3. 显微镜用毕后的处理

第一，升镜筒，取下载物片。

第二，用擦镜纸拭干镜头表面的香柏油，再用擦镜纸蘸少许二甲苯擦去镜头上残留的油迹，最后再用干净的擦镜纸擦去残留的二甲苯。

第三，用擦镜纸清洁完所有的光学镜片后，还需用绸布清洁显微镜的金属部件。

第四，将各部分还原，反光镜垂直于镜座，将物镜转成“八”字形，再向下旋，同时把聚光镜降下，以避免接物镜与聚光镜相互碰撞。

第五，将显微镜放回原处。

4. 光学显微镜的使用注意事项

第一，拿取显微镜时，需双手握取。

第二，开关光源时，应将亮度调节器调到最小；暂时离开时，将亮度调到最小，不需关闭光源，以延长灯泡使用寿命。

第三，转换物镜时，先将载物台降低，然后在注视情况下升高载物台，以免压碎载玻片。

第四，在进行高倍镜头切换的时候，千万要按照从低到高的顺序，以免打坏镜头，还会使低倍物镜遭到污染。

第五，使用过程中，随时保持显微镜清洁。

第六，显微镜使用完毕，请先将电压调节至最小后再关掉电源，防止下次开机时电压过高而烧毁灯泡。

第七，显微镜使用完毕之后，不要立即盖上防尘罩，特别是在使用完汞灯照明后，否则会造成热量不能及时散发，从而影响灯泡与灯箱的使用寿命，甚至还会引发火灾。

第八，如果长时间不使用显微镜，必须将载物台降到最低的位置，同时旋转物镜转盘让物镜偏离正中位。

第九，显微镜的任何光学部件必须湿擦，并且在擦拭之前先用吹气球吹掉大的灰尘颗粒。

二、染色与细菌形态观察技术

染色对于细菌形态的观察非常重要，由于细菌个体十分微小，并且是半透明状，如不经过染色往往不容易识别，通过染色法着色，能使细菌与背景形成鲜明的对比。

一般用于细菌染色的染色剂是苯环上带有发色集团或助色集团的化合物。染色剂分为三种，分别是酸性染色剂、碱性染色剂与复合染色剂。

（一）染色的基本程序

1. 载玻片处理

载玻片应保持清洁，表面无油渍，滴上清水能均匀展开，附着性能好，若有残余油渍，可通过下面的方式清理。

第一，滴上95%的酒精2~3滴，用洁净的纱布擦拭干净，然后以钟摆的速度通过酒精灯火焰3~4次。

第二，如果还残留少量的油渍，可滴上1~2滴冰醋酸，然后用纱布擦拭干净，然后在酒精灯火焰上轻轻拖过。

玻片洁净后，用玻璃铅笔在预涂材料处的背面画一个直径1.5cm的圆圈，用以标记。

2. 涂片方法

涂片的方法有多种，如菌落涂片法、菌液涂片法、血液涂片法、组织涂片法等，下面只介绍菌落涂片法。

涂片时，左手紧握菌种管，右手持接种环，取1~2环生理盐水，置于载玻片上，然后将接种环在火焰上灭菌，待冷却后，从菌种管内挑取少许菌落，置于生理盐水中混匀，涂成直径1.5cm的涂膜，此膜以既薄又均匀为好，自然风干。

3. 干燥

涂片一般需要在室温中进行自然干燥，也可以在酒精灯火焰的远处进行烘干。

4. 固定

一般而言，固定可分为两种，分别是火焰固定和化学固定。

（1）火焰固定

首先将抹片进行干燥，干燥完全之后将涂面朝上，同时需要以钟摆速度通过酒精灯火焰四次，以固定后标本轻微发烫为宜。然后进行冷却，在冷却之后，进行染色。

（2）化学固定

在对血液或者组织脏器的抹片进行染色时，通常用甲醇固定，而不用火焰固定。等待抹片干燥完全后，将其浸入甲醇中约2~3min，取出后放在实验台上晾干；或者直接在抹片上滴加几滴甲醇，经过2~3min后自然挥发干燥，抹片作瑞特氏染色时不需要特别的固定，只要染色中含有甲醇就可以实现固定的目的。

5. 染色

根据检验目的的不同，实验所选择的染色方法也不相同。通常在染色时滴加染液以覆盖标本为宜。

6. 媒染

所谓媒染剂是指能够增强染料与被染物之间的亲和力，使染料固定于被染物之上同时还能够引起细胞膜通透性的改变的物质。

常用的媒染剂有明矾、鞣酸、金属盐和碘等，也可以使用加热的方法促进着色。媒染剂一般用于初染与复染之间，也可用于同定之后或含于固定液、染色液中。

7. 脱色

脱色剂是指能脱去已经着色的被染物的颜色的化学试剂。实验室常用的脱色剂有乙醇、丙酮等。通过脱色剂可以知道细菌与染料结合的稳定程度，常作为鉴别染色之用。

8. 复染

经过脱色处理后的细菌或者结构还不是最好的观察对象，一般还要经过复染这一环节。由于复染液与初染液的颜色不同，因此能够形成鲜明的对比。当然复染不能太强，以免影响初染的颜色。

（二）常用的细菌染色法

1. 简单染色法

简单染色法是指仅用一种染料进行染色的方法，如美蓝染色法。该方法操作简单，方便快捷，主要用于菌体的一般形状与细菌排列的观察。

简单染色法使用的染料一般为碱性染料，这是因为在中性、弱碱性、碱性的条件下，细菌的细胞所带的电荷为负电荷，相反碱性染料电离后的染色基团带正电荷，因此，正负电荷相互吸引，也就是说碱性染料能够迅速地与细菌进行结合而使细菌着色。经过染色处理之后，细菌与周围背景的颜色形成非常明显的对比，因此在显微镜下很容易观察，通常可用于简单染色的染料有美蓝、结晶紫、碱性复红等。

简单染色法步骤：涂片—干燥—固定—染色—水洗—干燥—镜检。

2. 革兰氏染色法

革兰氏染色反应是细菌分类和鉴定的重要性状。它是1884年由丹麦医生Gram创立的。革兰氏染色法的优点是，它不仅能够观察到细菌的形态特征，重要的是它还能够对细菌进行分类。革兰氏染色法可将所有的细菌分为两大类：一类是染色反应呈蓝紫色细菌，我们将其称之为革兰氏阳性细菌，用G^+表示；另一类是染色反应呈红色（复染颜色）的细菌，称为革兰氏阴性细菌，用G^-表示。

革兰氏染色步骤：涂片—干燥—固定—结晶紫染色—水洗—吸干—媒染—水洗—吸干—95%酒精脱色—水洗—吸干—番红复染—水洗—干燥—镜检。

此外，还有芽孢染色法、荚膜染色法与鞭毛染色法，限于篇幅，这里将不再赘述。

三、放线菌、酵母菌和霉菌的鉴别技术

（一）放线菌的鉴别技术

放线菌的菌落由菌丝体组成。一般为圆形、光平或有许多皱褶，光学显微镜下观察，菌落周围具辐射状菌丝。总的特征介于霉菌与细菌之间，因种类不同可分为两类。一类是由产生大量分枝和气生菌丝的菌种所形成的菌落。链霉菌的菌落是这一类型的代表。链霉菌菌丝较细，生长缓慢，分枝多而且相互缠绕，故形成的菌落质地致密、表面呈较紧密的绒状或坚实、干燥、多皱，菌落较小而不蔓延；营养菌丝长在培养基内，所以菌落与培养基结合较紧，不易挑起或挑起后不易破碎；当气生菌丝尚未分化成孢子丝以前，幼龄菌落与细菌的菌落很相似，光滑或如发状缠结。有时气生菌丝呈同心环状，当孢子丝产生大量孢子并布满整个菌落表面后，才形成絮状、粉状或颗粒状的典型放线菌菌落；有些种类的孢子含有色素，使菌落有面或背面呈现不同颜色，带有泥腥味。

另一类菌落由不产生大量菌丝体的种类形成，如诺卡氏放线菌的菌落，黏着力差，结构呈粉质状，用针挑起则粉碎。若将放线菌接种于液体培养基内静置培养，能在瓶壁液面处形成斑状或膜状菌落，或沉降于瓶底而不使培养基浑浊；如以振荡培养，常形成由短的菌丝体所构成的球状颗粒。

1. 仪器和材料

无菌马铃薯蔗糖琼脂培养基、在马铃薯蔗糖琼脂平板上培养4~5d的“链霉菌”菌

落、“5406”抗生菌菌落、石炭酸复红染色液、结晶紫染色液、蒸馏水、显微镜、二甲苯、香柏油、擦镜纸、尖头镊子、接种铲、接种环、解剖刀、载玻片、盖玻片、无菌培养皿、酒精灯、火柴。

2. 操作方法

（1）放线菌菌落形态的观察

观察培养皿上放线菌菌落的菌落形态、表面以及背面的颜色以及与培养基结合的情况，注意区别营养菌丝、气生菌丝及孢子丝的着生部位。

（2）个体形态的观察（插片法）

在无菌条件下，将融化并冷却到50℃左右的培养基倾入无菌培养皿中，每皿约20mL，平放冷凝成平板。取0.5mL左右放线菌菌悬液于平板上，用无菌玻璃刮铲涂抹均匀。将灭菌的盖玻片斜插在平皿内的培养基中，约呈45°角，每皿可插多片。置于30℃培养3~5d后开始观察，在培养基上生长的放线菌，有一部分生长到盖玻片上。用镊子轻轻取出盖玻片，在火焰上固定，用石炭酸复红染色液或结晶紫染色液染色1min，水洗、晾干后，翻转盖玻片放于载玻片上，在低倍镜下观察营养基丝、气生菌丝，在高倍镜下观察孢子丝和孢子。

（二）酵母菌的鉴别技术

1. 酵母菌

（1）酵母菌形态

酵母菌是一群单细胞的真核微生物，其形态因种而异，通常为圆形、卵圆形或椭圆形；也有特殊形态，如柠檬形、三角形、藕节状、腊肠形、假菌丝等。一般酵母菌的细胞长5~30μm，宽1~5μm。繁殖方式也较复杂，无性繁殖方式主要是出芽生殖，仅裂殖酵母属以分裂方式繁殖；有性繁殖通过接合产生子囊孢子。

（2）酵母菌菌落特征

酵母菌细胞比细菌大（直径大5~10倍），且不能运动，繁殖速度较快，

一般形成较大、较厚和较透明的圆形菌落。酵母菌一般不产生色素，只有少数种类产生红色素，个别产生黑色素。假丝酵母菌的种类因形成藕节状的假菌丝，使菌落的边缘较快向外蔓延，因而会形成较扁平和边缘较不整齐的菌落。此外，由于酵母菌普遍生长在含糖量高的有机养料上并产生乙醇等代谢产物，故其菌落常伴有酒香味。

2. 酵母菌的形态观察

(1) 材料准备

①样品

酿酒酵母 2~3d 培养物斜面及平板。

②试剂

吕氏碱性美蓝染液。

③仪器及材料

显微镜、载玻片、盖玻片。

(2) 操作步骤

①个体形态的观察

首先在载玻片中央滴一滴蒸馏水，再取少许酿酒酵母，放入水—碘液滴中，使菌体与水混合均匀。取盖玻片一块，小心地将盖玻片一端与菌液接触，然后缓慢地将盖玻片放下，这样可避免产生气泡。观察酿酒酵母细胞的形状、构造及是否出芽。

②菌落特征观察及染色鉴别

第一，在载玻片中央加一滴碱性美蓝染液，液滴应适量，不可过多也不可过少，以免盖上盖玻片时，液体溢出或者留下小气泡。接着以无菌操作的方法取少许培养了 2~3d 的酿酒酵母，然后放于碱性美蓝染液中，使菌体与染液混合均匀。

第二，取盖玻片一块，轻轻地盖在液滴上。盖片时需要特别注意，不能直接将盖玻片平放下去，正确的做法是先将盖玻片的一边与液滴接触，然后轻轻地放下整个盖玻片，这样做可以避免产生气泡。

第三，将制好的水浸片放置 3min 后镜检。然后按照先低倍镜后高倍镜的顺序进行观察，根据酿酒酵母的形态、出芽状况以及染色情况来判断细胞的死活。

(3) 总结

对要观察和识别的菌落，必须选择长在稀疏区域的单菌落，否则会因为过分拥挤而影响菌落的大小、形状和结构，从而影响对其进行正确的判断。

3. 酵母菌细胞数的测定

血细胞计数板是一种专门用于对较大单细胞微生物计数的仪器，由一块比普通载玻片厚的特制玻片制成，玻片中有 4 条下凹的槽，构成 3 个平台。中间的平台较宽，其中间又被一短横槽隔为两半，每半边上面刻有一个方格网。方格网上刻有 9 个大方格，其中只有中间的一个大方格为计数室。这个大方格的长度和宽度各为 1mm，深度为 0. 1mm，其容积为 0. 1mm³. 即 1mm×1mm×0. 1mm 方格的计数板；大方格的长度和宽度各为 2mm，深度为 0. 1mm，其容积为 0. 4mm³. 即 2mm×2mm×0. 1mm 方格的计数板。在血细胞计数板上，刻有一些符号和数字，其含义如下：XB-K-25 为计数板的型号和规格，表示此计数板分 25 个中格；0. 1mm 为盖上盖玻片后计数室的高度；1/400mm² 表示计数室面积是 1mm². 分 400 个小格，每小格面积是 1/400mm²。

计数室通常也有 2 种规格：一种是 16×25 型，即大方格内分为 16 个中方格，每一个中方格又分为 25 个小方格；另一种是 25×16 型，即大方格内分为 25 个中方格，每一个中方格又分为 16 个小方格。但是不管计数室是哪一种构造，它们都有一个共同的特点，即每一大方格都是由 16×25＝25×16＝400 个小方格组成。

（三）霉菌的鉴别技术

1. 霉菌

（1）菌丝和菌丝体

霉菌是一些“丝状真菌”的统称。菌丝是由细胞壁包被的一种管状细丝，大多无色透明，宽度一般为 3～10mm，是细菌宽度的几倍甚至十几倍。菌丝在长到一定阶段后会出现分枝，分枝后的菌丝相互交错而形成的群体称之为菌丝体。霉菌的菌丝有两种类型，一类是有隔膜菌丝，另一类是无隔膜菌丝。

（2）霉菌的菌落特征

霉菌的菌落主要由分支状菌丝体组成，霉菌的菌丝一般长而粗，往往能够形成比较疏松的菌落，常呈现绒毛状、棉花样絮状或蜘蛛网状。

2. 霉菌的形态观察

（1）材料准备

①样品

曲霉、青霉、根霉和毛霉培养 2～5d 的马铃薯琼脂平板培养物。

②试剂

乳酸苯酚棉蓝染色液（苯酚 10g，甘油 20g，乳酸 10g，蒸馏水 10mL，将苯酚倒入水中加热溶解，然后慢慢加入乳酸、甘油）。

③仪器及材料

显微镜、载玻片、盖玻片、接种针等。

（2）操作步骤

①霉菌菌落特征的观察

观察曲霉、青霉、根霉和毛霉平板中的菌落，描述其菌落特征。注意菌落形态的大小，菌丝的高矮、生长密度，孢子颜色和菌落表面等状况，并与细菌、放线菌、酵母菌菌落进行比较。

②制水浸片观察

在洁净的载片中央，滴加一小滴乳酸苯酚溶液，然后用接种针从菌落边缘挑取少许菌丝体置于其中并摊开，轻轻盖上盖玻片（注意勿出现气泡），置于低倍镜、高倍镜下观察。

A. 曲霉

观察菌丝体有无横膈膜、足细胞，注意观察分生孢子梗、顶囊、小梗及分生孢子的着生状况及形状。

B. 青霉

观察菌丝体的分枝状况，有无横膈膜。注意观察分生孢子梗及其分枝方式、梗基、小梗，分生孢子的形状以及分生孢子穗、帚状分枝的层次状况。

C. 根霉

观察菌丝是否有横膈膜、假根、匍匐枝、孢子囊梗、孢子梗及孢囊孢子。注意观察孢囊破裂后的囊托及囊轴。

D. 毛霉

观察菌丝是否有横膈膜、菌丝的分枝情况以及孢囊孢子。

四、培养基制作及灭菌技术

（一）培养基的制作

培养基是通过人工的方法将微生物生长所需要的各类营养物质配制成符合要求的营养基质，其主要成分必须包括微生物生长所需的 6 大营养要素，即水分、碳源、氮源、能源、无机盐和生长因子，且其间的比例是适合的。

培养不同种类的微生物，所需的培养基不同；同一种类的微生物由于培养目的不同，所需的培养基也有差别。

1. 培养基的分类

一般而言，微生物的营养类型十分复杂，各类微生物对营养物质的需求也不同，因此培养基的种类也很多，根据培养基的成分、物理状态以及用途不同可将培养基分为多种类型。按成分不同，可分为天然培养基、合成培养基：根据物理状态不同可分为固体培养基、半固体培养基以及液体培养基；根据用途不同可分为基础培养基、加富培养基、鉴别培养基和选择培养基。

2. 培养基的配制流程

在根据培养目的确定培养基配方后，在实验室里一般依据以下流程配制培养基：按配方计算，称量—加水溶解（加琼脂熔化）—过滤澄清—调节 pH—分装—加塞，包扎—灭菌—无菌检验—待用。

3. 斜面和平板的制备

灭菌后的固体培养基要趁热制作斜面试管和固体平板。

（1）斜面的制备

斜面培养基的斜度要适当，斜面的长度不超过试管长度的 1/2。摆放时注意不可使培养基沾污棉塞，且冷却凝固过程中勿再移动试管。制成的斜面以稍有凝结水析出者为佳。待斜面完全凝固后，再进行收存。制作半固体或固体深层培养基时，灭菌后则应垂直放置至冷却凝固。

（2）平板的制备

将已灭菌的固体培养基（装在锥形瓶或试管中）冷却至 50℃左右倾入无菌培养皿中。如果倾倒温度过高，则容易在皿盖上的形成太多冷凝水：如果倾倒温度低于 45℃，则培养基容易凝固。

倾倒操作时应在超净工作台上酒精灯火焰旁进行，右手握住锥形瓶或试管的底部，左手持培养皿的同时，用小指和手掌将棉塞打开，灼烧瓶（管）口，用左手大拇指将培养皿盖打开一道缝，宽度为瓶口刚好伸入为宜，倾入培养基约 12～15mL（一般在平板培养基中的高度约 3mm），静置于台面待凝固后备用。

（二）灭菌技术

常用的杀菌技术可以分为四大类：温度灭菌、过滤除菌、辐照灭菌、化学药剂灭菌。

1. 温度灭菌

不同种类的微生物生长的温度范围不同，根据生长与温度的关系，微生物的生长有三个温度基点：即最适、最高、最低。根据微生物的最适生长温度的不同，可将微生物分为低温微生物、中温微生物和高温微生物。

（1）低温灭菌

嗜温微生物是普遍存在的微生物，一般引起食品腐败变质的微生物大部分属于此群。嗜温微生物处于低温环境下，其代谢被抑制，生长速度变缓，但仍可保持存活状态。因此在实际的食品保藏中，常采用低温对食品中的微生物进行控制，采用0℃左右或略高一点的温度来冷藏，抑制微生物的生长和繁殖，使食物得以贮藏。

（2）高温灭菌

高温灭菌是通过高温作用于微生物细胞，引起细胞内原生质体凝固、酶结构被完全破坏，使细胞生化反应停止、新陈代谢终止，最终导致细胞死亡，从而达到灭菌效果的一种灭菌方式。

①干热灭菌

干热灭菌是利用火焰杀灭微生物的方法，此法操作简单，但有一定的局限性。常用的干热灭菌方法有灼烧法与干燥热空气灭菌法。

②湿热灭菌

湿热灭菌是利用煮沸或饱和热蒸汽杀死微生物的一种方法。湿热灭菌应用广泛，主要用于培养基与发酵设备的灭菌。湿热灭菌主要包括高压蒸汽灭菌法、煮沸法、间歇灭菌法与巴氏灭菌法，下面只介绍高压蒸汽灭菌法。

高压蒸汽灭菌法是利用高压灭菌器，使水的沸点在密封的灭菌器内随着压力升高来提高蒸汽的温度和灭菌的效率的方法。该方法应用广泛，培养基和器皿均可采用此法灭菌处理。

高压灭菌器的主要构成部分有灭菌锅、盖、压力表、放气阀、安全阀等。高压蒸汽灭菌操作过程如下。

第一，加水：在灭菌器内加入一定量的水。水不能过少，以免将灭菌锅烧干引起爆炸事故。

第二，装料：将待灭菌的物品放在灭菌锅搁架内，不要过满，包扎物之间要留有适当的空隙以利于蒸汽的流通。装有培养基的容器放置时要防止液体溢出，瓶塞不要紧贴桶壁，以防冷凝水沾湿棉塞。

第三，加盖。

第四，加热排气。

第五，升压。

第六，灭菌：当锅内压力逐渐上升至所需压力时，维持所需时间。一般实验采用压力0.1MPa，温度121℃，20min灭菌。或根据灭菌要求的温度和时间进行灭菌。

第七，降压：达到灭菌所需时间后，让压力自然下降到零，再打开排气阀，放净余下的蒸汽。打开锅盖，取出灭菌物品。如果压力未完全下降至零时，切勿打开锅盖，否则锅内压力骤然降低，会造成培养基剧烈沸腾而冲出管口或瓶口，污染棉塞，导致污染。

第八，保养：灭菌完毕取出物品后，需清理高压灭菌锅内剩水，保持内壁及搁架干燥，盖好锅盖。

2. 过滤除菌

过滤除菌法系采用特殊的细菌过滤器来进行，例如，硝化纤维素滤膜。

一些受热易分解物质如抗生素、血清、维生素等要采取过滤除菌法。病毒等小于0.2mm 的非细胞微生物无法去除。

3. 辐照灭菌

辐照灭菌是采用微波、紫外线、γ -射线、X-射线对不耐热或受热易变质、变味的物品进行杀菌。γ -射线的穿透力非常强，可对密封包装后的物品进行灭菌。实验室常用的辐照灭菌一般是紫外线灭菌，其穿透力弱，常常用于空气消毒或物体表面灭菌处理。

4. 化学药剂灭菌

化学制剂可以阻止微生物的生长或者抑制微生物的代谢活动，从而达到杀菌的目的。理想的化学药剂应该为杀菌力强，使用方便，价格低廉，对人畜无害，无味无嗅。

五、微生物接种、分离纯化及菌种保藏技术

（一）微生物的接种技术

将微生物的培养物或者含有微生物的样品移植到培养基上，这种技术称之为接种。在进行微生物的分离、培养、纯化或者鉴定等操作时都必须先进行接种。接种的关键步骤是要进行严格的无菌操作。

1. 实验材料

菌种：大肠杆菌、金黄色葡萄球菌。

培养基：普通琼脂斜面和平板、营养肉汤、普通琼脂高层（直立柱）。仪器和其他用品：酒精灯、玻璃铅笔、火柴、试管架、接种环、接种针、接种钩、滴管、移液管、三角形接种棒等接种工具。

2. 操作方法

微生物接种的方法很多，常见的有斜面接种法、液体接种法、固体接种法、穿刺接种

法，限于篇幅，下面只介绍斜面接种法。

斜面接种法主要用于接种纯菌，使其增殖后用以鉴定或保存菌种。

第一，首先从平板培养基上挑取待分离的单个菌落，然后将其接种到斜面培养基上。此操作应在无菌室或者超净工作台上完成，同时需要点燃酒精灯。

第二，将菌种斜面培养基（菌种管）、待接种的新鲜斜面培养基（接种管）持在左手，菌种管在前，接种管在后，斜面向上管口对齐，应斜持试管呈0°~45°角，并能清楚地看到两个试管的斜面，注意不要持成水平，以免管底凝集水浸湿培养基表面。

第三，用右手在火焰旁轻轻转动两管的棉塞，使其松动，以便接种时容易取出。

第四，右手把持接种环柄，将接种环放在外火焰进行灼烧。灼烧时以镍铬丝烧红为宜，这样才能实现完全灭菌的目的，接着将除手柄之外的所有金属杆用火灼烧一遍，特别需要注意的是接镍铬丝的螺口部分，更要进行彻底的灼烧。

第五，右手拔出试管棉塞，将试管口在火焰上端通过，目的是杀死试管口附近残留的少量微生物。棉塞不应放在实验桌上，而是一直夹在手里，如不小心掉落应更换无菌棉塞。

第六，接种环经过灼烧灭菌之后插入接种管内部，先接触无菌苔生长的培养基，经过一段时间后接种环得到冷却，然后从斜面上刮取少许的菌苔，需要注意的是接种环不能直接通过火焰上端，正确的做法是在火焰旁边快速地插入接种管。

第七，在试管中由下往上做S形划线。接种完之后，接种环必须通过火焰上端然后再抽出管口，并立即塞上棉塞，然后再一次灼烧接种环，之后将其放回原处，并塞紧棉塞。

第八，最后在接种管上贴上标签或者使用玻璃铅笔做好标记，然后将其放入试管架中，接下来就可以进行培养。

（二）菌种分离与纯化技术

从复杂的微生物群体中提取单一的微生物的过程称为分离纯化。实验室常用平板分离法进行菌种分离，它的基本原理是将复杂微生物置于只适合某一种微生物生长的环境中或者直接加入某种抑制剂，此抑制剂有利于所需微生物的生长，同时还能阻止其他微生物的生长，就可以实现分离与纯化的目的。

1. 菌种分离用器材

（1）培养基

淀粉琼脂培养基（高氏工号琼脂培养基）、牛肉膏蛋白胨琼脂培养基、马丁氏琼脂培养基、查氏琼脂培养基。

（2）溶液或试剂

10%的酚液、链霉素和土样、4%的水琼脂。

（3）仪器及其他用品

无菌玻璃涂棒、无菌吸管、接种环、无菌培养皿、盛 9mL 无菌水的试管、盛 90mL 无菌水并带有玻璃珠的三角烧瓶、显微镜、血细胞计数板、涂布器等。

2. 操作流程

倒平板—制备梯度稀释液—涂布（或划线法）—培养—挑取单菌落—保存。

（三）微生物菌种的保藏技术

菌种保藏的方法很多，其基本原理是相通的，主要是为优良的菌种创造一个长期休眠的环境，微生物保藏需要在干燥、低温、缺氧以及养料极少的环境中进行，其目的是使微生物的代谢处于最低水平，但又不会死亡，这就达到了保藏的目的。菌种不同以及要求不同，所选用的保藏方法也不同。实验室比较常用的菌种保藏方法有斜面保藏、半固体穿刺保藏、石蜡油封存和沙土管保藏，这几类方法容易掌握且操作方便。

1. 常规保藏方法

（1）实验材料

菌株：待保藏的适龄菌株斜面。

培养基：肉汤蛋白胨斜面培养基、半固体及液体培养基。试剂：10%的 HCl、无水 $CaCl_2$、石蜡油、P_2O_5。

仪器及其他用品：用于菌种保藏的小试管（10mm×100mm）数支、5mL 无菌吸管、1mL 无菌吸管、灭菌锅、真空泵、干燥器、冰箱、无菌水、筛子（40 目、120 目，孔径/mm=16/筛号）、标签、接种针、接种环、棉花、牛角匙等。

（2）操作方法

①贴标签

首先取无菌的肉汤蛋白胨斜面培养基数支，并在斜面的正上方距离试管口 2~3cm 的位置贴上标签。标签上需要注明菌种名称、培养基名称与接种日期。

②斜面接种

将需要保藏的菌种用接种环以无菌操作的方式在斜面上进行划线接种。

③培养

置 37℃恒温箱中培养 48h。

④保藏

斜面长好后，直接放入4℃冰箱中保藏。这种方法一般可保藏3~6个月。

2. 真空冷冻干燥保藏方法

真空冷冻干燥保藏方法可克服简单保藏方法的不足，利用有利于菌种保藏的一切因素，使微生物始终处于低温、干燥、缺氧的条件下，因而是迄今为止有效的菌种保藏法之一。

（1）材料

菌株：待保藏的各种菌种。

试剂：2%的HCl、牛奶。

仪器及其他用品：安瓿管、标签、长滴管、脱脂棉、干冰、离心机、冷冻真空装置、高频真空检测仪。

（2）操作流程

准备安瓿管—制备脱脂乳—制菌悬液—分装—预冻—真空干燥—封管—保藏—活化。

（3）操作方法

①准备安瓿管

选用中性硬质玻璃制备安瓿管，先用10%的HCl浸泡8~10h，再用自来水冲洗多次，最后用蒸馏水洗1~2次，烘干。将标有菌名、接种日期的标签放入安瓿管内，字面朝向管壁，管口塞上棉花，于121℃灭菌30min备用。

②制备脱脂乳

将新鲜牛奶煮沸除去表面油脂，用脱脂棉过滤并于3000r/min离心15min，除去上层油脂。如使用脱脂奶粉，可直接配成20%的乳液，然后分装，高压灭菌，并作无菌试验。

③制菌悬液

将无菌牛奶直接加到待保藏的菌种斜面内，用接种环将菌种刮下，轻轻搅拌使其均匀地悬浮在牛奶内成悬浮液。

④分装

用无菌长滴管将悬浮液分装人安瓿管底部，每支安瓿管的装量约为0.9mL（一般装入量为安瓿管球部体积的1/3）。

⑤预冻

将安瓿管口外的棉花剪去，并将其余棉花向里推至离管口约15mm处，再将安瓿管上端烧熔拉成细颈，将安瓿管用橡皮管连接在L管的侧管上，并将安瓿整个浸入装有干冰和95%乙醇的预冻槽内，此时槽内温度为-50℃~-40℃，可使悬液冻结成固体。

⑥真空干燥

完成预冻后，开动真空泵抽气。注意严密封闭，勿使漏气。气压降至 133.3kPa 以下，维持冻结，于 4h 后移去。继续于室温中抽气，直至干燥瓶内的变色硅胶由粉红色变为蓝色。再继续抽气，时间为原抽气时间的一半，即可达到完全干燥。

⑦封管

待菌种完全干燥后即从干燥缸内取出安瓿管，置于抽气管上抽成真空，需 3～10min。用高频真空检测仪检查，若安瓿管颈部呈现淡紫色荧光，即可边抽气边封口。

⑧保藏

做好的安瓿管应放置在低温（4℃）避光处保藏。

⑨活化

如果要从中取出菌种恢复培养，可先用 75%的酒精将管的外壁消毒，然后将安瓿管上部在火焰上烧热，再滴几滴无菌水，使管子破裂，然后用数层纱布包住折断，用无菌吸管取 0.8mL 肉汤注入安瓿管，使其全部溶解，即可吸出，移种于适宜培养基上。

六、微生物生理生化试验

食品中致病菌的检验，首先通过观察菌落的特征和革兰染色形态学观察进行初步鉴定。对分离的未知致病菌要鉴定其属或种，主要通过生理生化试验和血清学反应来完成。故生理生化试验是建立在菌落特征和形态染色反应基础上的。未知致病菌的鉴定最后还要依赖血清学试验。

生理生化试验是将已分离细菌菌落的一部分，接种到一系列含有特殊物质和指示剂的培养基中，观察该菌在这些培养基内的 H 改变和是否产生某种特殊的代谢产物。生化试验的项目很多，应根据检验目的需要适当选择。以糖代谢试验与蛋白质以及氨基酸代谢试验为例进行说明。

（一）糖类代谢试验

这类试验主要用于观察微生物对某些糖类分解的能力以及不同的分解产物，从而进行微生物学鉴定，现举例说明。

1. 糖（醇、苷）类发酵试验

（1）培养基

液体糖发酵管最常用，也可以采用半固体糖发酵管或固体斜面培养基做糖（醇、苷）类发酵试验。

(2) 试验方法

将分离得到的待试菌纯种培养物接种到糖(醇、苷)类发酵培养基(液体、半固体或固体斜面)中,于(36±1)℃下培养,一般2~3d观察结果,迟缓反应需培养14~30d。若用微量发酵管或需要长时间培养时,注意保持一定的湿度,防止培养基干燥。

2. 葡萄糖代谢类型鉴别试验

(1) 培养基

Hugh-Leifson(HL)培养基。

(2) 试验方法

挑取待试菌纯种培养物分别穿刺接种到两支Hugh-Leifson培养基中,其中一支接种后滴加融化的1%琼脂液于培养基表面,也可加灭菌液体石蜡或凡±林,高度约1cm,于(36±1)℃培养,一般培养48h以上,观察结果。

(3) 应用

主要用于鉴别葡萄球菌(发酵型)和微球菌(氧化型)。更重要的是对革兰阴性杆菌的鉴别,肠杆菌科的细菌全是发酵型,而绝大多数非发酵菌则为氧化型或产碱型细菌。

3. 甲基红(MR)试验

(1) 培养基

葡萄糖缓冲蛋白胨水。

(2) 试验方法

挑取新鲜的待试培养物少许,接种于磷酸盐葡萄糖蛋白胨水培养基,于(36±1)℃或30℃(以30℃较好)培养3~5d,从第48h起,每日取培养液1mL,加入甲基红指示剂1~2滴,立即观察结果。

(3) 结果判断

鲜红色为阳性,弱阳性为橘红色,黄色为阴性。

4. V-P试验

(1) 培养基。葡萄糖缓冲蛋白胨水。

(2) 试验方法。将分离得到的待试菌纯种培养物接种到葡萄糖缓冲蛋白胨水中,于(36±1)℃培养2~5d,每1mL培养基中,加入6%的α-萘酚-乙醇溶液0.5mL和40%的氢氧化钾溶液0.2mL,充分振摇试管,观察结果。本试验可采用产气肠杆菌作为阳性对照菌,采用大肠埃希菌作为阴性对照菌。

（3）结果判断

阳性反应立刻或于数分钟内出现红色，如为阴性，应放在（36±1）℃下培养 4h 再进行观察。

（二）蛋白质及氨基酸代谢试验

1. 靛基质（吲哚）试验

（1）培养基

蛋白胨水或厌氧菌蛋白胨水。

（2）试剂

以下两种试剂选其一即可。

①柯凡克试剂

将 5g 对二甲氨基苯甲醛溶解于 75mL 戊醇中，然后缓慢加入浓盐酸 25mL.

②欧-波试剂

将 1g 对二甲氨基苯甲醛溶解于 95mL 的 95%乙醇中，然后缓慢加入浓盐酸 25mL。

（3）试验方法

挑取分离得到的待试菌纯种培养物少量接种于蛋白胨水中（36±1）℃培养 1～2d，必要时可培养 45d。观察结果时可加柯凡克试剂 0.5mL，轻摇试管；或者加欧-波试剂 0.5mL，沿管壁流下，覆盖培养基表面。

（4）结果判断

阳性结果者加入柯凡克试剂后，试剂层为红色，或者加入欧-波试剂后，液面接触处呈玫瑰红色；不变色的为阴性结果。

（5）应用

主要用于肠杆菌科细菌的鉴定。

2. 硫化氢试验

（1）培养基

多用硫酸亚铁琼脂，也可采用醋酸铅试纸培养基或厌氧菌醋酸铅培养基。

（2）试验方法

挑取待试菌纯种固体琼脂培养物，沿硫酸亚铁琼脂管壁穿刺，如采用醋酸铅试纸培养基，穿刺后还要悬挂醋酸铅纸条。于（36±1）℃培养 1～2d，观察结果。

（3）结果判断

试纸或培养基变成黑色为阳性结果，阴性则培养基和试纸均不变色。

（4）应用

肠杆菌科中的沙门菌属、柠檬酸杆菌属、爱德华菌属和变形杆菌属多为阳性，其他菌属为阴性。沙门菌属中的甲型副伤寒沙门菌、仙台沙门菌和猪霍乱沙门菌等为阴性，部分伤寒沙门菌菌株也为硫化氢阴性。

3. 尿素酶试验

（1）培养基

尿素琼脂或尿素液体培养基。

（2）试验方法

挑取待试菌纯种培养物在尿素琼脂斜面划线接种，也可挑取少量接种到尿素液体培养基中，(36±1)℃培养4~6h或24h，观察结果。

（3）结果判断

阳性者由于产生碱性物质使培养基变成红色，不变色者为阴性结果。

（4）应用

主要用于肠杆菌科中变形杆菌族的鉴定。奇异变形杆菌和普通变形杆菌尿素酶阳性，雷极普罗菲登斯菌和摩氏摩根菌阳性，斯氏和碱化普罗菲登斯菌阴性。

此外，还有氨基酸脱羧酶试验、苯丙氨酸脱氨试验、明胶液化试验，这里将不再列举。

七、微生物血清学试验

血清学试验是根据抗原与抗体在体外发生特异性结合，并在一定的条件下出现抗原抗体反应的现象，用来检验抗原与抗体的技术。近几年，科技高速发展，血清学的检验技术也得到了快速的发展，一些新的技术不断涌现。血清学的应用非常广泛，不仅在医学诊断方面有大量的应用，而且在生物学、遗传学等领域也有着较为广泛的应用。

（一）抗原与抗体

1. 抗原

凡是能够刺激有机体产生抗体，且能够与相应抗体发生特异性结合的物质，统称抗原。这一概念包含两个方面，一个是刺激机体产生抗体，通常称为抗原性或免疫原性；另一个是能和相应抗体发生特异性结合，称为反应原性。

（1）抗原的基本性质

①异源性

抗原必须是非自身物质，而且生物种系差异越大，抗原性越好。机体对它本身的物质，一般不产生抗体，而各种微生物以及某些代谢产物（如外毒素等）对动物机体来说是异种物质，具有很好的抗原性。

②大相对分子质量

凡是有抗原性的物质，相对分子质量都在1万以上。相对分子质量越大，抗原性越强。在天然抗原中，蛋白质的抗原性最强，其相对分子质量多在7万~10万以上。一般的多糖和类脂物质因相对分子质量不够大，只有与蛋白质结合后才能有抗原性。

③特异性

抗原刺激机体后只能产生相应的抗体并能与之结合。这种特异性是由抗原表面的抗原决定簇决定的。所谓抗原决定簇也仅仅是抗原物质表面的一些具有化学活性的基团。

（2）抗原的种类

抗原物质的种类很多，关于它们的分类，至今尚无统一意见。按来源可分为天然抗原和人工抗原；按抗原性完整与否及其在机体内刺激抗体产生的特点，可分为完全抗原和不完全抗原。

①完全抗原与不完全抗原

A. 完全抗原

能在机体内引起抗体形成，在体外（试管内）可与抗体发生特异性结合，并在一定条件下出现可见反应的物质，称为完全抗原，如细菌、病毒等微生物蛋白质及外毒素等。

B. 不完全抗原或称为半抗原

不能单独刺激机体产生抗体（若与蛋白质或胶体颗粒结合后，则可刺激机体产生抗体），但在试管内可与相应抗体发生特异性结合，并在一定条件下出现可见反应的物质。称为不完全抗原或半抗原。如肺炎双球菌的多糖，炭疽杆菌的荚膜多肽，这一类半抗原又称为复杂半抗原。还有一些半抗原在体外（试管内）虽与相应抗体发生了结合，但不出现可见反应，却能阻止抗体再与相应抗原的结合，这一类又称简单半抗原。

②细菌抗原

细菌的结构虽然简单，但其蛋白质以及与蛋白质结合的多糖和类脂等，都具有不同强弱的抗原性。主要的细菌抗原有以下几种。

A. 菌体抗原

菌体抗原是细菌的主要抗原，存在细胞壁上，其主要成分为脂多糖。一般称菌体抗原为 O 抗原。细菌的 O 抗原往往由数种抗原成分所组成，近缘菌之间的 O 抗原可能部分或全部相同，因此对某些细菌可根据 O 抗原的组成不同进行分群。如沙门菌属，按 O 抗原的不同分成 42 个群。O 抗原耐热，在 121℃下 2h 不被破坏。

B. 鞭毛抗原

鞭毛抗原主要存在于鞭毛之中，也称之为 H 抗原。鞭毛抗原主要由蛋白质组成，具有不同的种和型特异性，因此通过对 H 抗原的构造进行分析，就可进行菌型鉴别。H 抗原不耐热，在 56℃～80℃下 30～40min 就会遭到破坏。在制取 O 抗原时，常利用此性质通过煮沸法来消除 H 抗原。

C. 表面抗原

表面抗原是指包裹在细菌细胞壁最外层的抗原。菌种的种类与结构不同，表面抗原的名称也不相同。

D. 菌毛抗原

是指存在于菌毛之中的抗原，它具有特异的抗原性。

E. 外毒素和类毒素

实验发现，细菌外毒素具有非常强的抗原性，它能够刺激机体并产生抗毒素抗体。外毒素经 0.3%～0.4%甲醛溶液的处理后失去毒性，但仍然保持抗原性，即称为类毒素，比较典型的例子有白喉类毒素及破伤风类毒素等。白喉外毒素经过 0.3%～0.4%甲醛液处理后，外毒素的电荷发生了改变，同时将自由氨基封闭，并产生甲烯化合物。其他基团（如吲哚异吡唑环）与侧链的关系也可变成为类毒素。抗原决定簇与毒性基团两者是不同的，但在空间排列上是相互靠近的基团。因此，当抗毒素与相应抗原决定簇结合时，可能掩盖了毒性基团，不呈现出毒素的毒性作用。

2. 抗体

抗体是机体受抗原刺激后，在体液中出现的一种能与相应抗原发生反应的球蛋白，称为免疫球蛋白（Ig）。含有免疫球蛋白的血清，通常被称为免疫血清或抗血清。

（1）抗体的基本性质

第一，抗体是一些具有免疫活性的球蛋白，具有和一般球蛋白相似的特性，不耐热，加热至 60℃～70℃即被破坏。抗体可被中性盐沉淀，生产上常用硫酸铵从免疫血清中沉淀免疫球蛋白，以提纯抗体。

第二，抗体在试管内能与相应抗原发生特异性结合，在机体内能在其他防御机能协同作用下，杀灭病原微生物。但某些抗体在机体内与相应抗原相遇时，能引起变态反应，如青霉素过敏等。

第三，抗体的相对分子质量都很高，试验证明，抗体主要由丙种球蛋白所组成，但不是说所有的丙种球蛋白都是抗体。

（2）抗体的种类

抗体的分类也很不一致，使用较多的分类方法有以下几种。

①根据抗体获得方式分

A. 免疫抗体

免疫抗体是指动物患传染病后或经人工注射疫苗后产生的抗体。

B. 天然抗体

天然抗体是指动物先天就有的抗体，而且可以遗传给后代。

C. 自身抗体

自身抗体是指机体对自身组织成分产生的抗体。这种抗体是引起自身免疫病的原因之一。

②根据抗体作用对象分

A. 抗菌性抗体

抗菌性抗体是指细菌或内毒素刺激机体所产生的抗体，如凝集素等。此抗体作用于细菌后，可凝集细菌。

B. 抗毒性抗体

抗毒性抗体是细菌外毒素刺激机体所产生的抗体，又称抗毒素，具有中和毒素的能力。

C. 抗病毒性抗体

病毒刺激机体而产生的抗体，具有阻止病毒侵害细胞的作用。

D. 过敏性抗体

过敏性抗体是异种动物血清进入机体后所产生的使动物发生过敏反应的一种抗体。

③根据与抗原在试管内是否出现可见反应分

A. 完全抗体

能与相应抗原结合，在一定条件下出现可见的抗体-抗原反应。

B. 不完全抗体

该种抗体能与相应的抗原结合，但不出现可见的抗体抗原反应。不完全抗体与抗原结合后，抗原表面具有抗体球蛋白分子的特性，如与抗球蛋白抗体作用则出现可见的反应。

（二）血清学试验

抗原与相应抗体无论在体外或体内均能发生特异性结合，并根据抗原的性质、反应条件及其他参与反应的因素，表现为各种反应，统称免疫反应。抗原抗体在体外发生的特异性结合反应，称之为血清学试验。

1. 血清学反应的一般特点

（1）特异性和交叉性

血清学反应具有高度特异性，但两种不同抗原分子上如有相同的抗原决定簇，则与抗体结合时可出现交叉反应，如肠炎沙门菌血清能凝集鼠伤寒沙门菌，反之亦然。

（2）可逆性

抗体与抗原的结合是分子表面的结合，虽然相当稳定，但却是可逆的。因为抗原抗体的结合犹如酶与底物的结合，是非共价键的结合，在一定条件下可以发生解离。两者分开后，抗原或抗体的性质不变。

（3）结合比例

抗原抗体的结合是按一定比例进行的，只有两者分子比例适合时才出现可见的反应。如抗原过多或抗体过多，都会抑制可见反应的出现，此即所谓的带现象。如沉淀反应，两者分子比例合适，沉淀物产生既快又多，体积大。分子比例不合适，则沉淀物产生少，体积少，或者根本不产生沉淀物。为了克服带现象，在进行血清学试验时，须对抗原与抗体进行适当稀释。

（4）敏感性

抗体-抗原反应不仅具有高度特异性，而且还有高度的敏感性，不仅可用于定性，还可用于定量、定位。其敏感性大大超过了当前所应用的化学方法。

（5）阶段性

血清学反应分两个阶段，第一阶段为抗原抗体的特异性结合，此阶段需时很短，仅几秒至几分钟，但无可见现象。紧随着第二阶段为可见反应阶段，表现为凝集、沉淀、细胞溶解、破坏等。此阶段需时很长，从数分钟、数小时至数日。反应现象的出现受多种因素的影响。

2. 影响血清学反应的条件

（1）电解质

抗原与抗体一般都是蛋白质，在溶液中它们具有胶体的性质，当溶液的 pH 大于它们的等电点时，此时它们表现为亲水性，并且带有一定的负电荷。特异性抗体和抗原有相对应的极性基。抗原与抗体的特异性结合，也就是这些极性基的相互吸附。抗原和抗体结合后就由亲水性变为疏水性，此时受电解质影响，如有适当浓度的电解质存在，就会使它们失去一部分负电荷而相互凝集，于是出现明显的凝集或沉淀现象。若无电解质存在，则不发生可见现象。因此血清学反应中，通常应用0.85%的NaCl水溶液作为抗原和抗体的稀释液，供应适当浓度的电解质。

（2）温度

抗原抗体反应与温度有密切关系，一定的温度可以增加抗原抗体碰撞结合机会，并加快反应速度。一般在37℃水浴锅中保持一定的时间，即出现可见的反应，但若温度过高，超过56℃后，则抗原抗体将变性破坏，反应速度往往降低。

（3）pH

适宜的pH是抗原抗体反应的必要条件，pH不宜过高，也不宜过低，否则会造成抗原抗体理化性质的变化。当pH低至3时，由于接近了细菌抗原的等电点，此时将会出现非特异性酸凝集的现象，由此而造成的假象将会严重影响血清学反应的可靠性。过高或过低的H均可以使抗原抗体复合物重新解离。大多数血清学反应的适宜pH为6~8。

（4）杂质异物

如果反应中存在大量的与反应无关的蛋白质、类脂、多糖等物质，反应往往会遭到抑制，或者发生非特异性反应。

3. 血清学反应的类型

（1）凝集反应

在细菌、细胞等小颗粒的抗原悬液中加入相应的抗体，在有电解质存在的条件下，抗原与抗体会发生特异性结合，并且进一步凝集成更大的颗粒，此过程称之为凝集反应。该反应中参与反应的颗粒性抗原称为凝集原，参与反应的抗体称为凝集素。根据反应的进行程度可将凝集反应分为直接凝集反应和间接凝集反应。直接凝集反应是指抗原与抗体直接结合而发生的凝集。如细菌、红细胞等表面的结构抗原与相应抗体结合时所出现的凝集。直接凝集反应又分为玻片法和试管法，其中在食品微生物检验中最常用的是玻片法。

玻片法通常为定性试验，用已知抗体检测未知抗原。鉴定分离菌种时，可取已知抗体滴加在玻片上，用接种环取待检菌涂于抗体溶液中。轻轻转动玻片，使其充分混匀，静置数分钟，观察结果。如出现细菌凝集成块的现象，即为阳性反应。该方法简便快速，除鉴定菌种外，尚用于菌种分型，测定人类红细胞的ABO血型等。

（2）沉淀反应

可溶性抗原与相应的抗体发生特异性的结合，且在适量电解质存在的条件下，会迅速形成有肉眼可见的沉淀物，此过程称之为沉淀反应。参加反应的可溶性抗原称为沉淀原，参加反应的抗体称为沉淀素。沉淀原可以是多糖、蛋白质或它们的结合物等。同凝集原比较，沉淀原的分子小，单位体积内所含的抗原量多，与抗体结合的总面积大。沉淀反应的试验方法有环状法、絮状法和琼脂扩散法三种基本类型。

在做定量试验时，为了不使抗原过剩而生成不可见的可溶性抗原抗体复合物，应稀释抗原，并以抗原的稀释度作为沉淀反应的效价。

（3）补体结合反应

这是一种有补体参与并以溶血现象为指示的抗原-抗体反应。参与本反应的有五种成分，分两个反应系统，一个为检验系统（溶菌系统），包括已知抗原（或抗体）、被检抗体（或抗原）和补体；另一个为指示系统（溶血系统），包括绵羊红细胞、溶血素和补体。

补体是一组球蛋白，存在于动物血清中，本身没有特异性，能与任何抗原抗体复合物结合，但不能与单独的抗原或抗体结合。被抗原抗体复合物结合的补体不再游离。试验中常以新鲜的豚鼠血清作为补体的来源。试验时，先将抗原与血清在试管内混合，然后加入补体。如果抗原与血清相对应，则发生特异性结合，加入的补体被它们的复合物结合而被固定。如果抗原与抗体不对应，则补体仍游离存在。但因补体是否已被抗原抗体复合物结合，不能用肉眼观察，所以还需借助溶血系统，即再加入绵羊红细胞和溶血素。如果不发生溶血，说明检验系统中的抗原与抗体相对应，补体已被它们的复合物结合而固定；如果发生溶血，说明被检系统中的抗原抗体不相对应，或者两者缺一，补体仍游离存在而激活了溶血系统。

第二节　食品中微生物指标常规检测技术

食品在加工、包装、储存、销售等各个环节中都有可能受到微生物的污染。要想评价食品被微生物污染的程度，对其安全性做出评价，就要对微生物指标进行检验测定。常采用的微生物检验指标为菌落总数、大肠菌群、霉菌和酵母菌数以及致病菌。每种指标都有一种或几种检验方法，应根据不同的食品、不同的检验目的来选择。

一、食品中菌落总数检验

进行菌落总数测定对于食品行业来说具有非常重要的意义，经过菌落总数的检验可以准确反映食品受污染的程度以及食品的卫生质量；它能够直接反映食品加工的过程是否达标，为食品的卫生评价提供了有力的依据。

一般来说，食品中细菌数量越多，引起污染的可能性就越大。

菌落总数并不代表实际的所有细菌的菌落总数，而是指在一定条件下，如需氧情况、酸碱度、营养条件下每克（每毫升）食品检样所生长出来的细菌菌落总数。这里所指的一定条件，是根据国家标准方法规定，在需氧条件下，37℃培养48，能够在营养琼脂平板上生长的细菌菌落总数，所以厌氧菌或者微需氧菌以及有特殊要求的细菌，由于实际条件无法满足其生长需要，故很难生长繁殖。

关于菌落总数的测定，国内外的方法基本是一致的，在检样处理、稀释、倾注平皿到计数报告上都没有较大的区别，但是在某些具体的要求上则稍有差别，例如，有的国家在样品稀释倾注培养时，对吸管内液体的流速、时间、稀释液振荡幅度等作了具体的规定。在简易快速方法上，国内外也都有所报道，国内有些单位也在这方面作过一些研究，有的采用检测器法（DY-1型），有的采用纸片法，最近又有研制出以稀释倍数和直观判定被检食品污染程度的检测板法。为了便于识别菌落，一般多在培养基中加入氯化三苯基四氮唑（TTC）显色，易于观察。

（一）平板菌落计数法或称活菌计数法

1. 仪器设备

培养箱；恒温水浴锅；天平；灭菌广口瓶或三角瓶500mL；灭菌培养皿（皿底直径6.0cm）；灭菌吸管（1.0mL、10.0mL）；灭菌小试管；玻璃珠（直径5mm）；均质机；灭菌刀；剪刀；镊子；酒精灯。

2. 培养基和试剂

营养琼脂培养；生理盐水；3.75%的酒精棉球。

3. 检样的稀释及培养

在无菌操作下称取25g样品，然后将其剪碎。另取一个灭菌的玻璃瓶，在瓶中加入生理盐水225L（灭菌），再加入一定数量的玻璃珠，然后将剪碎的样品放入瓶中。通过不断的振摇或研磨制成1∶10的均匀稀释液。对于固体检样，在加入稀释液后，可将其置于灭菌均质器中以 8000~10000r/min 转速旋转，约 1min 后，得到均匀的 1：10 稀释液。用 1mL 灭菌吸管吸取上述 1：10 稀释液 1mL，沿管壁缓缓注入含 9mL 生理盐水（灭菌）或其他稀释液的试管内。这里需要注意一点，吸管的尖端千万不要触及试管内的稀释液：此时试管内的液体并未混合均匀，还需要不断振摇试管使其充分混合，最后制成 1：100 的稀释液。

另取一支 1mL 经过灭菌的吸管，按照上述的操作顺序，制取 10 倍递增稀释液，如此每递增稀释一次，即换用一支 1mL 灭菌吸管。根据食品卫生的相关标准以及对标本污染情况的估计，选择 2~3 个适宜稀释度，分别在做 10 倍递增稀释的同时，即以吸取该稀释度的吸管移取 1L 稀释液于灭菌平皿内，每个稀释度做两个平皿。

稀释液移入平皿后，应及时将凉至 46℃ 的营养琼脂培养基（可放置于 46℃±1℃ 水浴保温）注入平皿约 15mL，并转动平皿，混合均匀。同时将营养琼脂培养基倾入加有 1mL 稀释液（不含样品）的灭菌平皿内作空白对照。待琼脂凝固后，翻转平板，置（36±1）℃ 温箱内培养（48±2）h，取出，计算平板内菌落数目，乘以稀释倍数，即得每克（每毫升）样品所含菌落总数。

4. 菌落计数方法

平板菌落计数，可以直接通过肉眼观察，为确保计数的准确性，通常需要使用放大镜进行检查，以免出现遗漏。记下各平板的菌落数之后，就可以计算出同稀释度的各平板平均菌落数。

5. 菌落计数的报告

第一，平板菌落数的选择。选取菌落数在 30~300 之间的平板作为菌落总数测定标准。

第二，稀释度的选择。

第三，菌落数的报告。菌落数在 100 以内时，按其实有数报告；大于 100 时，采用两位有效数字，在两位有效数字后面的数值，以四舍五入方法计算。为了缩短小数点后面的位数，也可用 10 的指数来表示。

6. 说明

为保证实验结果能准确反映被检样品的真实情况，检验时必须注意以下问题。

第一，检验中所用的所有器具都必须洗净、烘干、灭菌，既不能存在活菌，也不能残留有抑菌物质。

第二，应注意采样的代表性，对于固体样品而言，采样时千万不能集中在一个地方，应该多部位的取样。固体检样在加入稀释液后，最好置于均质器中处理，以获得均匀的稀释液。

第三，为了减少样品在稀释过程中造成的误差，在进行连续递次稀释时，每个稀释液应充分振荡均匀，每进行一个稀释倍数时应及时更换支吸管。在进行连续稀释时，应该让吸管内的液体沿着管壁流入生理盐水中，切莫使吸管的尖端伸入稀释液中，避免吸管外部附着的检液进入稀释液中，从而造成误差。

第四，样品稀释液一般采用生理盐水，有时也会使用磷酸缓冲液或者蛋白胨水。若检样中的含盐量比较高，稀释液也可以采用无菌的蒸馏水。对于作为样品而稀释的液体，每一批都应该作空白对照，目的是判断培养基、培养皿，甚至空气和吸管中可能存在的污染。

第五，如果平板上生长着链状菌落，且菌落之间没有明显的界限，此时可记为一个菌落；如果有数条来源不同的链，这时每一条链都可认为是一个菌落；如果一个平皿上出现了片状的菌落，实验中一般不采用该皿；如果片状菌落占比仅为 1/2 以下，此时可以用半皿的菌落数乘以 2 来表示全皿的菌落数。

第六，当平皿上的菌落过多时，只要菌落分布均匀，可将平皿均分为多块，选取其中的一块计数，然后乘以相应的分块数，即为该皿的菌落数。

（三）其他菌落总数的测定方法

1. 菌落总数测试片法

可用于各类食品及饮用水中菌落总数的测定，由细菌营养培养基、吸水凝胶和酶显色剂等组成。与传统方法相比，此法更为快速、简便。

（1）使用方法

取样品 25g（或 25mL）放入含有 225mL 的无菌水的玻璃瓶内，经过充分振震荡后制成 1∶10 的稀释液，用 1mL 灭菌吸管吸取 1∶10 稀释液 1mL，注入含有 9mL 灭菌水的试管内，用 1mL 灭菌吸管反复吸吹制成 1∶100 的稀释液。以此类推，制出 1∶1000 等稀释度的稀释液，每次换一支吸管。

通常食品需要选取 3 个稀释度用来检测，对于某些含菌量较少的液体样品可选择用原液直接检测。

将检验纸片水平放台面上，揭下表面的透明薄膜，用灭菌处理的吸管吸取样品原液或者稀释液 1mL，均匀滴加到中央的圆圈内，轻轻地放下上盖膜，放置 5min。由中间向四周推刮，使水分均匀分布在圆圈中，同时将多余的气泡赶走。将已经加样的检验纸片每 6 片叠放在一起，放置于自封袋内，平放在 37℃ 培养箱内培养 15~24h。

细菌进行生长会在纸片上显示出红色的斑点，首先选择菌落数比较适中（10~100个）的纸片进行计数，菌落数乘以稀释倍数就得到每克（或毫升）样品中所含的细菌菌落总数。菌落数在100以内时，按其实有数报告，大于100时，用两位有效数字，在两位有效数字后面的数字，以四舍五入方法计算，后面的0用10的指数来表示。

（2）计数原则、报告方式及说明

第一，通常选择菌落在10~100个之间的纸片进行计数，乘以稀释倍数报告值。

第二，若有两个稀释度的菌落数在10~100个之内，两者的比值小于2，则取其平均数，若大于2，则用数值小者。

第三，若三个稀释度的菌落数都有在10~100个之内，应选择两个低数值的平均数。

第四，若三个稀释度的菌落数均小于10个或大于100个时，应重新试用更低或更高的稀释度进行菌落计数；或采用均小于数量标准的最小值，或采用均大于数量标准的最大值。

第五，快速测试片法比培养皿培养法的检测时间缩短了1倍多，菌落显现率目前为80%，在菌落计数后乘以1.2，两种方法可达同等效果，食品生产企业用其作为产品质量监控时乘以1.3或1.4后，相当于提高了产品质量卫生标准。

第六，揭开上盖膜，用接种针挑取凝胶上的菌落可作进一步的分离和鉴定。使用过的纸片上带有活菌，需及时处理掉。

2. 嗜冷菌计数法

引起海鲜鱼贝类食品腐败变质的细菌常属于低温细菌，对这类食品的检测必须在低温下培养检测。采样后立即进行冷藏、检验。用无菌吸管吸取冷检样液0.1mL或1mL，于表面已十分干燥的TS琼脂或CVT琼脂平板上，用无菌L形玻璃棒涂布均匀，放置片刻，使水分被琼脂吸入，再将平板倒置于（7±1）℃的冰箱或其他设备中培养，10d后进行菌落计数。

3. 嗜热菌计数法（芽孢）

对于罐装食品，可能存在的细菌是嗜热菌，应采用高温培养再进行菌落计数。

将样品25g加入装有225mL的无菌水三角烧瓶内，迅速煮沸5min，以杀死细菌繁殖体及耐热性低的芽孢，然后将烧瓶浸于冷水中冷却。

（1）平酸菌计数

在5只无菌培养皿中各注入2mL上述处理过的样品，同时用葡萄糖胰蛋白胨琼脂做倾注平板，凝固之后在50℃~55℃下培养48~72h，计算出5只平板上菌落的平均数。平酸菌在以上的琼脂平板上长出圆形的菌落，直径约为 2～5mm，具不透明的中心及黄色晕，晕很窄，而产酸较弱的细菌周围没有黄色晕，或者不易观察到。通常平板从培养箱内取出之后需立即进行计数，否则黄色会很快消失。如在培养 48 后不易辨别是否产酸，则可培养到 72h。

（2）不产硫化氢的嗜热厌氧菌检验

将上述已处理的样品加入等量新制备的去氧肝汤（总量为 20mL），用 2%的无菌琼脂封顶，先加热至 50℃～55℃，再于 55℃下培养 72h，当有类似干酪味的气体冲破琼脂塞时，则认为有嗜热厌氧菌存在。

（3）产硫化氢的嗜热厌氧菌检验

将上述已处理的样品加入已融化的亚硫酸盐琼脂试管中（总量为 20mL），共计 6 份。将试管浸入冷水中，培养基固化后，加热到 50℃～55℃，然后在 55℃下培养 48h。能产生硫化氢的细菌将在亚硫酸盐琼脂管内形成特征性的黑小块（因为硫化氢被转化为硫化铁等硫化物）。计算黑小块数目。对某些嗜热菌不产生硫化氢，但生成强大的还原性氢，使全部培养基变成黑色。

此外还有，厌氧菌计数以及双歧杆菌菌落计数，限于篇幅，这里将不再叙述。

二、食品中大肠菌群检验

（一）大肠菌群

大肠菌群是指一群在 37℃条件下培养 48h 能发酵乳糖、产酸产气的需氧和兼性厌氧革兰氏阴性无芽孢杆菌。此菌主要来源于人畜的粪便，作为粪便污染指标评价食品的卫生状况，推断食品中肠道致病菌污染的可能。

大肠菌群是卫生细菌领域的用语，它不是特指某一个或某一类特定的细菌，而是指具有一定特性的一组与粪便污染有关的细菌，这些细菌在生化及血清学方面并非完全一致，其定义为：需氧及兼性厌氧、在 37℃能分解乳糖产酸产气的革兰氏阴性无芽孢杆菌。学术界普遍认为大肠埃希氏菌、柠檬酸杆菌、产气克雷伯氏菌和阴沟肠杆菌等都属于大肠菌群。经研究表明，大肠杆菌在自然界的分布十分广泛，特别是在温血动物的粪便中、人类活动的场所以及被粪便污染过的地方，人、畜粪便对外界环境的污染是大肠杆菌普遍在自然界存在的主要原因。粪便中主要是典型的大肠杆菌，而外界环境中主要是大肠菌群的其他型别。

大肠菌群是作为粪便污染的指标菌提出来的，通过检验食品中该菌的存在情况，来判断食品是否被粪便污染。大肠菌群数的多少，既反映了食品被粪便污染的程度，也反映了对人体健康危害性的大小。粪便是人类的排泄物，这里不乏肠道患者或带菌者的粪便，因此粪便中除了一些正常的细菌之外，也会有一些肠道致病菌的存在，因此如果食品中有粪便污染，那么就可以推断食品中存在肠道致病菌的可能性，因此携带病菌的食品潜伏者食物中毒与流行病的威胁，对人体的健康具有潜在的危险性。

（二）大肠菌群测定的基本原理

大肠菌群 MPN 法（第一法）主要是根据大肠菌群在一定的条件下培养就能发酵乳糖，并能产酸产气的特性进行检测的方法。MPN（Most Probable Number）法是基于泊松分布的一种间接计数方法。MPN 法是统计学与微生物学相结合的一种定量检测法。待测样品经过一系列的稀释与培养之后，根据两个数据推测出待检样品中的大肠菌群的数量，这两个数据分别是未生长的最低稀释度与生长的最高稀释度。

大肠菌群平板计数法（第二法），此法的主要依据是大肠杆菌在固体培养基中发酵葡萄糖而产生酸，同时能够在指示剂的作用下形成红色或紫色的点，带有或不带有沉淀环的菌落特性对待测样品进行菌落计数的方法。

（三）大肠菌群测定方法

食品中大肠菌群的检测严格依据 GB4789. 3—2016《食品安全国家标准食品微生物学检验大肠菌群计数》进行。此标准中，第一法主要适用于食品中大肠杆菌较低的食品；第二法主要用于含大肠杆菌较多的食品的检测。

1. 设备和材料

除了微生物检验室常用的设备以外，其他的设备以及材料如下：恒温培养箱［（36±1)℃］、冰箱（2℃~5℃）；恒温水浴箱［(46±1)℃］；天平（感量 0. 1g)；均质器；振荡器；pH 计或 pH 比色管或精密 pH 试纸；菌落计数器；无菌吸管（1mL，具 0. 01mL 刻度；10mL，具 0. 1mL 刻度）或微量移液器及吸头；无菌锥形瓶（容量 500mL)；无菌培养皿(直径 90mm)。

2. 培养基和试剂

月桂基硫酸盐胰蛋白胨肉汤，煌绿乳糖胆盐肉汤，结晶紫中性红胆盐琼脂，无菌磷酸盐缓冲溶液，无菌生理盐水、1mol/L NaOH 溶液，1mol/LHCl 溶液。

3. 大肠菌群 MPN 计数（第一法）

（1）样品的稀释

第一，固体和半固体样品。称取 25g 样品，放入盛有 225L 磷酸盐缓冲溶液或生理盐水的无菌均质杯内，以 8000～10000r/min 的转速均质 1～2min，或采用盛有 225L 磷酸盐缓冲液的无菌均质袋中，用拍击式均质器拍打 1～2min，制成 1：10 的样品匀液。

第二，液体样品。以无菌吸管吸取 25mL 样品，置盛有 225mL 磷酸盐缓冲溶液或生理盐水的无菌锥形瓶（瓶内预置适当数量的无菌玻璃珠）或其他无菌容器中，充分振摇或置于机械振荡器中振摇，充分混匀，制成 1：10 的样品匀液。

第三，样品匀液的 pH 应在 6.5～7.5，必要时分别用 1mol/L NaOH 或 1mol/LHCl 调节。

第四，用 1mL 无菌吸管或微量移液器吸取 1：10 样品匀液 1mL，沿管壁缓缓注入 9L 磷酸盐缓冲溶液或生理盐水的无菌试管中（注意吸管或吸头尖端不要触及稀释液面），振摇试管或换用 1 支 1mL 无菌吸管反复吹打，使其混合均匀，制成 1：100 的样品匀液。

第五，根据对样品污染状况的估计，按上述操作，依次制成 10 倍递增系列稀释样品匀液。每递增稀释 1 次，换用 1 支 1L 无菌吸管或吸头。从制备样品匀液至样品接种完毕，全过程不得超过 15min。

（2）初发酵试验

每个样品选择 3 个适宜的连续稀释度的样品匀液（液体样品可以选择原液），每个稀释度接种 3 管月桂基硫酸盐胰蛋白胨（LST）肉汤，每管接种 1mL（如接种量超过 1mL，则用双料 LST 肉汤），(36 ± 1)℃培养（24±2）h，观察试管内是否有气泡产生，（24±2）h 产气者进行复发酵试验（证实试验），而未产气者则继续培养至（48±2）h。未产气者为大肠菌群阴性，产气者则进行复发酵试验。

（3）复发酵试验

用接种环从产气的 LST 肉汤管中分别取培养物 1 环，移种于煌绿乳糖胆盐（BGLB）肉汤管中，(36±1)℃培养（48±2）h，观察产气情况。产气者，计为大肠菌群阳性管。

（4）大肠菌群最可能数（MPN）的报告

将大肠菌群检验结果（经过确证的大肠菌群 BGLB 阳性管数）填入大肠菌群检验原始数据表，检索 MPN 表，报告每克（或每毫升）样品中大肠菌群的 MPN 值。

4. 大肠菌群平板计数（第二法）

（1）样品的稀释

平板计数的样品稀释的操作与 MPN 法的样品稀释操作一致。

（2）平板计数

第一，选取 2~3 个适宜的连续稀释度，每个稀释度接种 2 个无菌培养皿，每 1mL。同时取 1mL 生理盐水加入无菌平皿作空白对照。

第二，及时将 15~20mL 熔化并恒温至 46℃ 的结晶紫中性红胆盐琼脂（VRBA）倾注于每个平皿中。小心地旋转培养皿，使培养基与样液进行充分地混合，待琼脂凝固后，再加 3~4 mL VRBA 覆盖平板表层。翻转平板，置于（36±1）℃培养 18~24h。

（3）平板菌落数的选择

选取菌落数在 15~150CFU 的平板，分别计数平板上出现的典型的、可疑的大肠菌群菌落。典型菌落为紫红色，菌落周围有红色的胆盐沉淀环，菌落直径为 0.5mm 或更大，最低稀释度平板低于 15CFU 的记录具体菌落数。

（4）证实试验

从 VRBA 平板上挑取 10 个不同类型的典型和可疑菌落，少于 10 个菌落的挑取全部典型和可疑菌落。分别移种于 BGLB 肉汤管内，（36±1）℃培养 24~48h，观察产气情况。凡 BGLB 肉汤管产气，则表明大肠菌群为阳性。

（5）大肠菌群平板计数的报告

已经证实大肠杆菌为阳性的试管的比例乘以计数的平板菌落数，然后再乘以稀释倍数，就可得到每克（每毫升）样品中的大肠菌群数。

例如：10^{-4}样品稀释液 1mL，在 VRBA 平板上有 100 个典型和可疑菌落，挑取其中 10 个接种 BGLB 肉汤管，证实有 6 个阳性管，则该样品的大肠菌群数为：100×6/10×10/g（mL）= 6.0×103CFU/g（CFU/mL）。若所有稀释度（包括液体样品原液）平板均无菌落生长，则以小于 1 乘以最低稀释倍数计算。

第八章 食品安全现代生物检测技术

第一节　免疫学检测技术

一、概述

抗原与抗体的结合反应是一切免疫测定技术的最基本原理。在此基础上结合一些生化或理化方法作为信号显示或放大系统即可建立免疫测定法，如放射免疫测定法、酶免疫测定法、荧光免疫测定法等。人们一直在不断寻找新的显示方法应用于免疫检测技术，其方法学研究和实际应用十分活跃。

一个成功的免疫测定法必备三个要素：性能优良的抗体、灵敏和专一性的标记物和高效的分离手段。

抗原与抗体的结合反应是依靠局部（抗原决定簇和抗体结合位点）的分子间作用力结合的。其作用力主要有：氢键、范德华力、盐键、疏水相互作用。形成稳定的作用力要求抗体结合位点和抗原决定簇的空间结构高度互补，而且其接触表面基团分布要两相配合。

经典免疫测定法灵敏度较低，在残留分析中极少应用。放射性标记测定法因辐射污染和试剂寿命等问题已逐渐淘汰。非放射性免疫测定法种类繁多，发展较快，包括各种酶免疫测定法、荧光免疫测定法、化学发光免疫测定法、脂质体免疫测定法等。非均相方法需要免疫复合物分离步骤，适用范围广泛；均相方法不需要分离，易实现自动化，但灵敏度不如非均相方法，标记物易受样品基质的影响，适用范围小。

二、酶联免疫吸附试验（ELISA）

（一）ELISA 的基本原理

ELISA（Enzyme-Linked immunosorbent assay）的基础是抗原或抗体的固相化及抗原或

抗体的酶标记。这一方法的基本原理是：①使抗原或抗体结合到某种固相载体表面，并保持其免疫活性。②使抗原或抗体与某种酶连接成酶标抗原或抗体，这种酶标抗原或抗体既保留其免疫活性，又保留酶的活力。在测定时，把受检标本（测定其中的抗体或抗原）和酶标抗原或抗体按不同的步骤与固相载体表面的抗原或抗体起反应。用洗涤的方法使固相载体上形成的抗原抗体复合物与其他物质分开，最后结合在固相载体上的酶量与标本中受检物质的量成一定的比例。加入酶反应的底物后，底物被酶催化变为有色产物，产物的量与标本中受检物质的量直接相关，所以可根据颜色反应的深浅定性或定量分析。由于酶的催化速率很高，所以可极大地放大反应效果，从而使测定方法达到很高的敏感度。

（二）ELISA 的类型

1. 双抗原夹心法测抗体

反应模式与双抗体夹心法类似。用特异性抗原进行包被和制备酶结合物，以检测相应的抗体。与间接法测抗体的不同之处为以酶标抗原代替酶标抗抗体。此法中受检标本不需稀释，可直接用于测定，因此其敏感度相对高于间接法。本法关键在于酶标抗原的制备，应根据抗原结构的不同，寻找合适的标记方法。

2. 间接法测抗体

间接法是检测抗体常用的方法。其原理为利用酶标记的抗抗体（抗人免疫球蛋白抗体）

（1）将特异性抗原与固相载体联结，形成固相抗原洗涤除去未结合的抗原及杂质。

（2）加稀释的受检血清，保温反应

血清中的特异抗体与固相抗原结合，形成固相抗原抗体复合物。经洗涤后，固相载体上只留下特异性抗体，血清中的其他成分在洗涤过程中被洗去。

（3）加酶标抗体

可用酶标抗人 Ig 以检测总抗体，但一般多用酶标抗人 IgG 检测 IgG 抗体。固相免疫复合物中的抗体与酶标抗抗体结合，从而间接地标记上酶。洗涤后，固相载体上的酶量与标本中受检抗体的量正相关。

（4）加底物显色

间接法的优点是只要变换包被抗原就可利用同一酶标抗抗体建立检测相应抗体的方法。间接法成功的关键在于抗原的纯度。虽然有时用粗提抗原包被也能取得实际有效的结果，但应尽可能予以纯化，以提高试验的特异性。间接法中一种干扰因素为正常血清中所含的高浓度的非特异性。血清中受检的特异性 IgG 只占总 IgG 中的一小部分。IgG 的吸附性很强，非特异 IgG 可直接吸附到固相载体上，有时也可吸附到包被抗原的表面。因此在间接法中，抗原包被后一般用无关蛋白质（例如，牛血清蛋白）再包被一次，以封闭（blocking）固相上的空余间隙。另外，在检测过程中标本须先行稀释（1∶40~1∶200），以避免过高的阴性本底影响结果的判断。

3. 竞争法测抗体

当抗原材料中的干扰物质不易除去，或不易得到足够的纯化抗原时，可用此法检测特异性抗体。其原理为标本中的抗体和一定量的酶标抗体竞争与固相抗原结合。标本中抗体量越多，结合在固相上的酶标抗体越少，因此阳性反应呈色浅于阴性反应。如抗原为高纯度的，可直接包被固相。如抗原中会有干扰物质，直接包被不易成功，可采用捕获包被法，即先包被与固相抗原相应的抗体，然后加入抗原，形成固相抗原。洗涤除去抗原中的杂质，然后与固相抗原竞争结合。另一种模式为将标本与抗原一起加入固相抗体中进行竞争结合，洗涤后再加入酶标抗体，与结合在固相上的抗原反应。

4. 竞争法测抗原

小分子抗原或半抗原因缺乏可作夹心法的两个以上的位点，因此不能用双抗体夹心法进行测定，可以采用竞争法模式。其原理是标本中的抗原和一定量的酶标抗原竞争与固相抗体结合。标本中抗原量含量越多，结合在固相上的酶标抗原越少，最后的显色也越浅。小分子激素、药物等 ELISA 测定多用此法。

（三）ELISA 的材料与试剂

完整的 ELISA 试剂盒包含以下各组分：

第一，已包被抗原或抗体的固相载体（免疫吸附剂）。

第二，酶标记的抗原或抗体（结合物）。

第三，酶的底物。

第四，阴性对照品和阳性对照品（定性测定中），参考标准品和控制血清（定量测定中）。

第五，结合物及标本的稀释液。

第六，洗涤液。

第七，酶反应终止液。

1. 免疫吸附剂

已包被抗原或抗体的固相载体在低温（2℃~8℃）干燥的条件下一般可保存 6 个月。

有些不完整的试剂盒，仅供应包被用抗原或抗体，检测人员需自行包被。下文简述固相载体和包被过程。

（1）固相载体

固相载体在ELISA测定过程中作为吸附剂和容器，不参与化学反应。可作ELISA中载体的材料很多，最常用的是聚苯乙烯。聚苯乙烯具有较强的吸附蛋白质的性能，抗体或蛋白质抗原吸附其上后仍保留原来的免疫学活性，加之它的价格低廉，所以被普遍采用。聚苯乙烯为塑料，可制成各种形式。

ELISA载体的形状主要有三种：微量滴定板、小珠和小试管。以微量滴定板最为常用，专用于EILSA的产品称为ELISA板，国际上标准的微量滴定板为8×12的96孔式。为便于作少量标本的检测，有制成8联孔条或12联孔条的，放入座架后，大小与标准ELISA板相同。ELISA板的特点是可以同时进行大量标本的检测，并可在特制的比色计上迅速读出结果。现在已有多种自动化仪器用于微量滴定板型的ELISA检测，包括加样、洗涤、保温、比色等步骤，对操作的标准化极为有利。

良好的ELISA板应该是吸附性能好，空白值低，孔底透明度高，各板之间、同一板各孔之间性能相近。聚苯乙烯ELISA板由于原料的不同和制作工艺的差别，各种产品的质量差异很大，因此，每一批号的ELISA板在使用前须事先检查其性能。

（2）包被的方式

将抗原或抗体固定在固相载体表面的过程称为包被。换言之，包被即抗原或抗体结合到固相载体表面的过程。蛋白质与聚苯乙烯固相载体是通过物理吸附结合的，靠的是蛋白质分子结构上的疏水基团与固相载体表面的疏水基团间的作用。这种物理吸附是非特异性的，受蛋白质的分子质量、等电点、浓度等的影响。载体对不同蛋白质的吸附能力是不相同的，大分子蛋白质较小分子蛋白质通常含有更多的疏水基团，所以更易吸附到固相载体表面。IgG对聚苯乙烯等固相具有较强的吸附力，其联结多发生在Fc段上，抗体结合点暴露于外，因此抗体的包被一般均采用直接吸附法。蛋白质抗原大多也可采用与抗体相似的方法包被。

（3）包被用抗原

用于包被固相载体的抗原按其来源不同可分为天然抗原、重组抗原和合成多肽抗原三大类。天然抗原可取自动物组织、微生物培养物等，须经提取纯化才能作包被用。重组抗原是抗原基因在质粒体中表达的蛋白质抗原，多以大肠杆菌或酵母菌为质粒体。重组抗原的优点是除工程菌成分外，其他杂质少，而且无传染性，但纯化技术难度较大。重组抗原的另一特点是能用基因工程制备某些无法从天然材料中分离的抗原物质。合成多肽抗原是根据蛋白质抗原分子的某一抗原决定簇的氨基酸序列人工合成的多肽片段。多肽抗原一般只含有一个抗原决定簇，纯度高，特异性也高，但由于分子质量太小，往往难以直接吸附于固相上。多肽抗原的包被一般需先使其与无关蛋白质，如牛血清白蛋白质等偶联，借助于偶联物与固相载体的吸附，间接地结合到固相载体表面。

2. 结合物

（1）酶

用于 ELISA 的酶应符合以下要求：纯度高，催化反应的转化率高，专一性强，性质稳定，来源丰富，价格不贵，制备成酶结合物后仍继续保留它的活力部分和催化能力。最好在受检标本中不存在相同的酶。另外，它的相应底物易于制备和保存，价格低廉，有色产物易于测定等。在 ELISA 中，常用的酶为辣根过氧化物酶和碱性磷酸酶。

（2）抗原和抗体

制备结合物时所用的抗体一般为纯度较高的 IgG，以免在与酶联结时受到其他杂蛋白的干扰。最好用亲和层析纯的抗体，这样全部酶结合物均具有特异的免疫活性，可以在高稀释度进行反应，实验结果本底浅淡。在 ELISA 中用酶标抗原的模式不多，总的要求是抗原必须是高纯度的。

（3）结合物的制备

酶标记抗体的制备方法主要有两种，即戊二醛交联法和过碘酸盐氧化法。

①戊二醛交联法

戊二醛是一种双功能团试剂，它可以使酶与蛋白质的氨基通过它而联结。碱性磷酸一般用此法进行标记。交联方法有一步法、两步法两种。在一步法中戊二醛直接加入酶与抗体的混合物中，反应后即得酶标记抗体。ELISA 中常用的酶一般都用此法交联。它具有操作简便、有效（结合率达 60%～70%）和重复性好等优点。缺点是交联反应是随机的，酶与抗体交联时分子间的比例不严格，结合物的大小也不均一，酶与酶，抗体与抗体之间也有可能交联，影响效果。在两步法中，先将酶与戊二醛作用，透析除去多余的戊二醛后，再与抗体作用而形成酶标抗体。也可先将抗体与戊二醛作用，再与酶联结。两步法的产物中绝大部分的酶与蛋白质是以 1∶1 的比例结合的，较一步法的酶结合物更有助于本底的改善以提高敏感度，但其偶联的有效率较一步法低。

②过碘酸盐氧化法

本法只适用于含糖量较高的酶。辣根过氧化物酶的标记常用此法。反应时，过碘酸钠将 HRP 分子表面的多糖氧化为醛基很活泼，可与蛋白质上的氨基形成 Schiff 氏碱而结合。酶标记物按摩尔比例联结，其最佳比例为：酶/抗体 =（1～2）/1。此法简便有效，一般认为是 HRP 最可取的标记方法，但也有人认为所用试剂较为强烈，各批实验结果不易重演。

按以上方法制备的酶结合物一般都混有未结合物的酶和抗体。理论上，结合物中混有的游离酶一般不影响 ELISA 中最后的酶活力测定，因经过彻底洗涤，游离酶可被除去，并不影响最终的显色。但游离的抗体则不同，它会与酶标抗体竞争相应的固相抗原，从而减少了结合到固相上的酶标抗体的量。因此制备的酶结合物应予纯化，去除游离的酶和抗体后用于检测，效果更好。纯化的方法很多，分离大分子化合物的方法均可应用。硫酸铵盐析法最为简便，但效果并不理想，因为此法只能去除留在上清中的游离酶，但相当数量的游离抗体仍与酶结合物一起沉淀而不能分开。用离子交换层析或分子筛分离更为可取，高效液相层析法可将制备的结合物清晰地分成三个部分：游离酶、游离抗体和纯结合物而取得最佳的分离效果，但费用较高。

结合物制得后，在用作 ELISA 试剂前尚需确定其适当的工作浓度。使用过浓的结合物，既不经济，又使本底增高；结合物的浓度过低，则又影响检测的敏感性。所以必须对结合物的浓度予以选择。最适的工作浓度就是指结合物稀释至这一浓度时，能维护一个低的本底，并获得测定的最佳灵敏度，得到最合适的测定条件和节省测定费用。就酶标抗体本身而言，它的有效工作浓度是指与其相应抗原包被的载体作试验时，能得到阳性反应的最高稀释度。

（4）结合物的保存

酶标抗体中的酶和抗体均为生物活性物质，保存不当，极易失活。高浓度的结合物较为稳定，冷冻干燥后可在普通冰箱中保存一年左右，但冻干过程中引起活力的降低，而且使用时需经复溶，颇为不便。结合物溶液中加入等体积的甘油可在低温冰箱或普通冰箱的冰格中较长时间保存。早期的 ELISA 试剂盒中的结合物一般均按以上两种形式供应，配以稀释液，临用时按标明的稀释度稀释成工作液。现在较先进的 ELISA 试剂盒均已用合适的缓冲液配成工作液，使用时不需再行稀释，在 4℃～8℃保存期可达 6 个月。由于蛋白质浓度较低，结合物易失活，需加入蛋白保护剂。另外再加入抗生素（例如庆大霉素）和防腐剂（HRP 结合物加硫柳汞，AP 结合物可加叠氮钠），以防止细菌生长。

（5）结合物的稀释液

用于稀释高浓度的结合物以配成工作液。为避免结合物在反应中直接吸附在固相载体上，在稀释缓冲液中常加入高浓度的无关蛋白质（例如 1%的牛血清白蛋白），通过竞争以抑制结合物的吸附。一般还加入具有抑制蛋白质吸附于塑料表面的非离子型表面活性剂，如吐温 20，0.05%的浓度较为适宜。在间接测定抗体时，血清标本需稀释后进行测定，也可应用这种稀释液。

3. 酶的底物

（1）HRP 的底物 HRP 催化过氧化物的氧化反应，最具代表性的过氧化物为 h_2O_2，其反应式如下：

$$DH_2+h_2O_2 \rightarrow D+2h_2O$$

上式中，DH_2为供氧体，h_2O_2为受氢体。在 ELISA 中，DH　一般为无色化合物，经酶作用后成为有色的产物，以便作比色测定。常用的供氢体有邻苯二胺（OPD）和四甲基联苯胺（TMB）。

OPD 氧化后的产物呈橙红色，用酸终止酶反应后，在 492nm 波长处有最高吸收峰，灵敏度高，比色方便，是 HRP 结合物最常用的底物。OPD 本身难溶于水，OPD · 2HCl 为水溶性。曾有报道 OPD 有致突变性，操作时应予注意。OPD 见光易变质，与过氧化氢混合成底物应用液后更不稳定，须现配现用。在试剂盒中，OPD 和 h_2O_2一般分成两个组分，OPD 可制成一定量的粉剂或片剂形式，片剂中含有发泡助溶剂，使用更为方便。过氧化氢则配入底物缓冲液中，制成易保存的浓缩液，使用时用蒸馏水稀释。先进的 ELISA 试剂盒中则直接配成含保护剂的工作浓度为 0.02% h_2O_2的应用液，只需加入 OPD 后即可作为底物应用液。

TMB 经 HRP 作用后其产物显蓝色，目视对比鲜明。TMB 性质较稳定，可配成溶液试剂，只需与 h2O　溶液混合即成应用液，可直接作底物使用。另外，TMB 又有无致癌性等优点，因此在 ELISA 中应用日趋广泛。酶反应用 HCl 或 H_2SO_4终止后，TMB 产物由蓝色变为黄色，可在比色计中定量，最适吸收波长为 405nm。

（2）AP 的底物

AP 为磷酸酯酶，一般采用对硝基苯磷酸酯（p-nitrophenyl phosphate，p-NPP）作为底物，可制成片剂，使用方便。产物为黄色的对硝基酚，在 405nm 波长处有吸收峰。用 NaOH 终止酶反应后，黄色可稳定一段时间。

AP 也有发荧光底物（磷酸 4-甲基伞酮），可用于 ELISA 作荧光测定，敏感度较高于用显色底物的比色法。

4. 稀释液

洗板式 ELISA 中，常用的稀释液为含 0.05%的吐温 20 的磷酸缓冲盐水。

5. 酶反应终止液

常用的 HRP 反应终止液为硫酸，其浓度按加量及比色液的最终体积而异，在板式

ELISA 中一般采用 2mol/L。

6. 阳性对照品和阴性对照品

阳性对照品和阴性对照品是检验试验有效性的控制品，同时也作为判断结果的对照，因此对照品，特别是阳性对照品的基本组成应尽量与检测标本的组成相一致。

7. 参考标准品

定量测定的 ELISA 试剂盒应含有制作标准曲线用的参考标准品，应包括覆盖可检测范围的 4~5 个浓度，一般均配入含蛋白保护剂及防腐剂的缓冲液中。

（四）ELISA 的操作和注意事项

1. 加样

在 ELISA 中一般有 3 次加样步骤，即加标本、加酶结合物、加底物。加样时应将所加物加在 LEISA 板孔的底部，避免加在孔壁上部，并注意不可溅出，不可产生气泡。加标本一般用微量加样器，按规定的量加入板孔中。每次加标本应更换吸嘴，以免发生交叉污染。如此测定（如间接法 ELISA）需用稀释的血清，可在试管中按规定的稀释度稀释后再加样。也可在板孔中加入稀释液，再在其中加入血清标本，然后在微型振荡器上振荡 1min 以保证混合。加酶结合物应用液和底物应用液时可用定量多道加液器，使加液过程迅速完成。

2. 保温

在 ELISA 中一般有两次抗原抗体反应，即加标本和加酶结合物后。抗原抗体反应的完成需要有一定的温度和时间，这一保温过程称为温育。温育常采用的温度有 43℃、37℃、室温和 4℃（冰箱温度）等。37℃是实验室中常用的保温温度，也是大多数抗原抗体结合的合适温度。在建立 ELISA 方法作反应动力学研究时，实验表明，两次抗原抗体反应一般在 37℃经 1~2h，产物的生成可达顶峰。保温的方式除有的 ELISA 仪器附有特制的电热块外，一般均采用水浴。

3. 洗涤

洗涤在 ELISA 过程中虽不是一个反应步骤，但却也决定着实验的成败。ELISA 就是靠洗涤来达到分离游离的和结合的酶标记物的目的。通过洗涤以清除残留在板孔中没能与固相抗原或抗体结合的物质，以及在反应过程中非特异性地吸附于固相载体的干扰物质。现在多采用洗板机程序洗涤。

4. 显色和比色

显色是 ELISA 中的最后一步温育反应，此时酶催化无色的底物生成有色的产物。反应的温度和时间仍是影响显色的因素。在定量测定中，加入底物后的反应温度和时间应按规定力求准确。

OPD 底物显色一般在室温或 37℃反应 20~30min 后即不再加深，再延长反应时间，可使本底值增高。TMB 受光照的影响不大，经 HRP 作用后，约 40min 显色达顶峰，随即逐渐减弱，至 2h 后即可完全消退至无色。TMB 的终止液有多种，叠氮钠和十二烷基硫酸钠（SDS）等酶抑制剂均可使反应终止。

酶标比色仪简称酶标仪，通常指专用于测读 ELISA 结果吸光度的光度计。酶标仪的主要性能指标有：测读速度、读数的准确性、重复性、精确度和可测范围、线性等。优良的酶标仪的读数一般可精确到 0.001，准确性为±1%，重复性达 0.5%。普通的酶标仪 A 值在 0.000~2.900，甚至更高。超出可测上限的 A 值常以“*”或“over”或其他符号表示。应注意可测范围与线性范围的不同，线性范围常小于可测范围，比如某一酶标仪的可测范围为 0.000~2.900，而其线性范围仅 0.000~2.000，这在定量 ELISA 中制作标准曲线时应予注意。测读 A 值时，要选用产物的敏感吸收峰，如 OPD 用 492nm 波长。也可用双波长式测读，即每孔先后测读两次，第一次在最适波长（W_1），第二次在不敏感波长（W_2），两次测定间不移动 ELISA 板的位置。例如，OPD 用 492nm 波长为 W_1，630nm 波长为 W_2，最终测得的 A 值为两者之差（W_1-W_2）。双波长式测读可减少由容器上的划痕或指印等造成的光干扰。

5. 结果判断

（1）定性测定

定性测定的结果判断是对受检标本中是否含有待测抗原或抗体作出“阳性”“阴性”表示。“阳性”表示该标本在该测定系统中有反应，“阴性”则为无反应。在间接法和夹心法 ELISA 中，阳性孔呈色深于阴性孔。在竞争法 ELISA 中则相反，阴性孔呈色深于阳性孔。两类反应的结果判断方法不同，分述于下。

①间接法和夹心法

这类反应的定性结果可以用肉眼判断。目视标本无色或近于无色者判为阴性，显色清晰者为阳性。但在 ELISA 中，正常人血清反应后常可出现呈色的本底，此本底的深浅因试剂的组成和实验的条件不同而异，因此实验中必须加测阴性对照。阴性对照的组成应为不含受检物的正常血清或类似物。在用肉眼判断结果时，更宜用显色深于阴性对照作为标本阳性的指标。

目视法简捷明了，但颇具主观性。在条件许可下，应该用比色计测定吸光值，这样可以得到客观的数据。先读出标本（S）、阳性对照（P）和阴性对照（N）的吸光值，然后进行计算。

②竞争法

在竞争法 ELISA 中，阴性孔呈色深于阳性孔。阴性呈色的强度取决于反应中酶结合物的浓度和加入竞争抑制物的量，一般调节阴性对照的吸光度在 1.0~1.5，此时反应最为敏感。

竞争法 ELISA 不易用自视判断结果，因肉眼很难辨别弱阳性反应与阴性对照的显色差异，一般均用比色计测定，读出 S、P 和 N 的吸光值。

（2）定量测定

ELISA 操作步骤复杂，影响反应因素较多，特别是固相载体的包被难达到各个体之间的一致，因此在定量测定中，每批测试均须用一系列不同浓度的参考标准品在相同的条件下制作标准曲线。测定大分子质量物质的夹心法 ELISA，标准曲线的范围一般较宽，曲线最高点的吸光度可接近 2.0，绘制时常用半对数纸，以检测物的浓度为横坐标，以吸光度为纵坐标，将各浓度的值逐点连接，所得曲线一般呈 S 形，其头、尾部曲线趋于平坦，中央较呈直线的部分是最理想的检测区域。测定小分子质量物质常用竞争法，其标准曲线中吸光度与受检物质的浓度呈负相关。标准曲线的形状因试剂盒所用模式的差别而略有不同。ELISA 测定的标准曲线中横坐标为对数关系，这更有利于测定系统的表达。

三、磺胺二甲嘧啶的间接竞争 ELISA 检测

（一）人工完全抗原的合成

1. 试剂与材料

第一，SM_2：磺胺二甲基嘧啶。

第二，BSA：牛血清白蛋白。

第三，OVA：卵清白蛋白。

第四，SA：丁二酸酐。

第五，EDC·HCl：1-乙基-3（3-二甲基氨基丙基）-碳二亚胺·盐酸盐。

第六，无水吡啶。

第七，无水处理的二氯甲烷（CH_2Cl_2）。

2. 实验方法

(1) 半抗原 SM_2-SA 的制备

第一，取 1.405g SM_2溶于 10mL 无水处理过的吡啶。

第二，67gSA 溶于 5mL 无水吡啶，与 SM_2液混匀溶解。

第三，搅拌反应 24h。

第四，反应液移入置有 20mL 水的 100mL 分液漏斗中摇匀静置。

第五，用 15mLCH_2Cl_2进行萃取，轻摇，注意放气。萃取 3 次，收集下层 CH_2Cl_2相。

第六，合并 3 次萃取 CH2Cl2 相。用 0.1mol/L HCl 溶液 15mL 洗提，3 次后用15mLh_2O再洗一次。收集下层 CH_2Cl_2相。

第七，在萃取液中加入一定量的无水 Na_2SO_4脱水。

第八，在蒸发皿中加入 2mL 甲苯，低温（35℃）蒸干。

(2) 琥珀酰化-水溶性碳化二亚胺法合成 SM_2-BSA、SM_{2-}OVA（水溶性 EDC 法）

第一，称取 BSA 和 OVA 各 200mg、100mg SM_2-SA 和 100mg EDC 中分别溶于 5、2、3mL 的 PBS 中。

第二，然后向 BSA 和 OVA 溶液中边搅拌边慢慢滴加 2mL SM2-SA 溶液和 2mL EDC 溶液。在 4℃冰浴下遮光反应 4h。

第三，再向混合液中滴加剩下的 1mL EDC 溶液。继续于 4℃冰浴下遮光搅拌反应 24h。

第四，反应结束后 4000r/min 离心 5min，取上清液装入透析袋，用 0.01mol/L pH 7.4 PBS 在 4℃ 透析 2d（PBS：1.5mmol/LKH_2 PO，8mmol/LNa_2 HPO4，2.7mmol/L KCl，137mmol/L NaCl)，每天更换 3 次透析液。

第五，透析完毕后上 sepHadex G-50 层析柱，用 100mmol/L pH7.4 PBS 洗提，留小部分鉴定，其余用冷冻干燥机干燥后分装。

（二）合成抗原的鉴定

抗原合成结果进行 SDS-PAGE 分析和紫外光谱分析，并计算结合比测定。

（三）抗体的制备与纯化

1. 免免疫

第一次免疫取 100μg 合成抗原与 1mL 弗氏完全佐剂（FCA）乳化的抗原（FCA-IgG）

液，背部皮下散点注射各 0.2mL 左右。第二次免疫在 3 周后用弗氏不完全佐剂乳化注射。第三次、第四次免疫同第二次免疫方法，间隔为 2 周。抗血清效价达到要求以后采血。

2. 结果鉴定

以双相琼脂扩散试验定性观察检测所获免疫血清的抗体质量，以直接竞争法确定抗血清效价。

（四）标准竞争抑制曲线的制作

1. 包被微孔板

用乙醇-PBS（0.15mol/L，pH 7.2）400 倍稀释的 SM_2-OVA 人工抗原包被酶标板，150μL/孔，4℃过夜。

2. 稀释

将纯化抗体稀释 80 倍后分别与等量不同浓度的 SM_2 标准溶液用 2mL 试管混合振荡，使 SM_2 的最终浓度为 10μg/mL、1μg/mL、500ng/mL、100ng/mL、50ng/mL、10ng/mL、5ng/mL、1ng/mL、0.5ng/mL、0.1ng/mL，分别加 100μL/孔，4℃静置。

3. 洗涤

取出酶标板恢复至室温，弃去包被液，每孔加 300μL 洗涤液，静置 3min，弃去洗涤液，共洗 3 次，在吸水纸上将酶标板敲干。

4. 封闭

加封闭液封闭，250μL/孔，置 37℃下温育 1h。

5. 抗原抗体反应

酶标板洗 3min×3min 后，加抗体抗原反应液（在酶标板的适当孔位加抗体稀释液作为阴性对照，3 孔；加抗原稀释液作为阳性对照，3 孔）130μL/孔，37℃，温育 2h。

6. 酶标记反应

倒掉反应液并拍干，酶标板洗 3min×3min，拍干，加酶标二抗-羊抗兔 HRP 结合物（1：200，V/V）100μL/孔，37℃下 1h。

7. 测定

酶标板用洗液洗 5min×3min。加底物溶液 A、B，各 100μL/孔，37℃，温育 15min，然后加终止液，40μL/孔，以终止显色反应，酶标仪 450nm/630nm 测出 OD 值。

（五）畜产品中SM_2残留的ELISA检测

屠宰现场取肝、肾、肌肉、血各100g。放入清洁保鲜袋内，加封，标明标记，保温冷藏及时送实验室。将试样分别放入高速组织捣碎机中捣碎，充分混匀，装入清洁的容器内，加封后，标明标记。应于-18℃冷冻保存。

1. 样品预处理

样品处理：称取肉（肝、肾）均质后的样品20g置入250mL长颈瓶中，加入甲醇：水为80：20的溶液200mL。摇匀后在70℃水浴中加热45min。在摇床上振荡60min。1500r/min离心10min。用巴斯德吸管吸去脂肪层，取上清液低温蒸干后用含有0.0032% BSA的10mL乙酸溶液（pH7.0，10mmol/L）溶解。

2. IC-ELISA程序

（1）包被微孔板

用400倍稀释的SM_2-OVA人工抗原包被酶标板，150μL/孔，4℃过夜。

（2）稀释静置

将纯化抗体SM_2-BSA稀释80倍后分别与等量样品提取液（10倍稀释）用2mL试管混合振荡后，4℃静置（15min左右）。

（3）洗涤

取出酶标板恢复至室温，弃去包被液，每孔加300μL洗涤液，静置3min，弃去洗涤液，共洗3次，在吸水纸上将酶标板敲干。

（4）封闭

加封闭液（1%的BSA）封闭，250μL/孔（200），置37℃下温育1h。

（5）抗原抗体反应

酶标板洗3min×3min后，加抗体抗原反应液130μL/孔，37℃，温育2h。

（6）酶标记反应

倒掉反应液并拍干，酶标板洗3min×3min，拍干，加酶标二抗-羊抗兔HRP结合物（1：200，V/V）100μL/孔，37℃下1h。

（7）测定

酶标板用洗液洗5min×3min。加底物溶液A、B，各100μL/孔，37℃，温育15min，然后加终止液，40μL/孔，以终止显色反应，酶标仪450nm/630nm测出OD值。

（六）方法评价

1. 特异性

特异性是指本测定方法对被测物质的专一程度，一般用抗体交叉反应表示。该方法假定100%的被测抗原可与50%的抗体结合，那么可与50%的抗体结合的被测抗原类似物百分含量则为抗体与该类似物的交叉反应率（CR50%）。

2. 准确度

取有代表性的高中低三个浓度为目标浓度添加至空白猪血清中，混匀后进行IC-ELISA试验计算回收率。

3. 精确度

批内误差：以标准缺陷的批内变异系数表示：

$$CV = SD\text{的平均值}/\text{平均批内平均结合率} \times 100\ (\%)$$

批间误差：以3次测定的结合率进行平均，求出各浓度的批间变异系数，再平均求其总的批间变异系数。

四、ELISA方法检测动物源食品中阿维菌素类药物残留（试剂盒方法）

（一）实验原理

采用间接竞争ELISA方法，在微孔条上包被偶联抗原，试样中残留的阿维菌素类药物与酶标板上的偶联抗原竞争阿维菌素抗体，加入酶标记的抗体后，显色剂显色，终止液终止反应。用酶标仪在450nm处测定吸光度，吸光值与阿维菌素类药物残留量呈负相关，与标准曲线比较即可得出阿维菌素类药物残留含量。

（二）试剂和材料

第一，阿维菌素类药物试剂盒。

①96孔板（12条×8孔）包被有阿维菌素偶联抗原。

②阿维菌素标准溶液（至少有5个倍比稀释浓度水平，外加1个空白）。

③阿维菌素抗体溶液。

④过氧化物酶标记物。

⑤底物显色溶液A液过氧化尿素。

⑥底物显色溶液B液四甲基联苯胺。

⑦反应终止液1mol/L硫酸。

⑧缓冲液（2倍浓缩液）。

⑨洗涤液（20倍浓缩液）。

第二，乙腈、正己烷、无水硫酸钠（分析纯）。

第三，碱性氧化铝柱Sep-Pak Vac 12 cc（2g）。

第四，水。

第五，缓冲液工作液。用水将2倍的浓缩缓冲液按1∶1体积比进行稀释（1份2倍浓缩缓冲液+1份水），用于溶解干燥的残留物，缓冲液工作液在4℃可保存一个月。

第六，洗涤液工作液。用水将20倍的浓缩洗涤液按1∶19体积比进行稀释（1份20倍浓缩洗涤液+19份水），用于酶标板的洗涤，洗涤工作液在4℃可保存一个月。

（三）仪器

第一，酶标仪（配备450nm滤光片）。

第二，超声波清洗器。

第三，离心机。

第四，氮气吹干仪。

第五，匀浆机。

第六，振荡器。

第七，涡旋式混合器。

第八，微量移液器（单道20、50、100μL，多道50~300μL可调）。

（四）试样制备与保存

取新鲜或解冻的动物组织，剪碎，10000r/min匀浆1min。-20℃下保存。

（五）试样测定

1. 提取

称取牛肉、牛肝试样（3.0±0.05）g于50mL聚苯乙烯离心管中，加9mL乙腈、3mL正己烷，置于振荡器上振荡10min，加3g无水硫酸钠，再振荡10min，3000r/min以上、15℃离心10min，去除上层正己烷，取下层4.0mL提取液备用。

称取3g无水硫酸钠平铺在碱性氧化铝柱Sep-PakVac上，加10mL乙腈洗柱，再加

4.0mL 提取液，开始收集滤液，待提取液流干后，再加入 4mL 乙腈清洗柱子，合并洗液和滤液至 10mL 干净的玻璃试管中，于 50℃~60℃水浴氮气流下吹干。

取 1.0mL 缓冲液工作液溶解干燥的残留物，涡动 1min，超声 10min，涡动 1min，取溶解后的样品液 100μL，加入 100μL 缓冲液工作液，充分混合，取 20μL 用于分析。

2. 测定

使用前将试剂盒在室温（19℃~25℃）下放置 1~2h。

第一，将标准和试样（至少按双平行实验计算）所有数量的孔条插入微孔架，记录标准和试样的位置。

第二，加 20μL 系列标准溶液或处理好的试样溶液到各自的微孔中。标准和试样至少做两个平行试验。

第三，加抗体工作液 80μL 到每一个微孔中，充分混合，于 37℃恒温箱中孵育 30min。

第四，倒出孔中液体，将微孔架倒置在吸水纸上拍打以保证完全除去孔中的液体。用 250μL 洗涤液工作液充入孔中，再次倒掉微孔中液体，再重复操作两遍以上（或用洗板机洗涤）。

第五，加 100μL 过氧化物酶标记物，37℃恒温箱中孵育 30min。

第六，倒出孔中液体，将微孔架倒置在吸水纸上拍打以保证完全除去孔中的液体。用 250μL 洗涤液工作液充入孔中，再次倒掉微孔中液体，再重复操作两遍以上（或用洗板机洗涤）。

第七，加 50μL 底物显色液 A 液和 50μL 底物显色液 B 液，混合并在 37℃恒温箱避光显色 15~30min。

第八，加 50μL 反应终止液，轻轻振荡混匀，用酶标仪在 450nm 处测量吸光度值。

（六）交叉反应

阿维菌素：100%；埃普利诺菌素：130%；伊维菌素：33%；多拉菌素：5%；泰乐菌素：<0.1%；替米考星：<0.1%。

（七）精密度

本方法的批内变异系数<30%，批间变异系数<45%。

五、ELISA 方法检测转基因产品（蛋白质检测方法）

（一）适用范围

本方法适用于转基因大豆及其初级加工产品中 CP4 EPSPS 蛋白的检测，也适用于含有 CP4 EPSPS 蛋白的其他转基因植物检测。

（二）实验原理

酶标板表面包被有特异的单克隆捕获抗体。当加上测试样品时，捕获抗体与抗原特异性结合，未结合的样品成分通过洗涤除去。洗涤之后，加入与辣根过氧化物酶偶联的多克隆抗体，该抗体可与 CP4 EPSPS 蛋白的另一个抗原表位特异结合，洗涤之后，加入辣根过氧化物酶的显色底物四甲基联苯胺。HRP 可催化底物产生颜色反应，颜色信号与抗原浓度在一定范围内呈线性关系。显色一定时间后，加入终止液终止反应。在 450nm 波长测每一孔的光密度。

（三）试剂

1. 检测试剂盒通常提供的试剂

第一，大豆抽提缓冲液：硼酸钠缓冲液，pH7. 5。

第二，大豆分析缓冲液：磷酸盐缓冲液，Tween-20，BSA，pH7. 4。

第三，包被有单克隆捕获抗体的酶标孔。

第四，与辣根过氧化物酶偶联的兔抗。

第五，偶联抗体稀释剂：10%的热灭活的小鼠血清。

第六，显色底物。

第七，终止液 0. 5%的硫酸。

第八，10 倍浓缩的洗涤缓冲液：PBS，Tween-20，pH7. 1。

第九，与基质匹配的阴性和阳性标准品，如 0. 1%，0. 5%，1%，2%，5%。

2. 其他需要准备的试剂

第一，70%的甲醇溶液（体积比）：取 700mL 甲醇加水定容至 1000mL。

第二，95%的乙醇。

（四）仪器设备

第一，通常实验室仪器设备。

第二，酶标仪；多通道移液器。

第三，孔径 450μm 的滤膜；孔径 150μm 的滤膜。

（五）操作步骤

1. 样品的预处理

取 500g 以上大豆，粉碎、微孔滤膜过滤。在操作过程中小心避免污染，避免局部过热。定性检测的微孔滤膜孔径应为 450μm，保证孔径小于 450μm 的粉末质量占大豆样品质量的 90%以上。定量检测的样品先用孔径为 450μm 的微孔滤膜过滤后，再经孔径为 150μm 的微孔滤膜过滤，过滤得到的样品量只要能满足检测要求即可。对于其他类型的材料采用类似的方法处理。

在检测不同批次样品之间应将处理大豆样品的所有设备进行彻底清洁。首先，尽可能除去残留材料；然后用酒精洗涤两遍，用水彻底清洗，风干。同时，工作区应保持清洁，避免样品交叉污染。

2. 样品抽提

测试样品、阴性及阳性标准品在相同条件下抽提两次。每一种标准品在称量时按照含量由低到高的顺序进行。

将每一种样品称出（0. 5±0. 01）g，放入 15mL 聚丙烯离心管中。为避免污染，在称量不同样品时，用酒精棉擦干净药匙并晾干，或使用一次性药匙。向每个离心管中加 4. 5mL 抽提缓冲液。将缓冲液与管内物质剧烈混匀并涡旋振荡，使之成为均一的混合物（低脂粉末和分离蛋白质需延长混合时间，有时超过 15min；全脂粉末容易混匀，不超过 5min）。4℃下 5000×g 离心 15min。小心吸取上清液于另一干净的聚丙烯离心管中，每管吸取 1mL 上清液。上清液可于 2℃～8℃储存，时间不超过 24h。

（1）孵育

在室温下，取出酶标板，加 10μL 稀释的样品溶液及对照到酶标孔中，轻轻混匀。37℃孵育 1h（每次加样应该更换一次性吸头，以免交叉污染。并使用胶带或铝箔封住酶标板，以免交叉污染和蒸发）。

（2）洗涤

把10倍浓缩的洗涤缓冲液用水稀释10倍，用洗涤工作液洗涤酶标板3次。在此过程中，不要让酶标孔干，否则会影响分析结果；不管是人工洗涤还是自动洗涤，应确保每一孔用相同体积的洗液洗涤，以免出现错误的结果。

人工洗涤：将酶标板翻转，倒出微孔内液体。用装有洗涤工作液的500mL洗瓶，将每孔注满洗涤液，保持60s，然后翻转，倒掉洗涤液。如此重复操作总共3次。在多层纸巾上将酶标板倒拍数次，以去除残液（用胶带将酶标板条固定以免滑落）。

自动洗涤：孵育完毕，用洗板机将所有孔中的液体吸出，然后在每孔内加满洗涤液。如此重复3次。最后，用洗板机吸出所有孔中洗涤液，在多层纸巾上将酶标板反放拍干，以去除残液。

（3）加入偶联抗体

根据使用说明，用偶联抗体结合稀释剂溶解抗体粉末得到抗体贮存液，于2℃～8℃储存。

取240μL偶联抗体储存液，加入21mL偶联抗体稀释剂中得到偶联抗体工作液，于2℃～8℃贮存。

在每孔中加100μL偶联抗体工作液，封闭酶标板，轻轻摇晃混匀，37℃孵育1h。

（4）洗涤

洗涤方法同（2）。

（5）显色

每孔中加入100μL显色底物，轻轻摇动酶标板，室温孵育10min（加显色底物时应连续一次完成，不得中断，并保持相同次序和时间间隔）。

（6）终止反应

按照加入显色底物同样的顺序向酶标孔中加入100μL终止液，轻轻摇动酶标板10s，以终止颜色变化，并使终止液在孔中均匀分布（在加入终止液时应连续一次完成，不得中断，酶标板应注意避光，防止颜色深浅因受到光的影响而发生变化）。

（7）吸光值的测定

在加入终止液30min之内用酶标仪在450nm波长测量每孔的吸光值（OD）。

（六）测试样品中目标蛋白浓度的计算

测试样品及参照标准的数值需减去空白样的数值，所测量的阳性标准品的平均值用于生成标准曲线，测试样品的平均值根据标准曲线计算相应浓度。

（七）结果可信度判断的原则

对于阳性标准品（大豆种子）而言，该方法检测的灵敏度必须保证在0.1%以上，定量检测的线性范围是0.5%~3%。

（八）ELISA方法检测转基因产品的优点和局限性

1. 优点

特异性高，获得结果快，仪器简单，易于操作，对人员要求不高。免去了对样品进行核酸提取的麻烦，同时可降低检测的成本，由于酶具有很高的催化效率，可极大地放大反应效果，从而使测定达到很高的灵敏度和稳定性。

2. 局限性

主要表现为：

①检测范围窄

ELISA分析需要转基因食品中含有待检测范围，如转EPSPS基因的耐除草剂大豆，转Bt基因的抗虫玉米等，因此只能在商业化GMF品种较少的情况下使用。目前商品化ELISA试剂盒只能检测少数几种GMF，且一种试剂盒只针对某一特定转基因产物，无法高通量、快速地检测具有多种混合成分的食品样品。

②易出现假阴性结果

一方面转基因食品中“新蛋白”含量通常很低，多数在10^{-12}~10^{-6}数量级水平，难以检出；另一方面蛋白质在食品加工过程中易变性，已加工食品中的蛋白质很可能失去抗体所针对的抗原表位，从而造成ELISA检测结果假阴性。此外蛋白质在受体生物基因组内表达前后如进行新的修饰，也可导致检测敏感性降低及假阴性结果。

而有些转基因产品中的外源基因不表达蛋白质，则无法检测。

第二节　PCR检测技术

一、概述

聚合酶链式反应（简称PCR）又称无细胞分子克隆系统或特异性DNA序列体外引物

定向酶促扩增法，是发展和普及最迅速的分子生物学新技术之一。

（一）PCR 原理

PCR 是依据 DNA 模板的特性，模仿体内的复制过程，在体外合适的条件下以单链 DNA 为模板，以人工设计和合成的寡核苷酸为引物，利用热稳定的 DNA 聚合酶延 5′-3′方向掺入单核苷酸来特异性的扩增 DNA 片段的技术。整个反应过程通常由 20~40 个 PCR 循环组成，每个循环由高温变性—低温复性（退火）—适温延伸三个步骤组成：高温时 DNA 变性，氢键打开，双键变成单键，作为 DNA 扩增的模板；低温时寡核苷酸引物与单链 DNA 模板特异性的互补结合即复性；然后在适宜的温度下 DNA 聚合酶以单链 DNA 为模板沿 5′-3′方向掺入单核苷酸，使引物延伸合成模板的互补链，经过多个变性—退火—延伸的 PCR 循环，就使得 DNA 片段得到有效的扩增，通常情况下单一拷贝的基因经过 25~30个循环可扩增 100 万~200 万个拷贝。

最初的 PCR 是用大肠杆菌 DNA 聚合酶 I 的 Klenow 片段进行，但 Klenow 片段在高温下迅速失活，因此每一份反应都需要加一份新酶，这不仅麻烦，而且还往往导致产量低，出现产物长短不一等现象。以后人们采用从嗜热细菌分离的耐热 TaqDNA 聚合酶才解决了这一问题，现在天然的 TaqDNA 聚合酶或经基因工程重组生产的 TaqDNA 聚合酶在高温下都很稳定，故在整个过程中不需要添加新的 TaqDNA 聚合酶，从而使 PCR 技术迅速发展起来。

（二）PCR 反应体系

1. 引物

引物是与待扩增 DNA 片段两侧互补的寡核苷酸，是决定 PCR 扩增特异性的因素，引物设计和合成的好坏直接决定 PCR 扩增的成败。

通常情况下设计 PCR 引物应遵循以下原则：

第一，通常要求引物位于待分析基因组中的高度保守区域，长度至少为 16 个核苷酸，以 20~24 个核苷酸为宜，这种长度的引物在聚合温度下（通常为 72℃）不能形成十分稳定的杂交体。由于在低温下（37℃~55℃）TaqDNA 聚合酶也能作用，所以当寡核苷酸引物退火结合到模板上后，TaqDNA 聚合酶就马上开始工作（但 TaqDNA 聚合酶在低温下工作非常缓慢）；当反应的温度升至 72℃时，延伸后的产物已经足够长，所以能稳定地结合在模板上。

第二，引物中的碱基应当随机分布，避免在引物中出现一些单一的碱基重复序列，引物内不能形成发夹结构或产生具有二级结构的区域，引物间不能互补，引物中 G+C 含量约为 45%~55%。

第三，在引物 5′末端可加入限制酶切位点序列以便进行克隆。在酶切位点 5′末端还应加上适当数量的保护碱基，以保证扩增反应产物克隆后能够被酶切。如果要使 PCR 产物能够直接被限制酶切割，则在设计引物的两端应稍多加几个保护碱基，否则不易切断，比较了各种限制内切酶在其酶切位点旁边分别加 0、1、2、3 个保护碱基后的切断情况。寡核苷酸 5′末端应含有少量不配对碱基，通常并不影响其作为引物的能力。

第四，引物 3′末端对 TaqDNA 聚合酶的延伸效率影响很大。实验表明在扩增 HIV（人免疫缺陷病毒）时不同的引物 3′末端最末一个碱基的错配对扩增效率影响不同，一般引物 3′末端最好选 T，不要选 A、G 和 C。设计简并引物时 3′末端的简并性应尽量小。

在设计中还应注意上下游两种引物的 3′端之间应避免出现互补序列，否则扩增产物中会出现大量的引物二聚体。如无法避免这种互补序列，应通过预备实验适当调节 Mg^2浓度以获得较多的目的产物。

（5）引物间的 T_m值应尽可能接近，GC 含量不能太高。

按上述这些原则设计的引物通常能够获得较好的结果。

在使用引物进行扩增反应时要注意所使用的引物浓度，一般引物浓度为 1. 0μmol/L，这种浓度通常足以进行 30 轮以上的扩增反应，更高的引物浓度会在异位引导合成，从而扩增那些不需要的序列；相反若引物浓度不足，则 PCR 反应的效率极低。根据不同反应的需要，上下游两种引物的浓度既可以相等，也可以不等。

2. dNTP

dNTP 是 PCR 反应所必需的底物，为四种核苷酸的混合物。当四种核苷酸的浓度相同时可将核苷酸的错误掺入率降至最低。最适宜的 dNTP 终浓度应根据被扩增片段的长度和碱基组成来确定。一般使用的浓度为 0. 2mol/L。

3. DNA 聚合酶

目前 PCR 扩增中最常用的 DNA 聚合酶是 TaqDNA 聚合酶，它是由水生栖热菌产生，热稳定性好，可耐 94℃高温，在此温度下短时间内对活力无多大影响。最适反应温度为 72℃，70℃催化核酸链延长的速度是 2800 核苷酸/min，在 100μL 反应体系中一般用 2 单位，它的用量多少对 PCR 扩增效率及特异性有一定影响。除了 TaqDNA 聚合酶外，近年来耐热的 pfuDNA 聚合酶也被广泛地用于 PCR 反应，此酶是由极端嗜热的激烈热球菌产生的 DNA 聚合酶，是迄今发现的掺入错误率最低的耐热 DNA 聚合酶，但其延伸速度比 TaqD-

NA 聚合酶低 550 核苷酸/min；另外得到应用的还有一种 rTthDNA 聚合酶，由于 PCR 反应以 DNA 模板进行扩增反应，而 rTthDNA 聚合酶可将反转录和聚合作用融合在一起，直接由其将 RNA 反转录后扩增出大量的 DNA 片段，因而可大大简化操作程序，提高效率。

4. 反应缓冲液

PCR 反应中常用的反应缓冲液含 10～50mmol/L（pH 8.3～8.8）的 Tris－HCl，50mmol/L KCl 和 1.5mmol/L $MgCl_2$。反应缓冲液的 pH 至关重要，如果 KCl 浓度过高，则会抑制酶的活性。在反应中存在适当浓度的 Mg^{2} * 至关重要，它是 TaqDNA 聚合酶活力所必需的，并可影响 PCR 产物的特异性和产量、引物退火的程度、模板与 PCR 产物链的解离温度、引物的特异性、引物二聚体的形成以及酶的活性和精确性等。由于 EDTA 或磷酸根能影响 Mg^{2+} 的浓度，所以应注意模板 DNA 溶液中的 EDTA 浓度和 PCR 反应中所加模板和引物的量以及 dNTP 浓度（dNTP 可提供磷酸基团，从而影响 Mg^{2+} 浓度）。要获得最佳反应结果，必须选择合适的 Mg^{2+} 浓度，一般为 2～5mmol/L。

5. 核酸模板

以细菌为例作为模板的 DNA 既可以是染色体 DNA，也可以是质粒 DNA；既可以是单链 DNA 分子，也可以是双链 DNA 分子；既可以为线性 DNA 分子，也可以为环形 DNA 分子。当以染色体 DNA 作为模板进行 PCR 扩增时所需的 TaqDNA 聚合酶量较高。通常 PCR 反应体系中所需的模板的量是 10^2～10^3 拷贝的靶序列。DNA 模板量过多会降低扩增的效率，增加非特异性产物。在所加的模板 DNA 中目的序列所占的比例越高，非特异性产物的量就越少。

DNA 制品中的杂质也会影响 PCR 反应的扩增效率。这些杂质包括尿素、SDS、甲酰胺、乙酸钠、从琼脂糖凝胶中带来的杂质等。用酚：氯仿抽提，然后在 2.5mol/L 乙酸铵存在下用乙醇沉淀或用聚丙烯酰胺凝胶代替琼脂糖凝胶可减少上述杂质所造成的影响。

6. 其他成分

原先在使用 Klenow 片段进行的 PCR 反应中，需要加 DMSO 防止聚合酶提前从合成链上脱落。现在在某些使用 TaqDNA 聚合酶进行的反应中也可加 3%～10%的 DMSO，因为它可减少核酸的二级结构，对扩增 GC 含量较高的 DNA 有帮助，但高浓度 DMSO 会抑制 TaqDNA 聚合酶的活力，当其浓度超过 10%时会使 TaqDNA 聚合酶的活性减少 50%，因此现在进行 PCR 扩增时一般不加 DMSO。反应中还可加明胶（0.1mg/mL）、BSA（0.1mg/mL）或非离子去污剂（0.5%，如吐温 20 或 NP-40），它们可稳定 TaqDNA 聚合酶，但许多反应不加这类物质也可获得良好的结果。

一般反应中还应加矿物油以防止反应在扩增过程中加热蒸发而产生的问题。有一种PCR扩增仪可使反应管盖上方的温度维持在105℃，因此可防止管中的液体向上蒸发，所以反应过程中不必添加矿物油。

（三）PCR反应参数

1. 变性

在第一轮扩增前使DNA完全变性十分重要，因此一般反应中都先在94℃变性5min，然后再加入TaqDNA聚合酶进行扩增。变性不完全往往使PCR反应失败，因为未完全变性的DNA会很快复性，减少DNA的产量。DNA变性一般仅需要几秒钟即可完成，反应中变性所需的时间主要是为使整个反应体系达到合适的变性温度。变性时温度过高或时间过长，都会导致酶活力的降低。TaqDNA聚合酶活力的半衰期为：92.5℃，130min；95℃，40min；97℃，5min。典型的变性温度和时间为94℃，1min或97℃，15s。

2. 退火

引物退火温度和所需时间长短取决于引物的碱基组成、引物的长度、引物与模板的匹配程度以及引物的浓度。实际使用的退火温度比扩增引物的T值约低5℃。一般当引物中GC含量较高，长度较长并且与模板完全匹配，则应提高退火温度。退火温度越高，所得产物的特异性也越高。有些反应甚至将退火和延伸反应合并，只用两种温度完成整个扩增循环（例如用60℃和94℃），这既节省了时间，又提高了特异性。

在典型的引物浓度（0.2mol/L）下，由于引物过量，退火仅需数秒钟即可完成。反应中所需的退火时间主要是为了使整个反应体系达到合适的温度。典型的退火温度和时间为50℃和2min。

3. 延伸

延伸反应通常在72℃下进行，接近TaqDNA聚合酶的最适反应温度75℃，实际上引物延伸在退火时已经开始，因为TaqDNA聚合酶的作用温度范围为20℃～85℃，延伸反应时间的长短取决于目的序列的浓度和长度。在一般反应体系中TaqDNA聚合酶每分钟可合成1kb长的DNA。对于极长的片段延伸时间可达15min，但使用更长的时间则对扩增产物已没有影响。在能完成DNA合成的前提下应尽量缩短延伸反应的时间以减少TaqDNA聚合酶活力的降低。典型延伸反应的温度和时间为72℃和1～3min。一般在扩增反应完成后都需要有一步长时间（通常为10～30min）的延伸反应，以获得尽可能完整的扩增产物，这对以后进行克隆和扩增产物测序极为重要。

4. 循环次数

当其他参数确定之后循环次数主要取决于模板DNA的浓度，一般而言25~30轮循环已经足够。循环次数过多，会使PCR产物严重出错，非特异性产物大量增加。一般经25~30轮循环后，DNA聚合酶已经严重不足，不能进行扩增，如果此时产物产量还不够，需要进一步扩增，则可将扩增的DNA样品稀释10^3~10^5倍作为模板，重新加入各种反应底物进行扩增反应。这样经60轮循环，扩增水平可达10^9~10^{10}，但要注意此时非特异性产物的量也会大量增加。

在扩增反应后期合成产物的量达0.3~1pmol时，由于产物积累使原来以指数扩增的反应变成平坦的曲线，产物不再随循环次数而明显上升，这称为平台效应。平台效应取决于下列因素：①尚可利用的底物浓度（dNTP或引物浓度）；②反应中存在的酶活力；③最终产物的反馈抑制（焦磷酸或双链DNA）；④非特异性产物或引物二聚体与反应模板的竞争；⑤在高浓度产物下产物的变性和链分离不能完全，或者大量特异性产物重新退火（从而降低有效的模板数或者使延伸反应出错）；另外平台期会出现原先由于错配而产生的低浓度非特异性产物继续大量扩增达到较高水平。因此适当调节循环次数，在平台期前结束反应，减少非特异性产物出现。现在有一种PCR只需10多分钟即可完成20轮循环，它利用热传递很快的毛细管，减少了反应中为使整个反应体系达到合适温度所需要的时间，从而提高反应效率。

（四）常见PCR种类

1. 热启动PCR

原理和特点：在传统PCR反应中除一种主要反应试剂（dNTP或TaqDNA聚合酶或引物外），其他反应成分一次性加入，当程序性升温达到70℃以上时再将反应管放在PCR扩增仪上进行扩增，这样既可以减少非特异性扩增产物的出现，又可以减少引物二聚体的形成。

2. 一步单管PCR

该方法主要用于RNA病毒等的检测，一种方法是首先用化学方法提取核酸，接下来将cDNA及PCR反应放在一个反应管中，在PCR扩增仪上一步进行。近年来又有人将热裂解释放核酸方法用于提取病毒RNA提取，使RNA的提取、反转录和PCR在一个反应管中一步进行，这样既减少了操作步骤，又最大限度地减少了环境核酸和核酸酶造成的污染，使特异性及敏感性都有所增加。

3. 多重 PCR

多重 PCR 原理与常规 PCR 相同，只是在反应体系中加入一对以上的特异性引物，如果存在与特异性引物对互补的模板，则可同时在同一个反应管中扩增出一条以上的 DNA 片段，这种方法既保留了常规 PCR 的特异性、敏感性，又减少了操作步骤及试剂，实现了一次扩增就能同时检测多种微生物的目的。

4. 依赖 PCR 的 DNA 指纹图谱技术

通过各种改进的 PCR 技术使目标微生物的核酸经扩增后产生多条 DNA 扩增片段（包括特异性的和非特异性的），通过统计分析找出某种微生物的特有条带进行区别鉴定。其特点是即使在事先不知道目的微生物核酸序列的前提下，也可以对其进行检测和鉴定。

5. mRNA 差异显示技术

mRNA 差异显示技术主要用于真核细胞 mRNA 差异的表达，为寻找未知基因提供了新途径。

6. 随机引物扩增 DNA 多态性（RAPD）

这种技术主要用于在不考虑微生物核酸精确序列的前提下比较微生物间的 DNA 指纹图谱差异，具有种特异性和同种不同株间的特异性，且重复性较好。RAPD 技术近年来已被广泛用于细菌种间的鉴定；此外该技术也被用于真菌和酵母等的检测与鉴定，RAPD 技术的关键是引物的筛选和实验条件的优化。

7. 以微卫星 DNA 介导的 PCR 技术

微卫星 DNA 又称简单重复序列，它广泛存在于原核和真核生物基因组中，其中最常见的是双核苷酸重复，即（AC）n 和（TG）n，该技术可作为 RAPD 技术的一个特例，区别在于其引物不是完全随机的，因此扩增引物的条带组成比 RAPD 的要稳定。

8. 基因间重复性回文片段（REP）和基因内重复性一致序列（ERIC）的扩增

Versalovic 以与 REP 和 ERIC 重复序列配对互补的寡核苷酸片段作为 PCR 扩增的引物及斑点杂交的探针来检测真细菌属中的不同菌，包括大肠杆菌、布鲁杆菌和假单孢菌等，扩增产物在琼脂糖凝胶上形成清晰的 DNA 条带，而且在不同的真细菌属、种之间都存在特异的 DNA 指纹图谱。除引物序列固定外，其他与 RAPD 一致，且结果的重复性更好。

9. 限制性长度多态性分析（RFLP）

此方法基于在 PCR 扩增产物的片段内含有限制性酶切位点，扩增产物经酶切后在电泳凝胶上可分出特定的条带。若酶切位点发生变异，则不能被酶切，电泳图谱将发生改变，以此可对微生物进行检测和分型。只要待扩增片段选择得当，则扩增产物图谱重复性较好，否则若变异点不在酶切位点，其区分能力就受到限制或完全丧失。在检测根瘤菌方面，后两种技术具有较明显的优势：简单、快速且分辨率较高。

10. 用于 RNA 病毒检测的核酸扩增技术

TthDNA 聚合酶介导的核酸扩增技术：TthDNA 聚合酶来源于嗜热真菌，为一耐热的 DNA 聚合酶，此酶为一高度加工的 5′-3′聚合酶，不仅有与 TaqDNA 聚合酶同样的 DNA 聚合作用，而且具有反转录活性。利用其这种特性可以对其 RNA 病毒进行检测。

目前微生物的分子生物学检验主要采用改进的 PCR 技术，尤其是 DNA 指纹图谱技术近年来得到了快速发展。对于一种未知微生物一般应先采用通用引物多重 PCR 技术鉴定出种、属，再用 DNA 指纹图谱技术进一步分型，同时应用这一技术还有可能发现新的未知微生物。

（五）PCR 技术用于检测的主要步骤

第一，运用化学手段对目标 DNA 进行提取。

第二，设计并合成引物，引物设计或合成的好坏直接决定 PCR 扩增的成效。

第三，进行 PCR 扩增。

第四，克隆并筛选鉴定 PCR 产物，将扩增产物进行电泳、染色，在紫外光照射下可见扩增特异区段的 DNA 带，根据该带的不同即可鉴定不同的 DNA。

第五，DNA 序列分析不同的对象，如扩增 DNA 片段序列全知、半知或未知，其 PCR 参数、退火温度、时间和引物等都有较大的差别，部分更组合了 RFLP、Sequence 和反转录 PCR 等技术，形成了众多的衍生技术，如多重 PCR、定量 PCR、竞争 PCR 单链构型多态性 PCR、巢式 PCR 等，这些技术使 PCR 在食品中的应用潜力更广。

（六）PCR 反应的注意事项

第一，准备自己的一套试剂，并少量分装储藏在无菌工作台附近的专用冰箱内，这些试剂不要挪作他用。配制试剂时应使用未与实验室中其他 DNA 接触的新玻璃器皿，塑料器皿和移液器、分装的试剂用后即应丢弃，不要重新储藏。

第二，如有可能应在装有紫外灯的无菌操作台中准备和进行 PCR。无论何时只要无菌操作台不用，就应打开紫外灯。并将微型离心机、一次性手套、各种用具及用于 PCR 的各种移液器全部都放在无菌操作台内。由于微量可调移液器的套筒部分往往是污染源，因此应该用带一次性吸头和活塞的正置换移液器吸取试剂。所有缓冲液、移液器吸头及离心管在使用前都应高压灭菌。

第三，在打开装有 PCR 试剂的小离心管前，先用无菌操作台中的微量离心机短促离心 10s，使液体沉到离心管底部以减少手套和移液器污染的可能性。

第四，在加模板 DNA 之前最好先将所有其他反应成分加入微型离心管中，包括加入防止蒸发的矿物油，最后再加入模板 DNA，盖好离心管，用戴手套手指轻轻弹打离心管中壁，混合溶液短促离心 10s，使有机相与水相分开，然后进行 PCR。

第五，只要可能应设立一个正对照（即含少量合适目的序列的 PCR），应预先在实验室其他地方准备一份适当稀释的目的序列溶液，以避免将目的 DNA 的浓溶液带到专门进行 PCR 的工作区内。同时应设立除模板之外含所有 PCR 成分的负对照，以便检查反应中是否存在污染的 DNA。

（七）PCR 技术在转基因食品检测中的应用

PCR 技术具有特异、灵敏、自动化、快捷等优点，使其在食品检验中发挥着重要作用，并且有着巨大的发展潜力。目前 PCR 技术在食品检验中可用于食源性致病菌检测（如沙门菌、金黄色葡萄球菌、李斯特氏菌等的检验）、益生菌检测（如对乳酸菌菌种的鉴定和鉴别等）、动物源性成分检测、食品真伪鉴定（如通过鉴定大米内参基因而判断蜂蜜中是否掺入大米糖浆等）、食品过敏原成分检测（选取物种特异性基因作为靶基因，如编码大豆植物凝集素 Lectin 基因、编码玉米植物醇溶蛋白 ZEIN 基因等）、转基因食品检测等方面，以下就 PCR 技术在转基因食品检测中的应用进行举例介绍。

转基因食品又称遗传修饰食品（genetically modified food），简称 GMF 或 GM 食品。转基因产品的安全性一直是世界各国及联合国等国际组织关心的焦点，据统计，全世界 36 个国家和地区出台了各种转基因产品有关的法律法规，转基因产品的研究、生产、销售都要求在政府有关部门的许可和监督下，在特定的环境和地点进行。对转基因产品的检测管理越来越严格。

PCR 技术是目前转基因食品检测的主要方法。利用与外源基因序列互补的特定引物对转基因食品中的外源 DNA 序列进行 PCR 扩增后分析，不仅可以对转基因食品进行定性鉴别，改良后也可以对转基因成分进行定量分析。

1. PCR 技术对转基因食品的定性检测

目前基于 GMO 特异外源 DNA 片段的定性 PCR 筛选方法已广泛应用于转基因生物及食品的检测，一些国家将此作为本国有关食品法规的标准检验方法。

PCR 检测转基因食品的基本步骤：①待检材料 DNA 提取：通常利用 CTAB 法从食品

材料中提取核酸；②PCR 反应：设计合适引物，PCR 扩增待检样品中的靶标 DNA；③观测 PCR 产物：通过凝胶电泳分析将 PCR 产物展现；④确定结果：有时为了避免假阳性，还需要对 PCR 产物进行限制性酶切分析进行质量控制。如采用一对引物 5′-CCG ACA GTG GTC CCA AAG ATG GAC-3′和 5′-ATA TAG AGG AAG GGT CTT GCG AAG G-3′扩增 CaMV35S 启动子获得 162bp 产物，用 EcoRV 酶切可得到 98bp 和 64bp 两个片段；采用一对引物 5′-GAA TCC TGT TGC CGG TCT TGC GAT G-3′和 5′-TCG CGT ATT AAA TGT ATA ATT GCGGGA CTC-3′扩增 nos 终止子获得 146bp 产物，利用 AflⅢ酶切可得到 72bp 和 74bp 两个片段。如酶切产物与预计片段大小一致可确定食品中含有转基因成分。

PCR 检测转基因食品的优点：灵敏度高，检测迅速；无论外源基因在受体生物中是否表达，只要其 DNA 存在，就能被检测，同时适用于加工过的转基因食品；基于启动子和终止子调控序列的检测方法无须了解产品的转基因背景即可对其进行是否含有转基因成分进行筛选鉴定。

PCR 检测转基因食品的局限性和缺点：①操作程序烦琐，需要对样品 DNA 进行提取，对某些材料可能出现假阳性。有些植物和土壤微生物含有 CaMV35S 启动子或 nos 终止子容易造成假阳性结果。十字花科植物如油菜易自然感染 CaMV 病毒，如对进口转基因油菜针对 35S 设计引物进行检测，则可能将感染病毒的非转基因油菜判定为转基因产品从而引起贸易纠纷。此外，由于 PCR 检测极为灵敏，整个操作过程极为严格，检测时容易遭到污染而出现假阳性结果，如离心管、移液器等器皿污染，或转基因样品对非转基因样品的交叉污染等。②易出现假阴性。随着转基因食品商品化进程加快，越来越多的目的基因将被导入更多的食品作物中，使用的启动子和终止子的种类将不再局限于目前几种，因此常规的 PCR 检测可能越来越多地出现假阴性。转基因食品中作为待检模板的核酸可能在食品加工处理过程中遭到降解或破坏，从而不能被检测而出现假阴性结果，此外转基因样品 DNA 提取质量不高时常因含有 PCR 反应抑制物而出现假阴性。③PCR 检测大部分情况下只能检测 1 种目标分子，在少数情况下能同时检测 2 到 3 种目标分子，不能高通量大规模对进出口产品进行检测。

2. PCR 技术对转基因食品的定量检测

目前基于 GMO 特异 DNA 片段的定性 PCR 筛选方法已广泛应用于 GMO 食品检测，但是随着各国有关 GMO 标签法的建立和不断完善，对食品中的 GMO 含量的下限已有所规定。为此，研究者在定性筛选 PCR 方法的基础上发展了不同的定量 GMO 的 PCR 检测方法。目前，国外较为成熟的方法主要有半定量 PCR 法、定量竞争 PCR 和实时荧光定量 PCR 等。

（1）半定量 PCR 法

PCR 反应具有高度特异性和敏感性，只需对少量的 DNA 进行测定便可检测 GMO 成分，但对实验技术的要求很高，其结果易受许多因素的干扰而产生误差，如操作人员移液时的误差、器皿用品的交叉污染等，还有 PCR 反应体系存在的抑制因素也可带来干扰，一般 PCR 只用作转基因是食品的定性筛选检测。针对所存在问题，研究人员在实验设计中引入内部参照反应，以消除检测时的干扰，并与已知含量的系列 GMO 标准样的 PCR 结果进行比较，从而可以半定量地检测待测样品的 GMO 含量。

（2）定量竞争 PCR 法

PCR 反应实质是对特定模板 DNA 的指数扩增放大，而在相同的条件下，获得 DNA 的量与最初模板 DNA 的浓度呈正相关，竞争定量 PCR 就是依据这种扩增 DNA 与模板 DNA 之间的浓度相关性设计的。基本原理是先构建含有修饰过的内部标准 DNA 片段（竞争 DNA），竞争 DNA 由质粒组成，带有一个改造 PCR 扩增子，改造部分可以是 DNA 插入序列、缺失序列或者点突变，竞争 DNA 与待测目标 DNA 在同一反应管中进行 PCR 共扩增，因竞争 DNA 片段和待测 DNA 的大小不同，经琼脂糖凝胶可将两者分开，同过比较两种条带的量可进行定量分析。

（3）实时荧光定量 PCR

此方法在 PCR 反应体系中加入分别在其 5′和 3′互补的一个内部核酸探针，该探针 5′端标记有荧光剂，3′端淬灭剂。PCR 反应前，新的核酸链没有合成，探针的 5′端和 3′端互补形成双链，荧光剂和淬灭剂的位置相近，荧光剂发出的荧光被淬灭剂淬灭，检测不到荧光信号。PCR 反应开始后，退火时，探针与模板杂交，在新链延伸过程中，通过 TaqDNA 聚合酶 5 核酸外切酶活力切下已杂交探针的 5′端荧光剂标记，使荧光剂释放而发荧光，产生的荧光可被内设的激光器记录，记录到的荧光强度增加值与 PCR 的产物量成正比，而在一定 PCR 扩增循环次数范围内，PCR 产物量与反应体系中的初始模板量成一定比例，因此通过系列定量转基因模板 DNA（0%、0.1%、0.5%、1%、2%、5%的 GMO 含量）的 PCR 反应绘制标准曲线，待测样品即可通过比对获得初始模板量，从而实现实时定量分析。

二、PCR 方法对转基因大豆的筛选定性检测

（一）实验材料

转基因抗草甘膦大豆粉。

（二）实验原理

PCR 检测技术的基本原理是根据食品中待检的外源基因核酸序列设计合适引物，经 PCR 反应使待检靶标 DNA 序列得以扩增放大，最后经凝胶电泳分析靶标 PCR 产物的有无，从而对食品中是否含有靶标转基因序列成分进行判定。由于目前商品化的绝大多数转基因食品普遍含有 CaMV 35S 启动子，而 CaMV 35S 启动子的 DNA 序列早已公开。所以在对食品样品的转基因背景一无所知的情况下，根据 CaMV 35S 启动子的 DNA 序列设计合适引物，通过 PCR 反应检测食品中是否含有 CaMV 35S 启动子基因序列，来判定该食品是否为转基因食品。

（三）实验试剂和设备

1. 试剂

CTAB 提取缓冲液（pH8.0）：称取 4.00g CTAB，16.38g 氯化钠，2.42g Tris，1.50g EDTA 二钠，4.00g PVP-40，用适量水溶解后，调节 pH，定容至 200mL，高压灭菌。临用前按使用量加入 β-巯基乙醇，使终浓度为 2%；氯仿，异戊醇；70%的乙醇；PCR 反应试剂；核酸电泳相关试剂等。

CaMV 35S 启动子正向引物：5′-GCT CCT ACA AAT GCC ATC A-3′CaMV 35S 启动子反向引物：5′-GAT AGT GGG ATT GTG CGT CA-3′2. 仪器设备电子天平；15000r/min 以上的台式离心机；离心管；移液器；恒温水浴锅；PCR 仪；核酸电泳仪和电泳槽系统；核酸紫外观测仪或核酸凝胶成像系统。

（四）实验方法和步骤

1. CTAB 法提取 DNA

称取 100mg 样品加入 2mL Eppendorf 离心管中，加入 700μLCTAB 缓冲液，涡旋振荡器混匀后于 65℃ 温育 30min，期间颠倒混匀离心管 2~3 次。

加入 700μL 的三氯甲烷-异戊醇，涡旋振荡混匀后放置 10min，期间颠倒混匀离心管 2~3次；12000×g 离心 5min。

转移上清液至 1.5mL Eppendorf 离心管中，加入 0.6 倍体积经 4℃ 预冷的异丙醇，于-20℃ 下静置 5min，12000×g 离心 5min，小心弃去上清液。

加入 70%的乙醇 1000μL，倾斜离心管，轻轻转动数圈后，4℃ 下 8000×g 离心 1min，小心弃去上清液；加 20μL RNase A 酶（10μg/mL），37℃温育 30min。

加入 600μL 氯化钠溶液，65℃温浴 10min。加入 600μL 三氯甲烷-Tris 饱和酚，颠倒混匀后，12000×g 离心 5min，转移上层水相至 1.5mL Eppendorf 离心管中。

加入 0.6 倍体积经 4℃预冷的异丙醇，颠倒混匀后，于 4℃下静置 30min；4℃下 12000×g 离心 10min，小心弃去上清液。

加入 1000μL 经 4℃预冷的 70%乙醇，倾斜离心管，轻轻转动数圈后，4℃下 12000×g 离心 10min，小心弃去上清液；用经 4℃预冷的 70%乙醇按相同方法重复洗一次。室温下或核酸真空干燥系统中挥干液体。

加 50μLTE 缓冲液溶解 DNA，4℃保存备用。

转移上清液时注意不要吸到沉淀、漂浮物和液面分界层。每个样品提取时应做 2 个提取重复。

2. 基因组 DNA 的电泳分析

取上述提取的基因组 DNA5μL，加 1μL 上样缓冲液，用 0.8%的琼脂糖凝胶进行电泳分析，以检查所提取的 DNA 是否完整。如果电泳后在凝胶图谱上只显示一条分子质量较大的 DNA 电泳条带，则说明提取 DNA 完整性好，可以满足实验要求；如果电泳后无明显的电泳条带，而只是在泳道呈现模糊拖尾状 DNA 区段，则说明 DNA 已遭到降解破坏，不能应用于检测分析。

3. PCR 扩增反应

（1）PCR 反应体系

PCR 反应的总体积为 25μL，可以在不改变试剂浓度的情况下，适当扩大反应体系。

（2）PCR 对照

PCR 试剂对照（即不含 DNA 模板的 PCR 扩增反应液试剂）；阴性目标 DNA 对照：不含外源目标核酸序列片段的模板。可使用阴性标准物质，并与测试样品等同处理进行核酸提取及 PCR 扩增。

（3）PCR 反应参数

使用不同的 PCR 仪，可对参数作适当地调整。

4. 确证

通过限制性内切酶酶切反应鉴定 PCR 产物，用限制性内切酶 Xmn I 酶切 PCR 产物产生 115bp 和 80bp 两个片段。

5. 结果判断

如果具备下列条件，就能确定检测到目标序列：

PCR 扩增产生 195bp 的 DNA 片段；经过序列分析，未知样品 PCR 扩增条带的 DNA 序列与阳性对照 DNA 序列一致；用限制性内切酶 Xmn I 酶切 PCR 产物产生预计大小的片段；经过实时荧光 PCR 方法确证。

三、转基因大豆 GTS-40-3-2 定量检测——实时荧光定量 PCR 技术

（一）适用范围

食品、饲料、种子及其环境材料中转基因大豆 GTS-40-3-2 成分的实时荧光 PCR 定量检测。

（二）实验原理

采用实时荧光定量 PCR 技术和可特异性扩增转基因大豆 GTS-40-3-2 中结构基因或品系特异性基因以及大豆 Lectin（凝集素）的引物和两端标记荧光的探针，分别扩增测试样品 DNA，并实时监测 PCR 产物。与此同时，用相同的引物、探针和条件扩增已知浓度的阳性标准物质（或阳性标准分子），以获得稳定的标准曲线，根据外源基因（结构特异性基因或品系性特异基因）和内源基因的标准曲线可分别计算出样品中对应基因的绝对含量（拷贝数或浓度），并由绝对含量计算转基因大豆 GTS-40-3-2 在测试样品中的相对含量。如采用阳性标准分子时计算相对含量应使用转换系数。

四、实时荧光定量 PCR 检测沙门菌

沙门菌是一类常见的革兰阴性杆菌，目前至少发现 67 种 O 抗原和 2000 个以上的血清型，其中部分能引起人类疾病。所致疾病分为三种类型：肠热型、肠炎型和败血症。沙门菌通过肠道感染，是食品卫生部门重点检验的菌种，每一个带菌者都是潜在的传染源，应及早发现患者，进行隔离治疗，对饮食加工和服务人员应做定期健康检查。

检验沙门菌最常见的方法就是培养法，耗时比较长，一般需要 4~7d。快速检验法有运动性增菌法、免疫扩散等方法，但特异性均不高，且需要增菌。一般作为辅助性实验诊断法。PCR 法是敏感、特异、快速的新方法，为实验室检测沙门菌提供了新的思路。

（一）实验材料

乳及乳制品。

（二）方法提要

乳及乳制品经增菌后，取增菌液 1mL 加到 1.5mL 无菌离心管中，8000×g 离心 5min，尽量弃去上清液；提取 DNA，取 DNA 模板进行荧光 PCR 扩增，观察荧光 PCR 仪的实时曲线，对乳及乳制品中的沙门菌进行快速检验。

（三）试剂和材料

试剂为分析纯或生化试剂。实验用水应符合 GB/T 6682 中一级水的规格，所有试剂均用无 DNA 酶污染的容器分装。

1. 检测用引物（对）序列

5′-GCGTTCTGAACCTTTGGTAATAA-3′

5′-CGTTCGGGCAATTCATTA-3′

引物（对）10μmol/L。

2. 探针

5′-FAM-TGGCGGTGGGTTTTGTTGTCTTCT-TAMRA-3′

10μmol/L。

3. 其他试剂

TaqDNA 聚合酶；dNTP：100mmol/L。

核酸裂解液：2%的 CTAB，100mmol/L Tris-盐酸（pH 8.0），1.4mol/L 氯化钠，20mmol/L EDTA（pH8.0）。

10×PCR 缓冲液：100mmol/L Tris-盐酸（pH 8.3），0.5mol/L 氯化钾，15mmol/L 氯化镁。

（四）仪器和设备

实时荧光 PCR 仪；离心机：最大离心力≥16000×g；微量移液器：10、100、200、1000μL；恒温培养箱：(36±1)℃；恒温水浴箱：(80±0.5)℃；冰箱：2~8℃，-20℃；高压灭菌器；核酸蛋白分析仪或紫外分光光度计；pH 计；天平：感量 0.01g。

（五）检测步骤

1. 取样和增菌

取样前消毒样品包装的开启处和取样工具，无菌称取样品 25g 加入装有 225mL 预热到

45℃的灭菌水的三角瓶中，使样品充分混匀，(36±1)℃培养 18~22h。分别移取培养 18~22h 的悬液各 10mL 加入 90mL 缓冲蛋白胨水中，(36±1)℃培养 18~22h。

2. 模板 DNA 准备

每瓶培养的缓冲蛋白胨水分别取 1mL 加到 1.5mL 离心管中。13000~16000×g 离心 2min，弃去上清液。加入 600μL 核酸裂解液，重新悬浮起来。100℃水浴 5min 后，冷却至室温。13000~16000×g 离心 3min，将上清液移至干净的 1.5mL 离心管中。加入 0.8 倍体积的异丙醇，放入冰箱静置 1h 或过夜。13000~16000×g 离心 2min，弃去上清液，吸干。70%乙醇轻柔倒置几次洗涤，13000~16000×g 离心 2min，小心弃去上清液。吸干，风干 10~15min。100μL 双蒸水 4℃保存（如不能及时检验，置于-20℃保存）。

也可使用经过评估的等效的细菌核酸提取试剂盒。

3. DNA 浓度和纯度的测定

取适量 DNA 溶液原液加双蒸水稀释一定倍数后，使用核酸蛋白分析仪或紫外分光光度计测 260nm 和 280nm 处的吸收值。

4. 实时荧光 PCR 检测

反应体系总体积为 25μL，其中含：10×PCR 缓冲液 2.5μL，引物对（10μmol/L）各 1μL，dNTP（10μmol/L）1μL，Tag DNA 聚合酶（5U/μL）0.5μL，探针 1μL，水 16μL，模板 DNA2μL（浓度约 10~100μg/mL）。反应步骤：94℃预变性 1min，94℃变性 5s，60℃退火延伸 20s，30 个循环。

检验过程中分别设阳性对照、阴性对照、空白对照。以沙门菌纯培养物提取的 DNA 为阳性对照，以大肠杆菌或其他非沙门菌属肠杆菌纯培养物提取的 DNA 为阴性对照，以灭菌水为空白对照。

样品设 3 个重复，对照设 2 个重复，以 Ct 平均值作为最终结果。

5. 结果判断

（1）PCR 体系有效性判定

①空白对照

无荧光对数增长，相应的 Ct>25.0。

②阴性对照

无荧光对数增长，相应的 Ct>25.0。

③阳性对照

有荧光对数增长，且荧光通道出现典型的扩增曲线，相应的 Ct<25.0。以上三条有一

条不满足，实验视为无效。

（2）检测结果判定

在 PCR 体系有效的情况下，被检样品进行检测时：如有荧光对数增长，且 Ct≤25，则判定为被检样品筛选阳性。

如无荧光对数增长，且 Ct=30，则判定为被检样品筛选阴性。

如 25<Ct<30，则重复一次。如再次扩增后 Ct 仍为<30，则判定沙门菌筛选阳性；如再次扩增后无荧光对数增长，且 Ct=30，则判定沙门菌筛选阴性。

第三节　环介导基因恒温扩增（LAMP）技术

一、概述

环介导基因恒温扩增（LAMP）技术是一种崭新的 DNA 扩增方法，具有简单、快速、特异性强的特点，能代替 PCR 方法的最新技术。随着技术的不断完善和改进，其广泛应用于食品安全食源性致病微生物检测、医学诊断（包括重大传染性疾病诊断、代谢性疾病诊断和先天遗传性疾病诊断）、农产品、畜产品和水产养殖业致病微生物检测、转基因食品检测。食源性致病检测试剂盒包括阪崎肠杆菌、大肠杆菌 0157、金黄色葡萄球菌、溶血链球菌 L、志贺氏菌、布鲁氏菌、肺炎克雷伯氏菌、军团菌、溶藻弧菌、产气夹膜梭菌、副溶血弧菌、空肠弯曲杆菌、沙门菌、创伤弧菌、霍乱弧菌、李斯特菌、小肠结肠炎耶尔森菌等。

环介导等温扩增法（LAMP）特点是针对靶基因的 6 个区域设计 4 种特异引物，利用一种链置换 DNA 聚合酶在等温条件（63℃左右）保温 30~60min，即可完成核酸扩增反应。与常规 PCR 相比，不需要模板的热变性、温度循环、电泳及紫外观察等过程。LAMP 是一种全新的核酸扩增方法，具有简单、快速、特异性强的特点。该技术在灵敏度、特异性和检测范围等指标上能媲美甚至优于 PCR 技术，不依赖任何专门的仪器设备实现现场高通量快速检测，检测成本远低于荧光定量 PCR。

IAMP 法既可对 DNA 进行扩增，也可对 RNA 进行扩增：对 DNA 的扩增，需 4 种引物（FIP、F3、BIP、B3）、链置换活性 DNA 聚合酶（Bst DNA polymerase）、底物（dNTP）及反应缓冲液；对 RNA 的扩增，则在 DNA 扩增的试剂的基础上，再加上逆转录酶即可。

2. LAMP 法的引物

引物设计是 LAMP 法实现扩增的关键所在。各区段的设计规则与 PCR 相同，设计上应注意碱基构成、GC 含量、次结构等因素。Tm 值用毗邻法求得。此外还要注意：3′末端不可出现富 AT 结构，扩增区段 F2～B2 之间最好控制在 200bp 以内，包括 F2/B2 在内形成循环状部分的大小在 30～90bp 范围，如果只是为了检测目标基因存在与否，则可省略 F1～B1 之间的距离。FIP 引物：正向内引物 F2 区段（与靶基因 3′末端的 F2c 区段完全互补）和 F1c 区段（同靶基因 3′末端 Flc 序列相同）；F3 引物：正向外引物 F3（与靶基因 F3c 区段完全互补）；BIP 引物：反向内引物 B2 区段（与靶基因 3′末端 B2c 序列完全相同）；B3 引物：反向外引物 B3（与靶基因 B3c 区段完全互补）。

二、食品中金黄色葡萄球菌快速检测方法——恒温核酸扩增（LAMP）法

黄色葡萄球菌是人类的一种重要病原菌，隶属于葡萄球菌属。有“嗜肉菌”的别称。可引起许多严重感染。金黄色葡萄球菌在自然界中无处不在，空气、水、灰尘及人和动物的排泄物中都可找到。因而，食品受其污染的机会很多。近年来，美国疾病控制中心报告，由金黄色葡萄球菌引起的感染占第二位，仅次于大肠杆菌。金黄色葡萄球菌的流行病学一般有如下特点：季节分布，多见于春夏季；中毒食品种类多，如乳、肉、蛋、鱼及其制品。此外，剩饭、油煎蛋、糯米糕及凉粉等引起的中毒事件也有报道。上呼吸道感染患者鼻腔带菌率为 83%，所以人畜化脓性感染部位，常成为污染源。一般说，金黄色葡萄球菌可通过以下途径污染食品：食品加工人员、炊事员或销售人员带菌，造成食品污染；食品在加工前本身带菌，或在加工过程中受到了污染，产生了肠毒素，引起食物中毒；熟食制品包装不密封，运输过程中受到污染；奶牛患化脓性乳腺炎或禽畜局部化脓时，对肉体其他部位的污染。

（一）生物安全措施

为了保护实验室人员的安全，应由具备资格的工作人员检测金黄色葡萄球菌，所有培养物和废弃物应参照 GB19489—2008《实验室生物安全通用要求》中的有关规定执行。

（二）防污染措施

防止污染措施应符合 GB/T 27403—2008《实验室质量控制规范食品分子生物学检测》的规定。

（三）缩略语

Betaine：甜菜碱

Bst 酶：Bst DNA polymerase（large fragment），Bst DNA 聚合酶（大片段）

dNTP：deoxyribonucleoside tripHospHate，脱氧核苷三磷酸

femA：金黄色葡萄球菌的甲氧苯青霉素耐药有关的基因

LAMP：loop-mediated isothermal amplification，环介导恒温扩增

Triton X-100：聚乙二醇辛基苯基醚

（四）实验原理

根据金黄色葡萄球菌特有的靶序列 femA 基因设计的两对特殊的内、外引物，特异性识别靶序列上的六个独立区域，利用 Bst 酶启动循环链置换反应，在 fem4 基因序列启动互补链合成，在同一链上互补序列周而复始形成有很多环的花椰菜结构的茎-环 DNA 混合物；从 dNTP 析出的焦磷酸根离子与反应溶液中的 Mg^{2+} 结合，产生副产物（焦磷酸镁）形成乳白色沉淀，加入显色液，即可通过颜色变化观察判定结果。

（五）试剂和材料

除有特殊说明外，所有实验用试剂均为分析纯；实验用水符合相关要求。

1. 引物

根据金黄色葡萄球菌特有的靶序列 femA 基因设计一套特异性引物，包括外引物 1（F3），外引物 2（B3），内引物 1（FIP），内引物 2（BIP）。

外引物扩增片段长度：231bp。

F3（5′-3′）：TTTAACAGCTAAAGAGTTTGGT

B3（5′-3′）：TTTTCATAATCRATCACTGGAC

FIP（5′-3′）：CCTTCAGCAAGCTTTAACTCATAGTTTTTCAGATAGCATGCCATACAGTC

BIP（5′-3′）：ACAATAATAACGAGGTYATTG-CAGCTTTTCTTGAACACTTTCATAACAGGTAC

2. 10×ThermoPol 缓冲液

含：0.2mol/L Tris-HCl，0.1mol/L KCl，0.1mol/L $(NH_4)_2SO_4$，20mmol/L $MgSO_4$，1%的 TritonX-100。

3. dNTPs

每种核苷酸浓度 10mmol/L。

4. 甜菜碱浓度

5mol/L；硫酸镁（$MgSO_4$）浓度：150mmol/L。

5. Bst DNA 聚合酶

酶浓度 8U/μL。

6. DNA 提取液

20mmol/L Tris HCl，2mmol/L EDTA，1.2%Triton X-100（pH8.0）。

7. 显色液

SYBR Green I 荧光染料，1000×。

8. 阳性对照

金黄色葡萄球菌标准菌株，或含目的片段的 DNA。

9. 塑料离心管

1.5mL 塑料离心管。

10. 检测试剂盒

金黄色葡萄球菌 LAMP 检测试剂盒 1，可选，参照试剂盒说明书操作。

(六) 仪器和设备

第一，移液器：量程 0.5~10μL；量程 10~100μL；量程 100~1000μL。

第二，高速台式离心机：≥7000×g。

第三，水浴锅或加热模块，(65±1)℃和（100±1)℃。

第四，恒温培养箱：(36±1)℃；均质器；计时器。

(七) 操作步骤

采用以下方法，也可使用金黄色葡萄球菌 LAMP 检测试剂盒按照说明书操作。

1. 样品制备、增菌培养

具体操作如下：

（1）样品稀释

固体和半固体样品：称取25g样品至盛有225mL磷酸盐缓冲液或生理盐水的无菌均质杯内，8000～10000r/min均质1～2min，或放入盛有225mL稀释液的无菌均质袋中，用拍击式均质器拍打1～2min，制成1∶10的样品匀液。

液体样品：以无菌移液管吸取25mL样品至盛有225mL磷酸盐缓冲液或生理盐水的无菌锥形瓶（瓶内预置适当数量的无菌玻璃珠）中，充分混匀，制成1∶10的样品匀液。

（2）增菌和分离培养

吸取5mL上述样品匀液，接种于50mL7.5%的氯化钠肉汤或10%的氯化钠胰酪胨大豆肉汤培养基内，(36±1)℃培养18～24h。金黄色葡萄球菌在7.5%的氯化钠肉汤中呈混浊生长，污染严重时在10%的氯化钠胰酪胨大豆肉汤呈混浊生长。

将上述培养物，分别划线接种到Baird-Parker平板或血平板，血平板（36±1)℃培养18～24h。Baird-Parker平板（36±1)℃培养18～24h或45～48h。

金黄色葡萄球菌在Baird-Parker平板上，菌落直径为2～3mm，颜色呈灰色到黑色，边缘为淡色，周围为混浊带，在其外层有一个透明圈。用接种针接触菌落有似奶油至树胶样的硬度，偶然会遇到非脂肪溶解的类似菌落，但无混浊带及透明圈。长期保存的冷冻或干燥食品中所分离的菌落比典型菌落所产生的黑色较淡些，外观可能粗糙并干燥。在血平板上，形成菌落较大、圆形、光滑凸起、湿润、金黄色（有时为白色），菌落周围可见完全透明溶血圈。

2. 细菌模板DNA的制备

采用下述方法，也可使用等效的商品化的DNA提取试剂盒并按其说明提取制备模板DNA。

（1）增菌液模板DNA的制备

第一，取上述增菌液1mL加到1.5mL无菌离心管中，7000×g离心2min，尽量吸上清液。

第二，加入80μL DNA提取液，混匀后沸水浴15min，置冰上10min。

第三，7000×g离心2min，上清液即为模板DNA；取上清液置-20℃可保存6个月，备用。

（2）可疑菌落模板DNA的制备

对于上述分离到的可疑菌落，可直接挑取可疑菌落，再加入80μL DNA提取液，同上制备模板DNA以待检测。

3. 环介导恒温核酸扩增

第一，反应过程。

第二，空白对照、阴性对照、阳性对照设置每次反应必须设置阴性对照、空白对照和阳性对照。

空白对照设为以水替代 DNA 模板。

阴性对照以 DNA 提取液代替模板 DNA。也可使用金黄色葡萄球菌 LAMP 检测试剂盒中的阴性对照。

阳性对照制备：将金黄色葡萄球菌标准菌株接种于营养肉汤中（36±1）℃培养 18～24h，用无菌生理盐水稀释至 10^6～10^8CFU/mL（约麦氏浊度 0.4），按前述模板 DNA 的制备方法提取模板 DNA 作为 LAMP 反应的模板。也可使用金黄色葡萄球菌 LAMP 检测试剂盒中的阳性对照。

4. 结果观察

在上述反应管中加入 2μL 显色液，轻轻混匀并在黑色背景下观察。

建议使用 LAMP 试剂盒专用反应管，将反应液和显色液一次性加入，DNA 扩增反应后可不必开盖即可观察结果。

5. 结果判定

在空白对照和阴性对照反应管液体为橙色，阳性对照反应管液体呈绿色的条件下：

第一，待检样品反应管液体呈绿色，该样品结果为金黄色葡萄球菌初筛阳性，对样品的增菌液或可疑纯菌落进一步按 GB/T4789.10 中操作步骤进行确认后报告结果。

第二，待检样品反应管液体呈橙色则可报告金黄色葡萄球菌检验结果为阴性。若与上述条件不符，则本次检测结果无效，应更换试剂按本方法重新检测。

第四节　生物芯片检测技术

一、概述

生物芯片是 20 世纪 90 年代初发展起来的一种全新的微量分析技术。生物芯片是指通过光导原位合成方式将大量生物分子有序固化在支持物表面，然后组成密集二维分子并排列，与已标记的待测生物样品杂交，最后通过特定仪器的高效扫描和计算机数据分析计算等构建的生物学模型。生物芯片技术的最大特点是高通量并行分析，它综合了分子生物技术、微加工技术、免疫学、化学、物理、计算机等多项学科技术，使生命科学研究中不连续的、离散的分析过程集成在芯片上完成。芯片上集成了成千上万密集排列的分子微阵列或分析元件，能够在短时间内分析大量的生物分子，快速准确地获取样品中的生物信息，检测效率是传统检测手段的成百上千倍。这门新兴技术的出现为生命科学研究、食品卫生检验、疾病诊断与治疗等领域带来一场革命。

（一）生物芯片的原理

生物芯片采用光导原位合成或微量点样等方法，将大量生物大分子如核酸片段、多肽分子甚至组织切片、细胞等生物样品有序地固化于支持物（如玻片、硅片、聚丙烯酰胺凝胶、尼龙膜等载体）的表面，组成密集二维分子排列，然后与已标记的待测生物样品中靶分子杂交，通过特定的仪器如激光共聚焦扫描或电荷偶联摄像机，对杂交信号的强度进行快速、并行、高效的检测分析，从而判断样品中靶分子（细胞、蛋白质、基因及其他生物组分）的数量。

（二）生物芯片的工作流程

1. 构建芯片

构建芯片是通过表面化学方法和组合法来处理芯片，然后将基因片段或蛋白质等生物分子按照顺序排列在芯片上，由于芯片种类较多，所以制备方法各不相同，主要有微矩阵点样法和原位合成法两种。

2. 样品制备阶段

生物样品往往是非常复杂的生物分子混合体，除少数特殊样品外，一般不能直接与芯片反应，因此需要对样品进行生物处理（如提取、扩增），以获取其中所需的蛋白质或DNA、RNA等，并对其进行荧光标记，作为后续反应的检测信号。

3. 生物分子反应

这一步骤是芯片检测比较关键的一步，但这个过程本身非常复杂，其复杂程度和具体控制条件是根据芯片的种类而决定的，若检测DNA表达，则反应必须在盐浓度高、温度低的环境下进行；若检测蛋白质，则必须满足是抗体和抗原特异性反应所需的条件。也就是说，通过选择合适的反应条件使生物分子间反应处于最佳状况，减少生物分子之间的错配比率，从而获取最能反映生物本质的信号。

4. 反应图谱的检测和分析

将芯片置于芯片扫描仪中，通过扫描以获得有关生物信息，然后利用计算机软件所得数据进行分析处理。

（三）生物芯片主要特点

1. 高通量

提高实验进程，利于显示图谱的快速对照和阅读。

2. 微型化

减少试剂用量和反应液体积，提高样品浓度和反应速度。

3. 自动化

降低成本和保证质量。

（四）生物芯片的分类

目前常见的生物芯片分为三大类：即基因芯片、蛋白质芯片、芯片实验室。近期又出现了细胞芯片、组织芯片、糖芯片以及其他类型生物芯片等。

1. 基因芯片

基因芯片又称 DNA 芯片、DNA 微阵列，是生物芯片技术中发展最成熟以及最先进入应用和实现商品化的领域。基因芯片是基于核酸互补杂交原理研制的，该技术系指将大量（通常每平方厘米点阵密度高于 400）已知碱基顺序的 DNA 片段（基因探针）固定于支持物上后与标记的样品分子进行杂交，通过检测每个探针分子的杂交信号强度进而获取样品分子的数量和序列信息。通俗地说，就是通过微加工技术，将数以万计乃至百万计的 DNA 探针，有规律地排列固定于硅片、玻片等支持物上，构成的一个二维 DNA 探针阵列，与计算机的电子芯片十分相似，所以被称为基因芯片。基因芯片主要用于基因检测工作。通过设计不同的探针阵列、使用特定的分析方法可使该技术具有多种不同的应用价值，如各种特定基因序列的检测、基因突变和单核苷酸多态性检测，也可用于基因序列测定，也开发用于转基因产品的检测。

基因芯片技术由于同时将大量探针固定于支持物上，所以可以一次性对样品大量序列进行检测和分析，从而解决了传统核酸印迹杂交（Southern Blotting 和 Northern Blotting 等）

技术操作繁杂、自动化程度低、操作序列数量少、检测效率低等不足。

（1）基因芯片可分为三种主要类型

第一，固定在聚合物基片（尼龙膜，硝酸纤维膜等）表面上的核酸探针或cDNA片段，通常用同位素标记的靶基因与其杂交，通过放射显影技术进行检测。这种方法的优点是所需检测设备与目前分子生物学所用的放射显影技术相一致，相对比较成熟。但芯片上探针密度不高，样品和试剂的需求量大，定量检测存在较多问题。

第二，用点样法固定在玻璃板上的DNA探针阵列，通过与荧光标记的靶基因杂交进行检测。这种方法点阵密度可有较大的提高，各个探针在表面上的结合量也比较一致，但在标准化和批量化生产方面仍有不易克服的困难。

第三，在玻璃等硬质表面上直接合成的寡核苷酸探针阵列，与荧光标记的靶基因杂交进行检测。该方法把微电子光刻技术与DNA化学合成技术相结合，可以使基因芯片的探针密度大大提高，减少试剂的用量，实现标准化和批量化大规模生产，有着十分重要的发展潜力。

（2）基因芯片技术的操作原理

基因芯片技术的操作原理分为两部分：芯片的制备和样本的检测。

①基因芯片的制备

根据需要检测的外源目标基因设计寡核苷酸探针，用于制备基因芯片。在制备寡核苷酸探针时，一般在其5′或3′端进行氨基修饰，以利于其在玻片表面的固定。另外，对玻片表面进行氨基修饰，然后在氨基修饰后的玻片表面上连接双功能偶联剂，如戊二醛（GA）或对苯异硫氰酸酯（PDC），制备成基片。探针合成好后，通过点样仪点在基片上，寡核苷酸的修饰氨基将与基片上的戊二醛的另一个醛基发生化学反应，或与PDC分子的另一个异硫氰基发生类似的反应，从而达到寡核苷酸交联固定的目的。为了有利于寡核苷酸探针分子和目标基因片段之间的杂交，通常在所设计的寡核苷酸探针序列的5′端或3′端通常要加入一段不直接参与杂交的重复序列，称为手臂分子。采用poly（dT）10作为手臂分子。点样完成后要对芯片进行后处理，后处理的目的主要是为了使探针能与载体表面牢固结合，同时，还对载体上未与探针结合的游离活性基团进行封闭以避免在杂交过程中非特异性的吸附对实验结果（特别是背景）造成影响。

②样本的检测

包括样品制备和标记、杂交反应、信号检测和结果分析。

样品制备和标记：提取纯化样品核酸，尽量去除样品中的抑制物杂质，为了提高检验灵敏度，在对样品核酸进行荧光标记时。需要对待检靶标DNA进行PCR扩增。目前普遍采用的荧光标记方法有体外转录（NASBA）、PCR、逆转录（RT）等。目的是在以样品为模板合成相应核酸片段过程中掺入带有荧光标记的核苷酸，作为检测信号源。

杂交反应：杂交反应是荧光标记的样品与芯片上的探针进行杂交产生一系列信息的过程。在合适的反应条件下，靶基因与芯片上的探针根据碱基互补配对形成稳定双链，未杂交的其他核酸分子随后被洗去。必须注意的是标记核酸样品必须变性成单链结构才能参与杂交。因此在杂交之前需要对标记样品进行变性处理，一般采用高温（95℃～100℃）沸水浴10min然后冰浴骤冷的方法。影响杂交效果的主要因素有杂交温度、杂交时间、杂交液的离子种类和强度等。杂交条件的选择与研究目的有关，如检测基因的差异性表达需要较低温度、长的杂交时间、高严谨性、高的样品浓度，以利于增加检测特异性和检测低拷贝基因的灵敏度；检测基因突变体和单核苷酸多态性（SNP）分析时，要鉴别出单个碱基错配，杂交时需要更高的杂交严谨性和更短的杂交时间。此外还需要考虑探针的GC含量、杂交液的盐浓度、探针与芯片之间连接臂的长度、待检基因的二级结构等因素。一般基因芯片产品对适用范围、杂交体系和杂交条件均有较为详尽的说明。

信号检测：当前主要的检测手段是荧光法和激光共聚焦显微扫描。杂交完成后，将芯片插入扫描仪中对片基进行激光共聚焦扫描，已与芯片探针杂交的样品核酸上的标记荧光分子受激发而产生荧光，用带滤光片镜头采集每一点荧光，经光电倍增管（PMT）或电荷偶合元件（CCD）转换为电信号，计算机软件将电信号转换为数值，并同时将数值大小用不同颜色在屏幕上显示出来。荧光分子对激发光、光电倍增管或电荷偶合元件都具有良好的线性响应，所得的杂交信号值与样品中靶分子的含量有一定的线性关系。

结果分析：由于芯片上每个探针的序列和位置是已知的，对每个探针的杂交信号进行比较分析，最后得到样品核酸中基因结构和数量的信息。

（3）基因芯片技术的特点

第一，样品制备时，在标记和测定前通常要对样品进行一定程度的扩增，以便提高检测的灵敏度。

第二，探针的合成和固定比较复杂，特别是对于制作高密度的探针阵列。

第三，目标分子的标记是一个重要的限速步骤。

第四，基因芯片检测结果的可靠性与探针种类及其特异性密切相关。

2. 蛋白质芯片

蛋白质芯片是指固定于支持介质上的蛋白质构成的微阵列，又称蛋白质微阵列，它利用的不是碱基对，而是抗体与抗原结合的特异性，即免疫反应来检测的芯片。蛋白芯片技术的研究对象是蛋白质，其原理是对固相载体进行特殊的化学处理，再将已知的蛋白分子产物固定其上（如酶、抗原、抗体、受体、配体、细胞因子等），根据这些生物分子的特性，捕获能与之特异性结合的待测蛋白（存在于血清、血浆、淋巴、间质液、尿液、渗出液、细胞溶解液、分泌液等），经洗涤、纯化，再进行确认和生化分析；它为获得重要生命信息（如未知蛋白组分、序列，体内表达水平生物学功能、与其他分子的相互调控关系、药物筛选、药物靶位的选择等）提供有力的技术支持。

（1）蛋白质芯片的制备原理

第一，固体芯片的构建，常用的材质有玻片、硅、云母及各种膜片等。理想的载体表面是渗透滤膜（如硝酸纤维素膜）或包被了不同试剂（如多聚赖氨酸）的载玻片。外形可制成各种不同的形状。

第二，探针的制备，低密度蛋白质芯片的探针包括特定的抗原、抗体、酶、吸水或疏水物质、结合某些阳离子或阴离子的化学基团、受体和免疫复合物等具有生物活性的蛋白质。

制备时常常采用直接点样法，以避免蛋白质的空间结构改变。保持它和样品的特异性结合能力。高密度蛋白质芯片一般为基因表达产物，如一个 cDNA 文库所产生的几乎所有蛋白质均排列在一个载体表面，其芯池数目高达 1600 个/cm^2，呈微矩阵排列，点样时须用机械手进行，可同时检测数千个样品。

第三，生物分子反应，使用时将待检的含有蛋白质的标本，按一定程序做好层析、电泳、色谱等前处理，然后在每个芯池里点入需要的种类。一般样品量只要 2~10μL 即可。根据测定目的不同可选用不同探针结合或与其中含有的生物制剂相互作用一段时间，然后洗去未结合的或多余的物质，将样品固定等待检测即可。

第四，信号检测分析，直接检测模式是将待测蛋白用荧光素或同位素标记，结合到芯片的蛋白质就会发出特定的信号，检测时用特殊的芯片扫描仪扫描和相应的计算机软件进行数据分析，或将芯片放射显影后再选用相应的软件进行数据分析。间接检测模式类似于 ELISA 方法，标记第二抗体分子。以上两种检测模式均基于阵列为基础的芯片检测技术。该法操作简单、成本低廉，可以在单一测量时间内完成多次重复性测量。

（2）蛋白质芯片技术的特点

第一，能够快速并且定量分析大量蛋白质。

第二，蛋白质芯片使用相对简单，结果正确率较高，只需对少量血样标本进行沉降分离和标记后，即可加于芯片上进行分析和检测。

第三，相对传统的酶标 ELISA 分析，蛋白质芯片采用光酶染料标记，灵敏度高，准确性好。另外，蛋白质芯片所需试剂少，可直接应用血清样本，便于诊断，实用性强。

蛋白质芯片在食品分析方面具有较好的应用前景，食品营养成分的分析（蛋白质），食品中有毒、有害化学物质的分析（包括农药、重金属、有机污染物、激素），食品中污染的致病微生物的检测，食品中污染的生物毒素（细菌毒素、真菌毒素）的检测等大量工作几乎都可以用蛋白质芯片来完成。

3. 芯片实验室

芯片实验室或称微全分析系统是指把生物和化学等领域中所涉及的样品制备、生物与化学反应、分离检测等基本操作单位集成或基本集成于一块几平方厘米的芯片上，用以完成不同的生物或化学反应过程，并对其产物进行分析的一种技术。它是通过分析化学、微机电加工（MEMS）、计算机、电子学、材料科学与生物学、医学和工程学等交叉来实现化学分析检测即实现从试样处理到检测的整体微型化、自动化、集成化与便携化这一目标。计算机芯片使计算微型化，而芯片实验室使实验室微型化，因此，在生物医学领域它可以使珍贵的生物样品和试剂消耗降低到微升（μL）甚至纳升（nL）级，而且分析速度成倍提高，成本成倍下降；在化学领域它可以使以前需要在一个大实验室花大量样品、试剂与很多时间才能完成的分析和合成，将在一块小的芯片上花很少量样品和试剂以很短的时间同时完成大量实验；在分析化学领域，它可以使以前大的分析仪器变成平方厘米尺寸规模的分析仪，将大大节约资源和能源。芯片实验室由于排污很少，所以也是一种“绿色”技术。

芯片实验室的特点有以下几个方面：集成性，目前一个重要的趋势是：集成的单元部件越来越多，且集成的规模也越来越大。所涉及的部件包括：和进样及样品处理有关的透析、膜、固相萃取、净化；用于流体控制的微阀（包括主动阀和被动阀），微泵（包括机械泵和非机械泵）；微混合器，微反应器，还有微通道和微检测器等。

（五）生物芯片技术在食品检测中的应用

1. 生物芯片技术在转基因食品检测方面的应用

就目前转基因食品检测中常用的ELISA和PCR技术而言，最大的缺陷是检测范围窄、效率低，无法高通量大规模地同时检测多种样品，尤其是对转基因背景一无所知的情况下，对各种候选待检基因序列或蛋白的逐一筛查几乎是不可能的。而目前正在研究的转基因产品所涉及的基因数量有上万种，今后都有可能进入商品化生产，显而易见，对进出口产品的检测，需要有更有效、快速、特别是高通量的检测方法，而新兴的生物芯片技术能较好地解决这一问题。刘烜等为提高对转基因大豆的监控能力，研究了转基因大豆基因芯片检测方法，根据转基因大豆中所转入的外源基因，选择CaMV35S启动子、NOS终止子、

NOS/EPSPE 基因和内源 Lectin 基因设计特异性引物，采用多重 PCR 法对样品进行扩增，通过缺口平移法合成 DIG-dUTP 标记杂交探针，制备基因芯片。在对 PCR 反应和扩增产物与芯片杂交条件进行优化的同时，比较了芯片检测的特异性和重复性，对检测的灵敏度进行测试。结果表明，基因芯片方法具有较好的特异性和重复性，由于采用了多重 PCR 技术，一次可同时检测多个基因，提高了检测的灵敏度和效率。

2. 生物芯片技术在食源性致病微生物检测方面的应用

目前，致病微生物的检测方法主要以国家标准为依据，主要是传统的分离培养、镜检观察、生化鉴定、嗜盐性试验与血清分型等方法。这些方法操作烦琐、耗时耗力，检测周期长。此外，免疫学检测技术也应用于致病微生物的检测，这类技术利用抗原抗体的特异性反应，并结合一些生物化学或物理学方法来进行检测，主要包括免疫荧光技术、免疫酶技术等。免疫学检测技术虽然所需设备简单，抗原抗体反应特异性强，但其检测灵敏度有时达不到实际检测或诊断的需要，且操作烦琐，时间长。基因芯片技术可以广泛应用于各种食源性致病菌的检测，该技术具有快速、准确、灵敏等优点，可以及时反映食品中微生物的污染情况。将常见致病微生物的特异基因序列制成相应的基因芯片，根据碱基互补配对原理与待测样品进行杂交，经过检测即可判断待测样品中相应致病微生物的含量。有学者建立了一种检测和鉴定志贺氏菌、金黄色葡萄球菌、沙门菌、大肠杆菌 0157、霍乱弧菌、副溶血弧菌和单增李斯特菌的基因芯片方法，该方法以 16S rDNA 基因为靶基因，利用多重 PCR 扩增，与传统方法比较大大缩短了检测周期，且方法特异性强、灵敏。

二、基因芯片法对转基因大豆及其产品物种结构特异性基因的定性检测

（一）适用范围

转基因大豆（GTS-40-3-2）及其加工产品由单一作物种类组成的物种结构特异性基因的定性检测。

（二）实验原理

通过多重 PCR 扩增和基因芯片技术，可以检测转基因大豆（GTS-40-3-2）及其加工产品中由单一作物种类组成的物种结构特异性基因。

（三）术语

基片：基因芯片中用于固定探针的基质，通常采用标准的“载玻片或其他固体载体”，

经过化学修饰制备而成。

基因芯片探针：基因芯片中固定于基质表面、能与样本 DNA 互补、用于探测样本 DNA 信息的核酸分子，本部分采用寡核苷酸片段作探针。

定位探针：是一段与待测基因无关的寡核苷酸，通过和标记的定位探针互补链杂交显示信号，用于点样矩阵的位置的确定。

阳性质控探针：用于样品抽提、PCR、杂交的反应体系的监控，一般用生物的管家基因来设计阳性质控探针。

阴性质控探针：是一段与待测基因无关的寡核苷酸，用于基因芯片非特异性杂交背景的监控。

基因芯片空白质控点：由不含核酸的点样液点制而成，用于基因芯片杂交背景的监控。目标基因探针：用于检测目标基因序列的探针。

信噪比：是杂交信号值与杂交背景值的比值，由图像分析软件自动判读。

（四）主要试剂

使用的试剂应为不含 DNA 和 DNase 的分析纯或生化试剂。

1. 点样液

0.2mol/L 碳酸钠。

2. 基因芯片洗脱液

0.2%的 SDS。

3. 基因芯片杂交液

1%的 SDS，10×SSPE。

4. 阴性目标 DNA 对照

不含外源目标核酸序列片段的模板。可使用阴性标准物质，并与测试样品等同处理进行核酸提取及 PCR 扩增。

5. CTAB 提取缓冲液（pH8.0）

称取 4.00g CTAB，16.38g 氯化钠，2.42g Tris，1.50g EDTA 二钠，4.00g PVP-40，用适量水溶解后，调节 pH，定容至 200mL，高压灭菌。临用前按使用量加入 β-巯基乙醇，使终浓度为 2%。

（五）主要仪器设备

基因芯片点样仪；紫外交联仪；基因芯片扫描仪：要配备具有分析信噪比的软件；杂

交仪；清洗槽；暗室。

（六）检测基因

本方法检测转基因大豆（GTS-40-3-2）及其产品中的 Lectin、CaMV 35S 启动子、NOS 终止子和 CP4-EPSPS 基因。

（七）检测灵敏度

本方法的检测灵敏度为 0.5%。

（八）实验方法与步骤

1. CTAB 法提取 DNA

第一，称取 100mg 样品 2mL Eppendorf 离心管中，加入 700μL CTAB 缓冲液，涡旋振荡器混匀后于 65℃温育 30min，期间颠倒混匀离心管 2~3 次。

第二，加入 700μL 的三氯甲烷-异戊醇，涡旋振荡混匀后放置 10min，期间颠倒混匀离心管 2~3 次；12000×g 离心 5min。

第三，转移上清液至 1.5mL Eppendorf 离心管中，加入 0.6 倍体积经 4℃预冷的异丙醇，于-20℃下静置 5min，12000×g 离心 5min，小心弃去上清液。

第四，加入 70%的乙醇 1000μL，倾斜离心管，轻轻转动数圈后，4℃下 8000×g 离心 1min，小心弃去上清液；加 20μL RNase A 酶（10μg/mL），37℃温育 30min。

第五，加入 600μL 氯化钠溶液，65℃温浴 10min。加入 600μL 三氯甲烷-Tris 饱和酚，颠倒混匀后，12000×g 离心 5min，转移上层水相至 1.5mL Eppendorf 离心管中。

第六，加入 0.6 倍体积经 4℃预冷的异丙醇，颠倒混匀后，于 4℃下静置 30min；4℃下 12000×g 离心 10min，小心弃去上清液。

第七，加入 1000μL 经 4℃预冷的 70%乙醇，倾斜离心管，轻轻转动数圈后，4℃下 12000×g 离心 10min，小心弃去上清液；用经 4℃预冷的 70%乙醇按相同方法重复洗一次。室温下或核酸真空干燥系统中挥干液体。

第八，加 50μLTE 缓冲液溶解 DNA，4℃保存备用。

注意：转移上清液时注意不要吸到沉淀、漂浮物和液面分界层。每个样品提取时应做 2 个提取重复。

2. 多重 PCR 扩增

第一，多重 PCR 反应参数多重 PCR 反应参数为：50℃ 5min；94℃ 5min；94℃ 10s，

55℃ 10s，72℃ 30s，35 个循环；72℃ 10min；4℃保存。

注意：不同的基因扩增仪可根据仪器的要求将反应参数做适当的调整。

第二，物种结构特异性基因检测多重 PCR 将转基因大豆的 Lectin、CaMV 35S 启动子、NOS 终止子、CP4-EPSPS 和 18s rRNA 的引物同时加入多重 PCR 反应体系中。

注意：应做 PCR 试剂对照（即不含 DNA 模板的 PCR 扩增反应液试剂）。

3. PCR 产物的沉淀

将多重 PCR 反应产物加 2 倍体积的无水乙醇、1/10 体积的 3mol/L NaAC（pH5.2），置于-20℃避光沉淀 30min 以上，供基因芯片杂交检测用。

4. 杂交

（1）杂交反应

沉淀后 PCR 产物经 13000r/min 15min 离心，弃上清，避光晾干，加经 55℃预热的杂交液 6μL，混匀后 95℃ 3min、0℃ 5min 后全部转移到芯片的点样区域，加盖玻片。在杂交舱里加几滴水，以保持湿度。将芯片放入杂交舱，密封杂交舱，然后放进 50℃水浴内保温 1h。

（2）洗片

打开杂交舱，取出芯片，用 0.2%SDS 冲掉盖玻片，然后把芯片放入盛有 0.2%SDS 的染色缸，放置 5min，用双蒸水冲洗两遍。室温避光干燥。

5. 扫描检测

将杂交后的基因芯片放入扫描仪内扫描，并分析结果，控制扫描仪的软件应具有信噪比的分析功能。

6. 扫描结果的判定

首先阴性质控探针杂交信噪比均值≤3.5，基因芯片空白质控点杂交信噪比均值≤3.5，阳性质控探针杂交信噪比>5.0 判定为杂交合格，在此基础上，目标基因探针杂交信噪比均值≥5.0 判定为阳性信号，在 3.5~5.0 判定为可疑阳性，≤3.5 判定为阴性。

7. 可疑数据的确证

对于可疑的数据，确证实验按照转基因大豆 GTS-40-3-2 定量检测实时荧光定量 PCR 技术进行。

三、基因芯片法检测肉及肉制品中常见致病菌

（一）适用范围

肉及肉制品中沙门菌、单核细胞增生李斯特氏菌、金黄色葡萄球菌、空肠弯曲杆菌和大肠杆菌 0157：H17 的基因芯片检测。

（二）方法提要

针对 5 种目标菌保守基因片段设计引物，提取待检样品增菌液的 DNA 为模板进行两个独立的多重 PCR 扩增。扩增产物与固定有 5 种目标致病菌特异性探针的基因芯片进行杂交，用芯片扫描仪对杂交芯片进行扫描并判定结果。阳性结果用传统方法确证。

（三）材料和设备

高压灭菌锅、恒温培养箱、微需氧培养装置、高速离心机（2000×g 以上）、水浴锅（37、42、70℃）、PCR 超净工作台、PCR 仪、水平式电泳仪、凝胶成像分析系统、水浴摇床、基因芯片扫描仪、基因芯片清洗仪（可选）、芯片杂交盒、微量可调移液器和灭菌吸头（2、10、100、200、1000μL）、灭菌 PCR 反应管。

（四）培养基和试剂

第一，缓冲胨水增菌液（BP）、四硫磺酸盐煌绿增菌液（TTB）、改良缓冲蛋白胨水（MBP）、增菌培养液（EB）、10%氯化钠胰蛋白胨大豆肉汤、弯曲杆菌增菌肉汤、电泳级琼脂糖。

第二，改良 E. C 新生霉素增菌肉汤［m（EC），］。胰蛋白胨 20g、3 号胆盐 1. 12g、乳糖 5g、无水磷酸氢二钾 4g、无水磷酸二氢钾 1. 5g、氯化钠 5g、蒸馏水 1000mL，将上述成分溶于水后校正 pH 至 6. 9±1，分装后 120℃灭菌 15min，取出后冷却至室温，以过滤灭菌的新生霉素溶液 20mg/L 加入，使最终浓度为 20μg/mL。

（五）操作步骤

1. 增菌培养

（1）沙门菌增菌

以无菌操作，称取剪碎后的瘦肉样品 25g，置于灭菌均质杯内，加入 25mL 缓冲胨水

增菌液，以 8000~10000r/min 均质 1min，移入盛有 200mL 缓冲胨水增菌液的 500mL 广口瓶内，混合均匀，如 pH 低于 6.6，用灭菌 1mol/L 氢氧化钠溶液，调 pH 至 6.8±0.2，于 37℃水浴培养 4h（以增菌液达到 37℃时算起），进行前增菌；其后，移取 10mL 转种于盛有 100mL 四硫磺酸盐煌绿增菌液的 250mL 玻璃瓶内，摇匀，于（42±1）℃培养（20±2）h，进行选择性增菌。

（2）单核细胞增生李斯特氏菌增菌

无菌取样品 25g 放入灭菌均质杯加 225mL 改良缓冲蛋白胨水中，充分均质。改良缓冲蛋白胨水 225mL 放（30±1）℃培养（25±1）h，吸取 1mL，加入 10mL 增菌培养液（EB）中放（30±1）℃二次增菌（25±1）h。

（3）金黄色葡萄球菌增菌

无菌取样品 25g 放入灭菌均质杯，以 8000r/min 均质 1min，加 200mL10%的氯化钠胰蛋白胨大豆肉汤，(36±1)℃培养 48h。

（4）空肠弯曲杆菌增菌

无菌取样品 25g 放入灭菌均质杯，加 100mL 弯曲杆菌增菌肉汤，轻柔振荡 5min 后，静置 5min。取出过滤衬套，滤干内容物，滤液放入培养瓶中，放（36±1）℃培养 4h 前增菌，再放（42±1）℃培养 24~48h。

（5）大肠杆菌 0157：H17 增菌

无菌取样品 25g 放入灭菌均质杯，加 225mL［m（EC）。］增菌汤，（41±1）℃培养 18~24h。

2. 细菌 DNA 提取

按试剂盒操作说明进行：

第一，取上述 5 种增菌培养液各 1mL 至一个 10mL 无菌离心管中混匀，从中取 1mL 至一个 1.5mL 无菌离心管中，2500r/min 离心 30s。取上清液 800μL 到另一新的离心管中，12000r/min 离心 1min。弃掉上清液，沉淀中加入 180μL 缓冲液 GA，振荡至菌体彻底悬浮。37℃作用 1~3h。加入 20μL Rnase 溶液，振荡 15s，室温放置 5min。

注意：余下的混合增菌液应放入冰箱，以备后期芯片检测阳性样品的确证实验用。

第二，向管中加入 20μL 蛋白酶 K 溶液，混匀后加入 220μL 缓冲液 GB，振荡 15s，70℃放置 20~30min。简短离心以去除管盖内壁的水珠。

第三，加 220μL 无水乙醇，充分振荡混匀 15s。简短离心以去除管盖内壁的水珠。将全部液体转移到吸附柱中。

第四，向吸附柱中加入 500μL 去蛋白液 GD，12000r/min 离心 30s，倒掉废液，吸附柱放入收集管中。

第五，向吸附柱中加入 700μL 漂洗液 PW，12000r/min 离心 30s。倒掉废液，吸附柱放入收集管中。

第六，向吸附柱加入 700μL 漂洗液 PW，12000r/min 离心 30s，倒掉废液。

第七，吸附柱放回收集管中，12000r/min 离心 2min，去除吸附柱中残余的漂洗液。将吸附柱置于室温或 50℃温箱放置 2~3min，以彻底晾干吸附材料中残余的漂洗液。

第八，将吸附柱转入一个干净的离心管中，向吸附膜的中间部位悬空滴加 50μL 经 65℃~70℃水浴预热的洗脱缓冲液 TE，室温放置 2~5min，12000r/min 离心 30s。

第九，再次向吸附膜的中间部位悬空滴加 50μL 经 65~70℃水浴预热的洗脱缓冲液 TE，室温放置 2min，12000r/min 离心 2min。回收得到的 DNA 产物于-20℃冰箱保存备用。

第十，DNA 结果检测用 0.8%的琼脂糖凝胶电泳检测 DNA 提取物。细菌基因组 DNA 通过琼脂糖凝胶电泳，出现的电泳条带位置在 10000bp 以上，且清晰可见。

3. PCR 扩增

（1）扩增

将提取的细菌基因组 DNA 同时用两个 PCR 反应体系进行扩增，电泳检测 PCR 扩增产物。

（2）PCR 反应的循环参数

94℃预变性 5min；进入循环，94℃/30s、56℃/30s、72℃/1min 40s，共 40 个循环；最后 72℃延伸 7min。

（3）PCR 扩增结果检测

PCR 反应结束后取 3μL 扩增产物加入 3μL2×PCR 载样液，用 1.5%的琼脂糖凝胶电泳检测扩增结果。若在 1000~1500bp 之间出现明显的扩增条带，即可进行芯片杂交实验。

注意：如果在此片段范围内无可见扩增条带，同时阳性质控也无可见扩增条带，则可能为扩增失败，建议更换另一批次的 PCR 扩增试剂，重新扩增。

4. 芯片杂交

（1）杂交体系配置

杂交体系配制将杂交液置 42℃水浴预热 5min。

（2）变性

将杂交体系 95℃变性 5min，冰浴 5min。

（3）杂交

将杂交盒平放在桌面上，在杂交盒的两边凹槽内加入约 80μL 灭菌水，将固定有探针片段的芯片放入杂交盒内，芯片标签正面朝上；揭掉芯片盖片的塑料薄膜，放在芯片的黑色围栏上，凸块的一面对着芯片；然后从盖玻片的小孔缓慢注入 15μL 变性后的杂交液。不要振动盖玻片或芯片以避免破坏液膜。盖紧杂交盒盖，放入 42℃恒温水浴中，静置，杂交 2h 以上。

5. 芯片洗涤

按需要量配制好芯片洗液Ⅰ和洗液Ⅱ，并在 42℃预热 30min。取出杂交后芯片，将芯片放在预热好的洗液Ⅰ中，42℃水浴摇床振荡清洗 4min，再转入预热好的洗液Ⅱ中，42℃水浴摇床振荡清洗 4min。最后用 42℃预热好清水中振荡清洗一次，清洗后的芯片经 1500r/min 离心 1min 以去除芯片表面的液体。此芯片可避光保存，在 4h 内扫描结果。

6. 芯片扫描及结果判读

（1）芯片杂交结果扫描

使用微阵列芯片扫描仪对洗净杂交后的芯片进行扫描分析。

（2）结果的判定标准

第一，信号值≥背景信号平均值+4×背景信号值标准差，且信号值≥阴性对照信号平均值+4×阴性对照信号值标准差，探针杂交结果为阳性；

第二，背景信号平均值+2×背景信号值标准差<信号值<背景信号平均值+4×背景信号值标准差，且阴性对照信号平均值+2×阴性对照信号值标准差<信号值<阴性对照信号平均值+4×阴性对照信号值标准差，探针杂交结果为疑似；

第三，信号值≤背景信号平均值+2×背景信号值标准差，且信号值≤阴性对照信号平均值+2×阴性对照信号值标准差，探针杂交结果为阴性。

7. 结果报告

若芯片检测结果为阴性，则结果报告为相应的微生物阴性；若检测结果为阳性或者疑似，则按传统方法确认。

参考文献

[1] 张清安，范学辉．食品分析与检验一体化实验指导［M］．科学出版社，2019.

[2] 李敏，郑俏然．食品分析实验指导［M］．北京：中国轻工业出版社，2019.

[3] 杨继涛，季伟．食品分析及安全检测关键技术研究［M］．中国原子能出版社，2019.

[4] 杨品红，杨涛，冯花．食品检测与分析［M］．成都：电子科技大学出版社，2019.

[5] 谢昕，岳福兴．食品仪器分析技术［M］．北京：国家图书馆出版社，2019.

[6] 田晓菊．食品与发酵分析实验［M］．长春：吉林科学技术出版社，2019.

[7] 李秀霞．食品分析［M］．北京：化学工业出版社，2019.

[8] 刘鹏，李达．食品分析与检验［M］．西安：西安交通大学出版社，2019.

[9] 刘伟，陈洁．食品分析实验［M］．郑州大学出版社，2019.

[10] 李巧玲，韩俊华．食品分析技术［M］．北京：北京师范大学出版社，2019.

[11] 姜咸彪．食品分析实验［M］．上海：复旦大学出版社，2020.

[12] 王忠合．食品分析与安全检测技术［M］．中国原子能出版社，2020.

[13] 赖芳华．食品安全生产规范检查案例分析［M］．昆明：云南科学技术出版社，2020.

[14] 高海燕，李文浩．食品分析实验技术［M］．北京：化学工业出版社，2020.

[15] 周光理．食品分析与检验技术第4版［M］．北京：化学工业出版社，2020.

[16] 郝生宏．食品分析检测［M］．北京：化学工业出版社，2020.

[17] 李云辉，艾丹，叶诚．食品检测与分析［M］．北京：九州出版社，2020.

[18] 胡豫杰，李凤琴．蛋与蛋制品食品安全风险分析［M］．北京：人民卫生出版社，2020.

[19] 陈艳．食品安全风险分析微生物危害评估［M］．北京：中国标准出版社，2020.

[20] 张民伟．食品质量控制与分析检测技术研究［M］．西安：西北工业大学出版社，2020.

[21] 马良，李诚，李巨秀．食品分析第2版［M］．北京：中国农业大学出版社，2021.

［22］曹叶伟．食品检验与分析实验技术［M］．长春：吉林科学技术出版社，2021.
［23］宋莲军，侯玉泽，张华．食品分析［M］．郑州：郑州大学出版社，2021.
［24］邹小波，赵杰文，陈颖．现代食品检测技术第 3 版［M］．北京：中国轻工业出版社，2021.
［25］尹凯丹，万俊．食品理化分析技术［M］．北京：化学工业出版社，2021.
［26］张冬梅．食品安全与质量控制技术［M］．北京：科学出版社，2021.
［27］晚春东．食品质量安全风险研究以长三角地区为例［M］．北京：经济科学出版社，2021.
［28］王曼霞，包海英，雷质．食品检测实验室仪器设备管理指南［M］．北京：化学工业出版社，2021.
［29］黄现青，黄泽元，乔明武．食品分析实验第 2 版［M］．郑州大学出版社有限公司，2021.
［30］周家春．食品感官分析第 2 版［M］．北京：中国轻工业出版社，2021.